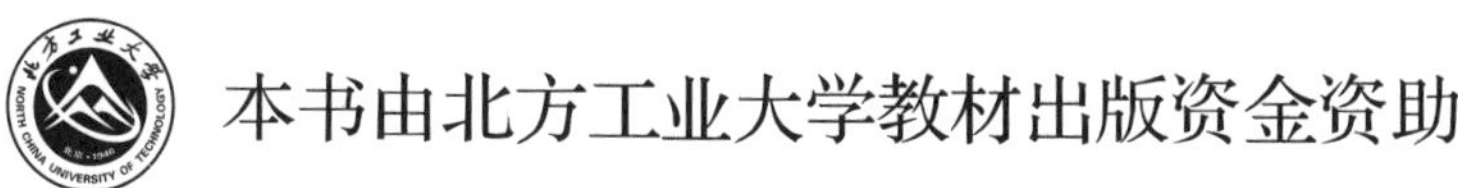
本书由北方工业大学教材出版资金资助

城市设计视域下的高层建筑设计

王小斌　著

中国建材工业出版社
北　京

图书在版编目（CIP）数据

城市设计视域下的高层建筑设计 / 王小斌著．-- 北京：中国建材工业出版社，2023.9

ISBN 978-7-5160-3611-2

Ⅰ．①城… Ⅱ．①王… Ⅲ．①高层建筑一建筑设计 Ⅳ．① TU972

中国版本图书馆 CIP 数据核字（2022）第 221830 号

城市设计视域下的高层建筑设计

CHENGSHI SHEJI SHIYU XIA DE GAOCENG JIANZHU SHEJI

王小斌　著

出版发行：中国建材工业出版社

地　　址：北京市海淀区三里河路 11 号

邮政编码：100831

经　　销：全国各地新华书店

印　　刷：北京印刷集团有限责任公司

开　　本：889mm×1194mm　1/16

印　　张：18.5

字　　数：380 千字

版　　次：2023 年 9 月第 1 版

印　　次：2023 年 9 月第 1 次

定　　价：148.00 元

本社网址：www.jccbs.com，微信公众号：zgjcgycbs

前　言

城市设计视域下的高层建筑设计经由城市设计视域打通城市街区与城市总体规划、分区规划与街区城市设计的各个视角，尤其是城市中心街区，伴随着四十多年的改革开放和快速的经济发展，在北京五环以里的很多街区，高层建筑分布在很多重要街道节点位置，需要我们关注。近年来，北上广深这些超大城市和各一线城市建造了很多的高层建筑，应该说都是在上位城市总体规划、分区规划、控制性详细规划以及城市设计的基础上，经过各种竞赛方案设计、扩大初步设计、施工图设计、施工组织设计而营造出来的。高层建筑的大量建设，整体反映了我国在改革开放之后快速的城市化进程，是房地产行业作为国民经济重要组成部分的历史见证。

本书从城市设计视域角度来分析，揭示了我国特大城市、一线及二线城市、中心城市街区的高层建筑集约化程度较高的现象，土地与建筑开发利用以及高层城市结合体和高层建筑的设计也都间接反映了此种现象。首先这是特大城市及一线城市盘活土地资产的途径之一，也是很多地方政府主要的财政收入来源与储备，各个城市中心地段的地价较高，开发商通过土地招标、拍卖、挂牌制度获取的土地面积，只有建设高层建筑才能平衡经济投资，获取相应的投资回报收益，包括很多中高档居住社区的高层住宅设计，也有这方面的考量。在方案设计、扩大初步设计和施工图设计的各个阶段，基本要点就是实施方案必须满足《建筑防火通用规范》（GB 55037—2022）的相关要求。笔者结合北方工业大学建筑系四年级近十年的教学经验及资料、作业积累，深入分析北京市的城市设计及在城市设计视域指导下的高层建筑设计的方案，并结合教学成果完成本书。本书可为特大城市及各个一线城市的高层建筑设计教学提供参考。

笔者结合城市设计的视域，主要是从宏观层面到中观层面、微观层面进行系列思考，高层建筑投资多，综合影响力也较大，所以在前期的城市设计、方案设计与施工图设计前，需要有资质、高水平的设计院工程技术人员密切配合，运用现代移动互联网、智慧城市、智慧街区、智能建造等技术，这些方面都需要投入大量的财力、物力、人力。我们从学术的角度进行梳理总结，就是为了避免造成城市生态环境破坏和建筑材料资源的浪费，期待更多好的高层建筑设计作品面世。

著者

2023 年 4 月 19 日于北京橡树斋

目 录

上 篇

1 大城市高层建筑集聚区综合分析 3

1.1 城市社会经济及文化发展的代表集聚区 3

1.2 城市资本聚集和土地价值的体现 4

1.3 城市设计视域里的城市高层建筑 5

1.4 北京通州副中心运河商务中心地段的高层建筑设计 6

1.5 世界各国高层建筑发展简史 7

2 城市设计与大城市高层建筑 15

2.1 城市中心街区的城市设计特色 15

2.2 城市中心街区的大众行为活动 15

2.3 高层建筑的特点、性质和空间需求 17

2.4 高层建筑的集聚活动和工作效率 18

3 大城市高层建筑的创意及象征 20

3.1 大城市高层建筑设计的创意 20

3.2 大城市高层建筑设计的象征 21

3.3 高层建筑的主体分区和功能显示 21

3.4 高层建筑的团队活动与业态发展 22

4 大城市高层建筑的构思及要素 24

4.1 高层建筑构思设计的出发点 24

4.2 高层建筑设计的裙房和便捷的公共服务 25

4.3 高层建筑的主体和核心空间利用 25

4.4 高层建筑的要素及其构成关系 26

5 城市高密度环境中的高层综合楼 27

5.1 高密度环境里的高层办公楼及人群活动行为 27

5.2 高密度环境里的高层酒店及人群活动行为 27

5.3 高密度环境里对自然和绿色空间的向往与融合 29

5.4 高密度环境里交通效率与人群的交往 30

6 城市环境景观与高层建筑 32

6.1 从城市街道和社区到高层建筑办公和生活 32

6.2 城市环境景观与高层建筑里的工作效率 33

6.3 高层建筑的中庭空间环境作用 34

6.4 绿地、河流和广场环境对高层建筑的作用 34

7 文化视角和城市高层建筑 36
7.1 高层建筑的古代文学艺术到现代文化图腾 36
7.2 文化艺术追求高层建筑崇高的形式美 36
7.3 独栋高层与群组高层－连绵山峰与自然山水的启示 37

8 社会财富视角的高层建筑 38
8.1 高层建筑作为地方公司财富的象征 38
8.2 当代房地产开发企业的发展轨迹 38
8.3 高层建筑的竖向分层 39

9 全球化市场价值的视角 40
9.1 当代社会全球化下的高层建筑 40
9.2 高层建筑物的财富属性 41
9.3 建筑师设计高层建筑的冲动与想象力 41

10 科学技术、工程结构技术与未来象征 43
10.1 高层及超高层建筑技术与工程属性结构 43
10.2 高山地区的梯田空间景观 43
10.3 未来高层建筑摆脱地球引力的畅想 44
10.4 未来宇宙深空中超高层飞行器还是高层建筑吗 44
10.5 未来宇宙深空的超高度飞行器 45

11 城市设计指导下的高层建筑设计 47
11.1 深圳“超级城市”云城市总部基地城市设计竞赛 47
11.2 浙江海宁火车站地区城市设计（2010 年） 50
11.3 河北省张家口市某能源产业集团华北结算中心概念性方案 57
11.4 江西中医药专科学校新校区城市设计方案及单体建筑设计 63
11.5 城市设计指导下的高层建筑设计实用方法 72

下　篇

12 城市设计指导下的高层建筑设计教学方案 83

参考文献 225

附录 1 某高层酒店综合楼设计任务书 228

附录 2 笔者主持设计的某高层建筑案例 231

附录 3 城市设计与高层建筑 260

附录 4 北京地区的高层建筑设计与营建 275

附录 5 世界高层建筑举要 284

上篇

1 大城市高层建筑集聚区综合分析

1.1 城市社会经济及文化发展的代表集聚区

中国的特大城市、大城市属于城市社会经济、文化发展强大的地区，随着社会经济的发展，人力、财力和物力资源都向特大城市、大城市集中，从城市经济学发展规律来看，这些大城市会形成城市中心区以及环城市经济圈，类似北京的二环、三环、四环、五环等用地空间结构，与此同时，这些地区的房地产开发造价高昂，土地“招拍挂”的价格也顺势分出级差，越是中心地区，土地价格就越昂贵。

城市中心区以及各个次中心区土地价格的变化，决定了在大城市地价昂贵的地区，只有修建高层建筑，才能取得土地价格的平衡。今天的建筑师、规划师应该有这样的意识，城市设计以城市总体规划、分区规划、街区规划与控制性详细规划、修建性详细规划为基础，以一两个街区的城市设计为研究前提，为重要节点地块的高层建筑设计做好服务。

大城市的社会经济能够为重点街区，尤其是 CBD 中央商务区、CRD 中央休闲办公区的经济发展带来快速的经济收益，因此城市中心商务区的高层建筑的数量和质量都会向高档的业态功能定位转变。这样一来，开发成本也能迅速地收回。如北京的国贸 CBD、东三环商务区、三元桥、三里屯 SOHO、望京 SOHO 等商务区的高层建筑经过 20~30 年建成使用，应该都收回成本了（图 1-1）。

（a）望京 SOHO

（b）国贸 CBD

图 1-1　北京的高层建筑

城市社会经济是为进行特大及大城市重点街区城市设计的重要条件，城市的历史文化也是城市设计的重要基础条件，因此在城市重要街区的城市设计中，会有更多的前提和区域性特点。建筑师、设计师和景观师在城市设计中可以尽量展现历史文化和地域建筑形态与风貌特色，为主要节点和地块的高层建筑制定各项控制性规划的要点，并给出基本形态的模块，为进行国际或国内的高层建筑竞赛投标的单位，以及参与竞赛任务书提供准确的技术经济指标和综合技术论证。

三千年前，人类生活的温带原始森林就处于一个自然植物环绕的“高层生活空间”（笔者对生活空间的主观想象与描述）。原始森林高大乔木在不同高度有结实的树杈形成休憩的节点空间。后来秦始皇利用大一统帝国的人力、物力、财力来高筑台，基营建“阿房宫”建筑群，当然这方面的考古资料和文字记录还存在一些疑问。到汉代出土的一些土质陶制的高层望楼模型都能做一些佐证。在普通城市的广场街区，在原始的山林里，可能有炎黄子孙的先祖们曾在高耸的树枝上攀爬、跳跃，从智人进化为现代人类。我们也可以从几千万年的地球上的人类进化演变和很多考古动植物化石里，发现很多有价值的线索和证据，我们也可以发现很多有应用价值的人类发明，尤其是农耕产品、铸铁农具提供了很多农业劳动的客观价值。

在高山悬崖之上的摩崖石刻及石窟群，也是一种类型的高层构筑物。这是从事高层艺术和建筑综合活动的开始。在甘肃敦煌，今天仍然保留着古丝绸之路上的石窟和石刻，以及很多有价值的雕像。在这些处在山崖上的洞窟里，很多有才华的雕刻工匠和壁画工匠创作了大量宏伟的作品，至今散发着艺术气息，彰显着昔日的风采。我们来到敦煌月牙泉边，就能看见在连绵起伏的山崖上，那一个个洞窟无规则地均衡排列，雄伟壮观。我国有很多留存下来的石窟，如洛阳龙门石窟、大同云冈石窟等，都是我国的建筑艺术宝藏。

唐代以来各个历史时期的高层佛塔、武则天时期的佛学灵堂宝塔……这些殿堂类建筑凝聚着中华民族工匠们的智慧和汗水。山西省朔州市应县佛宫寺释迦塔（俗称应县木塔）是中国历史上保存最好也是最高的木塔。清华大学的研究人员也以此专题申请了国家自然科学基金，在塔内主要木柱结构交接点上安放电子智能感知芯片，连续测量木结构木柱、斗拱梁枋的变形数据，再利用计算机软件建立模型、加载观测数据，从而分析研究，探索木塔的营建智慧。

1.2 城市资本聚集和土地价值的体现

在今天，特大城市、大城市及各地的省会城市的中心街区耸立着众多高层建筑，从城市土地价值来看，这些高层建筑有自身的功能和效用。这里的高层建筑通过城市设计集中规划布局，是城市资本集聚的象征，也是土地价值高昂的地区。我国相关建筑规范规定，超过 100m 就属于超高层建筑。透过建筑形态的美学特征，我们应该从世界各个国家的社会经济发展来看待高层建筑。这些高层建筑已投入数额巨大的资金，开发商需在最短时间内收回投资成本并快速盈利，是各个国家城市土地价值的体现。因而我们的建筑师、规划师、景观设计师和室内环境设计师要高度重视城市设计视域下的高层建筑室外和室内的装修设计，以及成本控制。

中国近代建设的高层建筑集中于鸦片战争之后，首先是在通商的城市，尤其是上海外滩地区的中心街区建设，例如上海汇丰银行就具有较高的土地价值和显著的资本象征。在这些建筑空间里工作，需要配套各种酒店、餐饮及购物空间设施，还会花费大量资金用于室内公共建筑空间的豪华装修，如今北京东三环的国贸 CBD、长安街两侧的高层建筑、三里屯 SOHO 高层办公楼设计就很有代表性。高层建筑工程在对城市社会经济文化活动、城市功能结构、城市景观等方面产生重要影响的同时，也必将受到现代城市社会系统更广泛需求的影响和制约。这种需求反映了政府有关部门在解决现代城市问题时对高层建筑提出的综合要求，其目的是使高层建筑在改善和提高城市社会功能、城市形象与景观、城市建设与持续发展、城市资源利用与环境保护、城市防灾减灾等方面有所作为。

反过来说，经过土地市场化拍卖，一些有实力的开发商通过投入资本，聘请具备相应设计资质与施工资质的事务所和公司来参与投标和建设。这些高层建筑营建起来之后，其建筑空间的经济价值也得到实现。同时伴随着市场经济的发展、土地和建筑的价值能够沉淀下来，其总体的经济效益不断提升，反过来带动城市资本与资金不断投入到开发建设的地块和地段的土地与空间中。这些经济价值的资本象征也同步显现出来，使得城市中具备支配地位的区域，普遍也是土地价值最高的区域。土地距离交通线和商业中心越近，其价值越高。

因此，城市核心区的高层建筑与建筑群，除了满足自身的功能之外，更是城市资本和土地价值的体现。

1.3 城市设计视域里的城市高层建筑

城市设计视域强调宏观与中观的视角。本书强调从城市设计的视域来做高层建筑设计，实际上是从宏观或中观的视角来客观科学地论证高层建筑设计方案。城市设计和高层建筑设计都离不开总平面设计和场地设计，而这两者都需要从上位的城市设计总平面图以及控制性详细规划的指标里获得基本信息，基于这些方面系统科学地分析，确立街区和地段里的道路开放空间、绿化系统和高层建筑的主要位置，并明确建筑面积、建筑密度、容积率和总高度的要求，从而指导高层建筑设计。

位于城市重要商圈的高层综合体，也需要考虑周边商圈的性质、功能、定位，以及服务的距离和服务的人群，通过城市设计层面宏观或中观地分析，研究出该区域地段及地块的地价和开发强度。这样能够明确每个高层建筑所处地块的城市定位、功能业态和总高度、建筑密度、高层建筑场地设计、绿地、广场和建筑体型关系，有助于设计出优秀的方案。同时还要关注建筑与街道的关系，街道是城市环境和建筑空间的过渡，建设具有感知力和舒适性的街道既是建筑设计的宗旨，也是城市设计的重要目标。高层地标建筑往往会给人们带来一定的震撼力，由于它的高度及体量会打破人们对于传统小尺度街巷的直观体验，通过其独特的“区位”和“地位”的优势，可以帮助人们在街道，甚至是在城市范围内进行方向的定位，塑造城市街道的感知力。

城市综合体里的商业空间和高层综合办公楼、综合楼设计都有自身的特色，需经过大型竞标竞赛，获取优秀方案。实际上每个小地块的高层建筑设计，能通过地段级别的城市设计论证研究，促使主创建筑设计师从城市以及街区周边空间环境、用地结构、周边高层建筑的相互关系出发，系统认真研究设计。

结合上位的城市设计成果，经过对城市历史文化和社会经济发展的分析，建筑师能够设计出好的高层建筑方案。同时，一个好的高层建筑方案，也需要依据城市的历史文化和社会经济发展情况，经过论证分析，选出优秀方案。如上海陆家嘴地段内的金茂大厦方案由国际著名的 SOM 建筑设计公司设计，体现“芝麻开花节节高”的中国传统文化追求和“吉祥上进”的文化品质。

从城市设计的视域出发，我们能更好地理性思考城市的历史、文化、景观、环境，分析总结街区开发强度，梳理出哪些街区可以有比较多的高层建筑和超高层建筑。这种超高层以及高层建筑的设计者若能从城市设计的层面考量，从宏观到微观的尺度层层递进地分析思考，包括从城市的主要大街、各个公园绿地以及开放空间里观察这些高层建筑的体形环境，以及对周边街区历史文化、经济发展的综合贡献，那么特定地段的高层建筑经过数十年后会成为城市的地标性高层建筑，也会成为市民喜爱的建筑。

笔者是北方工业大学建筑系教师，当初在四年级植入“建筑与城市设计”课程，就是看到四年级是建筑系学生最后一年在学校里接受综合训练设计的学年，应该传授给学生综合的知识。伴随经济社会艺术和审美文化形态的发展与提升，人类在对建筑空间的综合掌控设计能力上需要有很大进步。第二次世界大战后，伴随着发达国家先进经济技术发展的大城市的“城市设计”综合研究方法，值得我们在教学中积极引入。

对不同城市地段及街区的城市设计的思考和分析，将为具体地段与城市街区的高层办公楼、高层商务综合楼、银行金融等公用的标志性大楼提供具体方案，而一些营收能力较差的高层建筑、底层商业将会作为普通高层建筑布局在城市中心街区。

1.4 北京通州副中心运河商务中心地段的高层建筑设计

1. 历史与文化的分析

近三年来，笔者在北方工业大学结合北京通州运河中心地段的城市设计及后期的高层建筑设计进行教学研究，培养同学们遵循城市规划及城市设计理念，全方位进行调研，并查询上一轮的规划设计以及控制性规划的文本与图纸。通过分析相关资料，确定城市设计周边的用地，对现有建筑及道路结构系统、绿地系统、公共空间系统、河流等蓝线以及文物保护建筑、工业遗产建筑等进行调研分析，从中寻求城市设计的基础资料，并结合自拟任务书做一轮、二轮、定稿的城市设计方案。

2. 大运河千年发展史的分析

在深入进行城市设计的过程中，所有的学生都会对北京区域大运河的历史文化资料做全面收集整理。隋唐时期，长安、洛阳的粮食就有一部分通过北运河运送。元、明、清时期，通州境内的运河为京城的粮食和大件物品运输做出了巨大贡献。明清时期北京故宫各类大殿维修使用的优质木构材料大多也通过运河运输而来。

3. 在大运河美丽风景中设计有特色的高层建筑的策略及具体方法

在运河商务区完成各个小组团的城市设计方案之后，每组同学在城市设计的用地范围内，结合自己感兴趣的地块，选择用地设计综合办公楼或酒店，拟定任务书，从事高层建筑创作，这种方式比一般不相关联的两个题目的任务书更好、更有“真实感”，同学们在整个学期的学习中都非常有动力，能够主动地作为社区的规划师和建筑师，关注社会经济、文化历史的传承与发展。通过调查分析之后，他们能够将最好的功能业态、建筑形态、公共空间、绿色景观设计融合到城市设计及高层建筑设计方案里。

1.5 世界各国高层建筑发展简史

在几千年的建筑历史发展长河中，以土木砖石等较为原始的材料砌筑而成的低层建筑，大量地建造在地球上，形成了密集的组群以及街道尺度较小的建筑空间。但自从1883年芝加哥建造了第一幢全部采用钢框架的建筑以来，由于社会需要的增长和物质技术条件的显著提高，世界各国的高层建筑便在繁华的城市中心地带、风景优美的园林绿化中和浩瀚的江河湖海之畔如雨后春笋般拔地而起，把人类生活推向了高空，其巨大的规模和数量，先进的结构设计技术和丰富的造型艺术表达，使纵横交错的城市空间呈现出雄伟的景象。人类用卓越的才能和技术，建造了成片的高层建筑群，形成了崭新的城市轮廓线，塑造了属于人类自己的城市空间环境。

高层建筑之所以能在这么短的时间内蓬勃发展，其原因主要有以下几点：

（1）高层建筑得以发展的最根本原因是生产力的发展与经济繁荣。18世纪的产业革命使城市人口激增，过度扩张的城市仍然无法满足人们的需求。为了缓解城市用地的紧张状况，建筑物不得不向高层发展。

（2）从城市建设和城市设计的角度看，高层建筑可大量节约城市基础设施建设的投资，使道路和各项管线设施的长度得以缩短，城市建设经济效益显著。

（3）高层建筑的兴起方便了人们的社交和联系，并架构起立体交通体系，使人群分布空间化、立体化、高密度化，提高了效率。

（4）相较于低层建筑，高层建筑在同样建筑面积与基地面积的比值下，可提供更多有利于美化城市环境的绿化休憩和配套的公共设施用地空间。

（5）近十几年来，科学技术的巨大进步催生出了新型的建筑材料和结构形式，一体化的现代设施和先进的技术设备也应运而生，而这些物质技术的产生为高层建筑的可行性提供了现实条件。

（6）高层建筑的理论基础由现代建筑思潮的早期倡导者提出。第一次世界大战后，勒·柯布西耶和格罗皮乌斯等人都主张取消对建筑高度限制的法规，建造高层建筑以增加建筑空间，从而获得更好的光照、采光和通风效果。1922年的巴黎秋季沙龙，勒·柯布西耶提出了将巴黎中心区改建为60层的高层建筑群的规划方案，虽然他的这一方案最后并没有实现，但如今巴黎德方斯的高层建筑群可以说是他这一想法的雏形，且对现代建筑的发展产生了深远影响。

近年来，高层建筑建设热潮在我国各大城市相继兴起，高层建筑广泛应用于各个领域。高层旅馆可更好地发展旅游业；高层住宅可更好地改善居住环境，解决居住问题；高层办公建筑可更好地满足企业机构发展需要……总而言之，为了节约用地空间，优化土地结构，适当向高层建筑方向发展，实乃大势所趋。

在适当的总体空间布局下，高层建筑高耸挺拔的建筑体量可以组合建筑空间，塑造各种丰富的建筑形象，形成丰富的城市环境，优化城市风貌。高层建筑可以合理塑造城市空间，充分利用土地价值，解决城市人口爆炸式增长的问题。但高层建筑毕竟是一个新兴的事物，实践经验较为匮乏，诸如工程技术问题、建筑艺术问题、投资经济问题、社会经济效益问题，以及其对城市地区和人群的影响等，都在实践过程中引起了广泛关注和思考，伴之而来的还有诸多质疑。高层建筑的交通问题与周围环境的联系匮乏问题、污染问题、空间体验问题、安全防火问题等都饱受诟病。

但是，高层建筑作为一种能在世界各地普遍兴起和快速发展的新兴事物，必然有它发生、存在与发展的客观规律，我们需要从客观角度看待高层建筑，对它的诸多问题加以分析、研究和总结，从建筑技术层面尝试解决，力求扬长避短，使其为人类未来的美好生活服务。

1.5.1 古代高层建筑

高层建筑的起源可以追溯到公元前 4 世纪，西方七大建筑奇迹有两座就是当时的建筑。公元前 338 年，古巴比伦国王建造了高达 300 英尺（约 91.44m）的巴比伦城巴贝尔塔，目的只为在高空形成葱翠的空中花园以博王后一笑。而亚历山大港口的灯塔于公元前 280 年建成，塔身以石砌成，高约 500 英尺（约 152.4m），塔顶灯火经久不息，用于警告船只避免触礁，灯塔据称历经千余年不倒，后被阿拉伯人拆毁。

欧洲古代的高层建筑可以追溯到古罗马时期（公元 80 年）。当时罗马的城市已出现采用砖墙承重的十层建筑，随着罗马帝国的灭亡，该建筑已不复存在，且细节不可考据，但诸多案例已可以充分表明人们对于发展高层建筑的渴望。

我国亦是很早之前就有了向高层建筑发展的诉求，“筑台榭、美宫室”“九层之台，起于累土”，放置在占地面积较大的高台，即人工土堆上的建筑物，可以更好地远眺与观赏景色。《陆贾新语》记载，“楚灵王作乾之台，百仞之高，欲登浮云，窥天文”。而如今存世的大量实物和证据都证实了高达十余米的台的存在。及至汉代，木结构技术有了进一步的发展。汉武帝好寻仙长生之术，于长安城中大兴楼观，以此取悦“仙人”。而陆机《洛阳记》亦有记载：“宫中有临高……听讼，凡九观，皆高十六七丈。”可见，早在汉代，较高的木结构楼阁已出现在汉代的帝都中了。

但是，由于木结构材料本身的易燃属性，加之高层木结构建筑失火造成的巨大社会影响、自然灾害以及建筑材料和技术发展的滞后，在全国范围内，高层建筑形式只有“宝塔”侥幸留存。此外，由于木材不耐腐蚀，加上战争的破坏，我国古代高层建筑毁坏严重，只有南北朝时期之后的木塔尚能较为完好地保存至今。

宝塔种类与形式繁多，经由木结构逐渐发展成石塔、砖塔、铜塔、铁塔等。山西应县佛宫寺释迦塔是中国现存最高的古代木构建筑。该塔兴建于公元 1056 年，位于城市中心区，塔分 9 层，高 67m，是应县中心的视觉焦点。由此可见，早在中国古代，高层建筑在城市总体环境中的空间效果就已经得到了重视。木塔曾经遭受多次强震袭击，历经 900 余年不倒，可见其在结构与构造技术上的卓越。

建于公元 1001—1055 年（北宋咸平四年至北宋至和二年）的河北定县开元寺塔，因定州为辽、宋双方接近的军事要地，宋朝为了防御契丹，利用此塔瞭望敌情，故名“料敌塔”或“瞭敌塔”。该塔为砖砌体结构，共 11 层，平面为八角形，底部边长 9.8m，外壁厚 3m，塔高 84m。东西南北各开窗洞以便观察，另四面多为假窗、设窗雕饰，外壁与核心之间有回廊一圈，内设木结构扶梯，逐层转向上升。塔身结构整体完全符合近代筒体结构原则，所以历经 900 余年不倒。

此外，从云南大理的千寻塔到内蒙古自治区的白塔，遍布全国各地的高层宝塔不胜枚举，它们是我国古代高层建筑保存至今的见证。

1.5.2 酝酿时期和形成时期

随着工业迅速发展，大量人口向城市集中，城市用地日益紧张，高层建筑的建造成为社会经济发展的需要。

19 世纪初，砖石承重体系在西方国家仍被用于高层建筑。其缺点是随着层数增加，墙体厚度也增加。16 层的蒙纳多克大楼于 1891 年在芝加哥建成，底层墙体厚达 6 英尺（1.8m）。显然在高层建筑的早期发展阶段，设计者们仍沿用旧的结构体系，而这种体系已无法满足新的需求。

19 世纪后，激增的钢铁产量和建筑中钢铁材料的应用，使建筑具备了向高层和大跨度发展的潜力。钢铁的柱梁框架结构最早使用于 1801 年建成的位于英国曼彻斯特的一座七层棉纺厂，这里可能是首次使用“工”字形梁架结构的地方，成为了建筑材料和框架体系大量使用钢材的开端。1854 年在长岛黑港建造的灯塔是美国最早的钢铁建筑之一，10 年后出现了内部熟铁框架和外部承重墙相结合的建筑，那时的柱子是生铁，而梁是熟铁的。

威廉詹尼于 1883 年在芝加哥设计了第一幢全部采用钢框架的建筑——11 层的保险公司大楼，但其仍沿用了传统的砖石自承重体系。之后，威廉詹尼又在 1889 年设计建造了全框架结构的莱特大楼。同年，班亨和鲁特在芝加哥设计了第一幢使用全钢框架结构的 9 层大楼，同时他们首次提出了垂直剪力墙的结构概念，并设计了高达 20 层的芝加哥麦松尼克殿大楼。该楼的结构工程师在立面上首次使用了斜向风力支撑，首创了竖向桁架，增加了建筑的侧向刚度，增强了建筑的抗风能力。

困扰高层建筑大量发展的另一个亟待解决的问题是如何实现立体空间的垂直交通。1853 年，奥蒂斯发明了升降机。1859 年，第一部电梯于纽约第五街的一家旅馆中面世。1870 年，第一部高层建筑安全电梯在纽约人寿保险公司大楼上实现。1903 年，电梯卷动式驱动改为槽轮式驱动，这为长行程电梯的实现提供了可能。而电梯的出现与不断进步也推动了高层建筑的持续发展。

19 世纪，材料、结构与设备的发展与完善为高层建筑的形成与发展创造了必要条件。1871 年芝加哥大火之后，建造高层建筑成为重建城市活动中的热潮，芝加哥也因此成为美国高层建筑发展的中心，各大城市亦纷纷效仿，成为了 20 世纪高层建筑走向更大规模、更高水平发展的开端。正如建筑历史学家弗莱切尔（Fletcher）所说：“电梯是高层建筑的母亲，电力的供应与工程技术的进步使建筑师设想出越来越高的建筑，建筑的坚固性与稳定性全靠型钢的框架，因此在我们的年代里可以看到或创造出与历史各个时期的传统截然不同的建筑形象。埃及人、希腊人、罗马人、中世纪与文艺复兴时代的人都未能创造出这种建筑，因为对他们来说，钢与电力作为建筑可以利用的手段，还是闻所未闻的……今天的摩天楼是建筑历史上的一次大革命，人在高高的天空中生活与工作，远远离开下面噪声喧嚣与尘土飞扬的街道。”

建筑思想与社会需要的有效结合，进一步促进了高层建筑的发展。

1.5.3 成熟期与发展时期

20 世纪以后，钢结构设计逐渐完善，且高层建筑结构与构造技术逐渐走向成熟，建筑层数进一步提高。1905 年，50 层的大都市大楼（Metroplitan）在纽约问世。1916 年，美国颁布了纽约分区建筑法。随着第一次世界大战的结束，高层建筑在美国迅速发展起来。采用钢框架结构和高直建筑风格的伍尔伍兹大楼就是当时一个比较典型的案例。1913 年，伍尔伍兹大楼在纽约落地，主体建筑 31 层，高 122m，塔楼有 60 层，总高度 244m，其内设有电梯 24 部，防火设备完善并有特设防火电梯 4 部。大楼可容纳办公人员达万人以上，设有办公室、餐厅、商店、土耳其浴室、游泳池等功能空间，设施完备。

1931年，20世纪上半叶世界上最高的建筑物——帝国大厦在纽约落地，共有102层，高381m，设有多达65部电梯，内部功能设施完备，其规模几乎等同于一座小型城市。但随着之后第二次世界大战的爆发，高层建筑的活动也陷入了长时间的停滞。

1.5.4　普遍发展的时期

1945年第二次世界大战结束后，建筑业首先在美国复兴，大量高层建筑如雨后春笋般拔地而起，并向超高层建筑方向开始了探索。之后，世界范围内高层建筑的繁荣时期开始了，各国相继掀起了高层建筑兴建的热潮。1945年，标准石油公司在纽约建造了高346m的82层大楼。1950年，联合国秘书处在纽约建造了42层的办公楼。值得一提的是，这段时期几栋超高层建筑亦是拔地而起。1968年100层、高344m的约翰·汉考克中心在芝加哥落地；1972年两座110层、高412m的世界贸易中心大楼在纽约落地；1974年，总层数109层、高度达442m的西尔斯大厦在芝加哥落地，它也是截至1998年世界上最高的建筑。同时，高层建筑结构理论体系有了突破性进展，筒体结构理论被提出，建筑用钢量得以大幅降低。1931年，采用框架体系建造的帝国大厦用钢量高达206kg/m^2，而1974年采用筒体结构体系建造的西尔斯大厦用钢量仅为101kg/m^2，用钢量减少了一半。

结构体系是高层建筑设计的重要一环，但其理论与实践的发展长时间受到分析与计算能力的制约，因而，高层建筑的平面布局与外部体型设计因技术局限而受到制约。电子计算机技术的发展为高层建筑的设计创造了更为有利的条件，使设计师可以快速准确地对高层建筑的结构进行多方案的优选与运算，其设计水平得到了巨大的提升。

轻质隔墙与幕墙等新的饰面材料的运用，不但减轻了建筑自重，还创造出了新的建筑造型，近代高层和超高层建筑的外观焕然一新。当前世界的办公类型建筑为超高层建筑数量之最，一般高层建筑多为旅馆建筑与住宅建筑。而在某些用地特别紧张的地区，如中国香港，甚至有采用高层的轻工业厂房。近年来，多功能趋向竖直分区的高层建筑兴起，它集工作、生活、服务、供应等功能于一体，这样的商业综合体使高层建筑真正成为了一座功能齐全、设施完备的小型城市。

美国纽约城市分区规划法鼓励建筑设计留出广场空间，将增加建筑面积容积率作为奖励措施。从设计层面上考虑环境布局，以绿化、广场、休憩空间等与高层建筑形成空间体量对比，改善了城市环境，使高层建筑的设计达到了一个全新的境界。

1.5.5　世界各地发展高层建筑的现状

1. 亚洲地区

作为强烈地震区和受台风侵袭比较多的日本，高层建筑在第二次世界大战前的建筑法规中是不被允许建造的，其传统建筑也多以低矮的木结构房屋为主。战后，在对建筑的抗震抗风问题做了大量研究之后，旧法规于1964年1月被废除。1964年8月，日本第一幢高层建筑——17层的新大谷旅馆落成。20世纪70年代以后，日本又陆续兴建了许多高层建筑，像东京新宿的京王旅馆、东京港区的贸易中心、东京千代田区的霞关大厦和大阪的国际大厦等。远离东京中心的池袋，还新建有一个大规模的商业中心，其内部有一座60层的办公楼，服务设施完备。

中国香港和新加坡的情况相仿，城市用地紧张，为了解决基本的生活与居住需要，高层建筑的发展成为一种必然选择。中国香港地区山地较多，高层建筑因地制宜，形成了密集的、有层次的高层轮廓线。居住在高层住宅的人口总量占香港人口的三分之一，居住密度高达每公顷 3700~4000 人。

新加坡作为除美国外高层建筑最高的国家，在以高层建筑解决人口居住问题方面成就突出。近年来，新加坡 90% 人口的居住问题得到了成功解决，且居住服务配套设施完善，城市绿地率得到充分保证，使城市总体呈现出疏密有致的良好形象。

印度尼西亚高层建筑亦有一定的发展，首都雅加达高层建筑体型优美，布局灵活，配合宽敞的街道，繁茂的绿化，呈现出一片欣欣向荣的景象。但在除首都外的其他地区，高层建筑没有得到有效拓展和利用，原因可能是土地开发强度不高。

印度作为世界人口大国，人口增长率极高，据统计，每年须有三百万户新建住宅才能满足印度国内人口增长的需要。印度城市开发用地紧张，本来高层建筑的发展应当是水到渠成，但印度的文化偏向家庭聚居，且印度人喜爱近地生活，所以，高层建筑发展相对滞后。

中国是世界人口大国，虽有在世界范围内出现较早的高层建筑——塔，但其只是作为一种纪念性建筑，社会人居属性较低。20 世纪 20 年代以后，作为生活办公使用的高层建筑才在中国境内陆续兴建。上海、广州作为 20 世纪早期中国重要的沿海对外贸易交流口岸城市，较早受到国外高层建筑营建热潮的影响，城市人口大量增长，高层建筑应运而生。但由于当时国内的建筑发展较为滞后，多数高层建筑都为外国建筑师设计完成。1921 年总层数为 10 层的字林西报大楼在上海落地，这座城市在 1923 年建造了 10 层的沙逊大厦，1923 年建造了 13 层的华懋饭店锦江饭店，1929 年建造了 22 层的百老汇大厦（上海大厦），1930 年建造了局部层数为 17 层的中国银行大楼，1931 年建造了 24 层的国际饭店，1933 年建造了层数为 10 层的大陆商场，1934 年建造了总层数为 15 层的毕卡第公寓；1937 年总层数 13 层的爱群大厦在广州建成。

1949 年中华人民共和国成立以后，建筑行业开始复苏，高层建筑在我国各大城市逐渐兴建起来。1952 年，8 层高 26m 的和平宾馆在北京建成；1968 年，27 层高 87.6m 的广州宾馆在广州建成；1973—1974 年，16 层高 50m 的外交公寓和 17 层高 80.58m 的北京饭店新楼相继在北京建成，而在 1976 年，我国当时最高的建筑——白云宾馆在广州建成，它有 33 层，高 114.95m。这个时期，我国各大城市已有不少高层旅馆建筑、居住建筑及办公建筑建成使用，其中旅馆建筑有北京的昆仑饭店、燕京饭店、长城饭店、西苑饭店、兆龙饭店，南京的金陵饭店，上海的上海宾馆、提篮桥旅馆，广州的白天鹅宾馆，南宁的邕江饭店、邕州饭店、南宁饭店，长沙的芙蓉饭店、长岛饭店、湘江饭店，沈阳的旅游饭店，青岛的汇泉宾馆，桂林的漓江饭店，郑州的铁路旅馆、中原大厦等。

居住建筑有北京前三门大街的 37 幢住宅、复兴门外新建的高层住宅，上海漕溪北路、华盛路、陆家宅等地的高层住宅以及沈阳铁路乘务员公寓等，其高度都在 11 层至 16 层之间。

办公建筑有北京的民航大楼、国际贸易信托公司、中国银行大楼，上海的电讯大楼、联谊大厦、13 层的第九设计院大楼，广州的广东省日用工业公司大楼、广州海运大厦，北京医药总局办公楼，天津外贸谈判大楼，南京电网调度楼等，诸多高层建筑的兴建与使用展现了我国建筑设计、结构体系和施工技术的逐渐完善与高层建筑的飞速发展。

近 30 年来，上海浦东陆家嘴地区的高层建筑相继建设完工，已形成浦东的新城市空间景观。高 468m 的上海东方明珠电视塔于 1995 年建成。上海金茂大厦作为上海标志性建筑之一，高 420.5m，

88层，于1997年8月结构封顶，至1999年3月开张营业，当年8月28日全面营业。上海中心大厦的主楼共有127层，总高为632m，结构高度为580m，于2016年竣工完成。上海环球金融中心的设计建筑高度为492m，已于2008年竣工。南京紫峰大厦建筑高度450m，竣工日期是2010年9月28日。长沙国际金融中心T1高度为452m，2017年建成。广州珠江新城双塔之东塔的总高度为530m，于2015年初竣工。北京中信大厦（中国尊）总高度为528m，于2013年7月29日正式开工建设，2014年12月10日地下结构全面封顶；2015年9月结构高度突破100m，2016年3月突破200m，同年8月18日突破300m，同年11月9日突破400m，2017年6月突破500m；2018年投入使用，目前是北京最高的建筑。这些重点高层建筑的设计营建反映了当代中国高层建筑工程技术实力。

2. 澳大利亚和新西兰地区

澳大利亚和新西兰的城市概况相仿，由于人口密度低，除大城市中心区及风景区有少数超高层办公建筑和高层公寓建筑以外，绝大多数城市建筑都较为低矮。由于澳大利亚产钢量较少，依赖钢材进口，所以多数高层建筑采用钢筋混凝土建造。悉尼曾经建造了一座30层高的，为中等收入住户居住的试点住宅。另外，澳大利亚广场为轻质混凝土建筑，50层，高170m。MLC大厦65层，高226m。

One Barangaroo公寓由伦敦知名的建筑事务所Wilkinson Eyre设计，室内设计由纽约一家专门从事酒店和餐厅的公司Meyer Davis设计。该楼耗资约16亿美元，高275m，建成后将是悉尼第一、澳大利亚第三高楼。它不仅为见证悉尼海港风光而存在，更担负着为城市增添具有历史性的地标的使命。

3. 中东地区

在召开高层建筑会议之后，埃及成立了国家高层建筑委员会。为了吸引游客，埃及在尼罗河沿岸修建了众多的高层旅馆建筑，以便游客欣赏河岸风光，甚至可以遥望古老高耸的金字塔。埃及全国的可耕种土地仅有百分之三左右，且面临人口激增的社会问题，所以埃及将高层建筑或其他高密度的居住方式作为解决这些社会问题的方法。

近十几年来，由于石油的开采，沙特阿拉伯和阿拉伯联合酋长国（以下简称阿联酋）经济快速崛起，高层建筑也蓬勃发展起来，位于阿联酋迪拜朱美拉湖区的阿尔玛塔，高360m，2008年竣工时曾是迪拜最高的建筑，该建筑是迪拜多商品中心（DMCC）的总部。23号塔位于阿联酋迪拜码头区，高395m，它于2011年竣工，在公主塔竣工之前，它是世界上最高的住宅楼，也是当时迪拜的第二高楼。公主塔位于迪拜码头区，高413.4m，于2012年9月竣工，共107层（地下6层）。哈利法塔是目前世界上最高的建筑，高828m，共169层，造价15亿美元，于2004年9月21日开工建设，2010年1月4日正式竣工对外开放，也成为著名的旅游景点。

4. 非洲地区

约翰内斯堡的卡尔登中心是截至2019年世界第三高的高层钢筋混凝土建筑，也是非洲最高的建筑，共50层，高200m，是一座功能多样、设施齐全的建筑。近年来，非洲地区亦对新建筑的发展做出了有效思考与实践，城市拥挤的现象得到了缓解，历史建筑得到了一定的保护。在总体规划下，城市空间环境呈现出新的景象。莱昂纳多（Leonardo）大楼位于南非约翰内斯堡市，高234m，共55层。项目由Co-Arc建筑事务所设计，始建于2015年11月，于2019年竣工，比卡尔顿中心高11m。回顾非洲高层建筑史，20世纪70—80年代高速发展，此后逐渐消退。直至近些年，受益于中非的密切合作，非洲多国天际线发生了巨大变化，位于肯尼亚内罗毕中心商务区Uphill区域的哈斯塔，总建筑面积 14.4 万 m^2，包括一座裙楼，一座 214m 高的五星级酒店及一座 300m 高的商务办公楼。

5. 东欧地区

1951 年，苏联在莫斯科兴建了第一批高层建筑，继而在 1964—1966 年兴起了高层建筑建造的热潮，一大批 20~30 层的建筑物在莫斯科建成。从 1971 年开始，这座城市的建筑由独栋的高层建筑发展为成组群的高层建筑。据资料记载，苏联 9 层及 9 层以上的高层居住建筑，按建造年代比例分析，在全部居住建筑中 1965 年占 5.5%、1968 年占 13%、1970 年占 16%，在莫斯科、列宁格勒、基辅、新西伯利亚，1965 年占 33%、1968 年占 55%、1970 年占 80%。1971 年 10 月，据苏联研究所估计，苏联各大城市，高层住宅的比例将增加到 85%~90%；人口在 100 万以上的城市中，高层住宅的比例增加到 50%~60%；人口在 50 万以上的城市中，高层住宅的比例增加到 30%~40%；全国高层住宅的比例增加 20%。而苏联低于 14 层的建筑，几乎全部使用预制钢筋混凝土建成。奥斯坦金诺电视塔于 1967 年建成，高度达 540m，是莫斯科最具代表性的建筑物之一。

地处地震区的罗马尼亚规定，5 层以下建筑使用预制装配技术建造，高于 5 层的建筑则采用现浇框架或者剪力墙方式建造。捷克作为钢材生产大国，高层建筑多使用钢结构框架，为了尽量维护布拉格原有城市面貌，高层建筑多建造在城市边缘交通便利区域，并与原有塔楼建筑结合，维持城市空间风貌与尺度协调。波兰则关注到了城市天际线的控制，在此基础上，为了满足城市人口的需求，其大部分住宅多为 4~15 层的预制建筑。16 层则是匈牙利的预制建筑上限，该国 1977 年共有 10 个建筑预制构件厂，年产 3 万套住宅，5 年内可圆满完成城市一定阶段的住宅需求任务。

6. 中欧、西欧与北欧地区

中欧与北欧地区历史文化悠久，人口增长缓慢，兴建高层建筑的目的主要是为了改造和更新旧城市区。英国新建的住宅中，1970 年 4 层以下的占总数 65%，而 1973 年即上升至 82.9%，高层住宅的建造有日益减少的趋势。法国 1963 年 4 层以下的建筑占 33.3%、5~9 层占 40.2%、10~24 层占 10.8%、24~49 层占 8%，1972 年 4 层以下的占 45.9%、5~9 层占 34.1%、10~24 层占 18.6%。意大利 1970 年 5 层以下新建住宅占总数的 93.6%、1971 年为 94.7%、1972 年为 95.3%。瑞典 1963 年 4 层下占 71.7%、5~8 层占 20.8%、9 层以上的占 7.5%，1973 年 4 层以下占 62.7%、5~8 层占 29.5%、9 层以上的占 7.8%。从以上数据可以看出，除瑞典外其他 3 个中欧国家，高层建筑的兴建似有减少的趋势。瑞典第三大城市马尔默的旋转大厦位于马尔默西港区，2005 年竣工。旋转大厦高 190m，从塔底到塔顶共旋转 90°。旋转大厦是瑞典最高的建筑，也是欧洲公寓建筑中海拔最高的。伦敦碎片大厦是英国的一个标志性建筑，其高度为 309m，是英国第一高楼，也是英国最高建筑，完工于 2012 年。法国首都最高的标志性建筑物是居斯塔夫·埃菲尔为 1889 年世界博览会建造的 320m 高的埃菲尔铁塔，而 1973 年竣工的蒙巴纳斯大楼（Tour Montparnasse，又名蒙巴纳斯大厦）则是巴黎市最高的一幢办公摩天大楼，高 209m。1990 年前，它在欧洲摩天大楼之林独占鳌头，至今仍然居法国高层建筑第一位，在欧洲范围内是第九位。意大利第一高楼——裕信银行大楼，坐落于米兰，高 231m，由著名的阿根廷裔美国建筑师西萨·佩里设计。从以上诸多案例可以看出，北欧和中欧地区高层建筑发展较为滞后。

7. 美洲地区

美国作为世界高层建筑的发源地，高层及超高层建筑在美国得到了较大发展，之后在世界范围内广泛传播开来。1886 年，被广泛认为最早全部采用金属框架结构的建筑——11 层家庭保险公司大楼在芝加哥落成，其外墙仍沿用旧的自承重体系，而直到 1889 年，雷特大楼才终于完全摒弃了旧有的结构体系，全部采用新的框架结构体系完成建造，而这也为高层建筑的探索和深入研究创造了技术理论条件。20 世纪以后，美国的经济中心由芝加哥转移到了纽约，而为了满足城市人口的需要，纽约的高层建筑也开始了大规模的兴建工作，如 1910 年纽约市政府大楼 24 层，1913 年纽约的乌尔窝斯大楼（Woolworth Building）45 层，1928 年纽约的潘那兰尼克大楼高 29 层，而 1931 年的纽约帝国大厦（102 层）高达 381m，并保持了世界最高建筑的头衔达 40 年之久。到 1969 年纽约建造了世界贸易中心双塔（110 层），高 411m，1970 年芝加哥又造了西尔斯大厦共 110 层，高 442m，曾是世界上最高的建筑物。

20 世纪 60 年代末至 70 年代，美国高层建筑发展到顶峰，成为世界高层建筑的中心。而高层建筑之所以能在美国蓬勃发展，缘于美国受战争影响较小，社会经济繁荣，但 1975—1976 年，美国发生了全国性的经济危机，高层建筑的建设活动在纽约及其他大城市陷入了停滞，高层建筑的规模和高度都产生了不同程度的倒退。但一般的高层建筑还是有了一定程度的发展，休斯敦的贝壳广场大厦用钢筋混凝土筒体结构建造了高 52 层的建筑；芝加哥的水塔广场大厦为高 76 层的建筑，创造了当前世界上最高钢筋混凝土建筑的纪录；世界贸易中心一号大楼（One World Trade Center）在 2014 年完工，由 David Childs 设计，高 1776 英尺（541.3m），这个数字与美国独立宣言签署年份一致，它是美国最高建筑，也是西半球最高、全球第六高建筑。

加拿大的高层建筑受到美国的影响，也有了较好的发展。像多伦多的西部商业宫有 37 层，高 239m；第一银行大厦则有 72 层，高 285m，是当时在美国以外的最高建筑；加拿大国家电视塔，位于加拿大多伦多市，塔身总高 553.3m，总投资 6300 万美元，于 1973 年开工，耗时 3 年建成，是加拿大最高的摩天大楼。

拉丁美洲的诸多国家地震较为频繁，所以高层建筑的发展必须在充分考虑到土壤、基础强度及稳定性问题的前提下进行，故建造高层建筑的成果不甚明显。古巴哈瓦那的高层建筑均为美国所建，如自由哈瓦那旅馆的前身就是美国的希尔顿旅馆。巴西人对于高层建筑的看法褒贬不一，但毫无疑问，圣保罗作为巴西发展最快的城市，高层建筑的出现与发展解决了城市建设过程中的诸多问题，中心城区较多的高层建筑虽然增加了一定的安全隐患，但在一定程度上缓解了交通堵塞、能源负担等问题。同时，哥伦比亚的波哥大也加快了对于高层建筑的研究和兴建，其现存的低层建筑过度侵袭了本就不多的耕地资源。由于有充足的石油能源，委内瑞拉城市发展繁荣，首都加拉加斯兴建了大量的高层建筑。智利圣地亚哥办公大楼“科斯塔内拉塔”（Torre Costanera）是一座 300m 高的大楼，曾为南美洲最高的建筑，于 2012 年竣工。近年来，墨西哥地震频繁的现象并无改变，但这个国家却热衷于高层建筑的建造。位于墨西哥第三大城市——蒙特雷市 T.OP 大厦高 305.3m，是墨西哥已建成的第一高楼，并取代智利高 300m 的科斯塔内拉塔，成为拉丁美洲最高楼。T.OP 大厦地上 64 层，地下 3 层，集现代化商务办公、零售购物、居住生活、酒店餐饮、休闲娱乐等城市功能与生活形态于一体，它的竣工、使用为墨西哥的天际线又添加了壮丽一景。

2 城市设计与大城市高层建筑

2.1 城市中心街区的城市设计特色

大城市的中心街区大都交通便捷，四通八达，具有良好的配套服务设施，土地开发成本较高，同时也处于城市较好的商圈之内，因此在城市中心街区设计与营建开发各种高层建筑理所应当，中心街区地块的建筑也多为高层建筑和超高层建筑。例如美国纽约的“世贸大厦”双子座塔楼是加拿大籍的李布斯金的创作方案，该建筑的高层主体及裙房的整体造型也呼之欲出。

城市中心街区拥有众多消费群体，周边的居住社区往往有一半以上是年轻人居住，他们充满着活力，愿意到其他领域内的中心街区的高层办公楼、宾馆、商业综合体的建筑空间参观体验，有显著的主体身份意识。通过对目标客户群体的精细化设计，他们会起到“一传十”“十传百”的作用，会拉动很多具有求知欲、喜欢时尚的中年人来使用办公楼及商业综合体。如北京东三环的三里屯SOHO街区就是非常时尚的中心街区，俊男靓女及世界各地的青年人、时尚人士常常到这些高层建筑办公楼里办公，到这些高层建筑裙房的商业综合体里进行健身、美容、购物、用餐等活动。城市中心区是城市的核心地区和城市功能的重要组成部分，具有高度集中带来的冲击、高负荷的交通系统、多元开放和多样性的公共空间。

城市中心街区是一个地区中心城市里的街区，也往往是一个城市最具历史文化积淀的街区，设计要比较多地依据科学有效的“城市设计要点”。在中心街区实际调研工作中，若能获得重要的信息，并用相应的研究成果顺利解决此类问题，即可提高中心街区高层建筑设计水平。

城市中心街区设计的过程也非常重要，我们通过一线建筑师传承城市设计的科学方法，在教学中，使同学们充分意识到在城市中心街区设计出优秀的高层建筑综合体及大楼的重要性，也使同学们会为自己能设计出这样的城市中心商务街区高层建筑而骄傲。建筑学的本科生和研究生需要专业的训练。设计好大城市中心街区的高层建筑也需要通过不断的专业实践以及到大型设计院参与重要高层建筑的设计，获取丰富的经验。同时，我们利用现代的计算机软件建模和渲染图制作，来进行高层建筑及裙房大面积改造设计与建模分析，并进行多方案比较，最终选取各方面指标都优秀的方案来实施；也通过定性描述研究、设计、策划，夯实当代高层综合楼信息化办公的研究基础，从而在国际和国内重要的城市设计或高层建筑设计竞赛中脱颖而出，提交优秀的城市设计和高层建筑方案。

2.2 城市中心街区的大众行为活动

居住在现代大城市里的大多数民众多处在快节奏的工作生活之中，这也就揭示了城市中心街区里的大众常态化的行为活动特点，是“游、购、娱、食、行、住”共同存在的生活行为，尤其是在双休日期间，很多家庭会来购买一周的家庭生活必需品，父母带小孩在这些商业综合体里享受游戏、娱乐、餐饮，年轻男女还会一起来这里看电影、玩游戏。

在出行交通方面，无论是自驾汽车还是乘坐公共交通，都构成了大众出行的主体行为，这也说明交通出行在城市中心区是最常见的行为。因此，在这些高层商业综合体里，可实现高效率的购物与工作两不误。驾车出行的消费者多直接进入地下停车库，因此高层建筑地下室空间设计及导向标志的设计都非常重要。

大众休息时间的购物、餐饮、交往行为，以及随机的散步、会面等行为活动，大多会在城市中心街区的高层建筑里开展。如果说城市的资金与雄厚的资本沉积在中心街区和高层建筑实体里，那么人们的各种行为活动就是依附在这些物质实体空间里的活动影像景观。好比人体血管里的血液一样流淌运动，以保持城市这个有机体正常活动起来，证明所谓的“城市空间有机体”蕴藏着社会财富，承载着大众生产与生活需求（图 2-1）。

图 2-1　笔者主持设计的北京某金融信息大楼 1

城市中心街区是一个拥有很多商业中心与知名品牌商品的区域，从宏观角度说，这个区域是城市物质与精神文明的载体和代表。如北京的东单、西单及国贸 CBD、王府井购物中心等区域；上海的南京路、外滩等。这些商业中心集购物、美食、娱乐于一体，拥有众多的消费娱乐活动场所，建筑空间非常密集，这里的空间消费也代表着一个城市中青年群体的消费趣味和购买力水平。由于有这么多的市民群体来此区域的高层商业综合体消费，因此安全保护措施需要始终高效率运转，提醒业主单位注意防火与消防安全是非常重要的。同时，也需要加强公安和行政管理的措施，这些安全管理行为都能提高城市的安全品质。

2.3 高层建筑的特点、性质和空间需求

1. 大中小城市的高层建筑特点

高层建筑的特点表现在它一般位于城市重要的街区，很多业主及开发商之所以选择这些区域，一方面是基于高层建筑的开发强度高、建筑总面积大，也反映其在建筑容积率为城市较高数值区域内。这些类型的高层建筑往往是城市的银行、保险、电信及星级酒店等功能类型。近十几年来，随着新型经济的崛起，在北上广深等城市往往有很多新型高科技的办公楼，体现了城市新企业的资本实力；另一方面，北上广深及很多一线城市地下轨道交通系统陆续修建完成，在城市主要街区地下轨道交通出入口、高层建筑的地下空间及裙房空间多为商业购物及综合服务中心，它们有机联系，能吸引很多市民来此购物和进行美食消费。高层建筑主体规模大、楼层高，内部系统复杂、功能交错，办公人员相对集中，易集中在城市中心建造。一般来讲，建筑内部位置越高，横向、竖向联系距离越短。

2. 大中小城市的高层建筑性质

高层建筑由于前期拍卖地价投入多，建设成本和设备成本高，因此建筑的性质多为有经济实力的城市大型国有企业及民营企业重要的办公空间，尤其是一些地标性的高层建筑往往是一个城市里具有经济实力、并且营收状况比较好的业态类型，包括金融办公、商务酒店等，即使建筑空间出租出去，也能很快收回投资成本。因此，特定地段高成本土地价格本身与建筑总投资也反映企业的经济实力，像很多国有大型银行及保险等金融机构的业态性质，可以给市民以心理安全感。

3. 中国本土高层建筑的空间功能特征

首先是一个较为宽敞大气的大堂门厅，尤其在南方地区，城市气候环境比较炎热，大堂门厅高大宽敞，自然通风效果良好；其次，商业综合体的高层建筑中有商业办公和酒店等，会包括各种类型中高档餐饮品牌店，集中了传统百货商场的多种业态功能，也会有现代小型电影院、4D 和虚拟仿真技术的游戏体验店等多种创新业态功能区。

高层建筑聚集的街区多为城市地价昂贵的中心街区，充分展示了一个城市企业和一些办公建筑的形象特征。高层办公楼宇里吸纳了很多的办公服务人员，是一个城市建筑空间里较高密度的活动空间，在这些高层建筑里，人们工作强度很大，获得的经营回报收益也很高。因此，我们在设计这类高层建筑时，一定要结合上位的控制性详细规划及城市设计提出的重要指标，加以充分细致地分析，结合具体高层建筑设计任务书，认真策划构思。当然，实际项目要结合国家的高层建筑防火及有关规范，从满足总体意向、功能业态、形态造型等条件，进行全方位综合的设计表达（图 2–2）。

图 2-2　笔者主持设计的北京某金融信息大楼 2

2.4　高层建筑的集聚活动和工作效率

高层建筑的建筑使用面积大，工作人员多，因此集聚活动多而且频率高，相对使用面积需要集中高效。基于高层建筑结构需要，当高层建筑和带裙房的商业综合体组合在一起时，裙房部分的空间一般设计建造得比较大气和实用，室内空间既能展示各品牌店的商品，又能给顾客提供干净整洁、时尚新颖的视觉效果。在商业综合体里有服装、饰品、鞋帽的出售，还有品牌连锁商店、中高档餐饮美食店、高科技电器产品店、AI 智能家居产品店，以及休闲、娱乐、观赏电影的活动空间，这些活动在节假日可以吸引一些家庭来高层商业综合体里进行消费和娱乐。

在高层建筑里的工作效益也是非常高的，由于高层建筑在垂直方向叠加的办公面积非常高，同时基于建筑结构支撑，高层建筑多能达到 300m、500m 或 800m。高层建筑的造型丰富又有规律性，对于高层建筑内部办公人员的人均办公面积有所控制，因而企业管理方从经营成本角度考虑，平均面积内工作效率与经济效率越高越好，收入高的白领管理层员工在这些高层公共建筑里的工作强度也会非常大。作为现代高层建筑的物质实体建筑，为人们提供使用的“服务空间”才是建筑设计的本质，建筑空间是为人们工作和各种活动来服务的。

正是由于高层建筑竖向空间叠加，使其具有了大量的建筑面积，可以容纳很多人来此办公，这里的人通过工作生活的相互联系，成为同事和朋友，这是现代城市文明不常被提及的重要纽带。在高密度办公空间，大量白领和各行各业的服务人员的活动，可以成为一个国家及一个城市“大机器”的“螺丝钉”。农耕社会，人们大多数散居在低密度的农村田野里，以家族血缘和家庭的关系联系起来，工作效益相对低下和简单，而在当代大都市中心城区及高层建筑区却恰恰相反。

我们很多时候从“泛视觉形态”的一般角度，批判大城市的高层建筑群为钢筋混凝土的“丛林”，从而鄙视城市市民生存的环境；若回归建筑设计的视角，每栋高层建筑如“火柴盒”叠加在一起，大多数市民会批判建筑师的设计简单，没有创造力。这些针对建筑形态的批判，有直观浅显的道理，但也很片面、狭隘，建筑设计师们要考虑城市土地、道路交通、经济开发、气候条件，对高层办公建筑自然通风、采光、垂直交通与疏散的条件以及中国现行的高层建筑防火规范的限制要求，其设计要符合一类高层建筑标准层防火分区加上防火喷淋要控制在 3000m^2 以内等这些具体的条例规定。高层建筑标准层的体型关系及高度、宽度的比例关系基本上被限定，建筑防火规范已经成为高层建筑体型限制的重要文件（图 2–3）。

图 2–3　笔者主持设计的张家口某综合大楼

3　大城市高层建筑的创意及象征

3.1　大城市高层建筑设计的创意

本节立足于上位城市设计文件里的重要内容。在大城市设计高层建筑需要有好的创意，遵循上位的城市街区设计的文本要点，科学地分析这些文本内容。涉及建筑形态造型和各个楼层的面积、结构、容积率、建筑密度和总建筑面积等，大家都会熟练地做出设计方案，但城市历史文化的意向性表达，却给建筑师提供了很多的想象与发挥创意的空间，这也是能够设计更高端建筑的必备素养。上海浦东陆家嘴地区大量的高层建筑的设计方案是在城市设计指导下的单体建筑设计，使得该区域的建筑形成了非常有层次感和丰富变化的城市天际轮廓线。

（1）立足于城市的历史文化。城市的历史文化艺术多有丰富的积累和传承，尤其是各省的省会城市、历史文化名城都具有厚重的历史文化积淀。一位好的建筑师只有深入了解自己生活的国家和城市的生态以及休闲娱乐的各个方面，积极学习文化历史知识来积淀设计的文化素养，学习了解古人及先民工匠的创意和设计作品，才能打通设计师造型艺术设计灵感和现实需求的关节，寻找到高层建筑设计创作的源泉。高层建筑设计应结合文化气息，从而体现出建筑形态文化、新技术文化、美学价值、地域文化、生态文化和摩天楼新价值观念等。建筑师马岩松早期在美国纽约大都市事务所、扎哈、库哈斯等合作设计的“非线性”的形态和“怪异”高层建筑大楼，以及在北京朝阳区的“山水大厦住宅”，也是他将空间造型艺术和现实建筑做了“创意性”结合而设计而成的。

（2）立足于城市街区的空间结构特点。从城市街区各个主要街道的人行走的视角去推敲高层建筑设计方案，是一个非常重要的手段，尤其是现代计算机模拟软件技术非常发达，很容易利用 SketchUp、3DMax、Grasshopper 软件建构高层建筑和街区所有建筑的体量和造型，进行全面的仿真模型分析，成本不高但效果会越来越好，它将帮助建筑师从更多视角与节点来细致地推敲高层建筑的设计与方案。这些方案也会受到普通市民的关心和评价，大多数市民从家里出来，都会在城市的人行道上漫步行走，也会在绿道里慢跑，观察和体验自己的人居环境质量，观看身边生活街区的高层建筑形态，然后选择自己喜爱的高层建筑及商业综合服务楼，进入其中进行购物、休闲和娱乐，参加亲子活动，观看电影和表演等，这些都充分说明立足于城市街区的空间结构特点来设计高层及多层建筑空间与景观环境的重要性。

（3）立足于高层建筑的类型、功能业态和规范要求。高层建筑在中国历史上经历了 4 个阶段：第一阶段是中华人民共和国成立之始，百废待兴；第二阶段是 1966—1978 年十一届三中全会之间；第三阶段 1980 年改革开放到 2000 年的发展时期；第四阶段 2000—2023 年的 20 多年的高速发展期。高层建筑不断出现多种类型，如银行、金融、保险、科技创投企业都有自己功能业态的高层办公建筑。

在北京的清华科技园、中关村科技园、北清路生命科学园、北京金融街、国贸CBD、丰台区的丽泽桥总部基地，高层建筑和超高层建筑比比皆是。上海陆家嘴地区、人民广场周边街区、城隍庙地区的高层建筑也是围绕着一定的功能业态和规范要求来布局规划，并通过设计营建投入使用的。

3.2 大城市高层建筑设计的象征

从原始社会开始，人们就对高大的构筑物和建筑物有崇拜之情。古埃及的金字塔是世界七大奇迹之一；智利的阿兹特克的金字塔，据考古学家研究发现是当时部落祭祀太阳神的高塔，其宗教意义以及象征性都是无比伟大的。我国古代的高台建筑和雄伟宫殿，表现了“溥天之下，莫非王土”的特性，体现“大一统”王国庄严华丽的气度。因此，高大严谨、对称布局的宫殿就成为那个时代的“高层建筑”。

到隋唐时期及以后一段时期，中国古代的高层建筑代表为佛塔。至今，在中华大地还有很多高层佛塔，如山西应县佛宫寺释迦塔，河北定县开元寺“料敌塔”，河南登封寺塔（高约40m），江苏苏州（宋朝时称平江府）虎丘云岩寺塔（公元959年，高7层，高47.5m），福建泉州开元寺仁寿双塔（西塔高44m，东塔名镇国塔，高48m，原来都为木结构体系，后来正式改为采用石材来建造，至今两座宝塔雄姿犹存，成为城市建筑与风景的一个古老文化地标）①。上海外滩成为中国城市建筑的“万国博览会”，其中上海汇丰银行和国际酒店作为近代的高层建筑在上海市已列为文物保护单位，成为标志性建筑。改革开放后，长三角、珠三角以及京津冀都市圈经济快速发展，高层建筑也如雨后春笋般蓬勃生长。高层建筑象征意义包含时代精神和表达环境意义两种，在传媒手段发达的当代社会，视觉符号逐渐成为象征的主要载体。

高层建筑是一个国家一个城市财富和发展实力的象征。在美国芝加哥诞生了现代意义上的高层建筑，出现钢结构、钢筋混凝土结构。其高层电梯主要是以奥的斯（OTIS）为领先品牌，应用在高层建筑之中，这一垂直交通电梯的发明和安全应用非常重要；各种配套的设备如自来水、污水处理、空调通风等技术运用于高层建筑。高层建筑已不只是一幢楼房建筑，已经成为一个城市经济发展实力的风向标。我国改革开放40多年来，社会主义市场经济带动城市房地产建筑业蓬勃发展，城市土地价值普遍按市场化指标得以体现，房地产空间按市场要素重新评估。北京国贸、东三环、中关村商圈以及长安街沿线，上海外滩陆家嘴地区，广东珠江岸边，一座座现代高层建筑不断通过设计竞赛而产生，象征着城市的土地价值、建筑价值和财富的建筑拔地而起、顺势而生！

3.3 高层建筑的主体分区和功能显示

高层建筑占地面积较小，往往处于城市中心繁华地区，由于地价昂贵，所以建筑向高层发展。按现行的《建筑防火通用规范》（GB 55037）要求，标准层平面面积（为一类防火建筑）1500m^2，增加喷淋消防措施，防火分区面积可以增加1倍为3000m^2；裙房部分1个防火分区可以有2500m^2，增加消防

① 潘谷西．中国建筑史（第七版）[M]. 北京：中国建筑工业出版社，2015:128-178.

喷淋设施，防火分区可以做到 5000m^2。建筑层高因不同建筑类型和功能业态的要求确定，每层层高从 3.6m、3.9m 到 6m、9m 均有。高层建筑及超过 100m 的超高层建筑即使按 3000m^2 标准层和 3.9m 平均层高计算，百米高度，也达到 25 层，每层为 3000m^2，总建筑面积也会达到 7.5 万 m^2，所以在立体高度上进行业态功能分区和技术控制管理已成为常态。

正是由于高层建筑在小块用地上能提供较多的总体面积，位于城市繁华地段的（超）高层建筑开发者、拥有者往往是几家大公司持有或者为银行入股，多数的高层建筑采用垂直的立体分区来分配产权权属关系，当然有些高层商业开发项目在立项时，就采用预售和现场销售的方式，很多上市企业和公司也会根据集团的发展需求选择不同的楼盘和不同的楼层来购买，作为企业的一个窗口，宣传和展示企业的形象。有些企业在购买分区时，会确定让开发商来进行整体装修，有的企业自己有空间设计的形象要求，会在购买后，委托相关有资质的设计机构来进行装饰设计和施工。为有利于主体的使用功能及结构的稳定性，超高层建筑结构体系通常采用结构筒贯穿整个建筑，其内部包含电梯井、楼梯间、设备井道和其他辅助空间，在建筑空间中常起到交通枢纽作用，其中走廊、前室和疏散楼梯等承担人员疏散的功能。结构筒之外就是具体的功能空间。由于结构技术的支撑，超高层建筑的功能空间具有大小不同规模的形态，空间类别呈现多元化组合的特点，既有闭合的空间，也有开放或半开放的空间。建筑空间布局与人员的安全疏散有着不可分离的关系，建筑空间组合模式不同，安全疏散的流线和方式也会有所不同。

既然高层建筑和超高层建筑是业主财富和实力的象征，那么任何一幢高层公共建筑都会通过设计招标的方式来进行招标。在后期使用过程中，有经济实力的公司分层购买后，会根据企业的业务需求进行设计定位，向自己的员工和业务伙伴展示企业形象，像金融、保险、高科技行业的办公楼，五星级的商务宾馆，电信总部大楼，都是近 30 年来发展比较好的商业公司业态，他们除了会整幢开发、购买一些高层建筑，也会在繁华地段购买一些楼层作为公司业务拓展的工作场所，满足办公需求。

3.4 高层建筑的团队活动与业态发展

工作在高层建筑里的人们大多数能眺望窗外美景，这是高层建筑自身结构的优势。人类文明从原始世界走来，生活在森林的人们能攀上高大树木，但是茂密的树叶却屏蔽了人们望向远方的渴望。今天，生活在北上广深等大城市的人们除了在高层综合办公楼里工作之外，回家也会进入市区内的高层住宅，按单元划分，配备电梯，每层的单元居住生活着 2~8 户人家，如遇火灾，可通过楼梯疏散人流，保证常态下人们都能安全地生活在高层住宅单元里。

长期在高层建筑里办公的工作人员，也可以称为一个公司团队和大家庭。针对不同的高层建筑，如金融、银行、保险、股票、期货、综合办公（电信、电力、煤炭）以及商务宾馆和度假酒店，都需要很多的团队成员在高层建筑分层空间里分工协作，一方面为各自家庭“衣食住行游购娱”来服务，另一方面，针对不同时期各个团队生产、休闲生活的需要，现代互联网企业逐步增加，所以和他们协调配合的工作人员也会越来越多。

高层建筑空间只是人类工作、休憩、生活的容器，其每个时代工作的业态是伴随着人类科学与社会经济、文化经营活动等发展而推进的。业态划分中有一项重要的标准就是如何在有限的空间里创造最大化的长期价值。因为业态布局一旦确定，就无法轻易改变，将未来发展和未来可产生的价值放在业态发展的规划中，在对消费者的定位和相关行业的挑选上一定要有所取舍，同时也要伴随着发展和市场需求做出相应的改变。伴随着现代工业文明和移动互联网技术的提高，每个时代的新兴产业的诞生，也会给人们带来工作习惯的不同，比如 20 世纪 60 年代以后与 21 世纪以后出生的人们，他们的学习、生活、工作的经历都有所不同，因此，高层建筑的业态功能设置也会有所变化。

伴随着生活水平的提高，娱乐生活兴起，在工作之外，人们会去更好地享受大都市中高层建筑空间里的美食和休闲娱乐空间，虽然我们天天抱怨这些繁杂繁重的工作，每天在“钢筋混凝土森林”里穿梭奔波，但是我们仍然需要在城市“森林”里居住、生活、工作和休闲。

4 大城市高层建筑的构思及要素

4.1 高层建筑构思设计的出发点

本书旨在从城市的性质、发展方向、人口规模等总体规划出发来从事城市高层建筑设计，目的是精确地聚焦到地段的城市设计研究，在此基础之上再集中到地块的高层建筑设计中来。在城市设计的总体空间秩序和三维形体环境研究成果的基础上，在该地段每个高层建筑的基地和用地红线内切实可行地从事高层建筑设计，才是正确的设计方法和路径，这符合从宏观到微观、从总体到局部的设计程序与步骤。当然，结合甲方的开发需求且落实拟定的策划书和科学推敲确定任务书，也是必要条件。正如清华大学的庄惟敏教授提出“先策划、后评估”的建筑策划的方案设计程序，我们从事高层建筑设计规划的前提是先期策划开展一系列的正确的程式研究。

在理解上述系统设计程序之后，参与高层建筑设计的建筑师，仍然要从一个城市的历史文化、经济发展、地理生态、气候等客观条件和综合前提进行系统分析，作为设计构思的出发点，建筑设计的规范和总体的建筑面积、功能业态、使用方（业主单位）使用要求都分析研究确定下来之后，再开展设计工作，前者的系统客观分析，乃至于设计构思的灵感可能就在这些深入细致的分析中萌发出来。像上海陆家嘴的金茂大厦中标方案，从中国的古塔形象获取灵感，其中标机构 SOM 从中国儒家文化推崇的士大夫阶层价值取向出发，“高风亮节、芝麻开花节节高”的正向美好象征在高层建筑形象表达上获得成功加分项，是评标中标的关键因素。在进行高层建筑设计时，需根据城市空间规划设计要求对高层建筑的高度、密度及布局等进行科学合理的设计，并结合城市空间景观的要求，利用合理的设计方法对高层建筑的顶层、出入口和活动广场等进行设计，从而与城市空间实现有机的融合。

公共性高层建筑垂直挺拔的形象一旦生成，至少在 50~100 年内会是一个城市中心街区的标志物，虽然我们今天的建造技术已经远远超过 200 多年前芝加哥现代高层建筑诞生之时，但我们仍然需要高度重视，除了建设单位在策划立项之初进行可行性研究，每个投标参与方案设计的团队成员都要全力以赴地投入。芝加哥的希尔斯大厦，采用九宫格的平面形态，在垂直方向上进行格网的退让收分处理，既满足总体建筑面积体量的要求，又符合高层建筑竖向受力和风荷载的要求，是笔者比较欣赏的高层建筑设计方案。当然，现代的高层建筑设计师杨经文、诺曼·福斯特（Norman Forst）基于保护生态环境的理念引入空中花园和绿色植物，以及垂直农场花园的设计，加上导入现代先进材料，也是走可持续绿色节能建筑设计的发展之路。

4.2 高层建筑设计的裙房和便捷的公共服务

高层建筑的裙房受城市地段昂贵地价的影响，往往会最大限度地满足用地指标的建筑密度上限，同时做到一栋公共建筑多层的上限高度。如一栋多层建筑，其小于 24m 的檐口高度，正因为要获得商业利润，利用多数商业办公综合楼的有效空间与营业面积，高层建筑的裙房多数功能为商业综合体。改革开放以来，以万达商业集团开发的商务办公楼和中高档高层宾馆楼大多数运用该模式，多层的万达商业广场为中高档商业综合体，而且满足商业百货从一层到五层的主要业态功能，从下到上依次为化妆品、女士儿童服装、男装、餐饮、电影剧院等业态功能布局。根据建筑功能的不同，城市综合体可划分为地铁、住宅、酒店、商业及停车场等多个功能区。综合体的地上部分常采用高层建筑与裙房相结合的形式，裙房一般作为商业用途，而塔楼一般作为住宅、酒店及办公用途；地下部分作为上部建筑的地下室，一般承担商业、停车及地铁站的功能。需要指出的是，塔楼功能区是住宅功能区、酒店功能区及办公功能区的统称；裙房功能区是商业（商场、餐饮、娱乐）功能区的统称；地下功能区是商业功能区、停车场功能区及地铁功能区的统称。

在高层办公楼、宾馆、科研楼的裙房，也有为自己的高层主体标准层面积配套的建筑功能用房面积，此类裙房在采用错开立体标准楼层，避开核心筒体结构的同时，多数根据配套服务功能业态，采用大开间框架及局部剪力墙结构体系，一方面可以灵活地布局不同功能业态及面积的配套房间，如大会议室、报告厅、多功能会议室与星级商务接待宾馆，需要分隔开不同面积。例如不同特色风味的餐厅，不同面积的会议室以及大型宴会厅等都具备近百年来欧美大型企业及宾馆类高层商业裙房的结构设计特色。

所有的高层主体建筑的裙房部分建筑空间，既要系统地计算建筑结构、水暖电设备和高层建筑空间使用人数和面积，由于裙房部分为高层主体预留的门厅、大堂，这部分也要方便、快捷，入口要有强烈的隐喻特征和醒目的视觉吸引力，使内部与外部使用人员都能方便找到相应出入口位置，符合安全疏散标准。同时，裙房自己独立出来的大型超市、商业综合体要符合市场出租和出售的空间布局设计要求，有很多超市和各项功能的专门商店都需要有档次的室内环境设计来做创意设计方案，体现店主所从事行业的功能业态与销售产品的需求。销售空间的品质是一个重要的商品展示和营销的基本内核，也能促进高层建筑设计的形态立意、基本空间功能流线和功能分区等重要指标的不断优化。

4.3 高层建筑的主体和核心空间利用

高层建筑的主体构成首先是重要交通的消防疏散楼梯，然后就是电梯。可以说，现代电梯（油压、电力驱动）是近代及现代高层建筑特色发展的动力，电梯发展的历史反映了建筑工程技术人员长期以来从建筑电气和技术研发的视角，不断从高层建筑核心主体和核心空间利用的全方位角度研发，改进电梯的尺度以及运行速度，为当代高层建筑和超高层建筑的设计、施工、使用、管理和运营效率提供保证，也会指导我们努力在当下去设计优秀的高层建筑来为这些空间提供服务。

我们也应该从高层建筑防火及各种防灾害的视角来分析解读高层建筑的交通核。高层建筑的主体和核心空间的最重要的面积为消防疏散楼梯，按现行的高层建筑防火规范，一类高层建筑标准层面积加上防火喷淋设备，一个防火分区最大面积为 3000m^2，可以设 2 个消防疏散楼梯间，楼梯间梯段净跨度应达到 1.5m，能满足 2 股人流疏散使用。但是高层住宅建筑经过商业经济理性的平面布置，缺少缓慢梯道以及开放的绿色自然景观，笔者也期望高层建筑未来的楼梯也可以将自然山水林木景观感受融入这些规整的楼梯空间之中。

高层建筑核心筒由垂直空间、水平交通空间、设备空间和辅助配套空间组成，在高层建筑平面设计中占据重要地位。高层建筑的核心筒往往承载着服务于各楼层办公人员的通风管道、上下水管道设备间（犹如人体的血脉管道）。综合楼的男女卫生间也是必不可少的功能房间，卫生间的重要性不言而喻，空间档次也显得愈发重要，对高层写字楼的洗手间（化妆间）的设计与装修，要精心选择材料。

现在很多摩天大楼的国际国内竞赛，主题思想都比较开放，不拘泥于现行的高层建筑设计规范，也不需要严格的防火分区面积限制，这些竞赛方案可以忽视疏散楼梯数量和宽度。很多摩天楼高层建筑设计竞赛更强调社会历史文化传承，以及技术和设计策略方面的创新和探索研究。

4.4 高层建筑的要素及其构成关系

从建筑设计的综合角度来分析，高层建筑的要素及构成关系至少表现在三个方面：第一方面是用地总图规划设计；第二方面是主体建筑的方位和体型关系；第三方面是场地绿地、广场、景观小品三大主题。按现行规范，一般民用公共建筑包含高层建筑（24m 及以上的高层）加裙房部分面积需要解决总图环境里的消防环道问题，高层建筑至少有一长边及总周长的四分之一外边长度为消防救护所用。在主体建筑的位置，一方面要结合上位城市设计和控制性详细规划要求来策划分析及设计；另一方面，高层主体的形体特征、历史文化象征也非常重要。

总平面和室外的绿化率直接影响到地块街区用地的绿化率指标，同时基于绿化景观，植物数量、乔木、灌木、花木品种的艺术搭配以及绿化广场的景观小品相配合的整体立意与构思也非常重要。虽然这部分面积相对整个楼宇的高层及裙房的总面积占比很小，但人们从城市居住地乘坐公共交通或自驾前往目的地，需要空间景观的理性与感性设计的多重创意，创意好则能形成良好的办公与居住环境。

建筑师要具备的专业知识比较庞杂，同时又要有系统论的支持，在上述简明的主题及构成分析中，城市不同的地段，如在北上广深等城市的历史街区内的更新改造，高层建筑带裙房或带商业综合体几大类型的功能业态的相互关系及其内部要素的重要性，都会在不同层面显现出来，建筑师要抓住问题的关键。在老城尤其是历史文化街区风貌协调区中，高层立体建筑与裙房的材料色彩、细部装饰造型、体型轮廓线都应与历史街区的主体文化建筑产生对话和呼应，这就需要城市规划与城市设计阶段，从宏观角度出发，在中观与微观角度进行综合方位评价、推演，从平面功能布局规划要求到剖面和立面设计来综合解决相关问题。

5　城市高密度环境中的高层综合楼

5.1　高密度环境里的高层办公楼及人群活动行为

高密度环境里高层办公楼及人的活动行为需要引起建筑师的高度重视，不同功能业态的办公楼里的工作人员，其职业、身份和工作习惯有共性，也有很多差异。在具体的空间设计里，需要我们做一些前期的深入调查分析。随着现代移动互联网和大数据平台等的产生，若为了收集公共事业和高密度社区环境里的高层办公楼环境数据以及整理分析，我们可以申请由相关管理部门提供一些服务数据，比如银行、保险以及高科技企业、大中小国企、民营企业等。

在 8 小时工作时间之外，一些新近的创投企业为了更好地获得市场业绩，给各部门工作人员以优厚的薪酬，会有一些工作人员需要加班完成工作。所以这些高层办公楼里的照明、空调用电时间比较长，高层办公楼作为高层建筑的主要类型能够最大程度实现信息集散和加工再创造。针对办公人群，办公楼采用新型建筑科技和方式营造舒适宜人、生态环保的人性化建筑环境。

特大城市、大城市的高密度办公区里的高层建筑相对集中，除相应的高层办公综合楼数量居多以外，高层商务酒店也会有相应的配套，大多数人员集中的活动区域，如商业购物、商业综合体、会展、休闲、洽谈、餐饮、娱乐、影剧院等于前文已有说明与分析，会更多地布局在这些高层建筑的裙楼部分，一方面照顾到这些人员从室外到室内的便捷出入，另一方面裙楼部分结构可以采用一些大跨度以及大空间的支撑结构形式，来满足功能业态需求并节省造价。同时也能很好地满足消防和防火疏散规范要求。有些办公和综合服务机构的房产物业管理人员，庆幸自己一辈子都没碰到楼宇着火、出现紧急疏散特殊状况，但高密度环境中一旦出现火灾等危险事故就是“人命关天”的大事故，安全有序疏散就是头等大事。2009 年 9 月 11 日，美国“9・11”恐怖事件，世贸大厦双子座被恐怖分子用飞机撞毁，连很多来此高层办公楼救火的消防员也成了牺牲者。

5.2　高密度环境里的高层酒店及人群活动行为

在北上广深等超大城市以及各省会城市的高密度环境里，高层商务酒店是具有营利性的一种建筑类型，在很多方面它像一个小“村落”社区，积聚着庞杂的人群，流动性极快。21 世纪以来，中国各大城市的商务活动繁忙，城市高层商务酒店的入住率也非常高，在北上广深等地区入住高档高层商务酒店或来此开会的企业管理人员非常多，不同职业的白领在 CBD 的高层建筑里上班，都有自己的工作习惯和工作作风。

满足不同业主客户的要求，也是中国当代建筑师设计高层办公楼和宾馆酒店等综合体的基本素养，为跨国企业高级 CEO、CFO 等群体服务时，需要考虑世界各地气候环境下的高级白领的生活习惯，尤其是餐饮习惯等，高质量的餐饮服务可以深度吸引客户群，同时也能提高自己酒店品牌知名度。同时，有些开发商业主单位自己持有物业，一方面可按最高市场价格出售来获利，另一方面，了解客户需求，使之成为一群容易冲动购物的消费者。在激烈的市场经济竞争的状态下，守住企业自己开发的高层酒店是不容易的。高层酒店是行业发展的主要趋势，其优势在于节省建筑用地、增加内部容量和满足多元化需求。因此，需要通过多方面考虑，满足不同客户群体和内部员工的需求（图 5-1）。

图 5-1　笔者主持设计的安徽滁州某综合大楼

据《人民日报》报道，国家统计局发布《中国人口普查年鉴 2020》进一步披露了第七次全国人口普查的详细数据，其中居住状况的数据引起广泛关注。数据显示，2020 年，中国家庭户人均居住面积达 41.76m^2，平均每户住房间数为 3.2 间，平均每户居住面积达到 111.18m^2。这一数据涵盖城乡，其中城市家庭人均居住面积为 36.52m^2。1990 年中国城镇居民人均居住面积为 7.1m^2，而 2020 年已达到 41.76m^2，全国家庭户人均居住面积在 30 年间增长近 6 倍。

不同楼宇有不同的功能业态，200 年前欧美国家早期高层建筑的类型涵盖了银行、保险、金融等功能，尤其是深圳、珠海作为最早对外开放的经济特区，借助我国对外开放政策，调动一切资源来促进经济发展，引入欧美房地产开发的模式，盘活城乡土地资源，增加居民不动产的收入，改善居住面积的指标。全国家庭户人均居住面积 1990—2020 年增长近 6 倍，这反映了高层住宅建筑也同雨后春笋般拔地而起，上海陆家嘴、广州天河 CBD 服务区、北京东三环国贸商务区的高层建筑大厦相继问世，盘活了各大城市的土地潜在市场开发价值。邓小平同志说的“发展才是硬道理”代表这个时期的经济快速发展路线，高层建筑在城市中心、开发价值高的地段不断生长与扩展。

5.3 高密度环境里对自然和绿色空间的向往与融合

一般在特大城市、大城市的高密度开发强度街区里，高层建筑数量较多，除了这些高层建筑的街区道路、消防间距及绿化面积控制，客观地说，其绿地空间是非常少的。尤其是相对容积率开发强度高的地段和地块，高层以及超高层建筑的阴影覆盖了一部分绿地，应该可以根据高层建筑的体形将绿化空间向空中延伸，因此近 30 年来，追求具有立体绿化和空中生态庭院的设计手法比较有优势，鉴于地面上的花园空间植物绿化面积较小，便在高层建筑转换层位置，结合空中花园和中庭垂直绿化来增加绿色空间。

英国著名建筑师诺曼・福斯特的建筑事务所设计的德国法兰克福德意志商业银行总部就采用了在高层建筑主体设计了三个方向的、十几米高的空中花园，非常有个性。早期美国的波特曼在高层宾馆建筑方案创意设计里，大量采用四季透光与采光多层中庭，让高容积率、大进深的高层立体与裙房空间都充满阳光，且有自然空气的流通。马来西亚的建筑师杨经文长期研究亚热带气候对高层建筑的风热环境影响，他采用大量的本土绿化植物编织构建空中花园，其作品获得“中国梁思成建筑奖”（图 5-2），另外，新加坡 Oasis 大厦也采用了很多立体的空中花园（图 5-3），利用四角核心筒，解放出来大面积可以灵活分隔绿化与建筑空间。城市中心区土地价值较高，依据土地混合利用理念，宜采取紧凑集中的用地布局和高强度建设，鼓励土地多功能集约利用和立体化开发，但要注意留出足够的绿地、广场等“间隙”空间作为城市的缓冲带。对城市工业废弃地进行生态化改造，形成绿地、公园或者低密度的艺术街区，亦可缓解高密度环境的拥挤，并达到提升环境品质的目标。

图 5-2 马来西亚建筑师杨经文设计的生态高层建筑

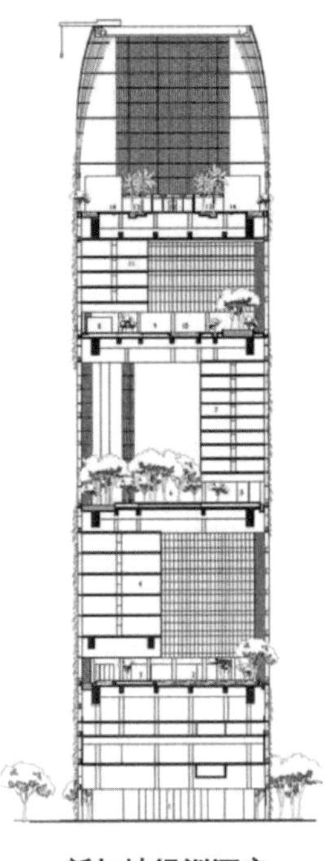

图 5-3　新家坡的 Oasis 大厦也采用了很多立体的空中花园

笔者 2019 年与中国中建设计集团有限公司联合参与的北京市丰台区丽泽桥商务区“国家信息金融大厦方案投标设计”，通过基地调研后发现该地块的绿化面积较小，本着要全面利用高层立体建筑的形体，采用分段的中庭空间，为工作在此的国家信息金融中心的白领提供更多的绿化景观空间。我们的方案一方面要满足规划设计条件里的高层建筑的总面积以及高层消防环道立体种植绿化及绿地率、绿化率等各个方面的要求，同时要与周边环境用地以及绿化公园有机结合，为周边居民提供具有休闲功能的高品质绿化园林空间和景观设施小品。

5.4　高密度环境里交通效率与人群的交往

高层建筑分布的街区多处于高密度城市街区环境里，到这里上班以及购物休闲的人们都希望有便捷的公共交通可以到达，因为现在特大城市、省会城市等中心街区的主要街道往往都会存在堵车的情况，城市繁忙拥堵的交通环境会降低人们日常生活的幸福感，所以我们必须要规划好城市公共交通，确保其高效率通行，真正地解决我们到城市中心街区及高层建筑里工作的交通问题。

在交通不便捷的街区，往往高层建筑出租率也不高。很多城市白领阶层的生活成本较高，公共交通不仅可以节省家庭开支，同时也给这些在城市中心街区的高密度社区生活与工作的人们提供基础条件，为市民生活提供 15 分钟生活圈，方便满足其各项生活需求。便捷的服务圈，其中重要的一个方面就是应该在高密度城市街区环境与公共建筑里，提供方便的交通和外部生活休闲绿色交往空间。

人们在高密度城市街区与高层建筑分布较多的街区里面工作、学习与生活，常见的心理活动就是以积极、快乐、开放的心态处理好生活、工作以及和同事伙伴的关系。建立良好的人际交往关系，与在高密度环境里工作的同事和好友相互团结、相互尊重，并由此培育出这些街道社区的良好互动关系，并利用智慧城市与各种智能技术措施来搭建工作与生活平台，可提升市民生活的幸福感与获得感。人类天生是社会化的动物，在社区环境密切的交往活动中，我们可以充分表现自己、团结他人，充分地实现自我目标，这其中就包括市民生活与工作的高密度城市街区，以及他们在高层建筑里的交往活动和全面的心理感受。

6 城市环境景观与高层建筑

6.1 从城市街道和社区到高层建筑办公和生活

城市中心高密度街区分布着很多高层建筑，但在这里我们也要梳理一下，很多城市是历史文化名城，或者其中心城区就是历史文化街区。在这些历史文化街区旁边做城市设计及单体高层建筑设计时，需要认真了解与阅读历史文化名城、历史文化街区的保护与发展规划的文件。随着城市化进程的加速和房地产市场化开发，很多城市与街区的历史文化和文脉遭到破坏，并在不该建设高层建筑的地区硬生生修建了很多高层建筑。例如十几年前就有很多专家对杭州西湖风景区的城市设计提出宝贵意见，最为明显的就是批评不顾西湖周边优美自然轮廓线，在环西湖地区修建了大量的没有经过城市设计专题研究的高层建筑。

城市中心高层建筑街区，为了与历史名城和历史文化街区缓冲区有很好的观照，往往会设计安排城市中心立体花园和公园绿地，植入一个能有视觉缓冲效果的城市环境景观，这是比较生硬的亡羊补牢的方法。美国景观设计师弗雷德里克·劳·奥姆斯特德（Frederick Law Olmsted）（1822—1903 年）在现代城市纽约曼哈顿的规划与设计中，从城市环境和生态健康的角度引入 1000 亩（约 66.67 公顷）的中央公园绿化景观用地，的确是具有先见之明的注重城市生态环境景观方法，当然我们也可以评论奥姆斯特德的思想受到工业革命后霍华德的花园城市理论的影响，用绿色生态绿地分隔开工厂、办公楼、居民生活片区的较严格功能用地与空间分区的思想（图 6–1）。

图 6–1 西班牙瓦伦西亚艺术科学城附近高层建筑

高层办公建筑在设计思路上应该做到大胆创新，基于建筑本身高直、纵向空间大的基本特征来引入良好的、绿色环保的生态共享空间理念。需要保证建筑能够服务所有人，基于“人文关怀”的理念思考建筑本身的可达性与服务空间范围的有效扩大，争取形成生态共享空间体系，提高空间内大众人群受益度。

拥有良好的生态园林景观对城市中心街区和高层建筑，包括高层商务酒店、高科技办公楼，以及高层及中高层住宅周边的空间环境品质提升都有积极作用。今天笔者又阅读了当年在清华大学建筑学院攻读博士学位时收集的关于欧美国家在 20 世纪 70 年代出现的"逆城市化进程"的文章，因为城市中心高层住宅和办公环境日益恶化，使得城市的中高层收入市民纷纷逃往郊区，进入"低层高密度"的社区，享受有良好的工作、生活的配套设施居住环境。当然到 20 世纪末及 21 世纪初，"新都市主义"对欧美蔓延的市区及小城市浪费土地和资源进行了深刻的反思与批判。英国、法国等发达国家的发展模式出现了"逆城市化"的现象，中国可能不会轻易地移植过来，因为我国人均耕地较少，近 20 年快速发展特大城市、大城市的模式在很多层面上也是为适应我国的生态地理和国土空间规划。

6.2 城市环境景观与高层建筑里的工作效率

在城市中心街区的高层建筑里，人们的工作效率可以分两个方面展开分析：一方面在缺乏生态园林绿地的高层建筑街区的噪声、环境等不好的高层建筑中工作，包括金融、保险、银行、政府办公、企业办公、星级酒店等场所里工作和服务的人员从心理及行为方面都会受到负面的环境影响；另一方面，长期生活在城市噪声环境里，人们会变得焦虑、烦躁、注意力不集中，城市热岛效应还会造成办公楼高层建筑环境炎热，相对应的通风环境不流畅，也会造成在办公楼里工作人员情绪波动，工作效率低下。

伴随着高层建筑室外门窗采用 LOW–E 玻璃，双层中空玻璃技术得到应用，高层建筑保温节能、采光和隔声效果越来越好，从建筑技术方面促进了人们来到中心街区的高层建筑里工作，形成人群数量多、密度高的环境。随着我们国家对城市人居环境、生态环境的高品质追求，通过建设城市中心街区的绿地花园，提高其数量，绿化率会逐步提高，也会极大地改善这些街区的通风及环境，降低热辐射的数值。我们会不断地完善城市中心街区和历史文化街区的有机更新改造，改善生活与工作环境，提升高层建筑环境质量。在大城市高层建筑办公有利于人居环境持续发展，其中最重要的因素便是超高层建筑可以节约大量的土地，能在有限的地面空间之中争取到更多的办公面积，并有利于节约市政设施，提高效率。在现有技术条件下，高层、超高层建筑是一种较为行之有效的节地形式，对于用地紧张的大城市具有突出的意义。同时，智能化的超高层办公建筑造型挺拔，经妥善处理后还可丰富城市景观，塑造并建构标志性建筑。

城市环境景观的数量与质量的提高将对城市，尤其是中心街区的高层办公建筑的工作环境有很大的改善与提升。同时，现代高层建筑的室内环境设计，也会引入裙房的多层共享、四季采光中庭和空中室内花园，这些中庭花园一方面会改善高层建筑高密度的环境，另一方面空中采光中庭花园能增加通风效果，室内的热环境和舒适度也会得到改善。当然，高层建筑若换成是中高层建筑，以及带电梯的多层建筑也会有很好的心理舒适感。中国有句古语"登高可以望远"，越高的高层办公建筑，会让人"极目楚天舒"，反映了我们自古以来的行为心理。

6.3 高层建筑的中庭空间环境作用

高层建筑大部分裙楼的进深都比较大，投影面积也非常大，只依靠房屋四周很小面积的窗户来采光，效果也非常差，于是在高层建筑的裙房里，可自然引进有玻璃顶棚围合的中庭——室内采光院落空间。在现行建筑设计规范里，多层民用建筑裙楼的女儿墙顶面和地面高度值小于 24m，就属于多层建筑。围绕在中庭周边的裙房通过中庭玻璃屋顶上明亮的顶棚阳光照射，极大地改善了中庭四周大小房屋空间的自然采光与通风效能。同时，顶棚有些窗扇可以开启通风，形成热空气动力学中的“文丘里”管道，加快室内自然空气的流动（热空气往上空流动原理），后期伴随现代采光、物理技术等的机械设备与设施的加入，可以更加精密地测控与调节阳光照射数量和空气流通数值。中庭空间在高层建筑中多指大面积自然采光、上下联通的室内空间，以协调人、建筑、自然和社会整体发展为目标，反映出中庭尊重环境、尊重生态系统和尊重现代人类生活方式的空间意义。值得一提的是美国建筑师波特曼（Portman）在美国很多州设计的高层度假酒店引入了中庭，效果也非常好。上海浦东陆家嘴的金茂大厦上部也设计营建了高大的酒店中庭，该方案应该是借鉴波特曼设计的酒店理念。

笔者对包括办公、科教、酒店、医院等高层建筑将裙房部分引入中央庭院（简称中庭）的设计方法是持赞同态度的。我国北方的四合院民居高度为 1~2 层，局部有 3 层，根据地形地貌及房屋采光和通风的需求，像晋中地区的王家大院、乔家大院，以及徽州地区的小厅井民居、绍兴的台门民居、苏州民居、浙江民居等，大多数都是先辈观察地理气候及采光环境条件，结合人体健康的生理需求，设置开放的院落中心庭院空间，进行有机组合，使得民居院落四周的房间及公用空间都能顺利地采光、通风、避雨，这些基本的物理功能和我们今天在高层建筑里设置带玻璃的顶棚，以及带自动控制多角度的百叶调光与通风的智慧如出一辙，都是伴随着当代建筑技术和核心功能需求发展的建筑技艺成果。

高层建筑的容积率、建筑密度都比较高，尤其是比较方正的大进深地块，经过现代建筑师以及建筑材料、建筑设备、工程技术人员长期密切配合，其中心裙房部分建筑空间引入四季阳光中庭。因此可以说，虽然中心街区的高层建筑造型形式印证了近代工业革命后的传统建筑结构与材料技术相结合，演变成各种齐全的建筑功能空间外，现代互联网、移动互联技术的进步，更加深刻地影响与促进了建筑技术的迭代与更新。传统建筑六面体室内空间满足人们与自然恶劣环境的抗争，如抵抗台风、暴雨、酷热和野兽的侵袭。现代建筑科学技术及高层建筑空间装上了“耀动飞翔”的翅膀，从四季采光通风的中庭里“一鸣惊人”，享受着各种安居乐业的生活与工作空间。

6.4 绿地、河流和广场环境对高层建筑的作用

很多拥有古老历史文化和生态环境的大中小城市，都有自然的河流穿过城市中心。这些河流给生活在城市的居民提供健康的水源，因此很多城市的高层建筑就沿海滨、河滨来建设，也构筑了城市独特的海滨、河滨建筑轮廓线。其中高层建筑轮廓线也构成了最高层次、富有动态变化韵律的主体轮廓线，值得我们来探索和研究。一个美好的城市如果有滨河、滨湖或滨海用地空间，人居环境就会非常好。

欧洲等历史城市的中心街区有很好的街道和广场尺度环境，建有很好的高层建筑，也有别具特色的空间结构尺度和环境。正如城市设计专家卡米诺·西谛所描述的欧洲中世纪的教堂、广场、街道、绿地以及周边的环境，都会有所表现和遗存。我国的很多历史文化名城、名镇、名村，都拥有有机生长形成的街道和广场，譬如《记住乡愁》纪录片里的传统历史文化名城、名镇、名村，都拥有滨河、滨湖或滨海环境，这些环境塑造了特定的地域建筑空间特色。

一个城市的中心街区，其高密度人居环境包含着很多高层建筑环境，如果有河流、滨湖环境和中心广场等，将会构成一个有特色的空间场所。我们也可以从现有的大中小城市高层建筑场地，如上海陆家嘴、南京夫子庙护城河附近、浙江杭州的西湖、深圳福田罗湖、武汉东湖、成都护城河及世纪城街区或附近的高层建筑里看到复杂的景观环境。这些街区的高层商务区都有临海、临湖及临河的景观绿地，构筑了城市山水环境融合为一体的风貌，从而建构有特色的城市设计与高层建筑环境。高层建筑发展的总体趋势是重视整体环境，考虑建筑与周围环境的协调，从而营建出满足人们物质生活和精神生活的多维环境空间。

笔者生活的北京有很多高层建筑临河，如现在的北京城市副中心——大运河中心商务区，及两岸绿地、河道和广场，这些景观环境和公共空间的高层建筑也形成了自己的特色。笔者近三年带领北方工业大学建筑系四年级学生连续做城市设计方案，也取得了非常好的专业课程成绩和教学成果。

7 文化视角和城市高层建筑

7.1 高层建筑的古代文学艺术到现代文化图腾

向上攀登的高层建筑空间，也是现当代的文化图腾。耸立在现代大中小城市中心街区里的高层建筑，若穿越到古代和中世纪，就是自然里人造建筑的文化图腾。由古观之，人类利用人脑科学研究，发明了一些超高性能的计算机，从而方便地计算出现代钢结构和钢筋混凝十结构钢筋强度和数值，为营建高层建筑物提供了优秀的设计方案和基础信息。另外高层建筑的设计是需要一定想象力来支撑的，同时也需要三大力学和建筑材料、构造知识来支持，才能在我们世界各地的大中小城市设计营造安全稳定的高层建筑，它们至少具有一百年安全使用年限系数，为市民的各种需求提供服务。

埃及金字塔、拉丁美洲阿兹特克人的太阳金字塔，秦始皇到泰山和山东荣成市的成山头祭拜天神，都有从历史文化视角揭示皇权天授的象征意义，皇权和储君继承体系也是文化传承中神圣而不可逾越和替代的法则，经过血腥的战争和智者的多方协商平衡政治权力安排是比较和平交接权力的方式，也就自然而然地成为很多国家民众信奉的伟大神喻。民众日常劳动和生活里的喜怒哀乐，日常生活里的柴米油盐酱醋茶，都是在靠青山绿水的人居环境所提供的粮食和物品来维持的。如今城市高层建筑空间里也容纳着人们的物质生活、日常工作与劳动价值。中国的快速城市化和工业化，一方面，利用大数据与建筑技术为历史文化街区的古建筑保护与活化利用服务，为在大中小城市生活的民众们的日常生活、文化艺术发展来服务；另一方面，城市高层建筑空间里有艺术展览馆、图书馆及美术馆等培育文学艺术创作人才，展示他们的艺术创作作品，这些在高层建筑结构空间里的高质量艺术作品的产出，使这些劳动和现代文化价值也显得特别重要。

7.2 文化艺术追求高层建筑崇高的形式美

客观来说，高层建筑崇高的形体，如凝固的音乐成为一个高音阶的符号，矗立在城市的某个街区的节点，其自身就属于建筑文化艺术形式的一个组成部分，但今天我们全面分析高层建筑，从美术Fine Art的视角重新审视时，依然要用当代艺术史的视角去剖析其崇高的形式、美的内容。实心的雕塑无法利用其内部的空间，在高层建筑里是可以利用的各种具有使用功能的空间，高层住宅楼也可以是文化艺术联盟组织下的作家、音乐家、舞蹈家、画家等文化艺术工作者居住工作的楼宇空间，他们这些艺术追求者可以在大空间的建筑物里创作自己的艺术作品。

中世纪欧洲有很多著名广场的方尖碑和尖塔的哥特式教堂，在钢筋、钢铁、混凝土及现代玻璃幕墙材料出现以前，受宗教影响的中世纪城市就出现了对崇高形式美的追求。暂且不论市民的艺术选择，一个大中小城市及市镇的统治阶级希望在自己执政期间，城市建筑环境里有追求崇高博大的雕塑来纪念自己丰功伟绩，拥有大量的高层建筑来表现自己的物质财富。建筑师、雕塑师、画家等希望自己的艺术作品挣脱平凡的视角，为一个城市市民和艺术界所牢记。城市的高层建筑物是广大劳动人民用辛勤的双手艰苦劳动建造出来的。

改革开放以来，高层建筑迅速改变着城市面貌，它丰富了城市的空间和天际线，几乎成为现代化城市的一个标志。它的兴起和发展是经济和精神方面的双重要求，有着自身的客观规律，并且随着社会物质文明程度的不断进步，讲究创意设计，重视和研究建筑设计的意境，为其注入丰富的文化内涵，提高建筑的艺术魅力，以及在满足使用功能的前提下，追求建筑艺术的品位，满足人们对精神功能的要求，这些方面已经成为建筑艺术追求的基本的、主要的目标。

当代高层建筑大多数具有实际的业态功能，为城市居民提供工作文化休闲的物质空间，有些优秀的高层建筑和构筑物已经成为一个城市优秀的艺术作品。除了由高迪设计、西班牙巴塞罗那在建的圣家族教堂，还有法国巴黎的埃菲尔铁塔、英国伦敦的世纪千禧年的摩天轮、中国上海的东方明珠塔、广州珠江边上的电视塔“小蛮腰”等都已成为一个城市的艺术环境地标，每个城市的高层建筑及建筑群体既是物质财富的表现，更应该是精神文化艺术的组成部分。

7.3 独栋高层与群组高层 – 连绵山峰与自然山水的启示

文化人如何观察独栋高层和几栋高层构成的群组高层的意向？文化艺术工作者往往带有艺术色彩眼光去看独栋高层和一个群组的高层建筑。在一个街区里只有一栋独栋高层，我们可以视为“众人浑浊、我自清白的高风亮节以及出淤泥而不染的君子风度”，在一至两个街区有一群高层建筑就可以解说为君子有一个自己的高层建筑身材与形态的“朋友圈”。

从现代城市的新的“环境堪舆”视角来观察，连绵的高层建筑构筑了“山体屏障”系统。我国很多城市与市镇已拥有千百年的发展史，从生活在山地丘陵地区的人们常见的山水环境出发，结合北半球温带季风性气候，以及人居环境所需要的通风、采光、日照等条件，我们的老祖先立足自己族群与宗族的山水、地理等生态环境的位置需求，发明了罗盘仪来辅助观察自己生活环境的健康与否。“察天观地”，总结了不少“环境堪舆学”的科学知识。当然这些知识在农耕社会传播过程中也包含一些人为的迷信色彩。但不可否认，经过民众们长期生活经验的积累，一些朴素的“风水师”们通过实际现场考察训练也总结出很多“环境堪舆学”的道理。经过认真思考，如今大城市里除了大自然的山水环境，超高层办公楼及各类高层住宅建筑也形成新的“人工山水”景观。

如今在北京、上海、广州、深圳以及各个省会城市里都有很多的高层公共建筑和住宅类型建筑，由于大多数高层建筑的空间形态、结构、构造与技术手段雷同，因而被一些学者和广大的百姓誉为城市高层“火柴盒子”，这些高层建筑大楼缺乏自己的形态个性特征，因而也称为北上广深及省会城市里的“钢筋混凝土丛林”。笔者带领建筑系本科毕业班学生以及研究生设计了很多高层建筑，始终强调要避免“火柴盒子”的长方形的简单形态，如今我们在毕业设计的作品里，可以看到很多高层建筑设计成各不相同的建筑造型。

8 社会财富视角的高层建筑

8.1 高层建筑作为地方公司财富的象征

德国、法国、英国、意大利、匈牙利、奥地利、西班牙、葡萄牙等首都城市及重要城市的高层建筑，如德国柏林的勃朗登堡、法国巴黎的德方斯新区、英国伦敦的金丝雀码头金融城街区的高层建筑都是这个国家重要财富的物质形态，尤其是一些拥有百年历史和世界500强企业，涉及重要民生资源的生产和研发企业，如石油、天然气、汽车、金融银行业和通信产业等都拥有自己的高层建筑。这些百年企业经过不断地开拓发展，资产的积累往往会转化成资本，一方面在银行股市上表现出资产价值，另一方面就是拥有高层建筑与很多城市中心的土地、房产等财富资产。特定的城市天际线是一个城市乃至国家的财富象征，以大连为例，大连裕景中心项目A栋383.45m，是中国排名前10高的建成高层建筑，2016年，入选全球十大新建摩天楼，从劳动公园观景台看大连中心区域的高层建筑，可以看到新建设的裕景中心，可以与金广枫景和希望大厦共同形成大连城市中心的标志性建筑群体。

在美国的发展史上，吸收了从欧洲到美洲大陆的移民，他们勤劳苦干，尤其是从东部到西部的开拓中，用劳动建构起来的财富有一部分房产等不动产的财富沉积在纽约、洛杉矶的高层建筑这样的房地产不动产的财富，包括罗斯柴尔德、洛克菲勒、AT&T电报电话公司、福特汽车、通用电气以及微软、苹果公司这些大的企业财团与世界500强之中的集团公司，在寸土寸金的纽约及洛杉矶城市中心街区都拥有自己高层建筑与超高层建筑作为其不动产资本财富。

中国有句谚语："有恒产者，有恒心"，东西方的社会价值观与高层建筑物质价值相关联，欧美资本主义国家也有自己的国家纳税体制，在"三权分立"的制度下，依靠市场竞争的企业实现了国家矿产、石油资源与民生资源的分配。城市各个类型的企业家获取巨额利润的时代已经基本结束了，资本主义市场经济博弈的结果，必然会与社会高层建筑的上中下阶级与阶层寻找到"和谐相处的"稳定状态之中。

8.2 当代房地产开发企业的发展轨迹

高层公共建筑与住宅开发商的资本运作在1978年十一届三中全会后得到逐步发展。国家通过优化资源配置，合理处理好计划经济和市场经济配合布局。1990年春天，通过邓小平同志南巡讲话号召，又推动了新一轮的改革和经济快速发展的进程。

中国近40年房地产经济的发展造就了很多民营企业家，他们的资金和雇佣金不止于30%~40%的收入。如今，很多在城市打工的人因为移动互联网和电商经济发展，加入城市"快递服务"劳动大军，服务于千家万户。尤其是2020年新型冠状病毒感染疫情暴发之后，这些快递业务迅猛发展，已经成为城市就业的一大亮点。城镇化伴随工业化发展，是非农产业在城镇集聚、农村人口向城镇集中的自然历史过程，是人类社会发展的客观趋势，是国家现代化的重要标志。一般来说，城镇化的发展，除了会带来城市人口的增加，还会伴随着城市的规模不断扩大、数量不断增加，将会带来住宅小区、办公楼、商业用房、工业用房的成片崛起，城市集群功能设施的大规模兴建，从而促进房地产业的发展和繁荣。

作为企业家拥有的高层建筑与高层住宅也需要服务社会大众。特大城市的高层建筑与高层住宅聚集的财富，是占国民GDP市场经济收入和财富指数的主要部分，这些经历40多年改革开放而发展起来的企业家们，通过“摸爬滚打、辛苦劳作”积累了很多物质财富。换言之，中国大陆市场经济体的财富很多都沉淀在以房地产为代表的高层建筑里，像万科集团、恒大地产、万达集团、碧桂园、绿城集团等。

8.3 高层建筑的竖向分层

高层建筑的竖向分层隐喻着社会大众收入的上中下三个阶层。“上层”的人数占社会的5%，属于极少群体。建筑师非常喜欢做一些直观的思考，本小节标题所揭示的人类社会经过原始社会、封建社会、资本主义社会及社会主义社会都有社会分层现象，也都能说明一个国家的资源是有限的。只有在社会金字塔结构顶端的少数群体，才会拥有丰富的人力、财力、物力等资源。建筑形体的竖向层次是指建筑形体在垂直方向的组合情况，主要表现为一种向上运动的趋势。在分析建筑形体的竖向层次时，常常会注意到这样两个特点：一是形体竖向层次的三段式处理，二是形体竖向层次的分层尺度问题。

“中层”社会群体大约占40%~50%，类比于高层建筑中层的社会空间。笔者之所以希望有40%~50%的中产阶级阶层处于社会这个高层建筑的中区及以上区域，就是希望一个国家与社会能够实现长治久安，当然这个前提是通过自己辛勤务实的劳动来创造社会价值。古人云“勤俭持家”就反映这个道理，在未来的后工业社会中也是如此。

“下层”社会群体的民众自食其力，以劳动为光荣，是社会高层建筑的真正营建者。他们用勤劳的双手和辛勤的汗水建造整个高楼大厦。这里笔者以中国改革开放40多年以来建筑与房地产业客观存在的现象来阐释，大量的农民工来到了很多城市里，在房屋建设开发的工地上工作，稍加培训就能在摩天大楼工地上崭露头角，他们的工作强度高，但工资收入较低。不过和他们在家种粮食、瓜果、蔬菜的收入与利润相比要高得多，因而他们也长期居住和工作在城市里。

9 全球化市场价值的视角

9.1 当代社会全球化下的高层建筑

高层建筑在和平年代的全球化、市场化流通体系中，成为各个国家有实力企业的流动财富。笔者近日看“今日头条”的专题报道，英国伦敦已成为全球有实力企业投资和购买房地产的首选之地，该报道深度挖掘自第二次世界大战之后，英国伦敦为了抵消英镑对美元的长期通胀压力，私底下从美国进口走私美元，从而逃避税收和监管，开曼群岛开放免税注册的公司，吸引世界各地的暴发户来英属国家尤其是在伦敦购买豪华游艇和房产，投资足球、培育大牌球员，然后形成投资发展循环。高层建筑是历史城市形态与风貌管控的重要对象，国内外很多历史城市都通过严格的建筑高度限制高层建筑在历史建成环境中的无序发展。但是，在全球化浪潮和日益激烈的城市竞争中，高层建筑建设无可避免地成为一些历史悠久的大都市塑造国际化形象、彰显经济繁荣的手段。如何在城区历史风貌保护与高层建筑发展之间取得平衡，是当下很多历史城市面临的巨大挑战。

高层建筑的价值反映了人类的竞争意识。高层建筑的价值也是西亚等盛产石油国家追求的物质实体，房地产本身就是财富的表现形式之一，拥有这些巨额财富就是表达自己已获取的良好地位和权力。同时，各个国家、各个族群追求财富、追求利润的经济与政治手段，也强烈地反映着他们的市场竞争意识。

和平年代，高层建筑的高度数值相互攀比上升，反映了人类不断向上的攀登意识。早先在美国的芝加哥市，随着工业革命带来的产业发展，土地价格上升，出现了钢铁、混凝土、玻璃、电梯等现代高层建筑需要的材和建造技术，高层建筑如雨后春笋般拔地而起，后来蔓延到纽约、旧金山等城市中心。1931 年在纽约建造了号称 102 层的帝国大厦，高度达 381m，1973 年竣工的世界贸易中心 110 层双塔楼（后于 2001 年 9 月 11 日遭到恐怖分子袭击而摧毁），1974 年芝加哥建成了 442.3m（含天线高 527.3m）西尔斯大楼，2009 年 7 月 16 日正式更名为“威利斯大厦”（表 9–1）。在市场契约经济体制的主导下，大型企业和集团不断修建摩天大楼，从而表现其雄厚资本与实力。

表 9–1　当代世界著名高层建筑简表

序号	名称	高度（m）	建成年份	所在地
1	哈利法塔	828	2004 年	阿联酋—迪拜
2	麦加皇家钟楼酒店	601	2012 年	沙特阿拉伯—麦加
3	印度塔	720	2010 年	印度—孟买
4	深圳平安金融中心	592	2016 年 6 月	中国—深圳

续表

序号	名称	高度（m）	建成年份	所在地
5	上海中心	632	2017 年 4 月	中国—上海
6	高银金融 117	597	在建（烂尾）	中国—天津
7	新世贸中心一号楼	541	2013 年 11 月	美国—纽约
8	天津 CTF 摩天大楼	530	2019 年	中国—天津
9	大连绿地中心	517	在建（烂尾）	中国—大连
10	釜山乐天塔楼	555.6	2016 年 12 月	韩国—釜山

9.2 高层建筑物的财富属性

高层建筑物的实体建筑与空间具有自身的财富属性。很多时候建筑师和艺术家们常常将高层建筑作为一个城市的建筑形象和建筑形态的标志物，文学艺术家则视其为巨大城市的钢筋混凝土森林，并视为社会冷酷的附加物。建筑师在进行规划立项与建筑设计时，通常更多地从建筑物的功能、开发强度等方面来思考，但建筑物实体承载的财富与市场流通是其重要属性之一。无论是国有企业还是民营企业，高层建筑的资产与金融货币价值属性都是它们重要的基础要素，它们所包含的地价、面积、建筑属性和质量是不动产的量化的指标。

高层建筑具有市场流通属性，在全球化金融及世界 500 强企业的股东看来，各国首都和特大城市、大城市的高层建筑都可以通过流动的货币来结算，并可以通过市场销售和公开拍卖来流通。我们的社会经济发展可以从这些高层建筑市场价值的流通属性中体现，在设计、施工、运营、维护、销售、拍卖的各个环节里都能看到有很多的人在其中从事专业的劳动，并通过上述工作环节带动就业。

高层建筑作为实体空间具有财富和流通货币价值的双重属性，其流通货币价值能够在市场经济的环节里增值或贬值。从结果来看，我们在设计这些高层建筑时，结合各城市街区的土地价值和房地产开发商的任务书，从前期的方案设计开始，就已揭示出我们想要实现的物质形态价值，除此之外建筑师设计的创意也铭刻在摩天大楼的形态之中。

9.3 建筑师设计高层建筑的冲动与想象力

建筑师设计高层建筑的冲动和激情，就如每个建筑师在初期接受建筑学科教育时一样，充满专业激情。建筑设计行业本身就是工程技术与艺术的有机结合，但凡涉及艺术大家都会有感情的冲动和激情，在形式美的创作方面，成熟的建筑师会利用自己的激情来设计每一栋高层建筑，笔者 1996 年在合肥市政府广场设计的天徽大厦三个群体建筑就是佐证（图 9–1）。如今由徽商银行收购的西侧板式高层建筑，即是笔者设计的高层建筑作品。激情之后的冲动心情是设计有创意的建筑的动力，每个建筑师的设计思路与创意来源是有区别的，因而设计的高层建筑也形态各异，有的相对理性，呈方正形态，实体空间为对称方案，也有的设计为难度系数高的曲线体高层，如笔者在 1993 年于巢湖市建筑设计院设计的巢湖农业银行就非常有个性，获得当时安徽评委的一致好评，还有 1995 年设计的东莞中国银行，在结合环境方面很有特点，也是东莞城区的地标性建筑。

图 9-1　笔者参与设计的合肥市政府广场的天徽大厦

创作主体的丰富想象力是设计优秀高层建筑的动力，因此可以说建筑师本身是作为高层建筑设计的主体。丰富的想象力以及高层建筑方面设计及施工图工作经验，也决定了建筑师对高层建筑作品的态度和认知。当面对着现代计算机结构计算软件的诞生，很多建筑师大胆的方案设计都可以和结构工程师努力配合从而建造出来。尤其是近 20 年的计算机建模软件，如 BIM、Reveit、Grasshopper 等软件的相继出现为高层建筑非线性的高度、复杂曲线曲面的高层建筑方案的出现奠定了基础，如北京的 CCTV 大楼以及扎哈设计的丽泽 SOHO 办公楼等。

10 科学技术、工程结构技术与未来象征

10.1 高层及超高层建筑技术与工程属性结构

超高层建筑在未来存在多种可能性。建筑结构现有的规范里都承认和认同地球的万有引力，即重力指向地球的中心，所有解决重力荷载的方法都依据此基本要义。我们是否能大胆设想，如果在外太空或在一个可以摆脱星球巨大引力的地方，只考虑自身重量的建筑结构体系呢?

高层建筑技术的未来发展也存在多样图景，伴随着中国成为世界第二大经济体，大国制造和超级工程的出现，大型土建类机械工程设备和应用技术在30年的时间里取得了长足进步。可以想见在全世界科学家和工程师们的通力合作下，积极推进工程技术发展，未来建筑技术的发展会超出人们的想象，就像很多科幻片里所描述的，在外太空修建巨大航天飞机和航天器，反映了人类对巨大城市综合体与高层综合体巨构建筑的渴望，这些航天器能容纳各个学术领域的专家和一定数量的居住组团的市民生活与太空旅行。太空“高层城市综合体”的出现，在未来也会是发展趋势，这就需要高层及超高层建筑技术与先进的软土地质桩基工程、软土地质基坑工程、高性能混凝土工程、整体模架工程、钢结构安装技术、大型机械施工技术、数字化建造技术等多项技术有效结合。

当代超高层建筑组合施工技术已达到很高的水平。沙特阿拉伯迪拜的哈利法塔高度达到848m，这在50年前是难以想象的。目前这个国家用石油出口获得的超额利润，准备建造1km的高层建筑，这些设计方案将汇集建筑工程技术的优势，代表人类向高层建筑建造技术目标的冲刺。当然科学技术与工程结构技术的不断进步，是这个计划的原生基础和动力。因此，近几年来国家相关部委制定相应的政策、设立财政基金扶持鼓励基础学科，推进如芯片半导体技术的研究，都是从根本上促使我国科学与工程技术进步，在很多领域取得突破性关键支撑技术的发展。

10.2 高山地区的梯田空间景观

高山地区的梯田空间仿佛现代高层建筑的屋顶花园。如云南元阳的红河哈尼梯田，水在阳光的倒映下显得五彩斑斓、绚烂多彩，层层梯田的结构及表皮形态都很有艺术性，其边缘部分是人们行走的田垄，内部则是可以来耕种的土壤和灌溉的水体，然后利用水体由高向低地自然流动，一层一层从高处向低处落水灌溉。

带有退台设计和屋顶花园的高层建筑仿佛一座高层的梯田。民以食为天，人类从早期原始社会茹毛饮血、狩猎动物到农耕社会定居，出现耕种等农业的生产方式，是一个生产力不断发展与进步的过程。梯田景观在不同自然地理和社会经济条件下，顺山形地势建造，经过合理规划，成为大地景观。

我们的产业发展需要“顺天应时”，小规模地修建生存环境的微地形，并施用农耕有机肥料来增加地力等。而这些未开垦过的高山农田就是活脱脱的“高层建筑”，退台的形态，栽种着很多的绿色稻苗，结合地形种植着冠木。建筑学的学者和设计院的工程技术人员往往过多地从人工建筑形态的设计入手，优先匹配用地和建筑面积，做功能业态的布局，推导建筑立面、剖面结构，配置水暖电等智能化设备，流程复杂而缓慢。近些年在大城市的推崇的“绿色森林高层住宅和办公楼”的设计方案，提倡采用多层花园平台与退台设计手法，建筑平台与空间绿化相结合，和笔者分析的梯田有“异曲同工”之妙。反之，建筑师如果从高山梯田景观里汲取灵感，就有助于设计出带有高层退台的屋顶花园。

10.3 未来高层建筑摆脱地球引力的畅想

摆脱地球引力的未来高层建筑将会是建筑工程师的梦想。从我们已有的物理学知识来分析，只有某栋高层结构建筑在反地球引力方向取得平衡力，某栋建筑才会悬浮在地球表面和上方。类似一个被拴在热气球、氢气球的房屋。从现有的科学技术与工程实践能力来看，各国能集中物力、财力、人力围绕在外太空建造 30m 及 100m 以上的太空舱，如果有 10 个国家参与建造，一个国家只需要负责 3m 及 10m 的太空舱，将其在太空里完成拼接，这就和地球上高层建筑的建造方式完全不同。

我们也可以大胆想象在另外一个宇宙空间里，不同的引力场、引力波可以调控或利用电磁场进行导控。出现能拼接的高层建筑和新的形态，以及新的室内空间结构应力。今天，我们的创造力和营建能力可能无法想象出现在另外一个宇宙世界的现象，但我们能用超凡的知觉和洞察力去大胆地想象。

未来世界的高层建筑需要抵抗地震力和风荷载吗？这个命题设定是以地球巨大的引力为前提的，立足于地球表面之上的高层建筑结构体，需要抵抗地震波和风荷载。但在远离巨大星座的太空里的“高层太空舱体”出现在很多科幻电影里，能像太空里的结构体一样失去自身的重力，居住与办公在太空舱里面的人群能够摆脱重力，可以在无障碍的空间里自由地飘浮移动。这样一来，在地球表面上所谓的建筑抵抗地震力和风荷载已经成为“伪命题”。当然，在科幻世界里我们可以针对地震力和风荷载，设计专门的脉冲波和电磁波化解地震与风力的冲击。另一方面，对未来深空里巨大飞行器式“高层建筑物”来说，其结构材料及构造联系结点的精细化设计也是非常重要的内容。

10.4 未来宇宙深空中超高层飞行器还是高层建筑吗

未来太空世界是超高尺度飞行器的舞台。用未来的视角来审视超高层尺度的飞行器，也可以把它们当成目前地球城市里的高层建筑与超高层建筑的尺度。当代科幻片里的大尺度飞行器大多数为钢结构，全钢结构的空间体更有受力方面的优势。当然，在人们活动的空间里，结合木材、玻璃和复合有机材料，以及抗冲击、耐水、耐高温、耐变形的多种复合材料在这些太空飞行器里都有自身的优势，也将为这些外太空飞行器降低自重和遭受力打击提供防御能力。

这种飞行器会囊括一个承载 5~10 万人的小体量行星吗？笔者曾经在辅导大四学生参加立体农场竞

赛的过程中，查阅了很多高层立体农场建筑以及在海洋里的高层建筑的资料，目前还没有在地球上营建高大而占地广阔的“诺亚方舟”式的海岛城市，从高层建筑的视角我们可以认是这些巨型飞行器是矗立于一定坐标方位的“高层建筑”，它们能摆脱类似地球引力的束缚，在太空自由的旋转翱翔，也可以认为是太阳周围的行星，成为悬挂在太空里的“星星”。拉多夫斯基认为飞行的建筑是可能的，克鲁季科夫认为摩天大楼占用了地球上大量空间，造成摩天大楼危机，为了避免这种情况，摩天大楼应该分成几个部分并独立悬浮在空中。

有超过 500m 的飞行器还和高层建筑有同形同构吗？在太空里超过 500m 长度的飞行器是目前地球上现有太空飞船的 5 倍至 10 倍的尺度。由此推断，地球上各个国家联合制造巨大尺度的太空飞船和巨构飞行器是完全有可能的。目前美国 spacc-x 公司的马斯克就是这类飞行器的架构师，他拥有丰富的想象力，有关火箭发射卫星和飞船后顺利返回地球被回收再利用就是他的原创构想，后来在美国 NASA 投资下，成功生产了可以实现量产回收的火箭。未来科学家能否发明在月球上利用材料制造钢及合金，并生产制造巨大飞船与飞行器，这些“超高层飞行器”也可以成为人类探索太空的避难所。

10.5 未来宇宙深空的超高度飞行器

未来宇宙中的超高层建筑，比如飞船能否成为飞行在太空之上的“高层综合体”？

今天在看了中央电视台《天空讲堂》第三期天地传播授课后，笔者很受启发。未来宇宙深空探索对于高尺度飞行器（类似高层建筑）的规范标准制定，其目的也在于人类更好地管理大尺度飞行器的尺度、结构安全以及防火疏散，从而为安全营建提供有力的支持，我们今天地球上的科学家，也在这些方面努力思考，并进行前沿项目的策划设计，为方便未来的大规模科学实验及营造打下良好的基础。

宇宙深空中另一种高层飞行器的新功能和新品质也可以产生，今天我们可以假想有另一些重力模式的大尺度高层建筑的出现。我们能否依据卫星传送的高分辨率照片来还原在宇宙深空里的空间文化的分析，为什么在地球上的高层建筑和太空里的高层建筑选材、施工及设计建造上有很多的不同，如何充分利用先进的深空大尺度飞行器？这将会带给我们很多创新性的理论和方法研究的启发。

如何囊括现代地球上飞行器和高层建筑的综合性的优秀性能，在太空飞行器以及在单个超大结构体中植入人类当代生活的需求？笔者相信未来地球上空的飞行器高层建筑，可以设计出更有价值且绿色低碳的“新建筑”。总之，地球上高层建筑的策划、设计、施工将各有所长，在精密计算数据的基础上，掌握更多的施工技术与方法，为我们的将来在更多的地域设计与营建高层建筑，做好基础的专业设计服务。

物质形态的摩天楼和虚拟现实中各种建筑的设计存在密切关联，从笔者所学的建筑设计与城市设计专业视角出发，从物质形态的摩天楼和高层建筑与建筑群空间构成设计要求来看，城市物质形态的高层建筑以及街区还是有很大差别的。物质世界的摩天楼有真实场景，需要货币支取才能够获得土地使用权，通过规划部门审批报建、邀请具有一定资质的单位施工、投入使用、运营租赁等，能满足办公，商业购物以及各种性质的业态空间使用要求。

元宇宙中的高层建筑能被 3D 打印实体建造吗？笔者从不否认未来计算机尤其是高性能计算机，

能通过强大的软件建模功能，集成建造虚拟的元宇宙世界，并在这个世界里，搭建类似地球的地理空间，营建城市和乡村聚落等。在城市中心商务区有大量设计新颖的公共高层建筑，这些高层建筑具有功能完善的平面布局。其新颖造型能被我们现实生活里的业主看到，并利用 3D 打印技术打印出来。这些在未来极有可能实现，但需要一定时间以及结构荷载的实验来证明。

人类的肉体将与“机器生物人”相结合来设计高层建筑，由上述两个方面大胆构想出发，伴随着人类计算机网络工作站及区块链技术的高速发展，仿真机器人的技术也会有很大进步。马斯克的公司前段时间展示了机械关节机器人拥有强大的学习能力和运算能力，彰显了人类强大的想象力和应用空间设计能力，说明人类肉体的很多生物表征会很快将与机械骨骼和思维芯片控制的仿真人结合。这反映了“生物机器人”世界也将会有高层建筑与之相匹配。如果有微型机器仿真人，现实世界的建筑形态是否都会缩小，低碳节约的 21 世纪高层建筑能否以另一种世界景观空间出现，一切皆有可能。

11　城市设计指导下的高层建筑设计

11.1　深圳“超级城市”云城市总部基地城市设计竞赛

深圳是中国南方最具活力与朝气的城市之一，改革开放40多年来，深圳从“一个小渔村”，发展变革到今天的新型大城市，是中国城市快速发展建设的标志性典范。

本次国际城市设计竞赛在2014年发布，竞赛城市用地地址的地块由填海造陆而来，位置非常显著，通过上位的规划论证分析，预设了高密度以及超高层的城市形态的构想，本次城市设计的基调已经形成。

1. 设计理念

笔者所在团队本次规划与城市设计的理念，概括起来就是八个字：“龙飞凤舞、海纳百川。”

“龙”——龙预示着本次地块所在城市的龙头地位。位于深圳湾的三栋超高层建筑，如巨龙屹立在海岸，展现出蓬勃向上的精神气质与形态面貌。在超高层塔楼巨龙般的身姿上，外表骨构架呈现螺旋上升之势，也体现着建筑自身体内散发出的腾飞、律动、积极向上的气质（图11-1、图11-2）。

图11-1　城市设计总体鸟瞰图之一

图11-2　城市设计总体人视效果图之一

“凤”——凤凰的形象整体表现在中央绿地公园城市设计的“图底形态”关系上，并通过高架步行系统，将“凤凰”飞翔的优美姿态通过抽象变形的手法展现出来，象征了中国传统文化当中的“阴阳平衡”及“阴柔与阳刚互动”的理念。“龙飞凤舞”的空间带来了社会繁荣的秩序感，同时也展现了深圳这座特大城市，具有年轻、充满活力的气质。

“海纳”——揭示了本次竞赛用地紧邻深圳湾的海滨区位，展现出一个广阔的海滨景观生态，以及集中而具有标志性的城市形态轮廓。另一方面也表达了深圳整体城市形态对海洋蓝色文明的包容与吸收。在社会意义上，也展现了深圳在经历40多年发展，从小渔村到如今拥有千万人口的大型城市的发展轨迹中所折射出内在的精神理念。

“百川”——反映了本次用地的一百多万平方米的巨大空间。同时，也镌刻了深圳能够辐射珠三角和全中国经济的能力。“百川”到海，凝聚了深圳超级总部基地的硬件与软件实力的综合构建，在这样一个集“百川”实力与“龙头”企业的超高层建筑的实体空间与开放的绿色公园上，必将为深圳未来的城市建设和人居社会公共空间的发展提供一个鲜明的形象。

2. 空间意向的解析——腾飞直上，祥云耀眼

（1）“超级城市”中心街区汇集了世界级以及中国国内的龙头企业，入驻在此美好的环境中工作、休憩与生活也会充满幸福感。因而，这些有实力的企业在这里入驻将集聚成国家的经济能量中心，形成总部基地的经济核心层，通过这些有实力的企业的集聚，发挥他们各自对华南及内地经济的辐射能力。同时，通过他们之间的优势互补，可以推动更集约化的经济发展。

（2）本方案集聚的“超级城市”的中心街区，具有超高密度的城市建筑空间特点。同时，也构筑了立体城市的超高层空间（图11-3、图11-4）。通过精明的城市设计，发达的城区交通网以及便捷的区位交通优势，将吸引有朝气和有专业技能的人才来到城市中心街区的建筑空间里工作，体现他们的职业价值。同时，也激发了城市的空间价值，带动周边街区的可持续发展。

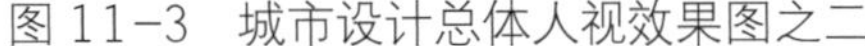

图11-3 城市设计总体人视效果图之二

图11-4 城市设计总体人视效果图之三

（3）“超级城市”由A、B、C三栋标志性的超高层建筑构成（高度分别为680m、580m、480m），通过现代的智能城市建筑集成技术的应用与实施，将这些超高层建筑、高层建筑、裙房等楼宇智慧地与每个单体的办公空间和深圳市各街区建筑空间连接起来，并通过互联网技术以及新型互联网的集成技术全面地运用，展现深圳智慧城市典范街区。通过云计算高效技术的应用，体现现代办公、居住、休闲、购物环境等高效地展示出来，供居民和旅游者体验。

（4）在这样一个复合的集约化的中心高层建筑环境，许多的商业业态与空间功能有效叠合，发挥更多企业的多维共同影响效益（图11-5）。同时，在人文文化和创意产业方面，会推动一些文化传媒

产业在这里的集聚。这些多媒体的文化创意产业将会极大地推动物质形态的空间拓展，丰富这里的中心街区，提供可感知的文化形态与社区活动。

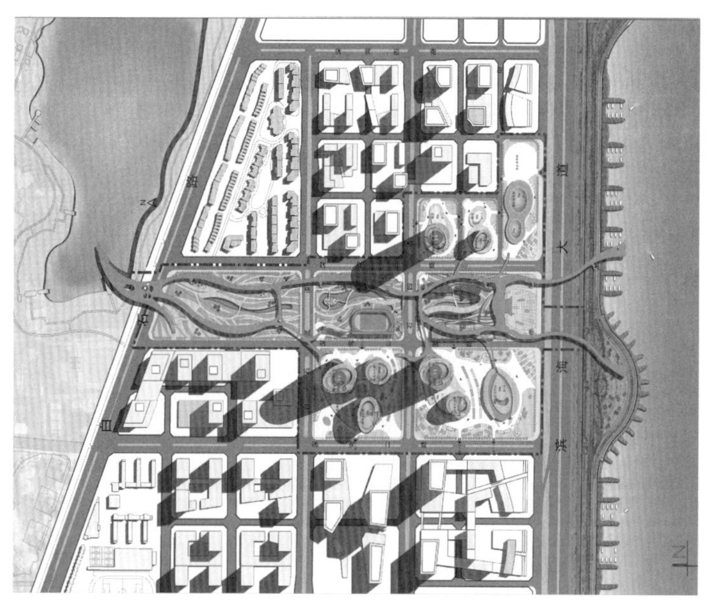

图 11-5 城市设计总平面图

（5）这些街区的高密度的空间也会带动新的生活方式的产生，集约的办公空间，丰富的购物空间，便捷的交通以及各种配套的服务空间，丰富了传统的 CBD 街区的功能，同时城市设计可通过模型研究推论设计效果（图 11-6）。

图 11-6 城市设计模型照片展示

（6）在新的智慧城市里，通过便捷的物联网技术的运用和其他先进技术设施的紧密配套，保证在此办公、生活、商旅的人士都能找到自己的归宿和理想的场所。具有以下细节特点：

①滨海路形成开放空间，对密集人流进行吸纳和缓冲。

②车辆两侧流线型会展中心，大气磅礴，与附近的超高层有相互映衬、相互衬托之势。

③中心绿地的依附凤凰锦绣抽条形态，加上绿地植被不同，穿插优美的流线型生动舒展的绿化植物景观。

④超高层建筑是呈现龙腾虎跃之势，功能丰富，构成合理，尽览深圳湾蓝色海面的优美景色，并且在各个设备层之上层设有5~6层高的空中花园，加上屋顶花园的空间环境，构成生态的立体的垂直绿化空间体系。

3. 空间环境发展目标

未来的空间环境发展目标，具有以下特点：

（1）城市街区高层建筑、公园园林景观如幻如梦，梦想成真。

（2）室内环境宜人，生态智慧亲切高效，迅捷多能。

（3）塔楼如歌，梅花三弄尽入绿色花园，属于弄潮健儿时代。

（4）城市市民大众，壮志凌云拼搏努力，建伟业众志成城。

11.2　浙江海宁火车站地区城市设计（2010年）

海宁是浙江省辖县级市，由嘉兴市代管，位于中国长江三角洲南翼与浙江省北部，东邻海盐县，南濒钱塘江，与绍兴上虞区、杭州萧山区隔江相望，西接杭州余杭区、江干区下沙，北连桐乡市嘉兴秀洲区。东距上海100km，西接杭州，南濒钱塘江，1986年撤县设市。海宁之名，始见于南朝陈永定二年（558年），寓“海洪宁静”之意，其境内名胜“钱江涌潮”，自唐宋便已盛行，闻名国内外，“八月十八潮，壮观天下无”，至今仍吸引八方宾客，一睹涌潮奇景。海宁市历史绵长，各界名人辈出，是李善兰、王国维、蒋百里、徐志摩、金庸等众多文化名人的故乡。海宁市气候四季分明，是典型的江南水乡，素有“江南第一灯市、鱼米之乡、丝绸之府、才子之乡、文化之邦、皮革之都”的美誉。

海宁是我国首批沿海对外开放县市之一，并跻身“全国综合实力百强县市”前列。海宁是长三角地区最具发展潜力的县市之一，同时是钱塘江北岸实力最强的县市。2017年11月，获全国文明城市称号。2018年入选全国投资潜力百强县市及全国绿色发展百强县市、全国科技创新百强县市、全国新型城镇化质量百强县市，2018中国最佳县级城市第6名。2018年重新确认国家卫生城市，入选2019年度全国投资潜力百强县市。

笔者在2010年参与并主持了海宁火车站地区城市设计概念方案，供当地政府相关部门参考（图11-7~图11-9）。为此，通过详细的调研分析，提出如下城市设计理念。

（1）满足海宁市新一轮城市社会、经济与空间发展的新目标，抓紧机遇，整合现有资源，融入长三角核心经济文化圈，实现健康可持续发展。

（2）结合海宁市火车站“门厅”的综合改造，增强街区空间活力，实现城市街区与社区的“精明增长”。

（3）依托海宁市的山水环境、河海风貌等景观生态环境，为沪杭高薪白领提供适宜的人居生活空间。

（4）空间布局要顺应城市功能的有机生长，“南商北居”适地适情地组团分区和互补联系，营建空间特点鲜明的核心街区与建筑空间。

通过规划设计的理念建构，提出了城市设计的地块内，南区的总平面意向为“海宁之玉如意”，南区之主体建筑意向为“海宁之宫殿，海宁之玉灯”。

总体城市设计做了 2 个方案，进行建筑群体形态和外部空间环境关系组合比较研究，布局的基本特点如下。

（1）南区火车站组团自西向东依次布局了火车站站房和酒店综合体，作为该城市设计方案的主体建筑，本方案设计做了多角度的效果图研究（图 11–7~ 图 11–19）。中部和东部为商务中心区，包括商业中心、商务酒店、酒店式公寓，面向国内及国际的品牌企业的办公楼，并嵌镶布置绿色大堂与四季阳光中庭，供人们购物、休闲娱乐使用。

（2）北边金三角地段结合用地红线，构建四个高档住区组团，其中中部梯形组团最大，各组团沿街有一至三层配套商业楼，住宅组团区域实现封闭管理，停车场集中设在地下一至二层，内部环境宁静雅致。

（3）整个高档住宅组团设计有一个高架环形步道，方便从上海与杭州方向来的白领，从火车站综合体出来后，可以徒步从高架步行道路系统回到自家住宅，较有特色地解决了人车分流问题。体现了“以人为本”的思想。

（4）在景观绿化设计方面，结合本地段有景观河道，将其引入到北部金三角地段高档居住组团的绿化步行系统内，串联起各个组团，既美化了小区景观，又为社区住户提供美好、有特色的滨河、亲水的池塘、喷水的景观人居环境。

方案的技术经济指标如下：

- 地上总建筑面积约 942780m^2。
- 其中：南区火车站综合体。
- 火车站站房楼：83418m^2。
- 火车站综合体楼：169530m^2。
- 酒店及酒店公寓综合体：236823m^2。
- 其中：北区高尚居住区
- 高尚居住区配套商业：48311m^2。
- 高尚居住区综合楼：96622m^2。
- 居住区住宅总面积：284610m^2。
- 居住区住宅总占地面积：33881m^2。
- 总建筑占地面积约 116110m^2。
- 总用地面积约 333300m^2（火车站用地面积有不定性）。
- 地下停车库与设备用房：约 25 万 m^2。
- 建筑密度小于 33.3%；绿地率大于 32.5%；容积率为 2.8；公共建筑高度控制在 150m，并且用地红线周边退让均满足规划要求。

图 11-7　方案 1 构思草案

在城市设计初期，通过到现场仔细地调研分析，提出规划设计的结构和基本空间形态构想，包括道路系统的完善，街道连续界面的变化，街区建筑体型组合关系，用草图标示在平面分析图上，并通过实体模型的排布来深入分析。初步方案可采取 2 个以上的设计方案进行比较分析与空间形态推敲论证。

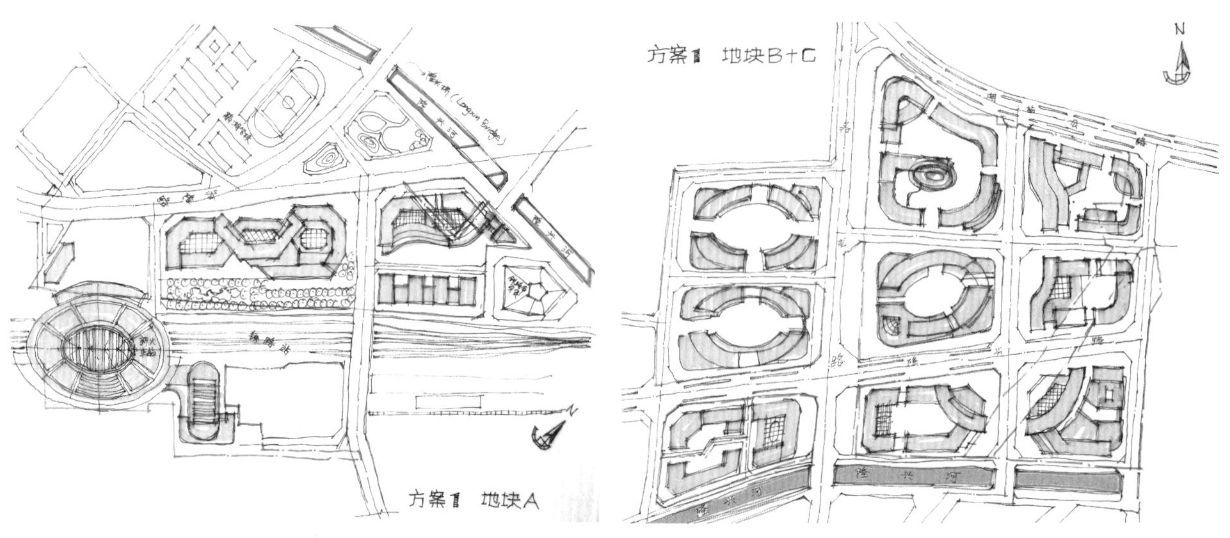

图 11-8　设计方案 1 的地块 A 城市设计草图

图 11-9　设计方案 1 的地块 B+C 城市设计草图

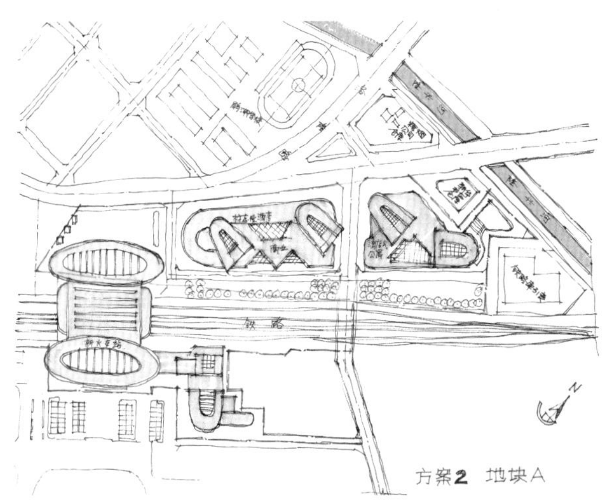

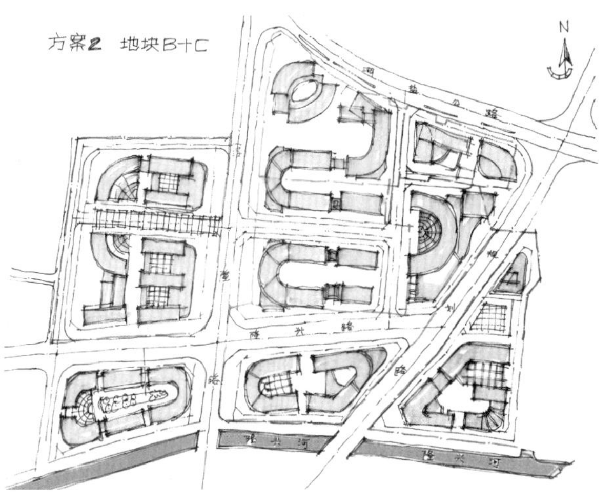

图 11-10 设计方案 2 的地块 A 城市设计草图

图 11-11 设计方案 2 的地块 B+C 城市设计草图

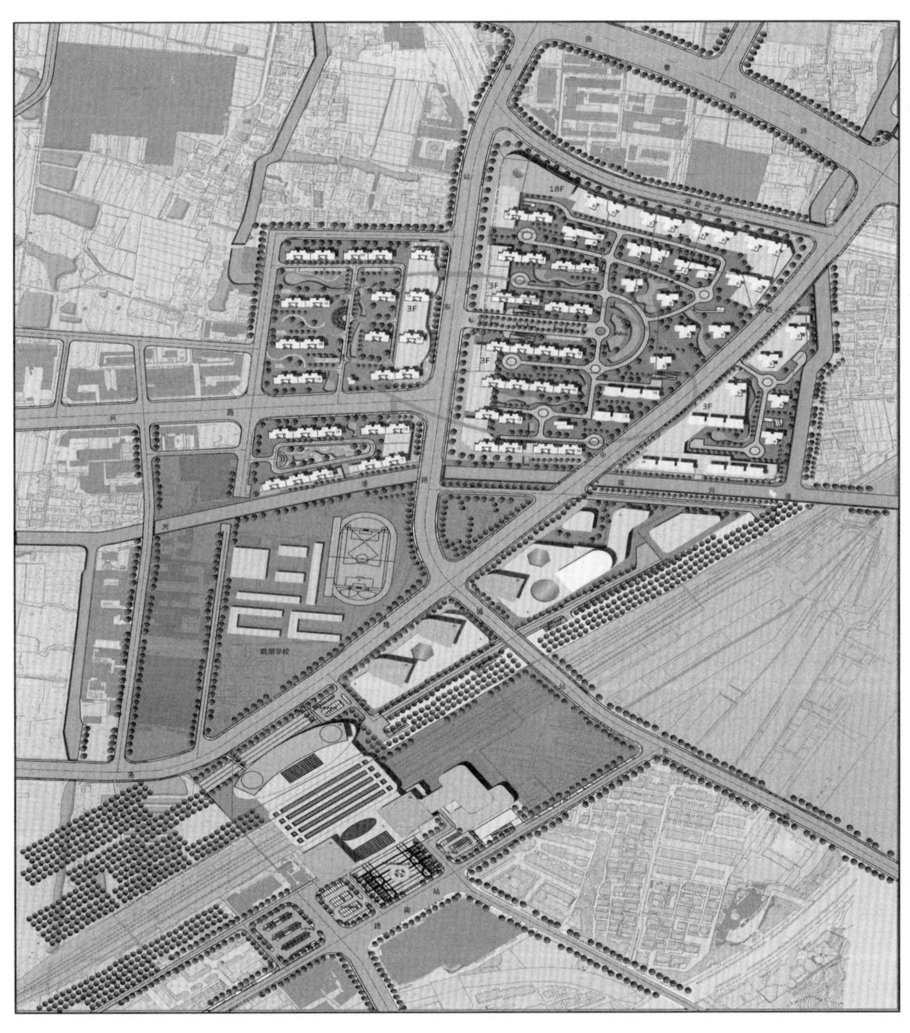

图 11-12 方案 1 定稿－总平面图

图 11-13　定稿城市设计方案效果图之二

图 11-14　定稿城市设计方案效果图之三

图 11-15 定稿城市设计方案效果图之四

图 11-16 定稿城市设计方案效果图之五

图 11-17　定稿城市设计方案效果图之六

图 11-18　定稿高层主体建筑效果图之七

图 11-19　定稿高层主体建筑效果图之八

11.3　河北省张家口市某能源产业集团华北结算中心概念性方案

张家口市是一座塞外古城，历代为北方各民族杂居之地。春秋时北为匈奴与东胡居住地，南部土地分属燕国、代国。秦时南部改属代郡、上谷郡。汉时分属乌桓、匈奴、鲜卑。隋时东为涿郡，西属雁门郡。唐时多属河北道妫州、新州，少属河东道蔚州。北宋时为武州、蔚州、奉圣州、归化州、儒州、妫州地。南宋时皆属辽。元属中书省上都路宣德府，西北部置兴和路（治今张北）。明为延庆州、保安州、云州、蔚州及万全都指挥使司十二卫、所地。清时北属口北三厅（多伦诺尔厅、独石口厅、张家口厅），南属宣化府（治今宣化）。民国二年（1913 年）属直隶省察哈尔特别区口北道。民国十七年（1928 年）设察哈尔省，张家口为省会。民国二十八年（1939 年）初设立张家口特别市。张家口文化的特点，主要有以下几个方面。

（1）慷慨悲歌与粗犷豪放相交融。张家口地域文化以燕赵文化和三晋文化为主，兼容蒙古族等少数民族文化的多元文化融合。历史地理的条件决定了张家口地域文化具有兼容性的特色。张家口自古以来是兵家必争之地，是汉民族与北方游牧民族交往频繁的地方。生活在这里的汉族人，有相当一部分是与游牧族群相互融合的后代，因而许多民俗都保留着游牧民族的痕迹。政权的更迭、战争的频繁发生又带来了大量流离失所的流民和从各地迁徙来的移民，自然也带来了各地的文化习俗，从而丰富了张家口传统文化的内涵。

（2）具有浓厚时代气息和政治色彩。张家口在历史上有过声名显赫的繁盛时代，作为北方重镇、塞外商埠和京师锁钥的张家口曾目睹了无数次的朝代更替和社会变迁。

（3）教化淳厚，质朴不矫饰。张家口一带山干水瘦，雨少高寒，与华北平原和中原以及江南相比，是个贫穷的地方。传曰："蓬生麻中，不扶而直；白沙在涅，与之俱黑者，土地教化使之然也。"（《史记·三王世家》）

张家口地域文化也可以说是山的文化、仁者文化。孔子曰："智者乐水，仁者乐山"（图 11-20、图 11-21）。朱熹的解释是："智者达于事理，而周流无滞，有似于水，故乐水。仁者安于义理，而厚重不迁，有似于山，故乐山。"（朱熹《论语集注》卷三）可见，仁者、智者的品德情操与山川自然特征和规律性具有某种类似性，因而产生了乐山乐水之情。张家口地域文化所表现的人文精神就是那种仁者不忧、勇者不惧，重德操、讲信义、正直大度、古道热肠的阳刚之气。

11.3.1　项目位置概况

本项目位于张家口高新技术开发区，纬三路与清水河路交叉口的西南侧、北临张家口市第一中学。该项目属于一个完整地块的城市设计内容，在充分考虑地块用地环境在整个城市的区位影响力后，要较快地确定公共建筑与居住建筑在地块所处的位置和面积分配，并设计好公共建筑的外部形态和沿街连续的界面关系。项目总建筑面积约 7 万 m^2，总投资额约 3 亿元人民币。规划设计要点：（1）总用地面积 50 亩（合 3.33ha）。（2）用地性质：商业与住宅用地。（3）用地边界：北至纬三路，东至清水河路，南侧与西侧至空置用地。（4）按当地规划部门提供的规划要点基本是：高度控制在 90m 以内；容积率控制在 4.5 左右；建筑密度小于或等于 30%；绿化率控制大于 30%。（5）用地内退北侧朝阳西大街道路绿线多层不小于 10m，高层不小于 13m，且地块内建筑日照阴影范围不得超过道路北侧红线；退东侧清水河中路道路绿线多层不小于 10m，高层不小于 13m；退相邻用地界线多层不小于 6m，高层不小于 10m。（6）设置与新建建筑相适应的停车设施及配套设施，停车位：0.6 车位 /100m^2 建筑面积；交通出入口方位：临相邻地界一侧禁止开口（图 11-22、图 11-23）。

11.3.2　规划设计内容

本项目主要为集团公司近期在张家口市的产业发展规划布局服务。地上总建筑面积约 7 万 m^2。包括结算中心办公楼、培训中心、研发公寓与职工宿舍、地下停车库与设备用房。规划设计理念如下：

（1）为张家口市新一轮城市建设添光加彩，带动社会经济发展。

（2）提升规划用地周边的环境质量，完善基础设施建设。

（3）美化清水河及周边道路的建筑空间环境，形成城南新地标空间环境。

11.3.3　规划技术路线

（1）城市设计与规划功能分区

一个完整地块的城市设计需要充分考虑总体环境与空间形态。由于该区位的用地呈现不规则的四边形，且锐角对着纬三路与清水河路交叉口，经过初步的综合研究，将培训中心布局在用地的东北角，并退让用地作一扇形景观广场，在其南侧沿清水河路布局结算中心办公楼，也方便职工上下班的交通安排。利用西侧用地布置研发公寓与职工宿舍，用地紧凑合理。

（2）城市设计与技术路线

规划与建筑设计要体现城市发展的现代理念，平面功能布局合理高效，培训中心与结算中心既要为公司自身功能发展服务，同时要为整个城市发展作贡献。在单体建筑设计中，要引入生态环保的建筑材料，外部广场与庭院空间要精心设计，体现人文关怀的设计细节，为城市和谐发展增添景观设施。

11.3.4 城市设计引导下具体建筑布局设计

结算中心办公楼为集团华北地区的办公空间的需求而设计，总体设计上追求简洁、现代与积极向上的意向。整个大楼的各层空间宽敞明亮，利于各公司高效办公。办公楼的首层和二层层高较高，三层及以上各层为标准层高。整个大楼有两个垂直交通核，方便员工上下班的交通疏散，也是办公空间提高效益的需要，该楼房的地下停车库与设备用房以及各层办公空间均可按照集团公司和未来业务发展的需要来进行空间和面积划分。

培训中心：作为集团公司华北地区的培训中心，其功能相当于星级接待宾馆的设置。宾馆规模按房间数约 100 间设计，同时，将整个宾馆楼的空间作为路口标志性建筑来布局考虑。宾馆内设有接待大堂、商务中心、中西餐厅、风味餐厅、咖啡、酒吧、健身房、书店、美容院、大中小会议室等规定用房，为公司员工和与公司业务有往来的客户提供舒适便捷的接待服务。整个宾馆结合体型设计，将分成裙房部分和主楼部分。即主要公共活动与辅助配套部分安排在裙房部分，而客房楼安排在高层主楼部分，主楼最高层数为十六层。大堂主入口根据道路走向布置在东北角，东南侧设计另一出口，西南侧为厨房及职工的出入口。整个宾馆楼体型设计高低错落，整个建筑生动有致。宾馆总建筑面积约为 16800m^2，房间数床位数约为 100 床。在楼房的地下设计停车库与设备用房。当然，在设计培训中心宾馆详细方案与施工图时，还可根据实际需要进行调整。

研发公寓与职工宿舍的方案设计是按照集团公司的要求来进行初步设计的，具体户型和面积此次只提供初步方案，深化方案有待下次再讨论研究。在楼房的地下设计地下停车库与设备用房，作为该城市重点地段的城市设计方案，本方案设计的多角度的效果图如图 11-24~ 图 11-27 所示。

11.3.5 经济技术指标

（1）地上总建筑面积约 7.25 万 m^2。

（2）结算中心办公楼：1.05 万 m^2。

（3）培训中心：1.68 万 m^2。

（4）研发公寓与职工宿舍：4.25 万 m^2。

（5）地下停车库与设备用房：约 8 千 m^2。

（6）建筑密度小于 28.5%，绿地率大于 36.5%，容积率为 2.2，建筑高度为 75.8m，并且用地红线周边退让均满足规划要求。

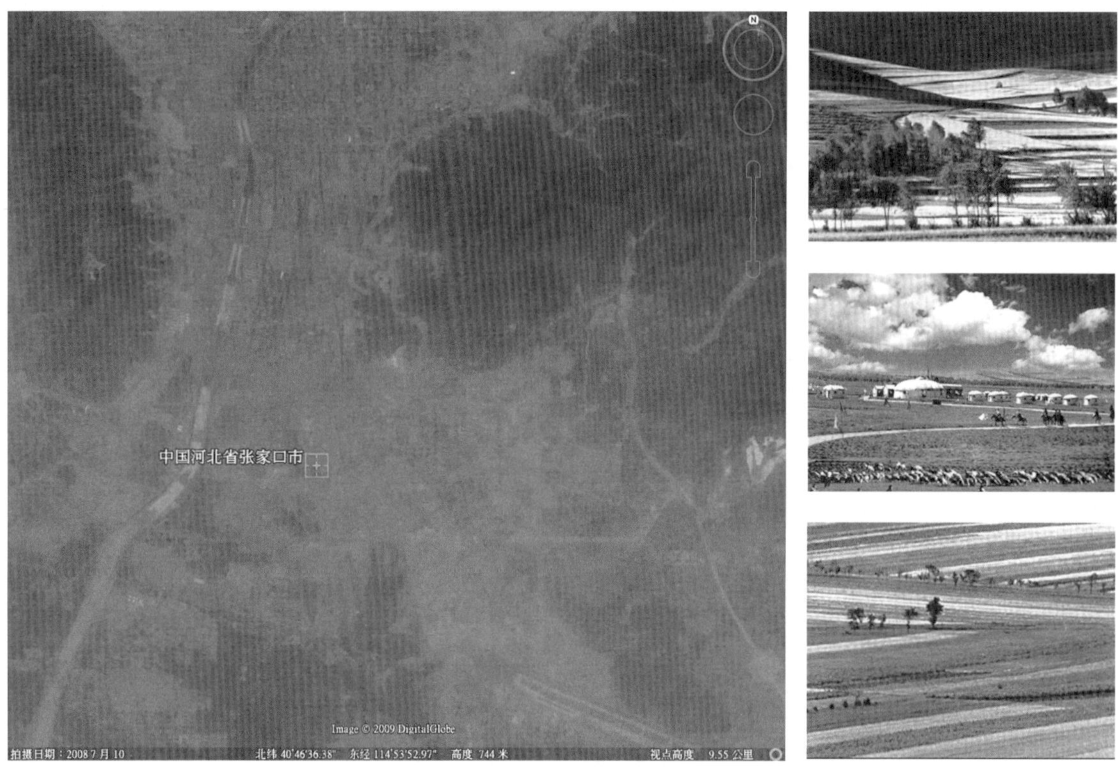

图 11-20　用地定位及景观效果

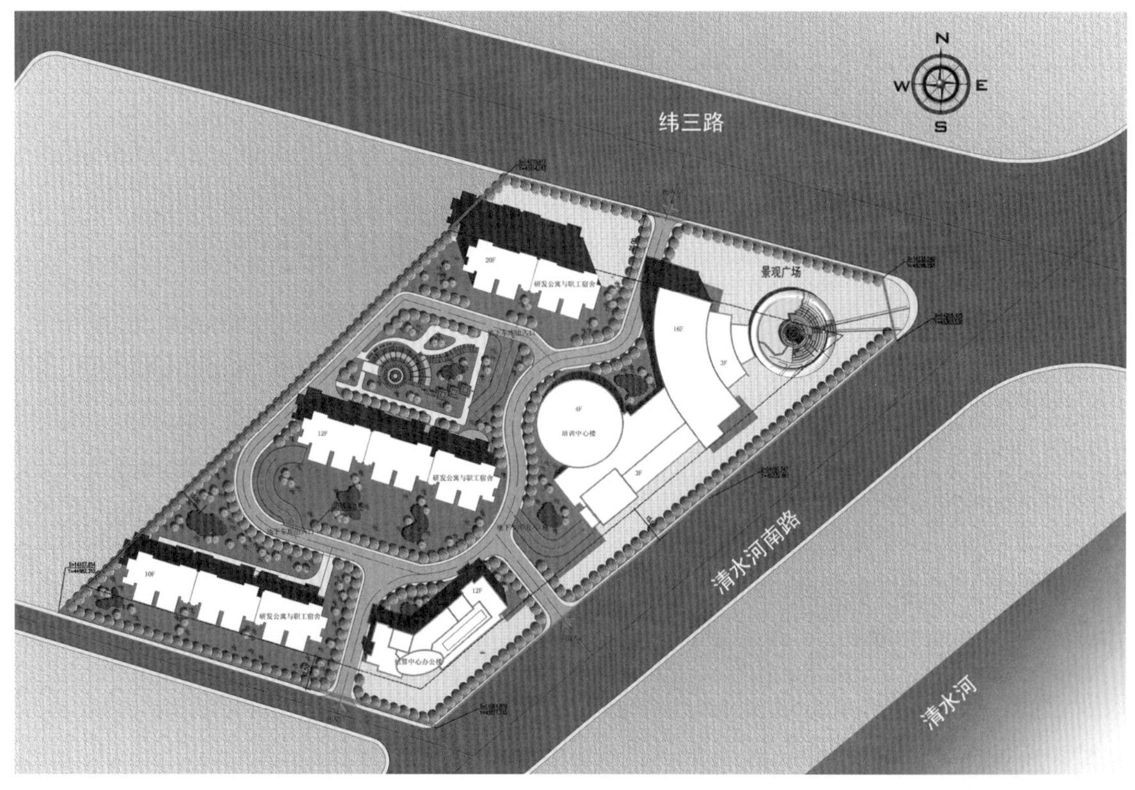

图 11-21　城市设计总平面图

图 11-22　城市设计及高层建筑人视效果图

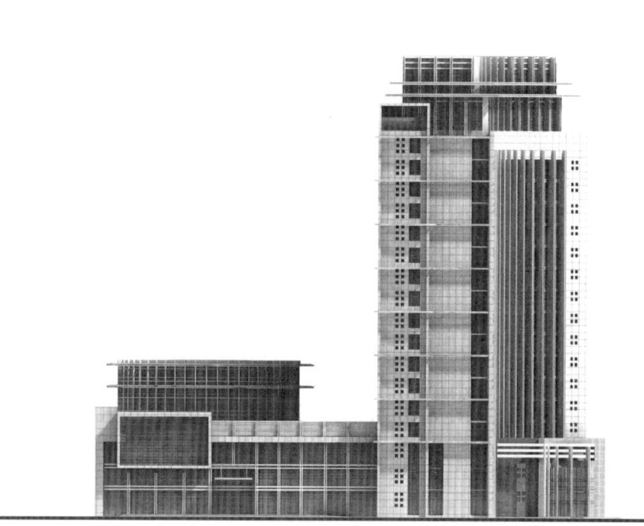

图 11-23　城市设计及高层建筑主题培训中心立面图

图 11-24　城市设计及高层建筑鸟瞰效果图

图 11-25　城市设计及高层建筑人视效果图之一

图 11-26　城市设计人视效果图之二

图 11-27　城市设计人视效果图之三

11.4　江西中医药专科学校新校区城市设计方案及单体建筑设计

科教兴国作为我们国家的基本国策，推动了教育事业的大发展，在发展国家经济上起到了很大的作用。我国高等院校已由 1978 年的 598 所发展到 2001 年的 1225 所；在校生人数由 1998 年的 341 万人发展到 2001 年近 720 万人，2006 年全国普通高校在校生人数在 1738 万左右。2010 年全国普通高校在校生总人数 2921.67 万人，2010 年全国高校毕业生人数有 660 万。校园建筑也从 1978 年的 3300 万 m^2 发展到 2001 年的近 2.6 亿 m^2，总计高校校园占地约 68400ha。因此，当前许多高校都不同程度地面临着扩大、调整、改建、新建等各项任务。

在此社会经济与文化教育事业发展的背景下，清华大学教授高冀生先生认为校园规划与城市设计在校园建设中的作用可以归纳为以下几点：（1）校园规划与城市设计是高校事业规划与城市设计的具体落实，是学校达到相应规模的物质保证。（2）是建设任务立项的依据。具体的各建设工程项目的就位，确定规模、体量、形态以及投资估算，必须以校园规划与城市设计为依据，以此正式纳入基本建设程序。（3）校园规划与城市设计是建设工作的指导原则。

当然，通过对校园规划与城市设计中一些存在和公布的资料收集和分析，笔者认为在当前校园规划中存在一些问题，表现在以下几个方面：（1）传统书院文化气息的丧失，遭受商业化、功利化发展的冲击。（2）盲目追求广场与开放空间的宏大与繁荣，假借拓展学校之名，投资建设浪费。（3）对自身发展的特色、理念深入研究阐释得不够，规划设计方案挖掘深度不够。（4）未来的校园是社会新学术思潮的孵化器，其空间的规划设计和塑造围绕教学空间激发创新思维的探索不够。

以下，我们结合江西中医药高等专科学校新校区规划、城市设计与建筑设计的思考，根据其地域的历史文化与自然环境特点，提炼出满足该方案时空条件的规划与城市设计，从传统的书院空间里寻找书楼、教学楼与庭院空间设计的关联性，并且从校园空间有机性同中医药文化的关联中，分析规划与城市设计特定价值目标的相似性，从传统中医理论关于人与自然和人工环境的关系总结中，寻找规划与城市设计理念与途径，达到“天地气合、物我交融”的理想状态，从而探索一个较好的结合地域环境和历史文化以及学校性质的规划设计方案。

11.4.1 学校发展历史和基本背景概况

1. 学校发展历史和基本背景

江西中医药高等专科学校位于江西省抚州市，古称临川，是一座历史悠久的城市，这里物华天宝、人杰地灵，曾是晏殊、王安石、汤显祖、曾巩等历史文化名人成长或生活的地方。江西中医药高等专科学校 1986 年建校，建校之始属中专，2003 年升为大专，学校现用地 150 亩（10ha），在校住宿 4000 人（有一届学生在实习），共有 76 个班，目前共有 5 幢宿舍，8 层教学楼一幢。学校学生采取初中起点，“3+2”学制模式培养，为市属省管体制。现专业设置有中医学、中西医结合、中医骨伤、针灸推拿、中药学、中药制剂技术、药物制剂技术、护理学、医疗美容技术 9 个专科专业，现共有三个系，将来计划扩大至五六个系。市政府、学校领导及师生为了推动学校快速健康的发展，已在 2008 年接受教育部验收，并以此加快学校的硬件、软件设施的配套升级与建设。为此，在抚州科技园区征地 577.95 亩（38.53ha），从而满足教育部规定的校园用地空间的要求，计划达到 5000 人的学生招生规模，在此基础之上逐步调整、完善现有学科建设需求，向全日制本科学校稳步发展。

2. 新建学校的项目概况

新校址位于抚州市南部的科技园区，西临文昌大道，远期总体规划占地 577.95 亩（38.53ha），其中近期已征土地 323.00 亩（21.53ha），远期征地 254.95 亩（16.99ha）。功能要求：近期按 323.00 亩（21.53ha）用地，可容纳约 3500 名学生考虑，远期按 5000 名学生学习生活（不含 1000 名实习生）进行安排。主要分四个大的功能区：教学与科研区，学生生活区，体育活动区以及药用植物景观园区。

3. 确立明晰的规划与城市设计指导思想

抚州市位于江西省东部，抚河上中游。自古就有“才子之乡、文化之邦”的美誉，历史上出现了王安石、曾巩、汤显祖、陆象山等名儒，都是抚州历史上的贤才，经千年岁月孕育生成的“临川文化”。在抚州这样一个历史文化悠久、文化名人辈出并且学风良好的城市里，规划设计一个新校园，一定要有一个较高的设计指导思想，才能提高设计的品格和质量。

（1）坚持“以人为本”的思想，注重整体建筑空间环境和文化氛围的营造，结合中医药大学的文化特点来设计建筑，配备硬件设施。（2）依托大学园区的总体布局，合理进行结构安排，保证功能设施完善，最大限度地优化教育资源配置，注重社会资源的交流、协作与互动。清华大学老校长梅贻琦曾说过：“所谓大学者，非谓有大楼之谓也，有大师之谓也。”（3）校园的建筑空间环境应有利于学科交叉和渗透，有利于提高教学、科研、管理水平，力求创造有利于培养高素质、开拓性、外向型、复合型人才所需的良好校园环境。（4）以生态化、园林化、绿色化、智能化的现代化大学规划设计为目标，积极保护自然的生态环境。结合药用植物园林的建设，强化中医药大学特色和园林绿化景观，使校园的建筑融合在植物园林和山水绿野之中。

11.4.2 在规划中强调过程研究与场所精神的强化

本次规划与城市设计是我们作为一项研究性的课题来作多角度、多方案的比较和优化设计而定案的。在遵照抚州市建设管理部门提出的规划要点的前提下，我们与甲方的领导、专家多次商讨，充分沟通，既结合学校的经济条件和教学要求，同时也充分挖掘地域的历史文化，尊重基地的自然生态山水环境和微地形，才形成了我们最后提交的成果。

经过第一轮规划与城市设计，我们总共提供了三个方案，就每个方案的特点和优缺点我们都作了较详尽的分析和介绍。通过第一轮汇报和讨论形成了一定的共识，其规划与城市设计方法在总体指导思想的引领下，体现在以下三个方面。

（1）尊重自然的地理环境，结合现有的水库坝址、洼地、树林和坡地，总体划分各大功能区。

（2）建筑空间和自然环境充分结合，相互穿插。建筑不以体量大与雄伟来取胜，而是要以其“亲切自然，具有人文关怀”的目标为方针，以中医药学院的药用植物景观和人文文化有机融合来取胜。强化小而亲切的广场、庭院空间的适宜尺度，避免“大而空”的负面作用。

（3）根据地形和学校建筑的主次关系安排各功能区。结合用地的南北朝向关系，将主要建筑作近45° 的旋转，最大程度争取南北朝向，以满足日照、通风及节能方面的需求。

在此基础之上，确定沿文昌大道一侧规划教学与科研区、在中心水库的东北侧布局学生生活区，中心水库的南侧、东南侧布局体育活动区。结合中心水库坝址和用地内西北角洼地规划一环形带状的药用植物景观园区。通过以上的功能分区组合，形成山水环抱，建筑和园林景观形成“虚实有度、阴阳调适”的空间关系，实体建筑与开放园林景观空间呈相互“拥抱”的空间形态。

这种功能分区依托基地的自然生态环境，尊重山地的高差变化和微地形关系，既有利于近期开发，又有利于远期用地向东部拓展的便捷联系与自然延伸。中期修改方案是在上一轮提出的三个方案的研究基础上，提供了深化方案（图 11–28）。这两个深化方案各自发挥优点、克服不足之处，进行一定程度的提炼，努力完善而形成的。尤其在教学与科研区的空间规划与城市设计中，进行更多的研究，当然在具体的单体方案的设计中，还有待进一步地修正与完善。本轮方案参考学校领导与专家的意见，保留基地内的水系，但在东南侧山坡地段不贯通。沿文昌大道一侧退让了约 25m 的距离，为学校未来提供自主发展的可能性。近期规划集中在 323 亩（21.53ha）用地内为主，既能自成体系，又同未来发展相互联通。通过第二轮的方案讨论，甲方提出了切合自身实际发展的建议，基于投资的实力所限，如取消主入口北侧连廊，钟楼结合行政办公楼设计；开阔的水塘内增加一人工岛，丰富景观；一期和二期建筑之间规划一条校内道路等。

最终定稿方案设计结合第一轮和第二轮方案的优点进行深化设计。主要特点表现在：由前导、主题和多个附属的院落空间相互连接组合，根据道路、朝向和坡地地形形成主次不同、大小有别、景观各异的院落空间，由此也构成了本校园规划与城市设计变化丰富的“书院型”空间。强调书院空间的引领作用，注意“小而尺度适宜的”书院、庭院空间的穿插，鼓励师生在室内外与过渡空间的交流。这样就解决了第一轮的方案二入口在东南路口转角处的局促，同时保留了内部相对规整的主题广场空间的丰富变化。既体现了校园的理性与秩序，又为学生、教师提供开放的、平等交流的空间平台，共同勾画描绘校园文化空间优雅的景色。

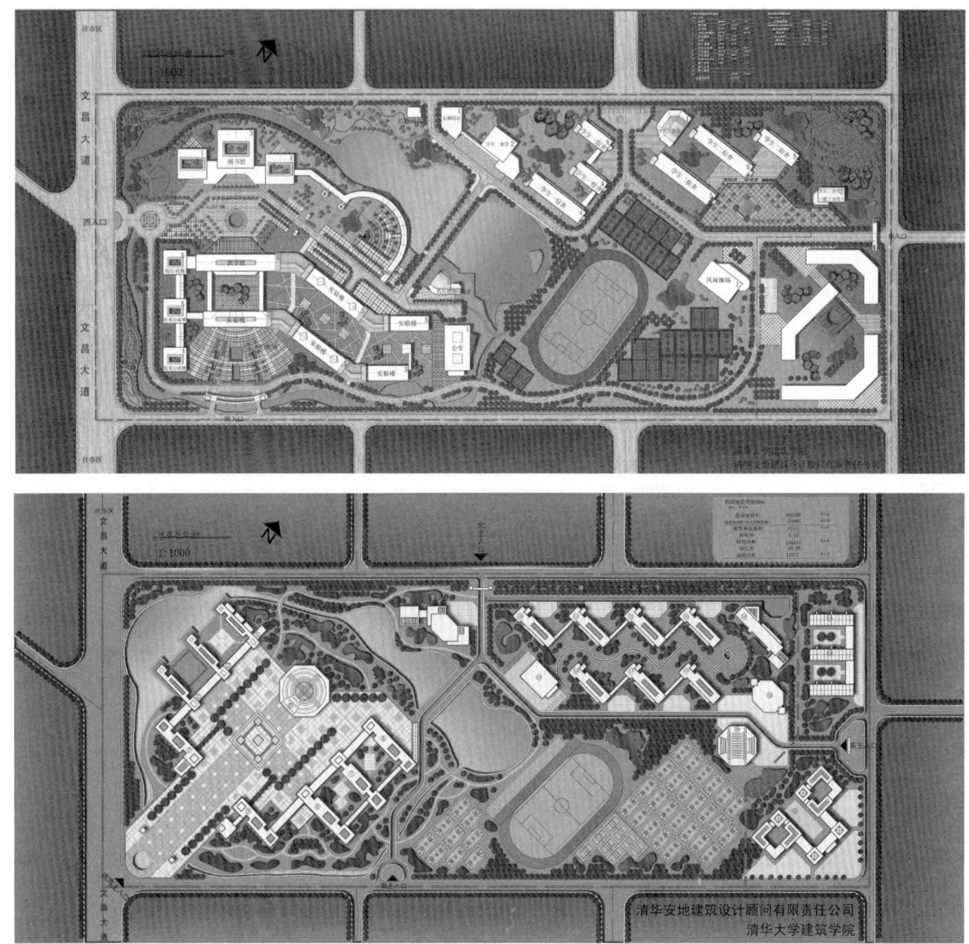

图 11-28　方案 1 中期两个总平面图

11.4.3　校园规划设计理念的形成与引导

1. 追求生态脉络的安全、完整，设计适宜尺度广场与开放空间

本次规划与城市设计从用地空间的原生态出发，分析和尊重原有的地形和地貌，包括基地内洼地、湿地、水体、较有价值的树木等。整个新校园就是一个完善的生态系统，尽可能最大限度地保护中部山地地形和林木，集约化利用土地，将某些建筑功能优化组合，提高建设用地的使用效率，突出自然生态群落的完整性，改善校园微小气候的自然性。校园生态化的模式有很多途径，而结合用地环境寻求森林化的模式，应该是新的探索。在经过了广场、草坪等景观设计之后，种植大片树木，更能体现“百年树人”的教学追求。

2. 追求空间经络的开放、高效，使群体与单体教学空间更加满足使用要求

校园的外部空间就是一个有机的经络系统。规整的硬地空间、广场空间、结合标高、花池的台地空间，建筑围合的庭院空间，自然开放的湖面和草坡、山岗、密林空间相互连接、穿插渗透，交织成一个充满活力的外部空间体系。而单体与群体建筑对江南传统建筑的通透、灵气和怡人尺度的把握，将融合在变化丰富的“书院型”空间的建构之中。在明清时期，随着徽商的崛起以及财富的积累，他

们奉行“耕读传家”的信条，为了将自己的子女培养好，并走向仕途，就大办书院，如歙县的紫阳书院、黟县宏村的南湖书院及歙县竹山书院。由此营造了各级交往空间，促进师生从封闭、内向、单调的环境中解放出来，实现快捷的信息交流，如教师之间、师生之间的学术交流，同时增加学生之间、人与环境间的情感交流。大学校园的“书卷气息”借助广大师生员工的精神面貌和言谈举止，以及各种尺度的“书院型”室内外空间的有机结合（图 11–29），形成和谐而不失个性，团结而不失创造力的空间场所。

3. 追求景观脉络的亲切、怡人，使自然的山水绿野和师生们贴近

图 11–29 第二阶段总平面布局研究模型

突出校园的景观“园林化”特色，无论总体规划和单体设计都是围绕园林、广场等布局，改变了传统校园规划与城市设计片面追求建筑规模，突出建筑体量，以绿化为陪衬的设计思路。我们所营造的大学园林景观，使人们走进的仿佛是一个自然化、不加过多修饰的园林，建筑掩映在周围的山水、绿野、环境小品之中，相互借景，相得益彰。著名建筑师阿尔多·罗西说过：“野地、树木、耕地和荒地相互联系成一个不可分割的整体，留在人们的记忆之中。这个不可分割的整体是自然与人工相结合的人类家园，它所包含的有关自然物的定义也适应建筑。”在本规划与城市设计里，我们力求将自然的土地、生态景观自然地和人工建筑环境有机结合，让师生们不用去找寻梦想中园林建筑景观。其实，我们理想的园林建筑景观就融合在校园的日常生活空间之中。

4. 追求信息网络的发达、迅捷，满足学术研究的多维要求

新建的高校力求信息交流的方便快捷，逐渐突破传统的教学模式，加强学科之间、校际之间、国内外医科院校之间的横向联系，国际化、网络化、开放化、普及化将成为未来高校发展的必然趋势。办公自动化、通信自动化、物管自动化、教学设备智能化、服务社会化等将被引入校园管理当中，这也将是高校以学术研究开拓为主，创新发展所必需的综合途径。

5. 追求人文精神的情理交融，探索哲理和医德的形神兼备

大学校园建筑空间等硬件设施的建造只是一个必要的手段。而国内外著名的大学其闻名遐迩之内在根本，还在于其独特的人文精神的培养和树立。本次中医药高等学校的规划立足于传统医学的哲理

和济世救人的人文情怀，使当代的科学理性与传统医德相互结合，形神兼备。为了更好地做好本次校园规划与城市设计（图 11-30），笔者对传统中医理论作了初步了解，发现中医学理论与建筑空间理论，在关于人与自然和人工环境的关系上有很多相通之处。诸如，中医学的思维方法里关于精气、阴阳、五行学说；中医学对人体生理的认识，包括对藏象、精气血津、液神、经络、体质的认识；中医学对疾病及其防治的认识以及中医思维方法中关于天地之阴阳、四季之阴阳、脏腑之阴阳、气血之阴阳、药物性味之阴阳、经络之阴阳都属于整体层次的系统思维。而建筑空间理论也是一个复杂系统，也需要运用整体的系统思维才能做好规划与城市设计。考虑建筑空间理论里关于实体与虚空的相辅相成，建筑空间的整体观，空间序列、内外部空间关系、景观环境，建筑空间的骨架结构体系、维护的表皮，生态绿色建筑动态调节系统、仿生建筑系统等。如果将校园里的每栋建筑当成一个生命有机体来认真设计，就能像一个健康的人一样，能全面适应当地的气候与生态条件，并在空间形态与结构上再加以个性化的发挥，就是一个好的有机生长的校园建筑生命体。在这样的系统思维指导下，本方案在室内外空间的设计上，如通过一些壁画、碑刻、铭文、雕塑等，来彰显学校的办学思想、校训和校风，营造校园的人文精神。当然，这需要几代人的不懈努力和顽强进取才能获得，而一个合理的校园规划设计就是这种精神体现的开始。

11.4.4 总体布局与校园重点建筑设计

整个校园规划与城市设计总体布局定稿方案具体来说有以下特点：将主入口放到文昌大道的南侧，由梯形围合的前导广场空间和文昌大道成正向垂直的“实轴线”关系。广场空间有一个隐含着不同距离尺度的空间实轴线，引导师生进入不同的空间环境。在西向主入口前导广场空间，北侧为教学楼和实验楼，南侧为校办公楼。进入前导广场空间后为呈六边形围合的第二层次的广场空间，正面面对教学实验楼。到此空间后，空间轴线将转向北侧，形成较长向的第三、四层次的主题广场序列空间。轴线北端为图书馆空间，两侧的教学和实验楼空间呈院落空间布局，依据现状地形地貌形成错落有致的建筑关系。从图书馆往东侧穿过柱廊，能看到主题的药用植物景观园的优美风光，如叠泉、太极拳广场等。从图书馆往东经过缓坡，拾级而下，能看到主题的药用植物景观园的各种自然景象。本方案园林景观空间占地较大，是为了形成较大规模的药用植物景观园区空间（图 11-31~图 11-33）。

尽可能最大限度地保护中部山地地形和林木，集约化利用规划土地，将风雨操场和会堂相结合，提高使用率，不需要单独设计会堂，在图书馆增加 500 人的报告厅，在校办公楼增加了 200 人的会议厅。风雨操场紧邻体育运动场，在教学楼的东侧坡地上布局设计。宿舍区充分考虑一期建设用地和规模限制，总体按 3500 人，近期按 2000 人的入学规模考虑，可分成三栋宿舍楼，其中两栋之间用连廊、门厅连接，既提高使用效率又方便管理。如此，在用地东北侧近期可空出一单元楼做单身教师宿舍。在学生宿舍区、教学与科研区，体育活动区之间安排后勤服务用房，如学生餐厅、超市、浴室、邮局等学生活动距离合适，使用效率高。本方案设计中，根据风向关系，学生餐厅、厨房的气味也不会影响宿舍学生的学习生活。体育活动区根据地形特点和面积需要，安排在宿舍区的南侧，有利于为学生提供南向开阔的视野和良好朝向、景观，同时也形成实体建筑与开放体育空间的负阴抱阳的格局。

主要建筑结合南方地域的书院、庭院与园林空间营建方法，同时利用柱廊空间将各主要建筑空间联系在一起。柱廊空间一方面是中国传统建筑文化的精华之一，同时也是民主开放的教育与文化政治空间的主题形态。在本方案中充分、巧妙地使用，还可以大大增加学生活动、学术交流、感悟自然和体验医道文化的空间场所，提高学生对“天地气合、物我交融”这一哲学理念的多角度、深层次理解。从而将建筑单体、庭院空间、植物景观设计有机结合，整体形成一个具有强烈地域文化特点的校园规划与城市设计与建筑设计方案。

11.4.5 结论

一个好的校园规划涉及城市设计与地域建筑文化，需要一轮一轮地深化研究，在正确的设计方法的指导下，注重过程研究，是做好一个优秀的校园规划与城市设计与建筑设计基本条件。对于特定地域环境里的校园规划与建筑设计，需要根据其地域的历史文化与自然山水环境特点，提炼出一个满足该方案时空条件的规划与设计理念，选择合理的并且适合学校教学性质与经济实力的途径与方法，保证我们的规划与城市设计与建筑设计方案经得起推敲，设计出具有地域建筑精神和特色的校园方案，同时，将校园的物质空间与景观环境的规划设计与培养专业人才的目标相结合，从而努力实现专业规划与城市设计的目标。

11.4.6 主要经济技术指标

行政办公用地：0.71ha

教学科研试验用地：8.13ha

学生生活用地：5.50ha

体育活动用地：5.06ha（含一期、二期）

后勤服务用地：2.15ha

教工宿舍发展用地（远期）：1.29ha

培训中心发展用地（远期）：2.99ha

- 一期用地内建筑

  教学、试验楼群：50029.25m^2

  校办公楼：6055.45m^2

  图书馆：12300.00m^2

  一期后勤综合楼

  （一期的学生食堂、商业服务楼）8740m^2

  学生宿舍楼：（一期三栋）19764.00m^2

  风雨操场：2152.00m^2
- 二期用地内建筑

  学生宿舍楼：（二期五栋）12735.00m^2

  二期后勤服务中心：14800.00m^2

图 11-30　定稿总体鸟瞰图

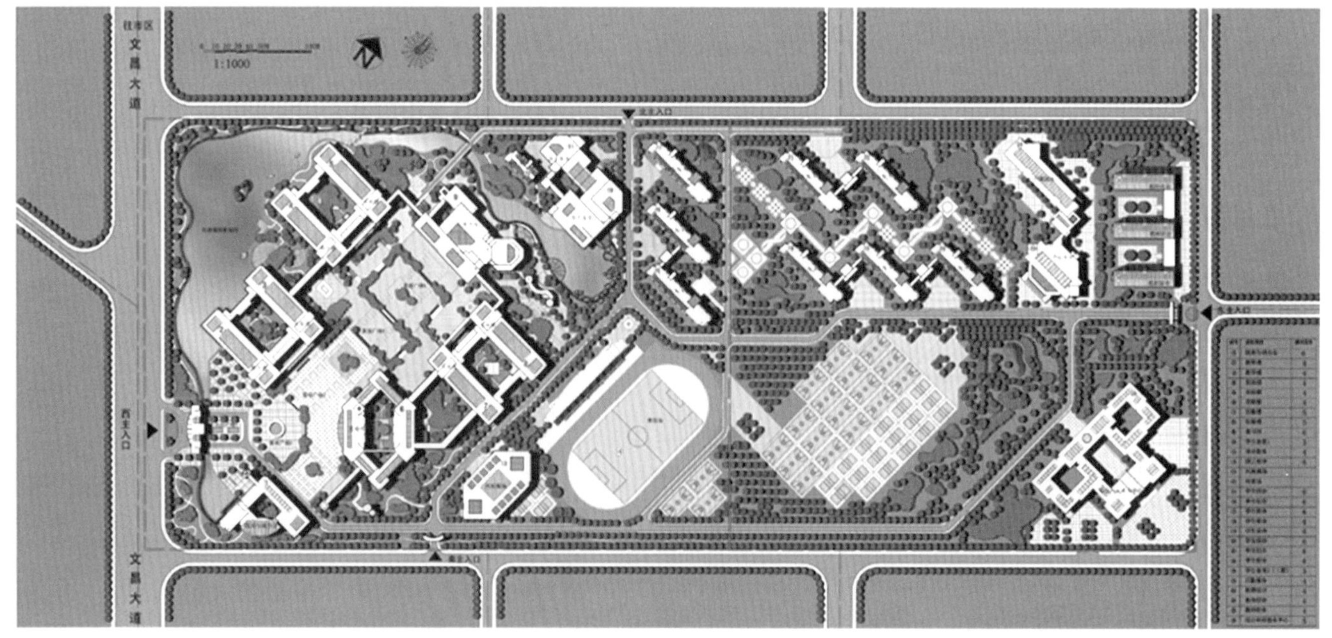

图 11-31　定稿总平面图

图 11-32 校园城市设计节点效果图之一

图 11-33 校园城市设计节点效果图之二

11.5 城市设计指导下的高层建筑设计实用方法

11.5.1 城市设计的关联分析

城市设计在控制性详细规划基础上，经过认真研究，对现状用地的开发强度及空间形态已具有了一个导则及设计意向图，在此意向图指引下，建筑专业的学生在规划设计中，能认真客观地分析，选择优越的地块用地做高层建筑设计，并全面地分析，使得自己的建筑设计方案有很多的优点。我们教师要积极鼓励他们具有创造性思维范式和工作方法。

1. 图底关系分析

（1）图底关系

图底关系的说法来源于格式塔心理学的视觉组织原理，这就会把所有可见的元素拆分成“图像”和“背景”这两个词，也就是图和底的概念。在建筑学中，图底关系也可以用来描述平面图，作为实体空间以及虚空空间之间的关系。图底关系通常被用来描述城市中的建筑以及周围环境的关系。图底面积总量关系可以指导学生进行合理的设计。

①以 CBD 中心区城市设计图纸为例（图 11–34）：结合基地纹理的设计。由图可看出所处红线内建筑体量稀少且分布位置不均匀，而红线外场地及四周建筑密度较大交通空间少且杂乱无章。

改造后在体量上减少了建筑密度，将建筑红线内部重新规划，不仅增加了集中绿地还将分布位置重新整理，也让建筑的条理性变得更强。

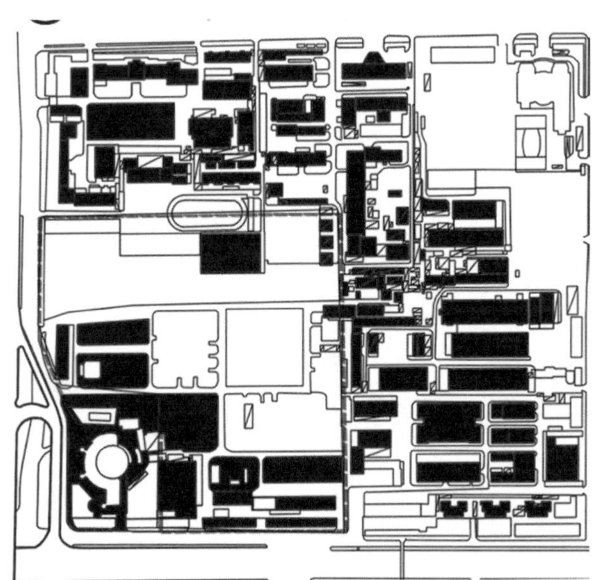

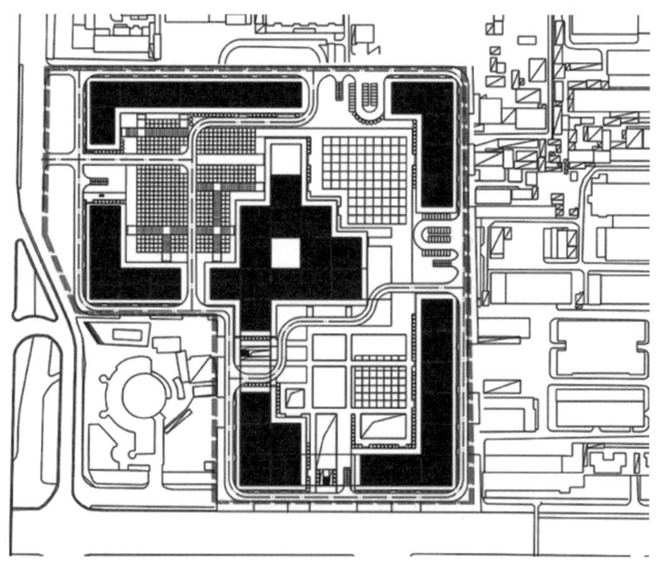

图 11–34 CBD 中心区图底关系分析图
（资料来源：笔者指导的学生作业）

②以首钢工业区城市设计图纸为例（图 11–35）：由图 11–34 可以看出建筑沿道路分布在两侧，呈三片区域。其中建筑群多分布在东北侧区域，体量小且多，并且密度高。南侧建筑体量大较为分散，而西北侧建筑体量小且相比其他侧的建筑比最为分散。

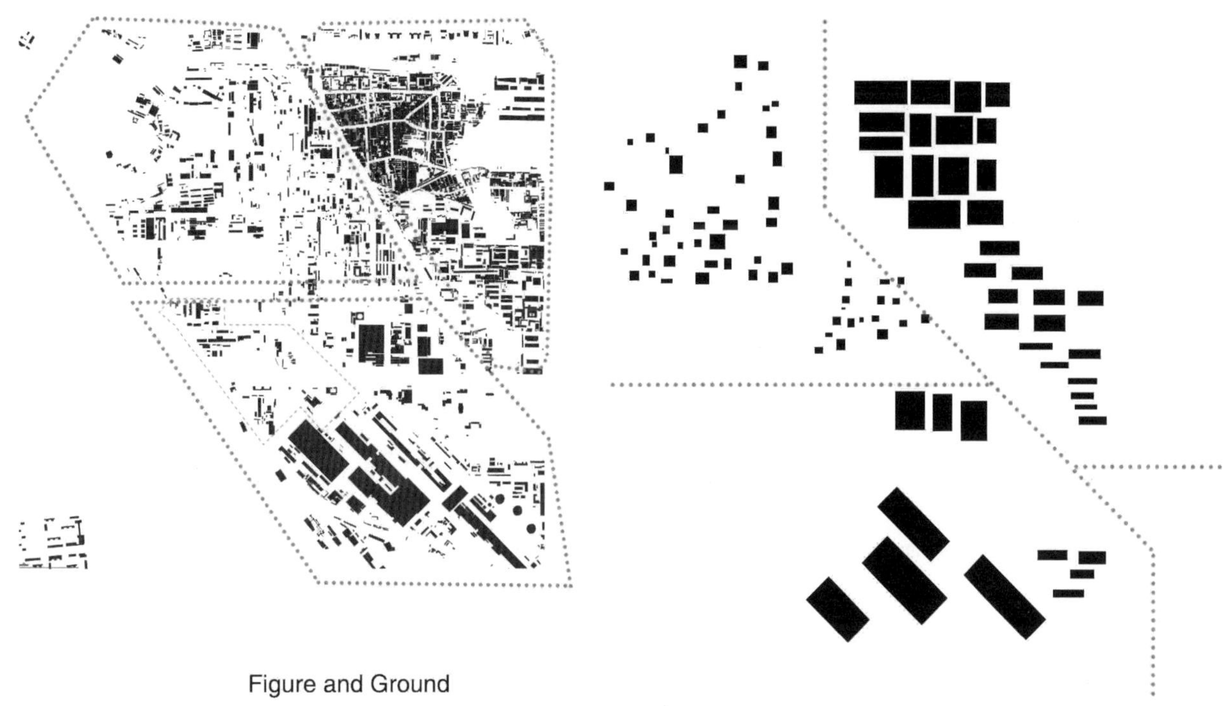

图 11-35 首钢工业区图底分析图
（资料来源：笔者指导的学生作业）

（2）界面方向控制关系：

由图 11-34 可以看出现状图中红线范围内建筑摆放随意杂乱，然而在更新改造后界面方向摆放整齐。

①以 CBD 中心区城市设计图纸为例，如图 11-34。

②以首钢工业区城市设计图纸为例（图 11-35）：从设计图纸看出建筑南侧片的建筑按照道路方向界面而布置，顺应道路的走向。

（3）实体建筑对位关系

以北京 CBD 中心区城市设计图纸为例（图 11-34）：可以看出在改造后，实体建筑的对位关系变得明朗起来。不仅在场地的中心部分设置中心建筑，并且在场地的四周设置一些分散建筑进行围合处理。

（4）虚体景观广场对位关系

以北京 CBD 中心区城市设计图纸为例：可以看出在改造前，绿地以及广场部分分布较为杂乱，整体不清晰。在进行更新改造后，红线内的中心建筑前设置了多个绿地和广场，相互对应。

2. 轴线控制关系分析

轴线就是指被摄对象的视线方向、运动方向和不同对象之间的关系所构成的一条虚拟、假想的直线或者曲线。有如下轴线控制关系：单轴线控制关系；主次轴线控制关系。

（1）轴线控制关系

以首钢城市设计图纸为例（图 11-36）：

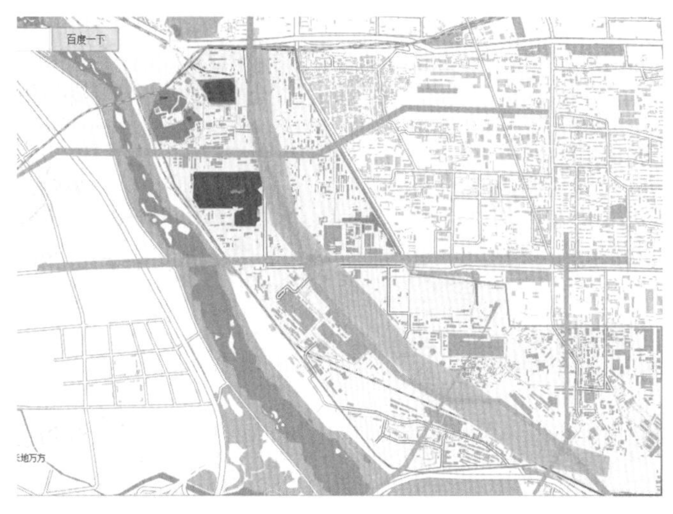

图 11-36　首钢城市设计轴线控制关系示意图
（资料来源：笔者指导的学生作业）

（2）实体建筑轴线控制关系

以北京 CBD 中心区城市设计图纸为例（图 11-37）：

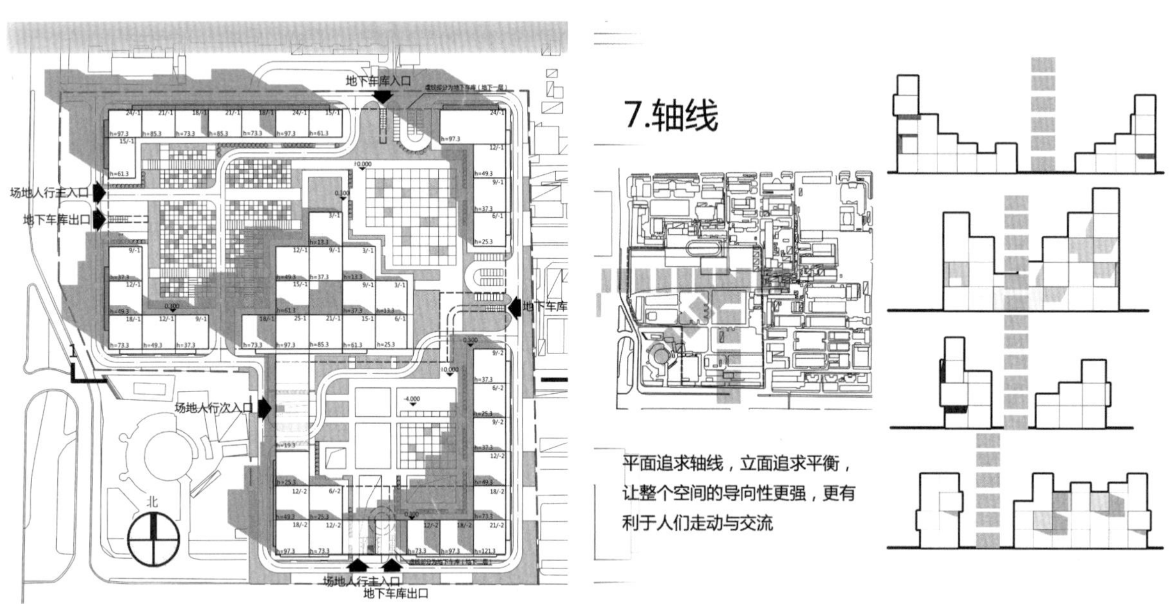

图 11-37　北京 CBD 中心区域建筑轴线控制关系示意图
（资料来源：笔者指导的学生作业）

由图 11-37 可看出此设计在建筑平面和立面布局上都注重轴线的设置，轴线关系明确。

（3）虚态园林景观轴线控制关系

景观轴线是规划设计中平面构图的作用线，可以将园林各个要素以线性关系进行组织和串联，轴线在园林结构中的地位和作用都很特殊，是一种具有强烈的中心性的线要素。

①以首钢工业区更新发展地块城市设计图纸为例（图 11-38）。从图中可以看出主要的景观和景观节点的排布，可以分为三条景观轴线。

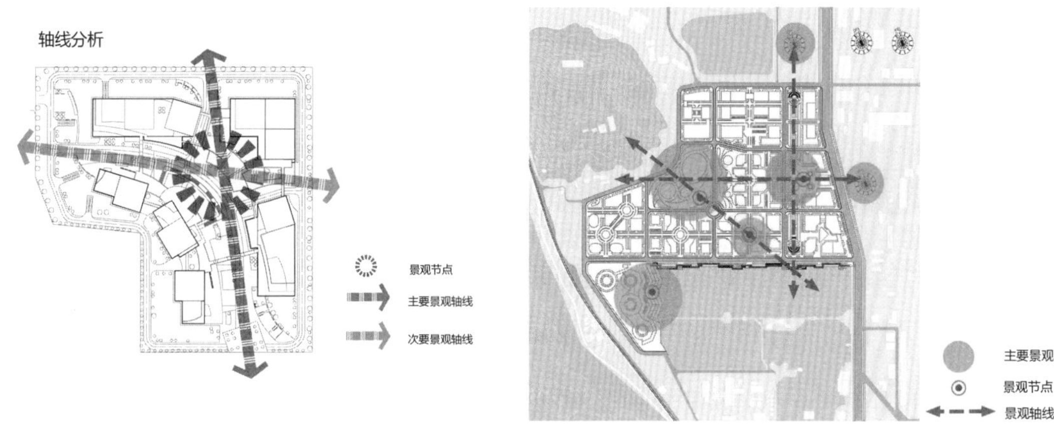

图 11-38 首钢工业区更新发展地块城市设计图纸
（资料来源：笔者指导的学生作业）

②以城市设计——北京 CBD 绿色走廊设计图纸为例。从图 11-39 可以看出该设计中的景观主次轴线和景观节点的分布。可知该分析图有四条景观轴线还有五处景观节点。

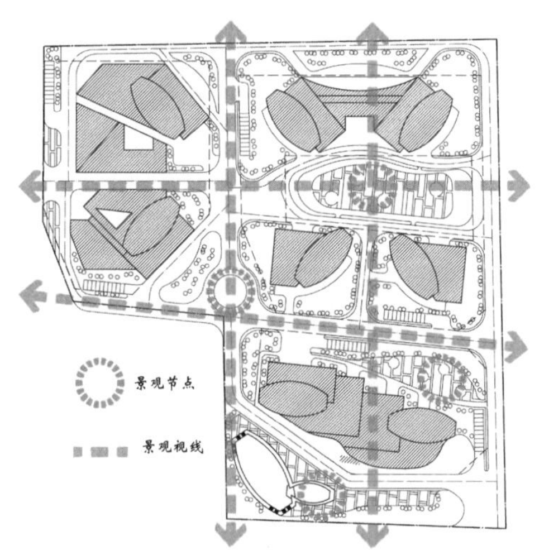

图 11-39 北京 CBD 绿色走廊景观结构图
（资料来源：笔者指导的学生作业）

3. 城市轮廓线关系分析

（1）长轮廓线控制关系、丰富城市竖向轮廓（图 11-40）。

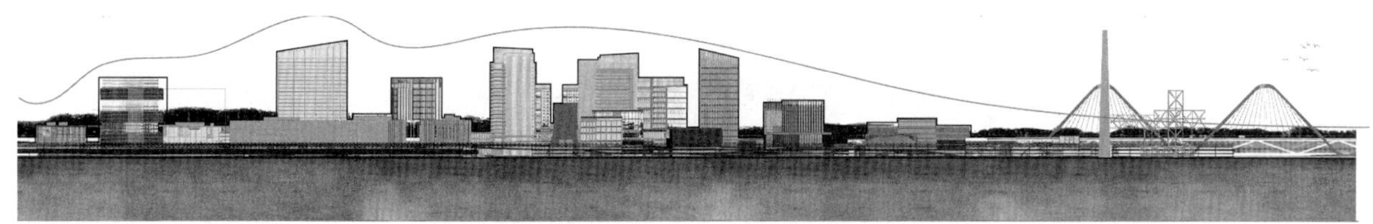

图 11-40 城市轮廓线示意图

（2）城市要有景观视廊，符合城市土地价值分布，地标建筑比较突出（图 11–41）。

图 11–41　城市地标建筑示意图

（3）短轮廓线的控制关系也非常良好（图 11–42）。

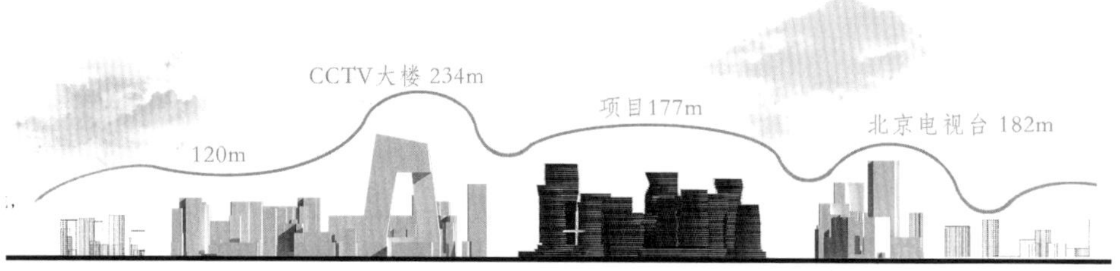

图 11–42　城市天际线分析图
（资料来源：笔者指导的学生作业）

（4）动态变化和实际需求的调控。也可以根据城市产业空间和发展时序来进行设计。

（5）街区层面体量关系分析。街区层面延续界面的控制关系，以首钢城市设计为例（图 11–43），保留了工业园区厂房建筑活化利用和高层建筑的有机结合营建。

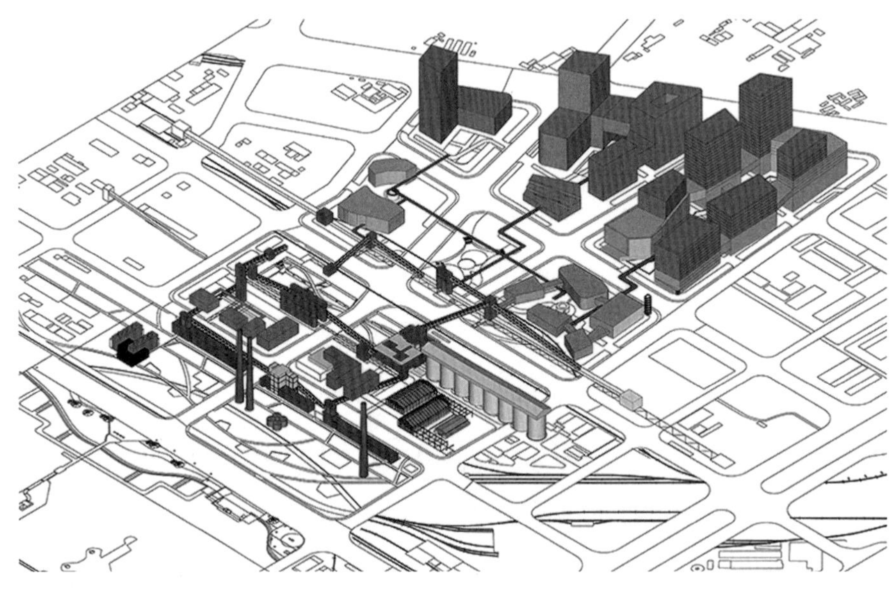

图 11–43　首钢城市设计图
（资料来源：笔者指导的学生作业）

从西到东，建筑体量呈加多趋势。因临街部分需考虑沿街立面等问题，在规划与设计中对建筑沿街界面的造型与体量关系做了一定程度上的设计。

4. 退让广场收纳的关系

以首钢城市设计——遗留与衍生图纸为例（图 11–44）。

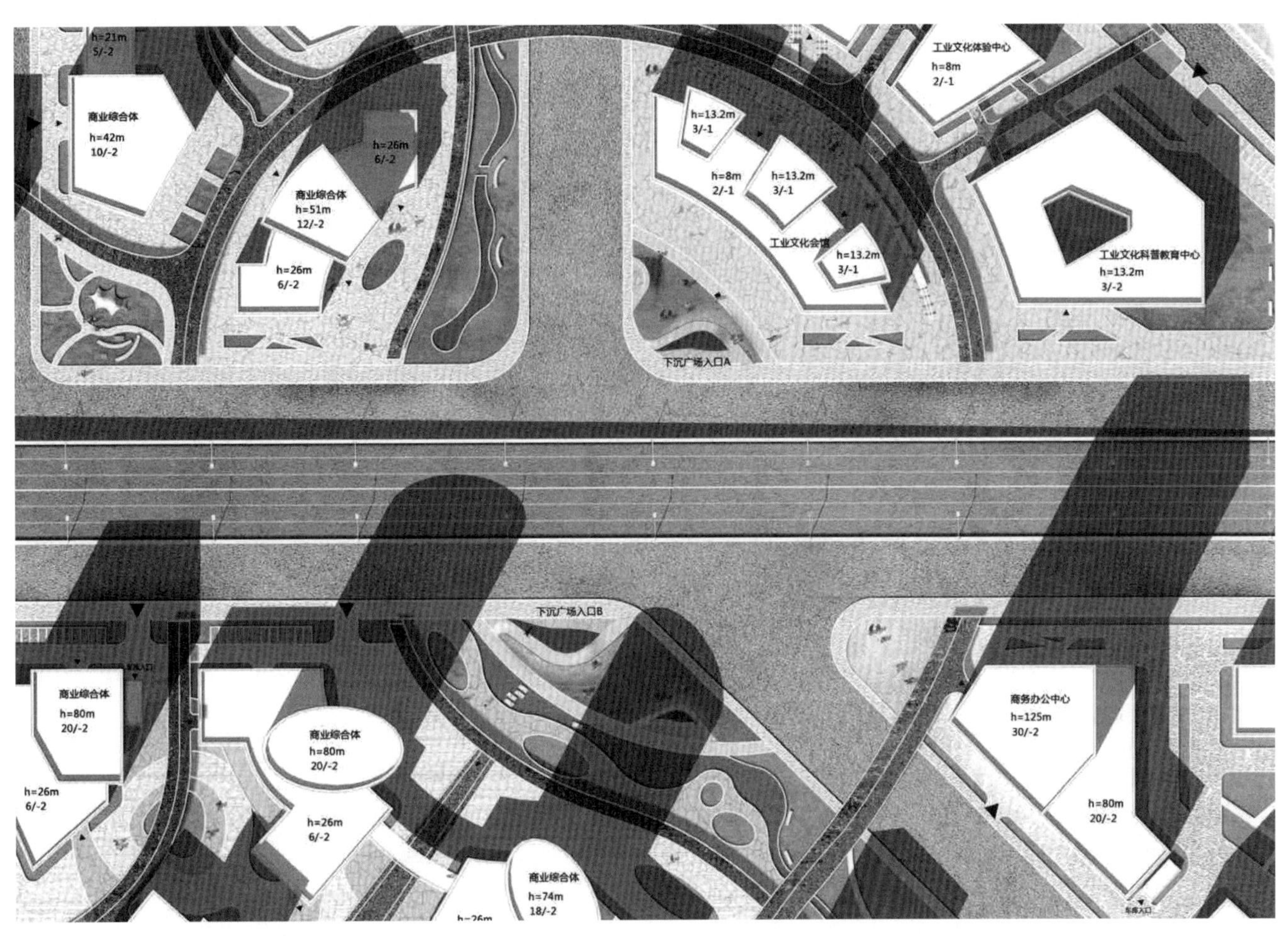

图 11–44　首钢城市设计平面图
（资料来源：笔者指导的学生作业）

由图 11–44 可看出建筑距离道路前设置了退让道路及用地红线的下沉式广场，这样的设计可以留出广场空间来集散人流，同时还设置了人行和车行出入口等，方便人群的使用。

11.5.2　高层建筑设计形态

从城市设计的角度出发，结合实际高层建筑用地红线面积出发，同时，考虑 1 栋、2 栋及 3 栋高层建筑围合形态分析，所形成街区空间的关系，会有好多种结论。“三五成群”的高层建筑布局就会产生比较强烈的标志性和科学引导性。以首钢城市设计——遗留与衍生图纸为例（图 11–45）。

图 11-45　首钢城市设计图纸
（资料来源：笔者指导的学生作业）

1. 独栋高层建筑

图 11-46 中的独栋高层建筑的功能为酒店会议设计。从图中可以看出该高层是采用高层建筑和裙房的模式进行设计的，该楼高 117m，26 层。裙房部分设置商业功能。从图 11-46 中可以看出左侧的空中连廊将这部分的酒店会议地块也串联进其中。

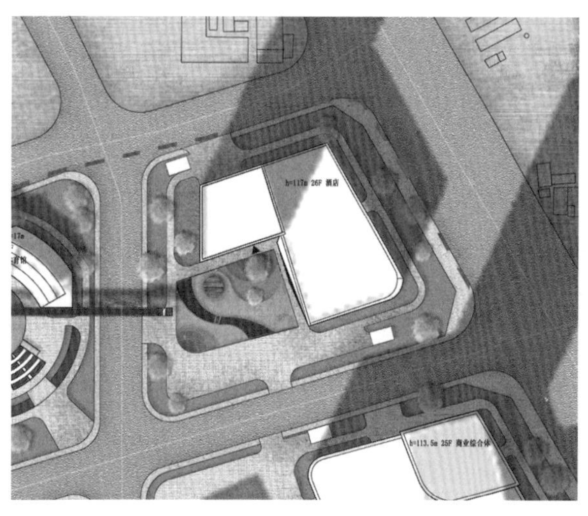

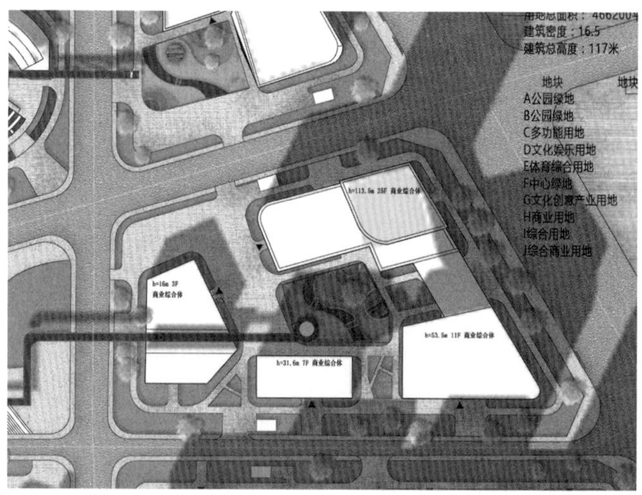

图 11-46　独栋高层建筑设计图
（资料来源：笔者指导的学生作业）

2. 双栋高层建筑

该城市设计中的中部地块的东侧也设计了以商业综合体为功能的双栋高层建筑。如图 11-47 所示该双栋高层建筑也是采用高层建筑和裙房的模式进行设计的，其中一栋建筑为 113.5m 高，25 层。

另外一栋建筑为 53.5m 高，11 层。左侧的空中连廊依然把这部分也串联进其中。

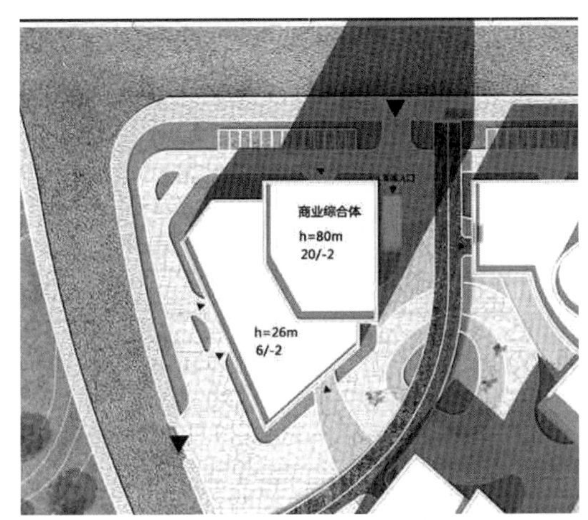

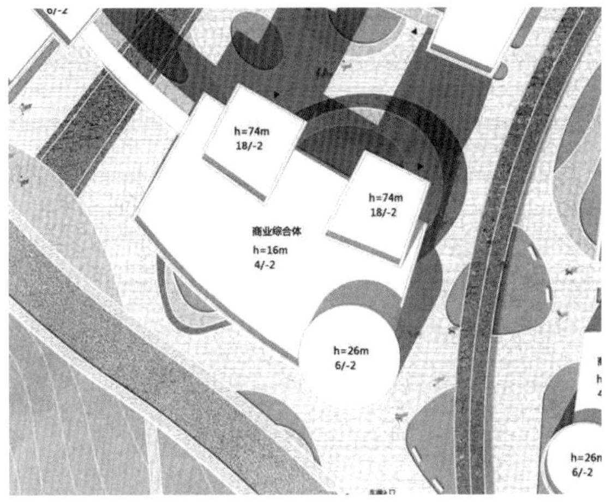

图 11-47 双栋高层建筑设计图
（资料来源：笔者指导的学生作业）

该城市设计中也设计了以商业综合体为功能的双栋高层建筑。如图所示该双栋高层建筑也是采用高层建筑和裙房的模式进行设计的，且两栋建筑的高度相同，均为 74m，18 层，地下负二层。裙房部分为高度 16m，4 层，地下负二层。

3. 多栋高层建筑

该城市设计中的南部地块也设计了以商业综合体为功能的多栋高层建筑。如图 11-48 所示该多栋高层建筑也是采用高层建筑和裙房的模式进行设计的，分别是 45.5m，9 层。81.6m，18 层。77m，17 层。42m，9 层。55.7m，12 层和 54.5m，12 层的高层建筑，另外左侧的空中连廊依然把这部分也串联进其中。

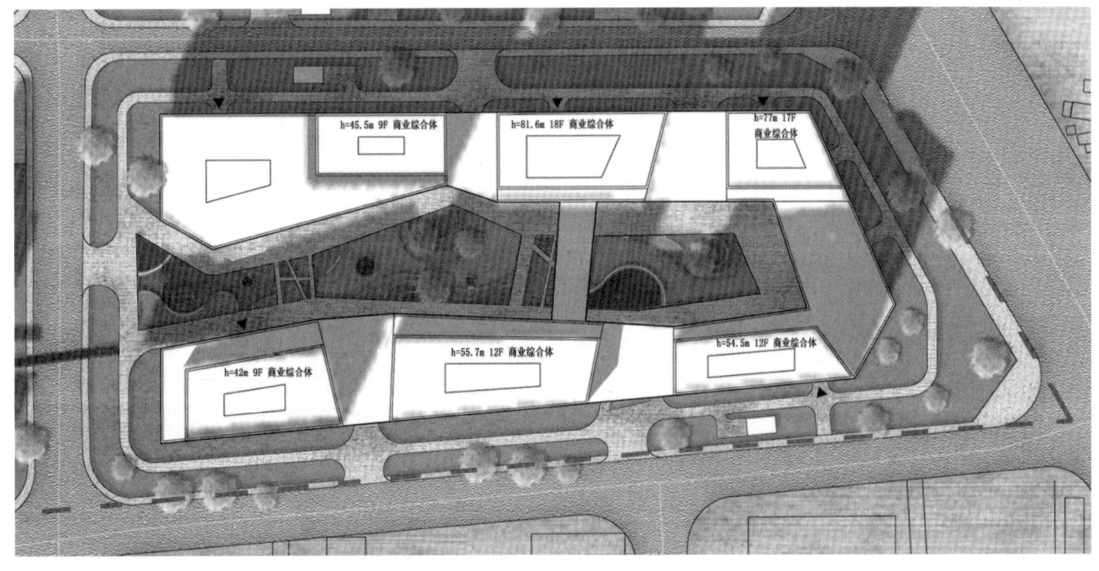

图 11-48 多栋高层建筑设计图
（资料来源：笔者指导的学生作业）

下篇

12　城市设计指导下的高层建筑设计教学方案

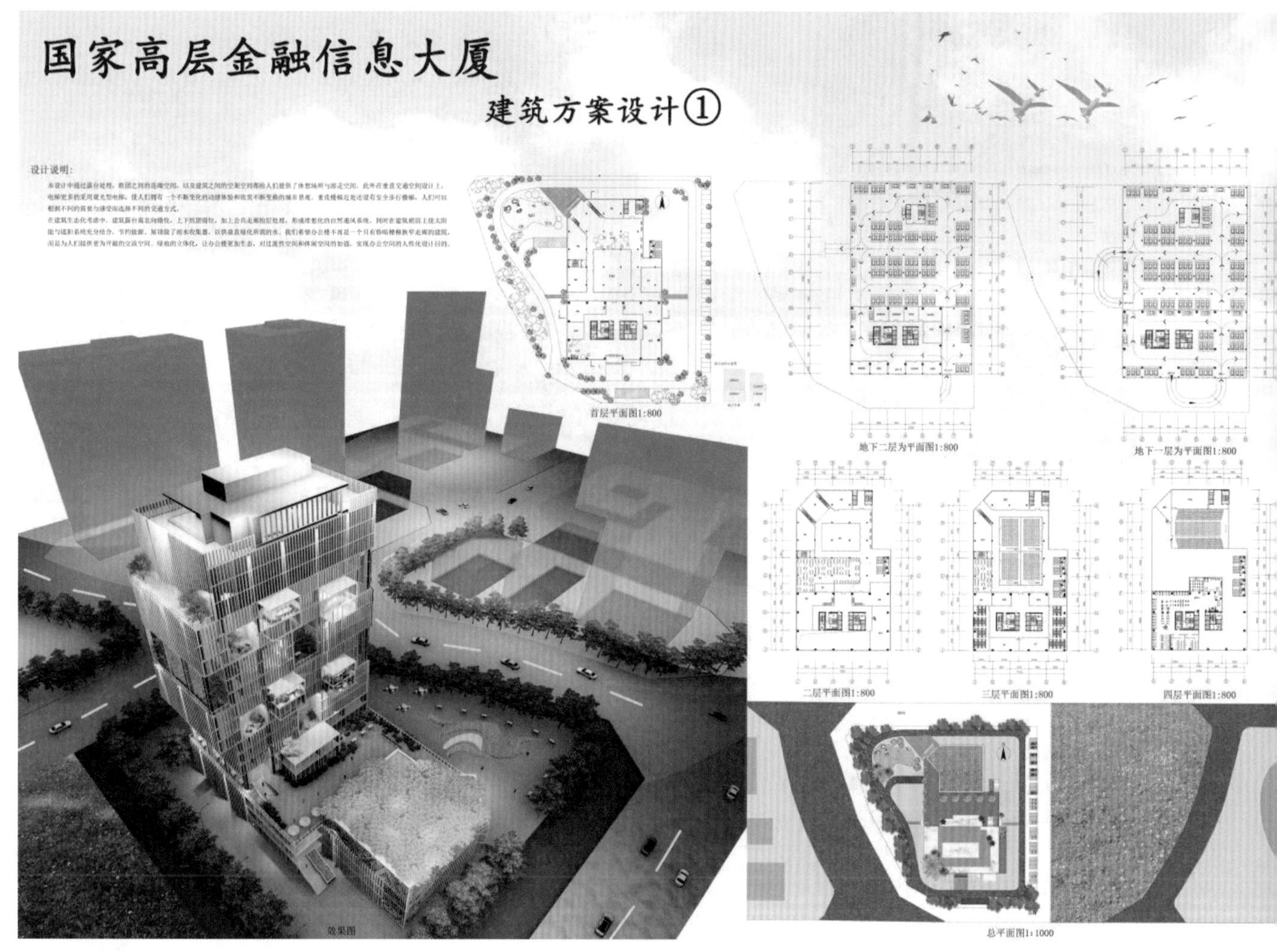

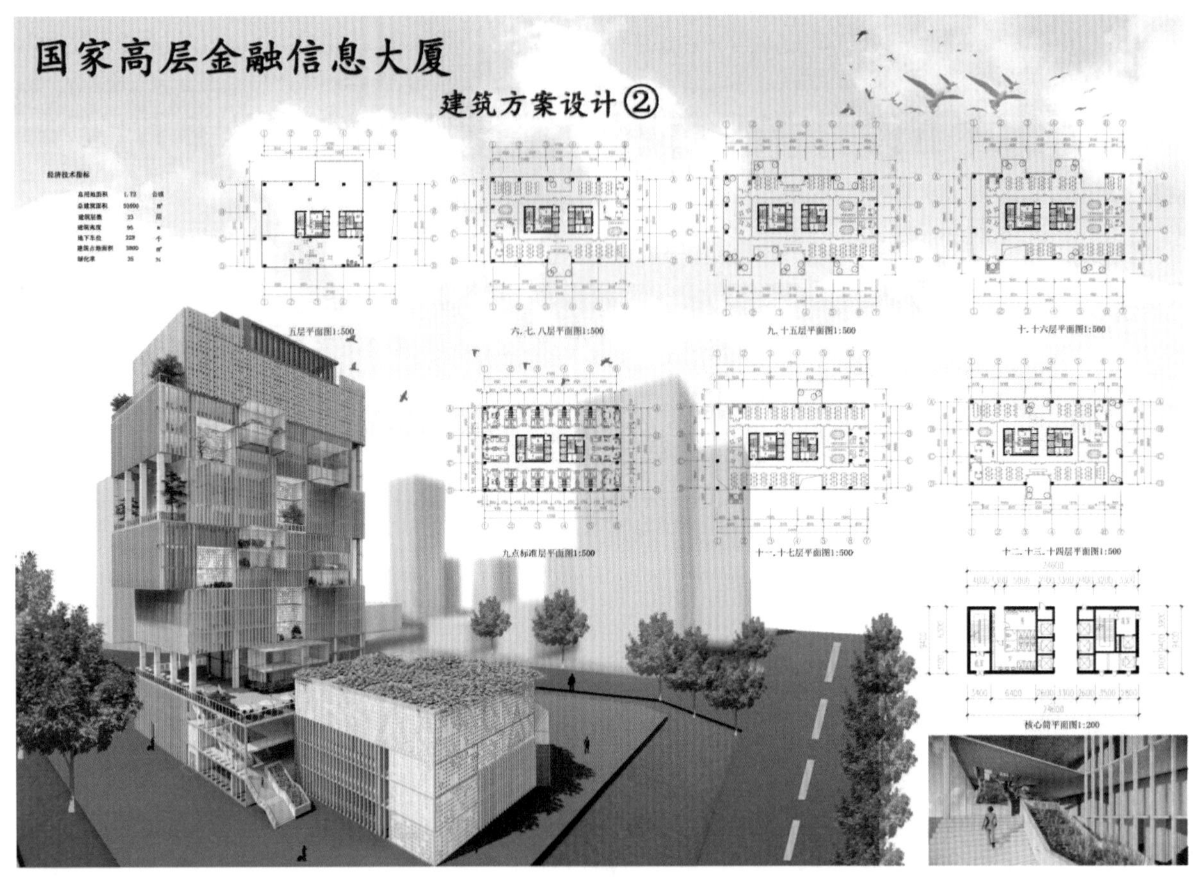
国家高层金融信息大厦
建筑方案设计②
五层平面图1:500
核心筒平面图1:200

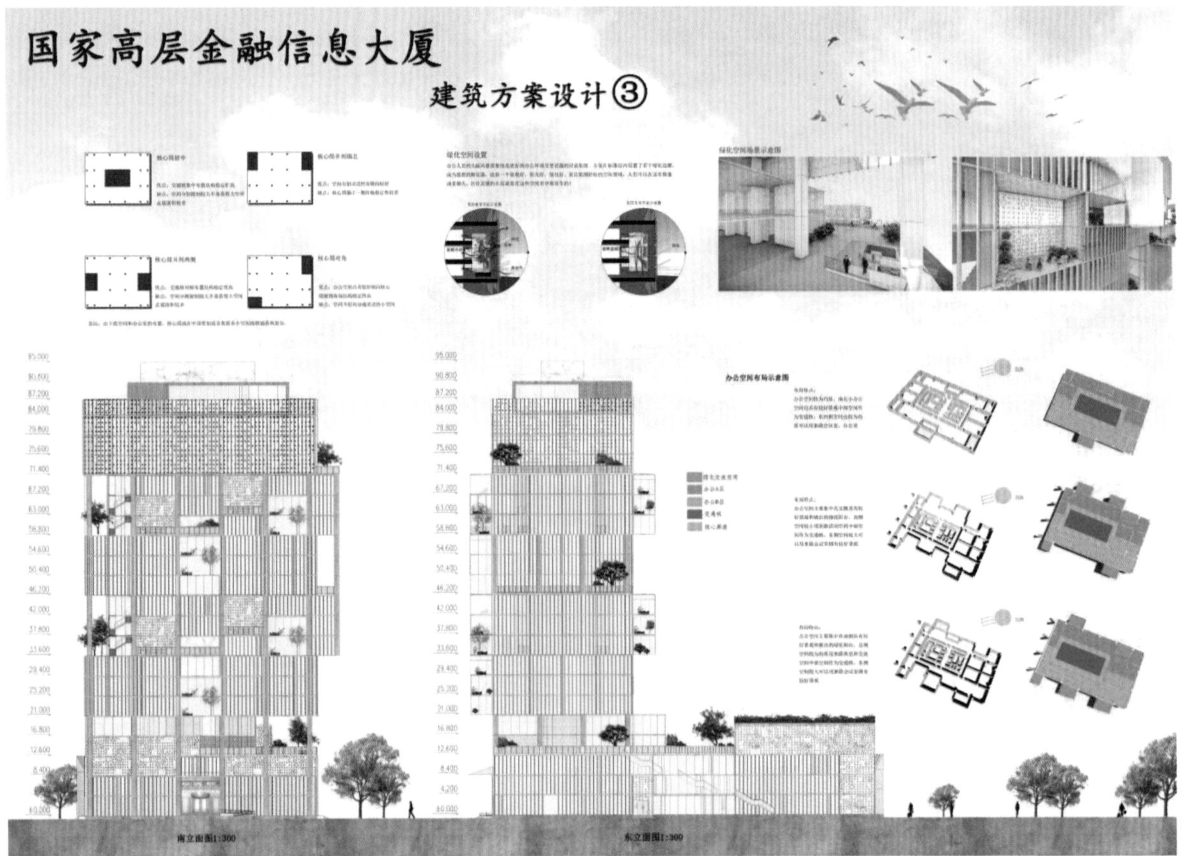
国家高层金融信息大厦
建筑方案设计③
南立面图1:300
东立面图1:300

评语：

该高层设计方案的建筑采用矩形规整平面布局，同时高层主体结构进行一定重塑，产生一定的凹凸变化，为立面带来丰富的变化；功能主体分布清晰全面，满足商务高层写字楼主体需求。另外构图严整，图幅色彩丰富。不足之处在于多变的设计和景观退台，导致出现很多消极空间，对经济性有一定影响；核心筒的占地面积相对较大，导致空间上有一定的浪费。

城市与建筑设计 • 丽泽金融商务区大厦设计方案

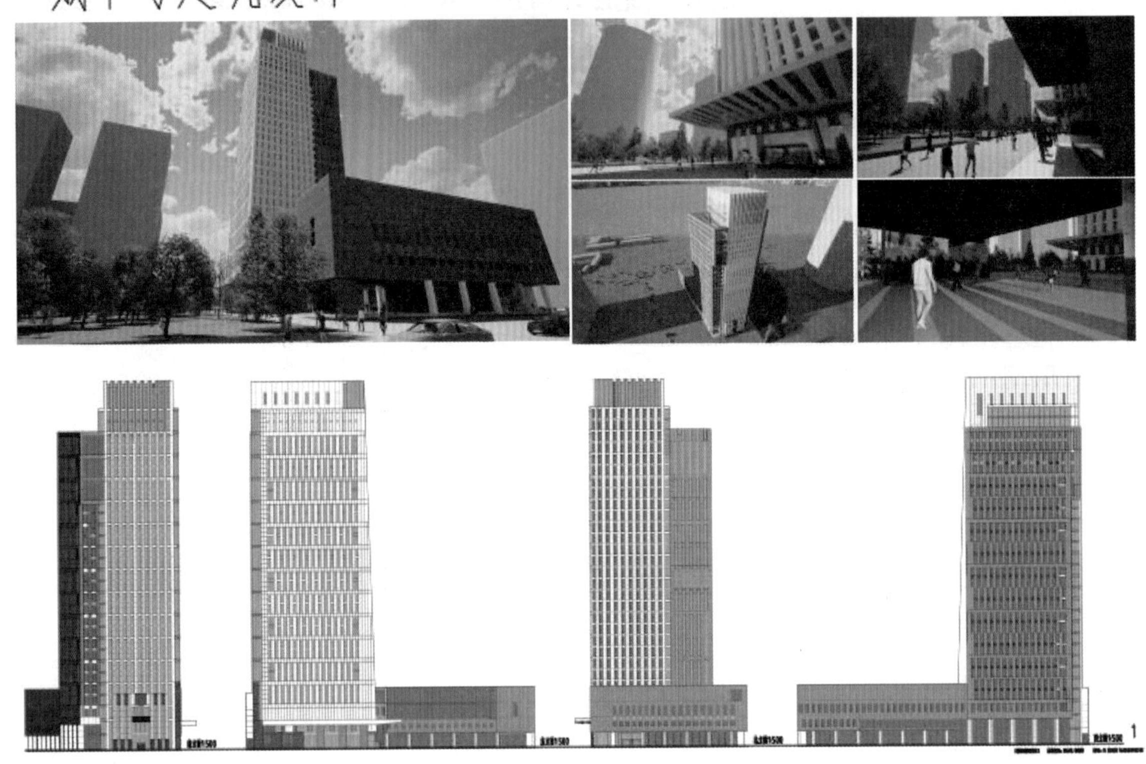

城市与建筑设计 • 丽泽金融商务区大厦设计方案

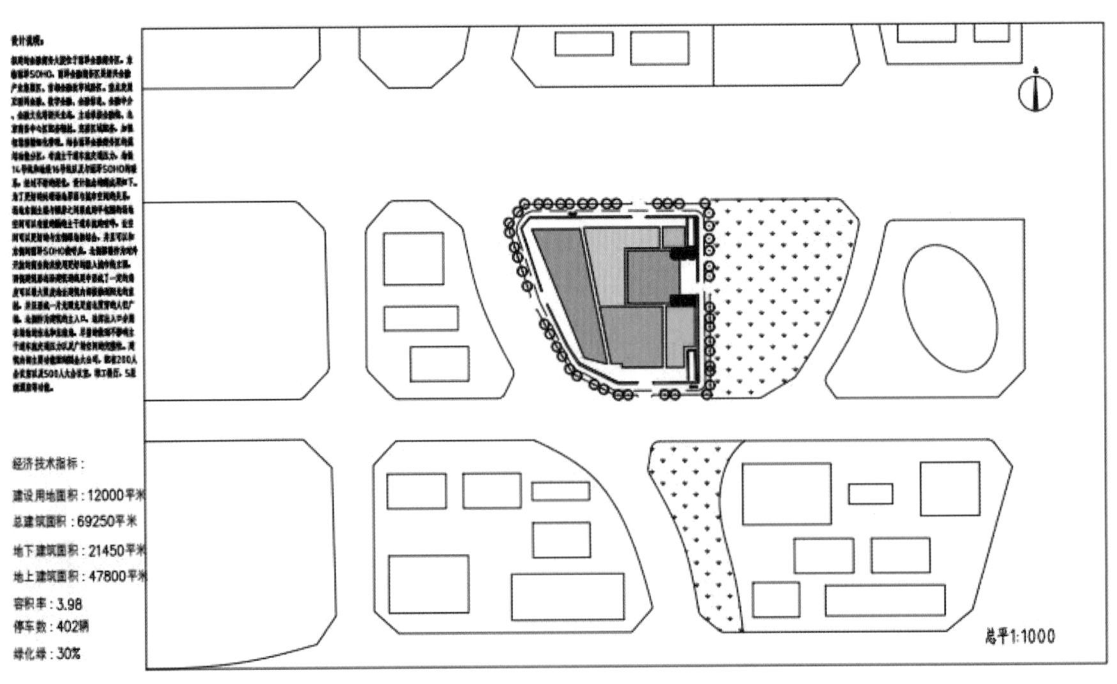

城市与建筑设计 • 丽泽金融商务区大厦设计方案

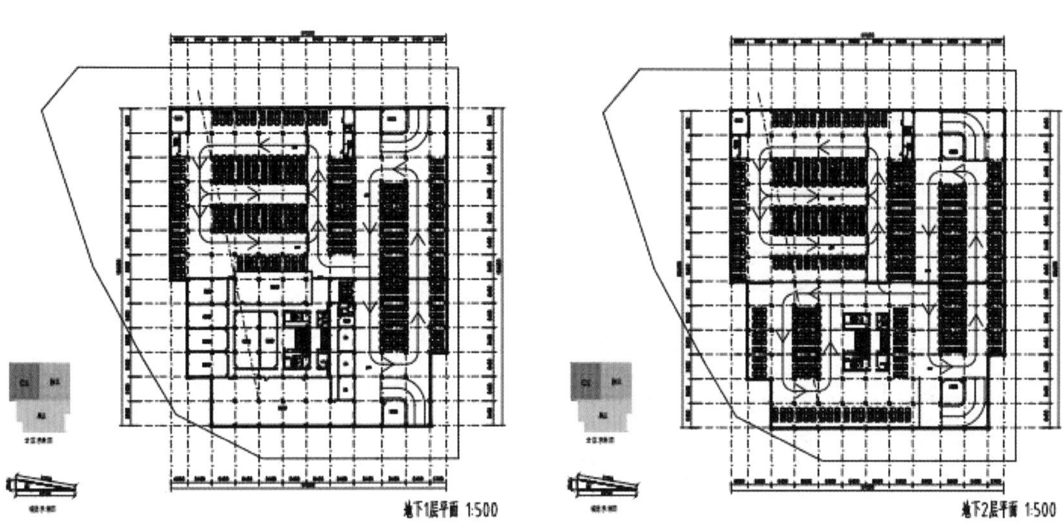

3

城市与建筑设计 • 丽泽金融商务区大厦设计方案

首层平面1:500

2层平面1:500

3层平面1:500

4层平面1:500

4

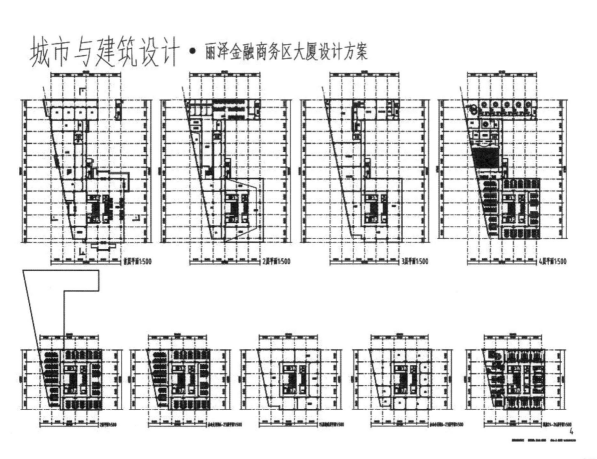

城市与建筑设计 • 丽泽金融商务区大厦设计方案
1-1剖面图1:500
2-2剖面图1:500
5

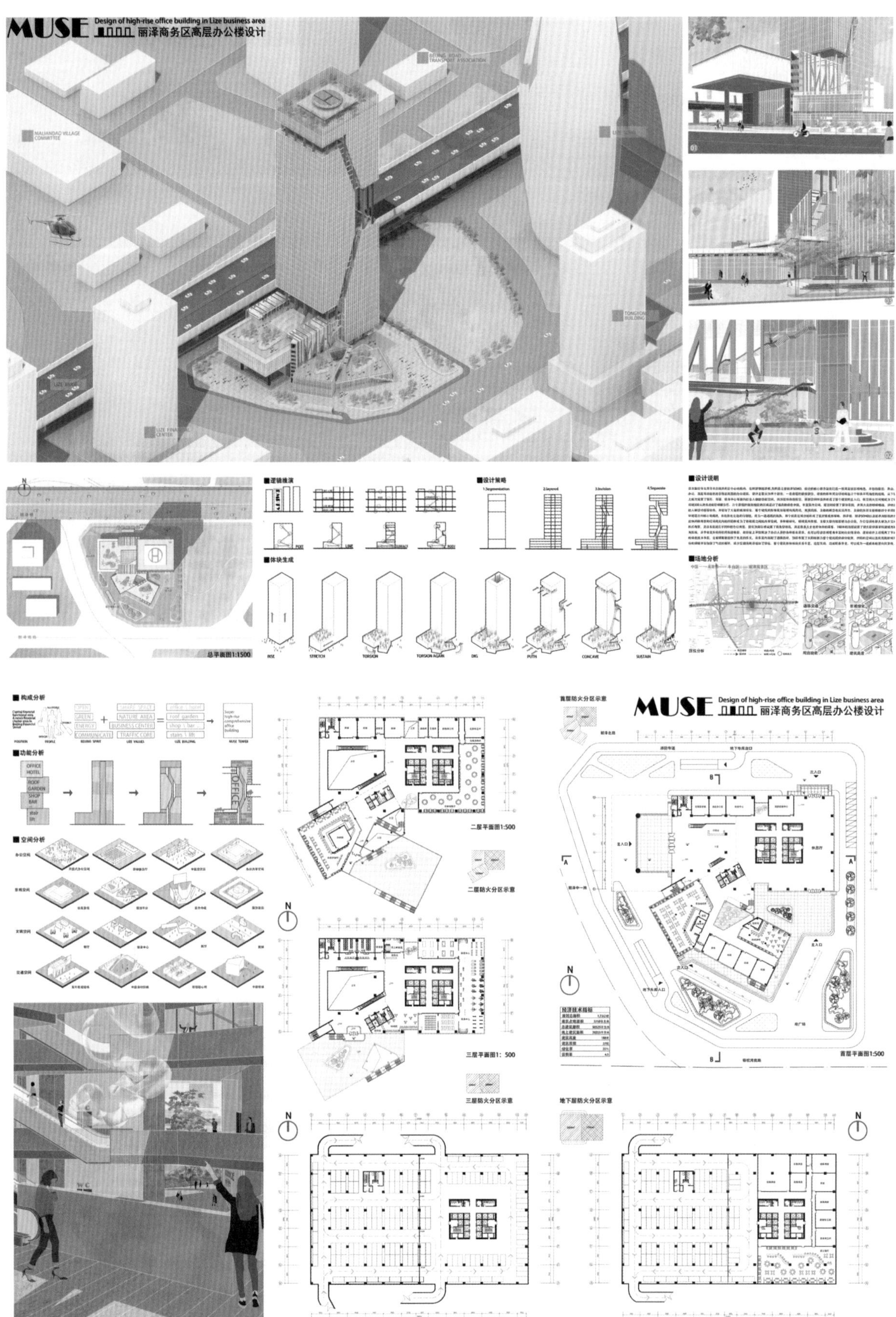
MUSE
Design of high-rise office building in Lize business area
丽泽商务区高层办公楼设计
■逻辑推演
■设计策略
■设计说明
■体块生成
■场地分析
总平面图1:1500
■构成分析
■功能分析
■空间分析
二层平面图1:500
二层防火分区示意
三层平面图1：500
三层防火分区示意
首层防火分区示意
首层平面图1:500
经济技术指标
地下层防火分区示意
B1平面图1:500
B1平面图1:500
中庭效果图

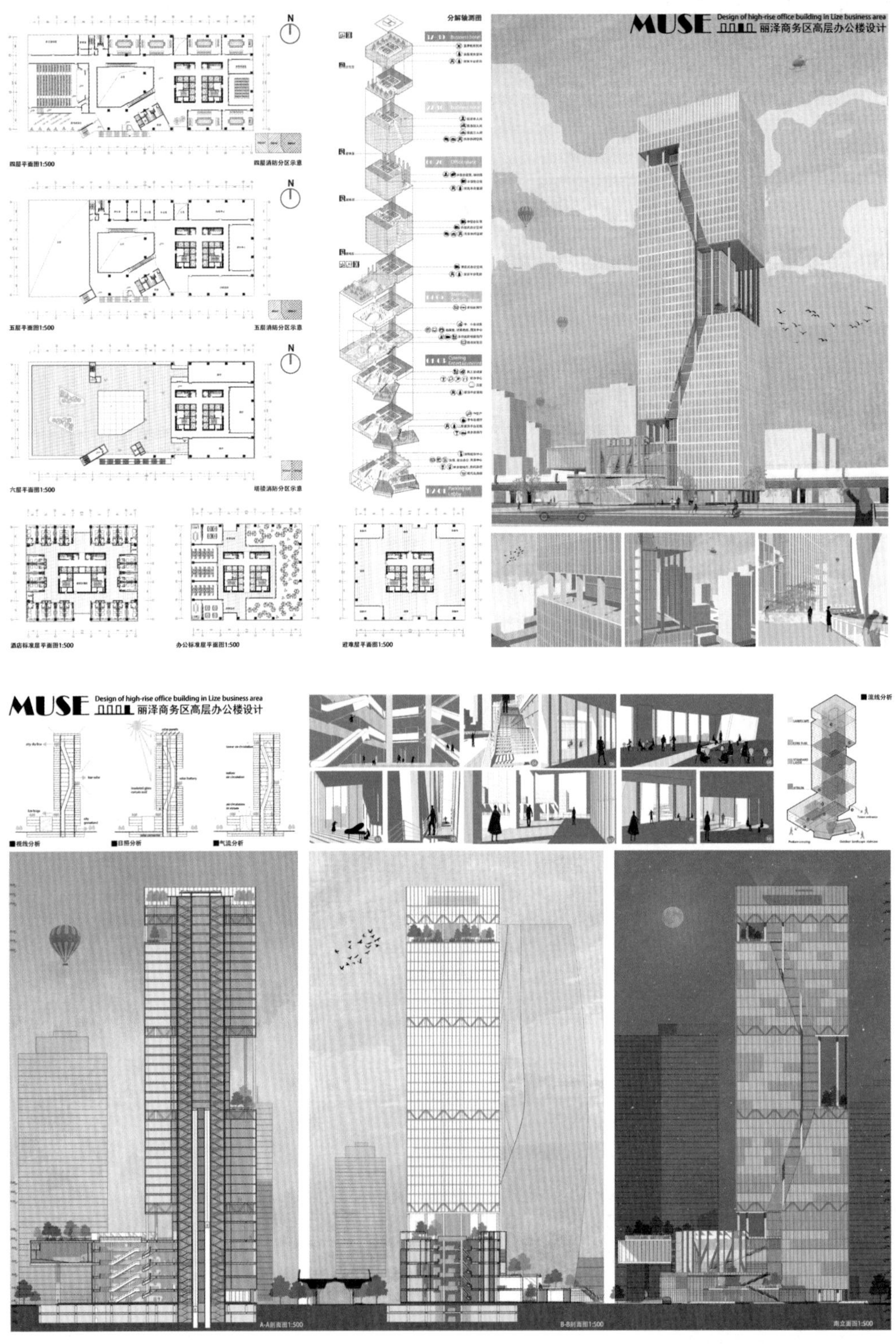

评语：

该高层建筑设计方案总体布局采用矩形规整平面布局，高层主楼和低层裙房形成水平和垂直形态相对比；高层布局了顶层花园和中区的景观庭院，带来了造型和办公楼层里面空间的丰富变化，方案整体布局合理，功能分区明确。另外图幅构图完整，排版色彩搭配关系较和谐。此图不足之处为部分标识细节处理不当。

01 丽泽商务区金融信息大厦设计 LIZE BUSINESS DISTRICT FINANCIAL INFORMATION EDIFICE

· 设计概况

设计说明

本大厦位于北京市丽泽金融商务区核心区，设计有效地与周边场地相结合，建筑的位置和形态都与周边建筑相呼应。南侧在主广场的中心下落形成下沉广场，汇聚从南侧步行的人群，通过地下通道也能与主建筑相连，也能使交通更有效的疏解；北侧工业风格正立面衬托了丽泽路的商务主旋律；西南侧的生态幕墙用于调节光线，同时也回应了中央绿地的景观，仿佛是绿地向天空的延伸。东西两侧的退台观景区能够在办公之余很好的欣赏周边绿地的景色，顶部的观光层与丽泽SOHO的玻璃中庭遥相对望，整体表现了生态与商务时代的结合，使其有机地串联起周边的建筑，共同营造出丽泽商务区的时代面貌。

总平面图 1：1500

02 丽泽商务区金融信息大厦设计 LIZE BUSINESS DISTRICT FINANCIAL INFORMATION EDIFICE

· 首层及裙房设计　　· 方案分析

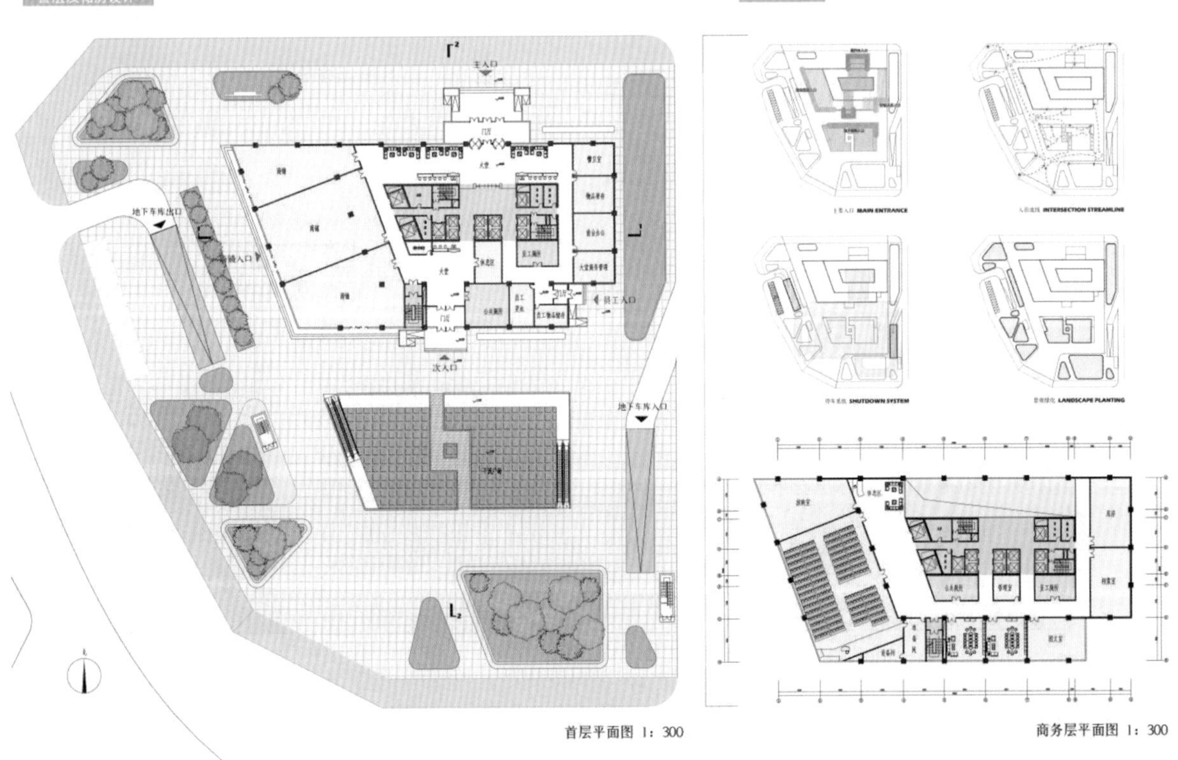

首层平面图 1：300

商务层平面图 1：300

03 丽泽商务区金融信息大厦设计 LIZE BUSINESS DISTRICT FINANCIAL INFORMATION EDIFICE

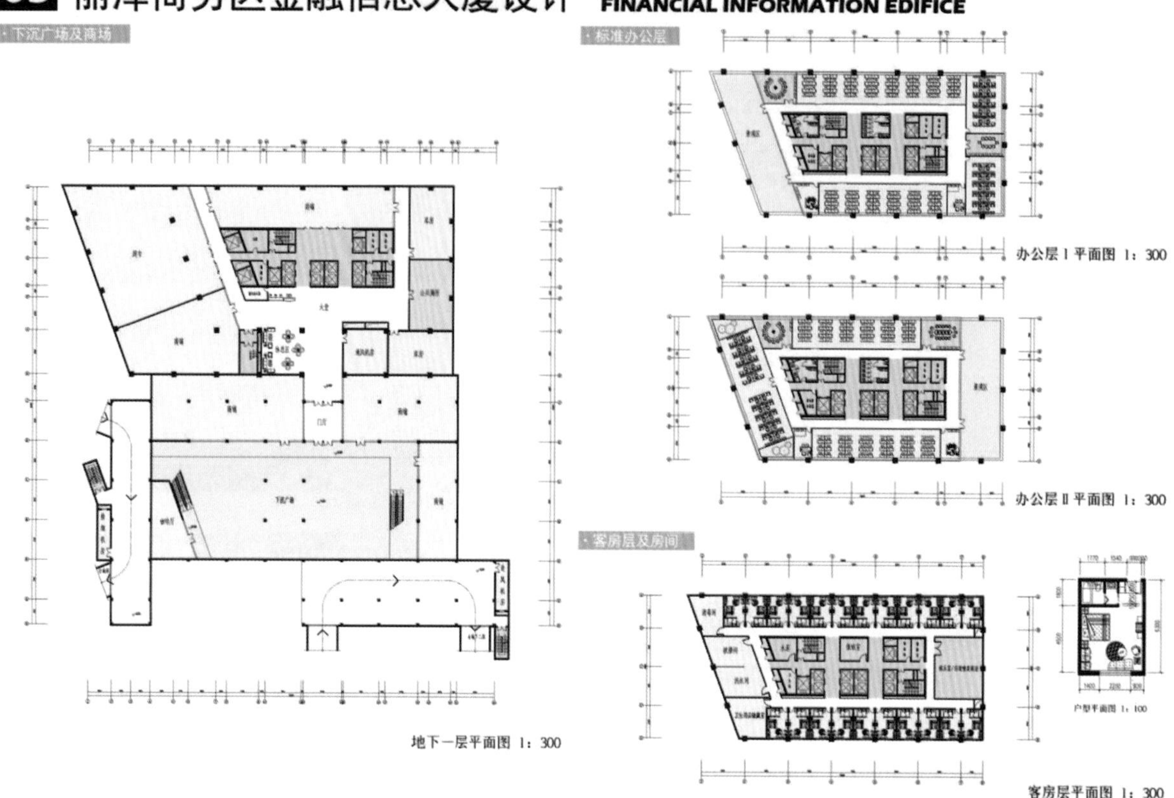

地下一层平面图 1：300

办公层Ⅰ平面图 1：300

办公层Ⅱ平面图 1：300

客房层平面图 1：300

04 丽泽商务区金融信息大厦设计 LIZE BUSINESS DISTRICT FINANCIAL INFORMATION EDIFICE

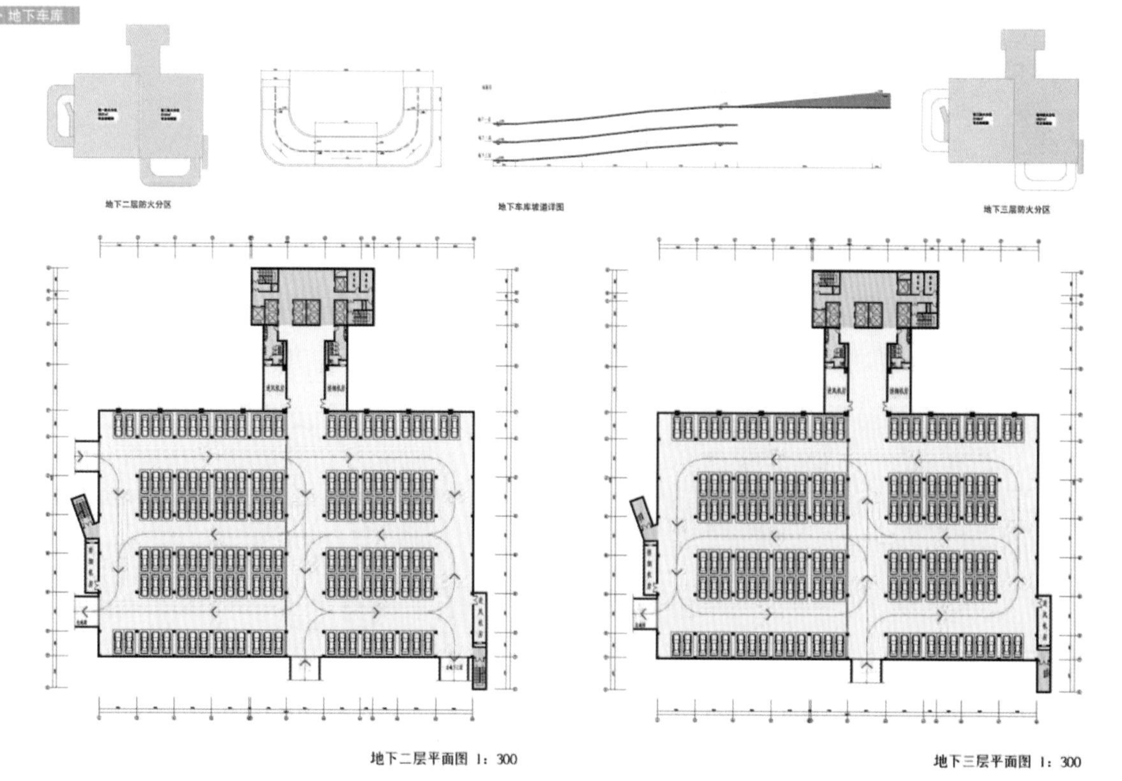

地下二层平面图 1：300

地下三层平面图 1：300

05 丽泽商务区金融信息大厦设计 LIZE BUSINESS DISTRICT FINANCIAL INFORMATION EDIFICE

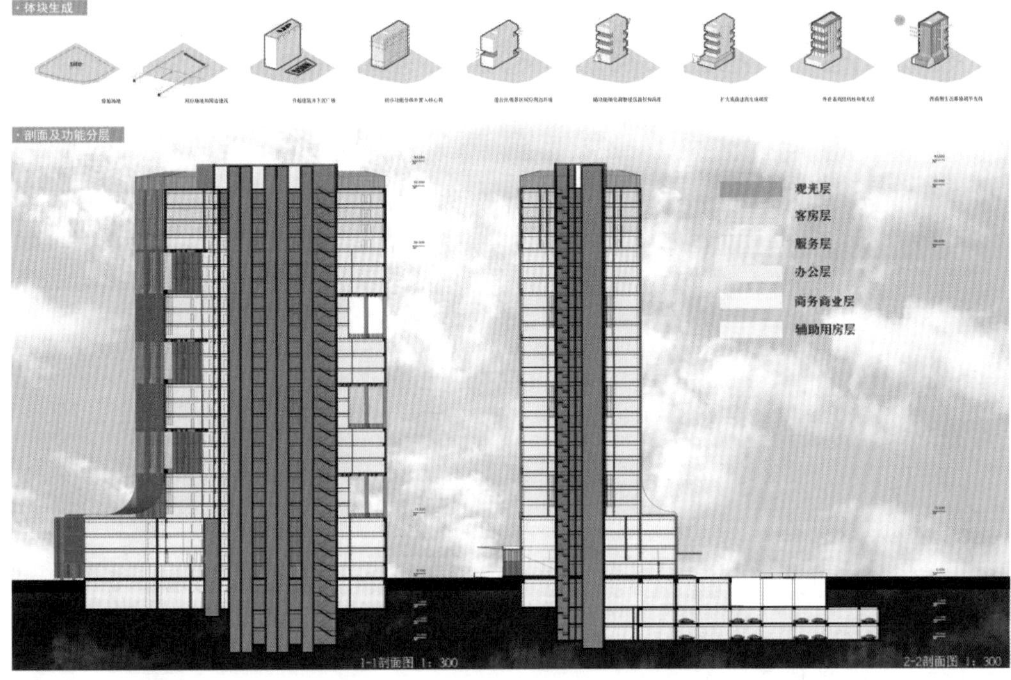

06 丽泽商务区金融信息大厦设计 LIZE BUSINESS DISTRICT FINANCIAL INFORMATION EDIFICE

评语：

该高层建筑设计方案采用梯形布局，和用地范围环境形成良好呼应；主体高层采用多个退让景观台，增加了建筑空间的品质。功能分区明确，流线设计清晰，色彩较为丰富。不足之处在于高层建筑的梯形布局导致办公区角落利用率相对较差；同时客房的房型统一，缺少高档商务套房。另外因进深与面宽长度接近，导致整体高层呈现出厚重感。

01 丽泽商务区高层办公楼设计

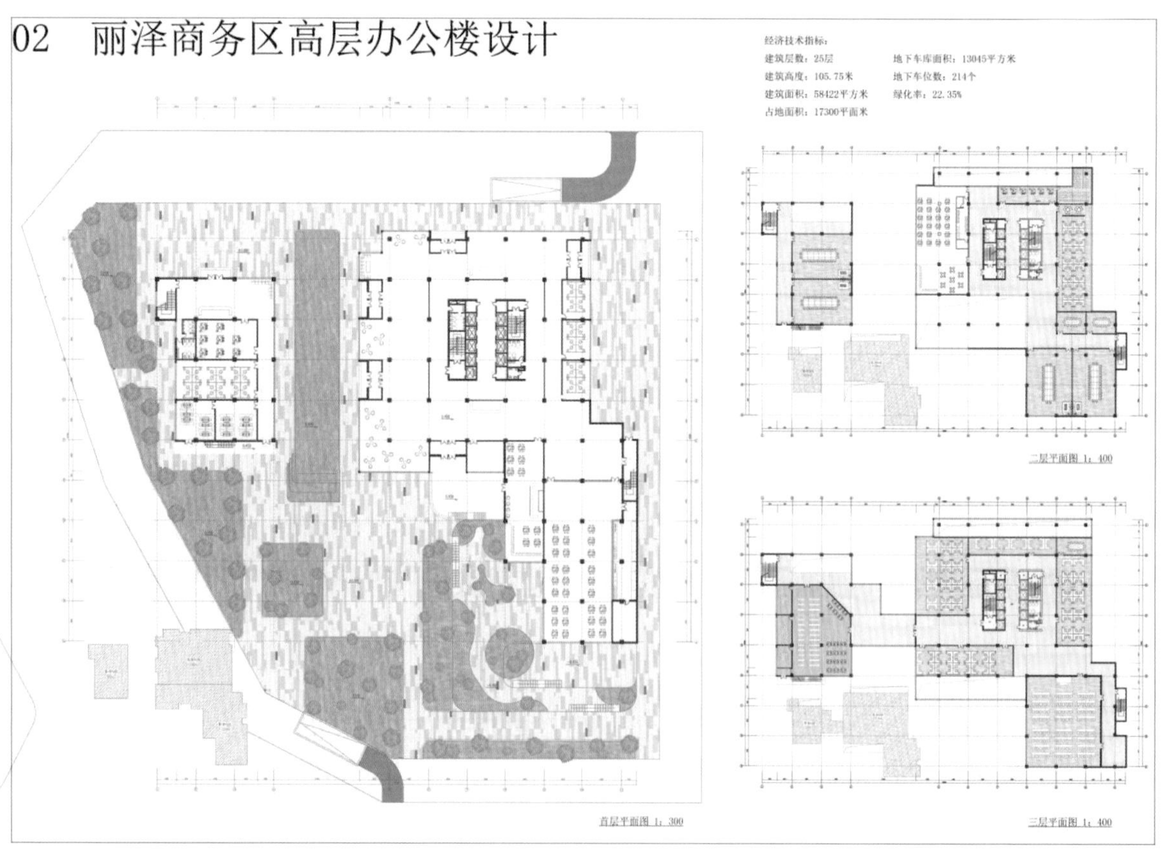
02 丽泽商务区高层办公楼设计
经济技术指标：
建筑层数：25层
地下车库面积：13045平方米
建筑高度：105.75米
地下车位数：214个
建筑面积：58422平方米
绿化率：22.35%
占地面积：17300平面米
二层平面图 1：400
首层平面图 1：300
三层平面图 1：400

03 丽泽商务区高层办公楼设计
• 前期调研：
丽泽金融商务区是北京市和丰台区重点发展的新兴金融功能区，商务区规划研究范围总用地8.09平方公里，其中核心区总用地2.81平方公里，是北京市邻近二环的最后一块成规模集中建设区，是首都"一轴两廊两带多点"区域空间结构中的重点功能区，是南部地区发展重要支撑点之一
高架桥的取消，丽泽金融商务区的交通网正最大程度地转移到地下。核心区地块建设均采用地下停车模式，不设置地面停车场，交通环廊可作为连接核心区各地块地下车库的交通通道，实现核心区内部停车位互联互通，提高地面步行空间质量，缓解交通压力。
4层、16层平面图 1：300
5-6层、17-18层平面图 1：300

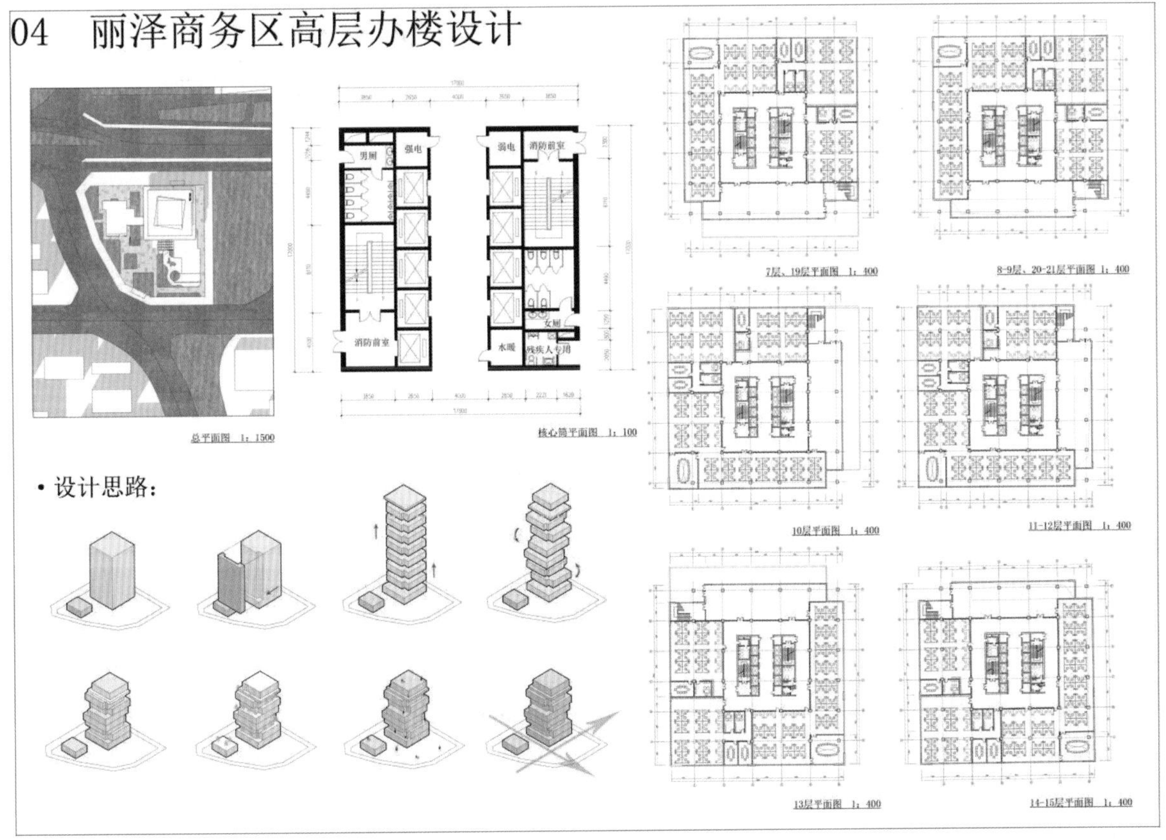
04 丽泽商务区高层办楼设计
总平面图 1：1500
男厕
强电
消防前室
弱电
消防前室
女厕
水暖
残疾人专用
核心筒平面图 1：100
• 设计思路：
7层、19层平面图 1：400
8-9层、20-21层平面图 1：400
10层平面图 1：400
11-12层平面图 1：400
13层平面图 1：400
14-15层平面图 1：400

05 丽泽商务区高层办公楼设计

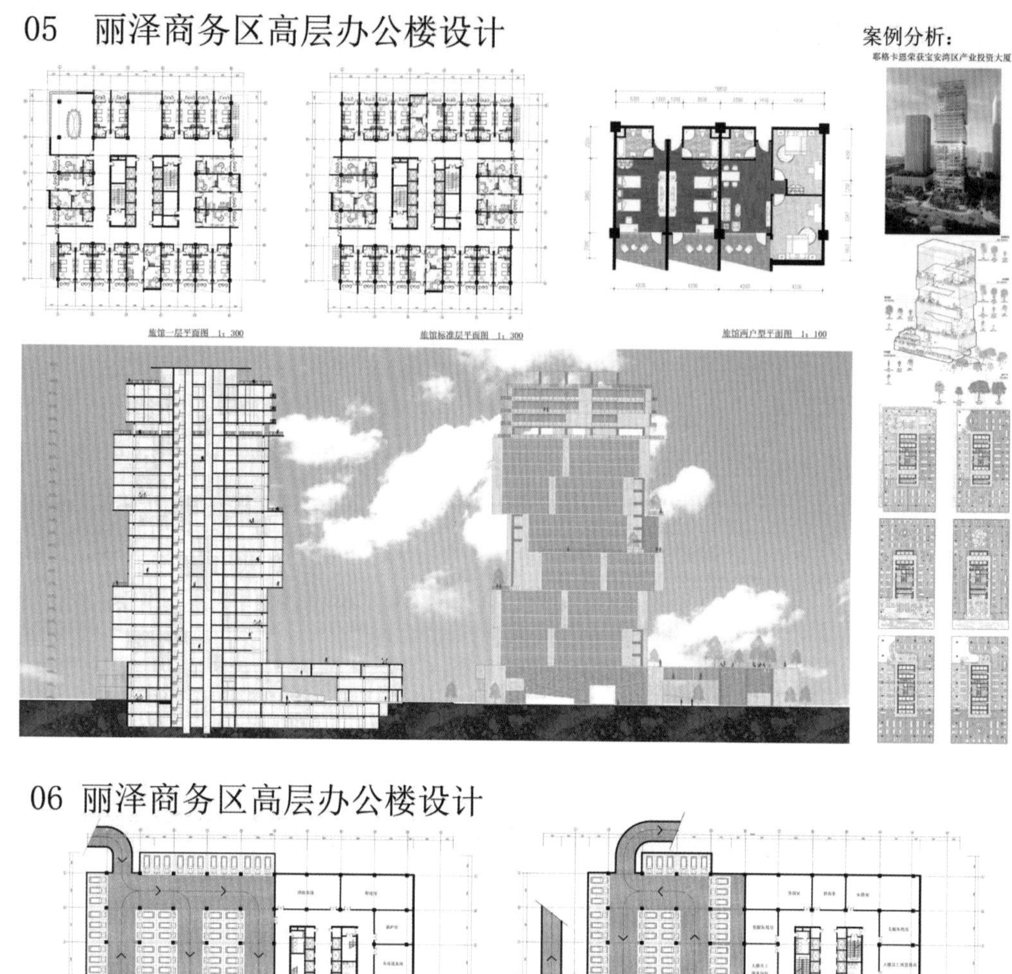

06 丽泽商务区高层办公楼设计

地下二层平面图 1：300

地下一层平面图 1：300

评语：

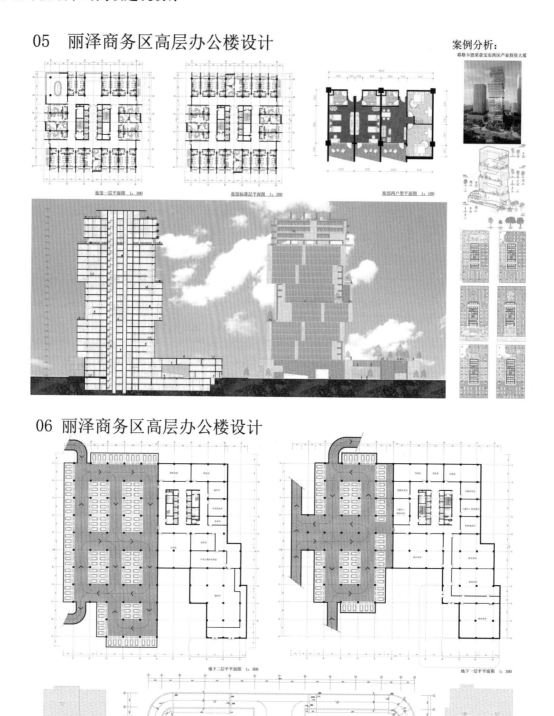

该高层设计方案的整体布局规整，将主体建筑结构重塑。局部造型虚实凹凸带来了丰富变化。另外构图色彩较为丰富，空间流线清晰。不足之处在于楼层的错位导致施工成本的增加；裙楼以及高层主体的功能分区不明确，并且功能设计过于单一；裙楼与高层主体组合相对比较生硬，对于裙楼与高层主体中间的空间利用性差。

丽泽桥金融商务区高层金融信息大厦设计 1
设计说明
本方案位于北京市丰台区丽泽商务区，地块处在西二、三环路之间，是重点发展的新兴金融功能区。本项目为酒店、办公、商业一体化的高层综合体，共有地上23层，地下3层为停车场及设备用房，地上1层、2层为商业、餐饮，3层用作会议，4层至20层为办公空间，21至23层用于酒店。建筑形式上采用对称双塔的形式，一方面因为双塔形式能更大的利用场地，获取更多的建筑面积，另一方面，双塔对称的形态使得建筑外观更为庄重和有地标性。
经济技术指标
建筑层数：23层+地下2层
占地总面积：17300㎡
建筑占地面积：4570㎡
总建筑面积：97905㎡
地上建筑面积：83375㎡
地下建筑面积：14530㎡
地上停车位：43个
地下停车位：288个
绿地率：36.40%
建筑密度：0.26
容积率：5.66
区位分析
中国-北京市-丰台区-丽泽商务区
地块选址位于北京市丰台区丽泽商务区，处在西二、三环之间，地理位置优越，南侧紧邻主路。丽泽商务区东南侧紧邻北京南站，交通发达，附近有陶然亭公园、玉渊潭公园、花卉大观园以及卢沟桥遗址。
防火分区示意图
首层平面图 1:500
二层平面图 1:500
三层平面图 1:500

丽泽桥金融商务区高层金融信息大厦设计 2
21-23F
酒店
4-20F
办公
3F
会议
1-2F
侧立面图 1：500
正立面图 1：500
总平面图 1:1000
办公层平面图（1） 1:500
办公层平面图（2） 1:500
办公层平面图（3） 1:500

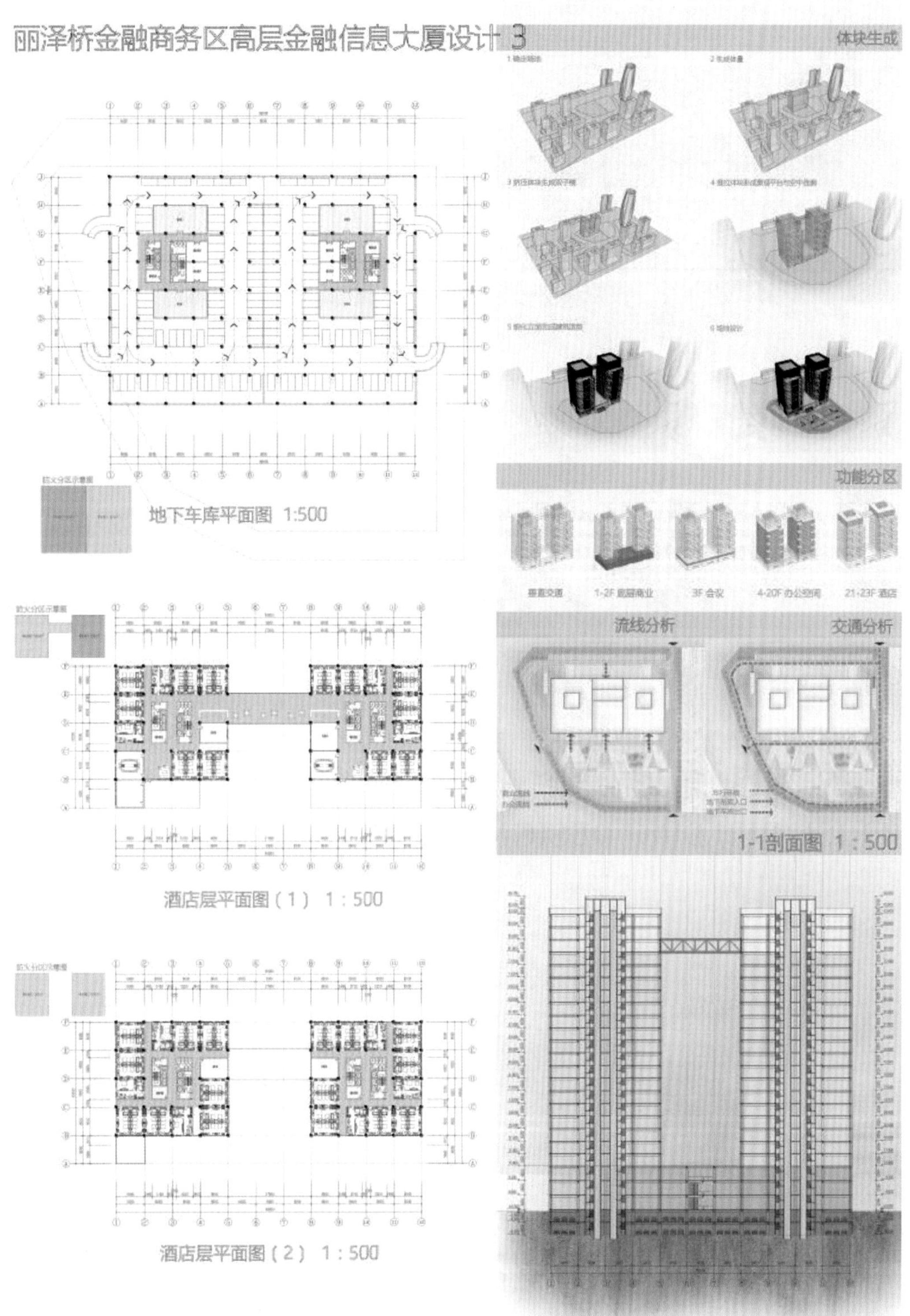

评语：

该设计方案的主体高层建筑采用对称双塔形式，双塔内部均为规整矩形结构，成为该设计的特点；功能分区明确，设计清晰；高楼主体凹凸变化为立面带来丰富的变化。不足之处是双塔结构的设计导致中心区域的空缺，同时需要配备两个核心筒区域，导致了使用面积的减少导致不够经济；双塔结构的造型也造成了造价的增加。

丽泽商务区高层建筑设计1

HIGH RISE BUILDING DESIGN OF LIZE BUSINESS DISTRICT

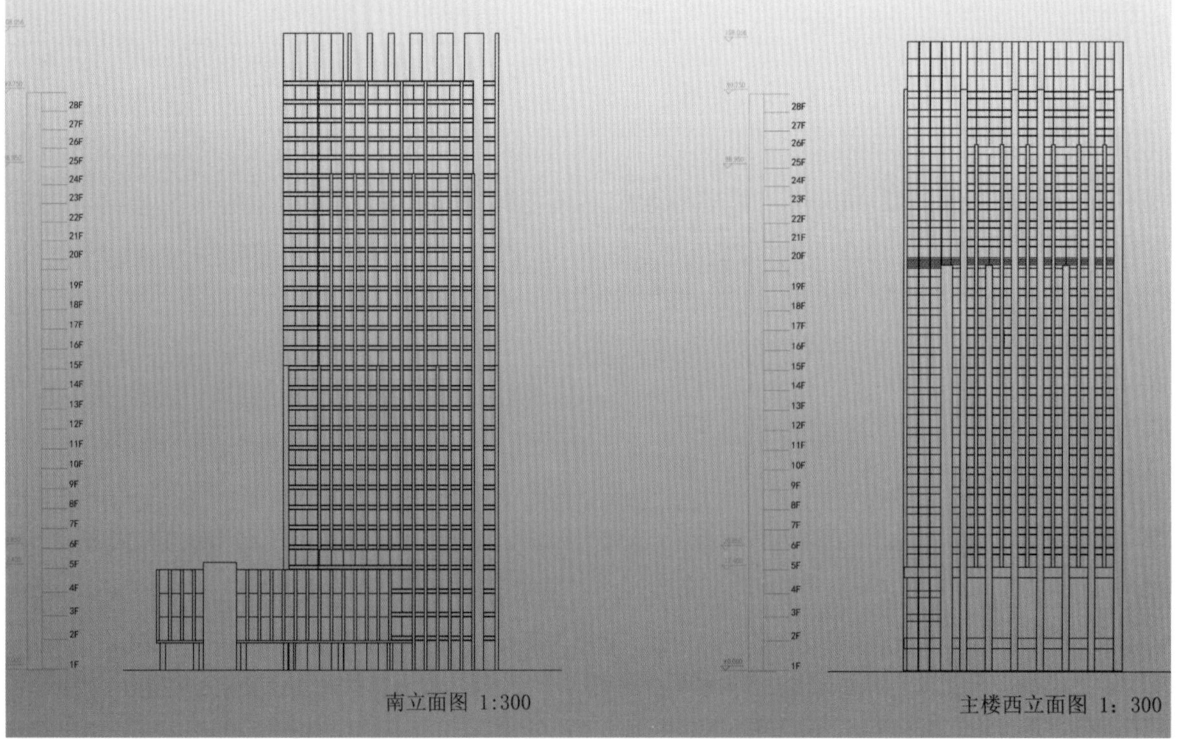

南立面图 1:300　　主楼西立面图 1：300

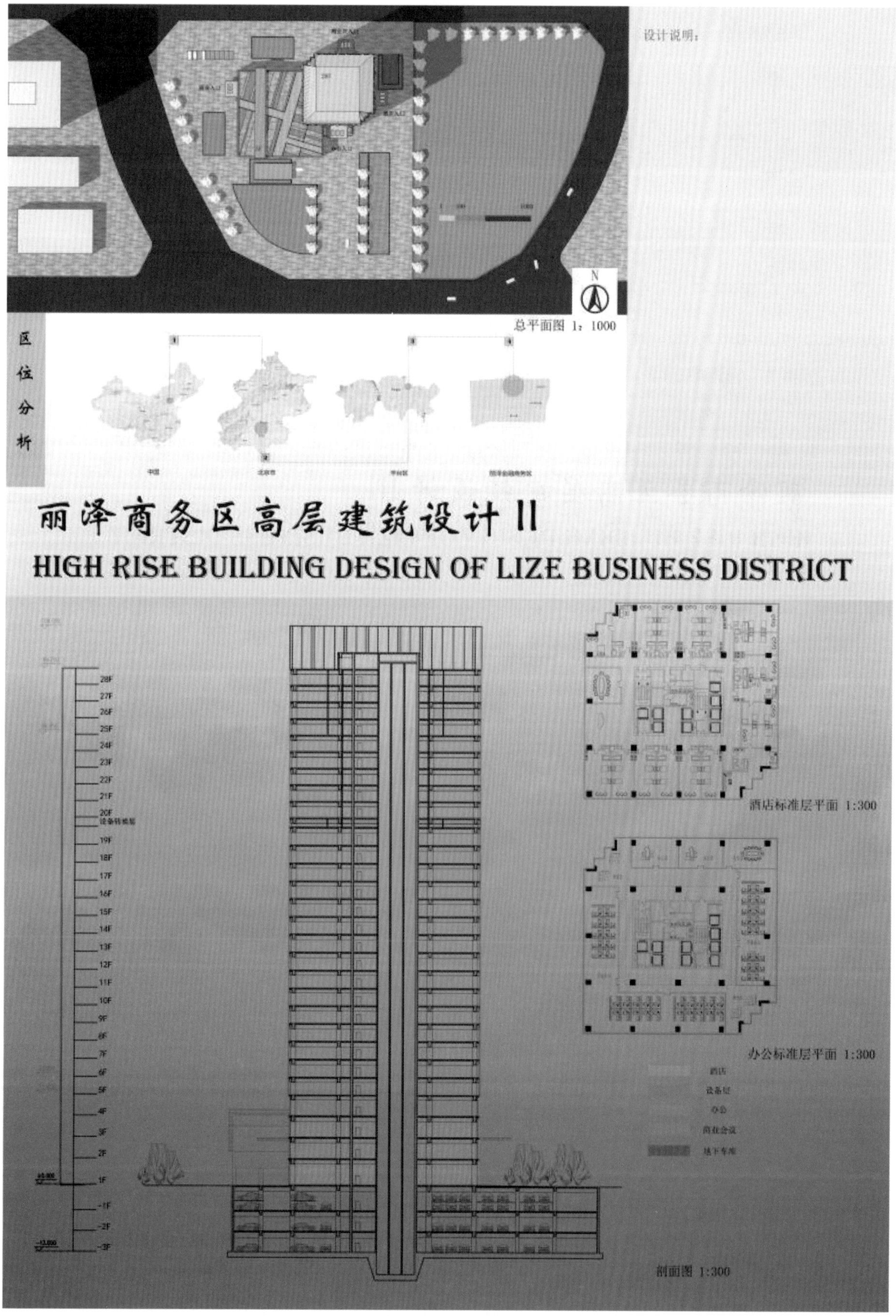

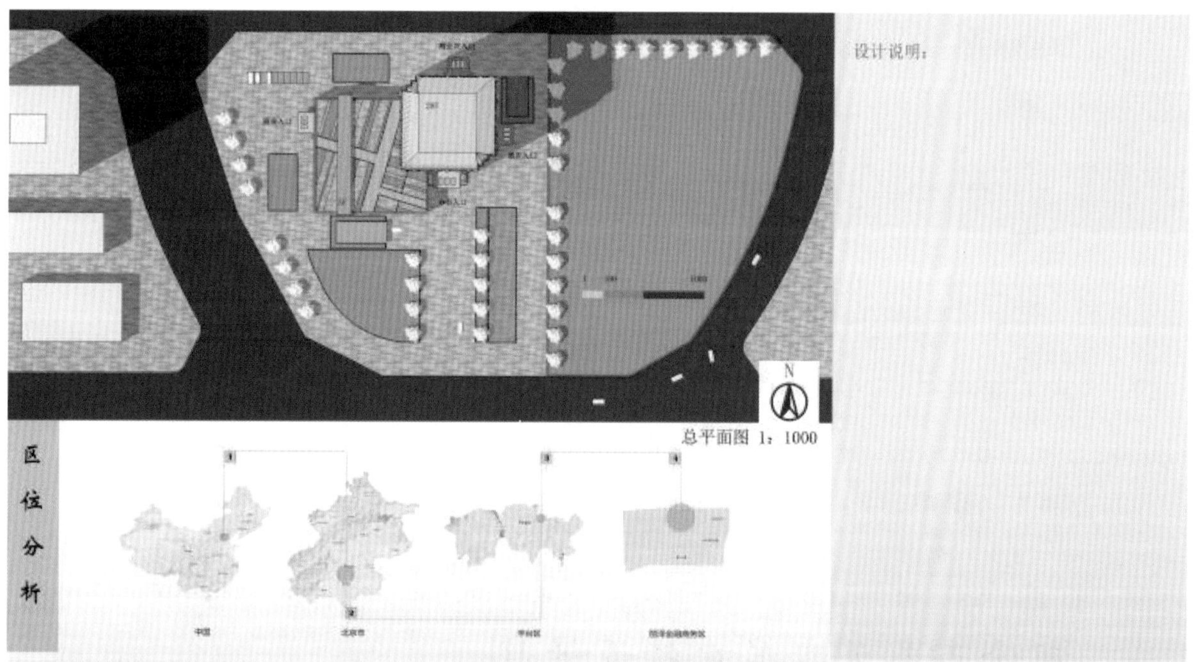

丽泽商务区高层建筑设计 II

HIGH RISE BUILDING DESIGN OF LIZE BUSINESS DISTRICT

酒店标准层平面 1:300

办公标准层平面 1:300

酒店
设备层
办公
商业会议
地下车库

剖面图 1:300

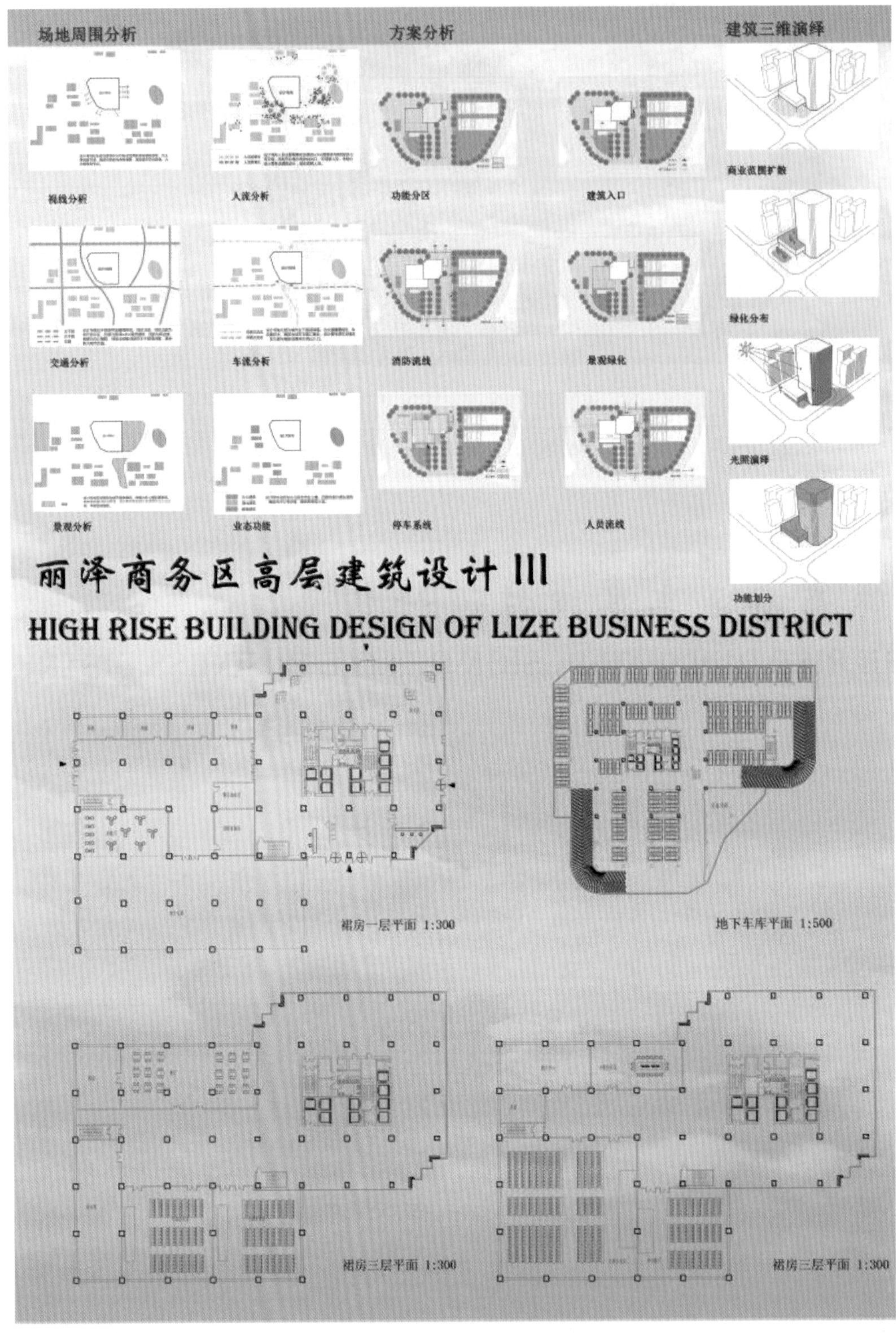

评语：

该设计方案的主体高层建筑采用整体为矩形的构造；裙房整体功能齐全，分区明确，高楼主体设计合理。不足之处在于裙楼的设计单调且空间利用不足，缺乏经济性；高楼主体西北角和东南角的设计导致内部空间可利用性相对较差；核心筒区域功能标识不清。

HIGH RISE 高层办公楼设计 OFFICE BUILDING DISIGN 1

区位分析
LOCATION ANALYSIS

设计说明
DESIGN INSTRUCTION

此方案位于北京市丰台区丽泽商务中心。本项目的目的是建设一个金融区的地标建筑，同时集办公、商业、酒店于一体的建筑结合地域环境。本设计方案与旁边丽泽SOHO的建筑相互呼应，以弧形为设计元素，裙房与主楼以玻璃幕墙相邻接。此外，裙房部分设置圆形中庭，让整体形态变得更丰富。并且，裙房的楼顶为屋顶花园，可以让人们休息玩耍，让空间变得丰富多样起来。

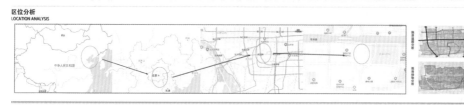

HIGH RISE 高层办公楼设计 OFFICE BUILDING DISIGN 2

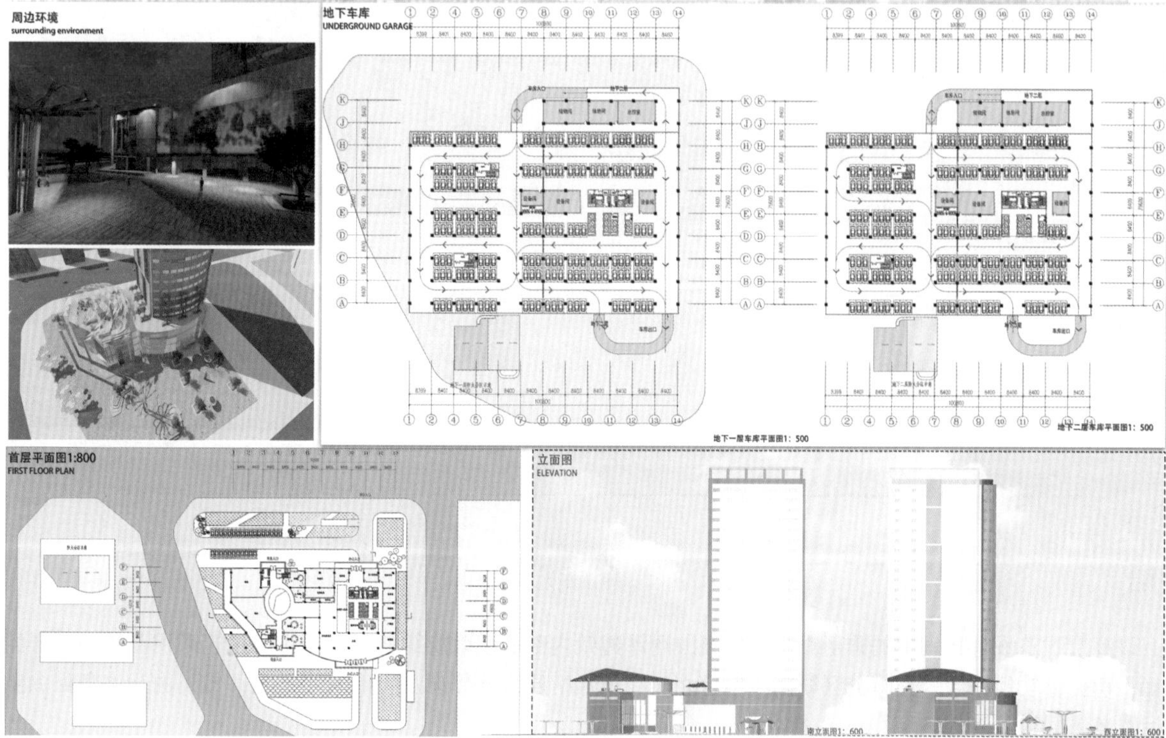

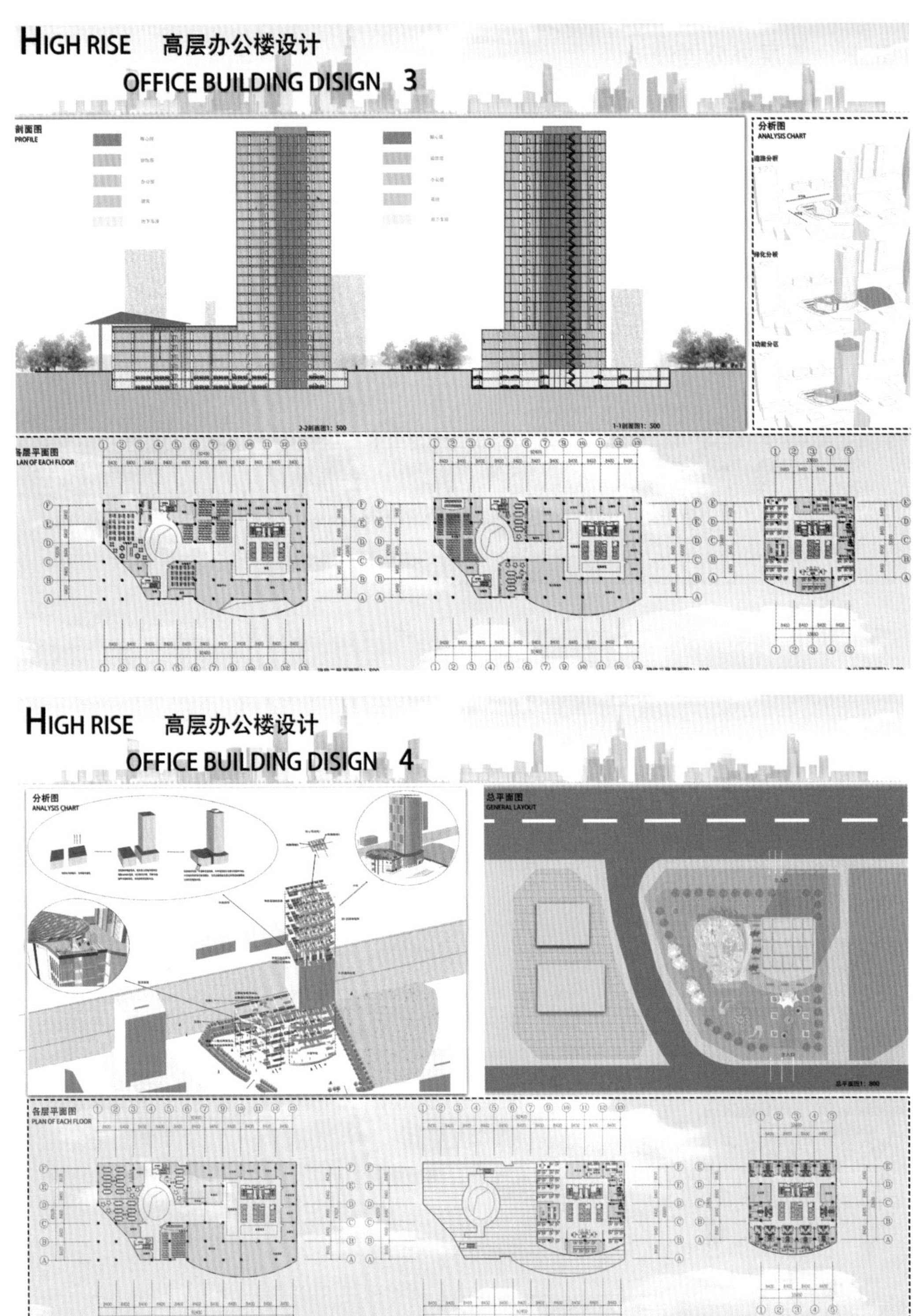

评语：

该高层建筑设计方案中的圆形概念来自周围丽泽建筑内部的双螺旋结构。主体高层建筑采用整体为矩形的构造；裙房整体功能齐全，整体分区明确。不足之处在于住宿层设计单调且空间利用不足；另外由于边角处的空间利用率差，导致经济性下降。

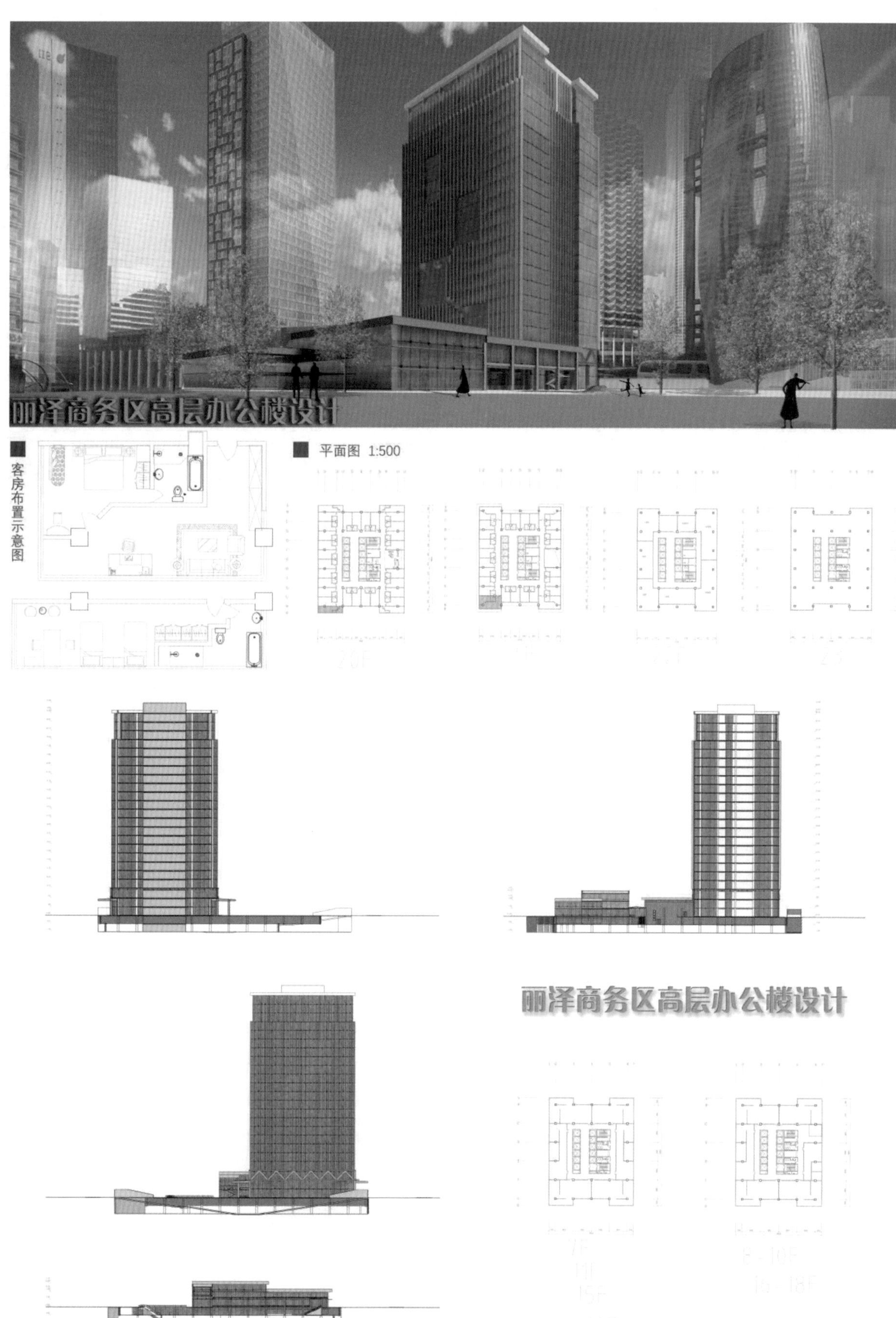
丽泽商务区高层办公楼设计
客房布置示意图
平面图 1:500
丽泽商务区高层办公楼设计

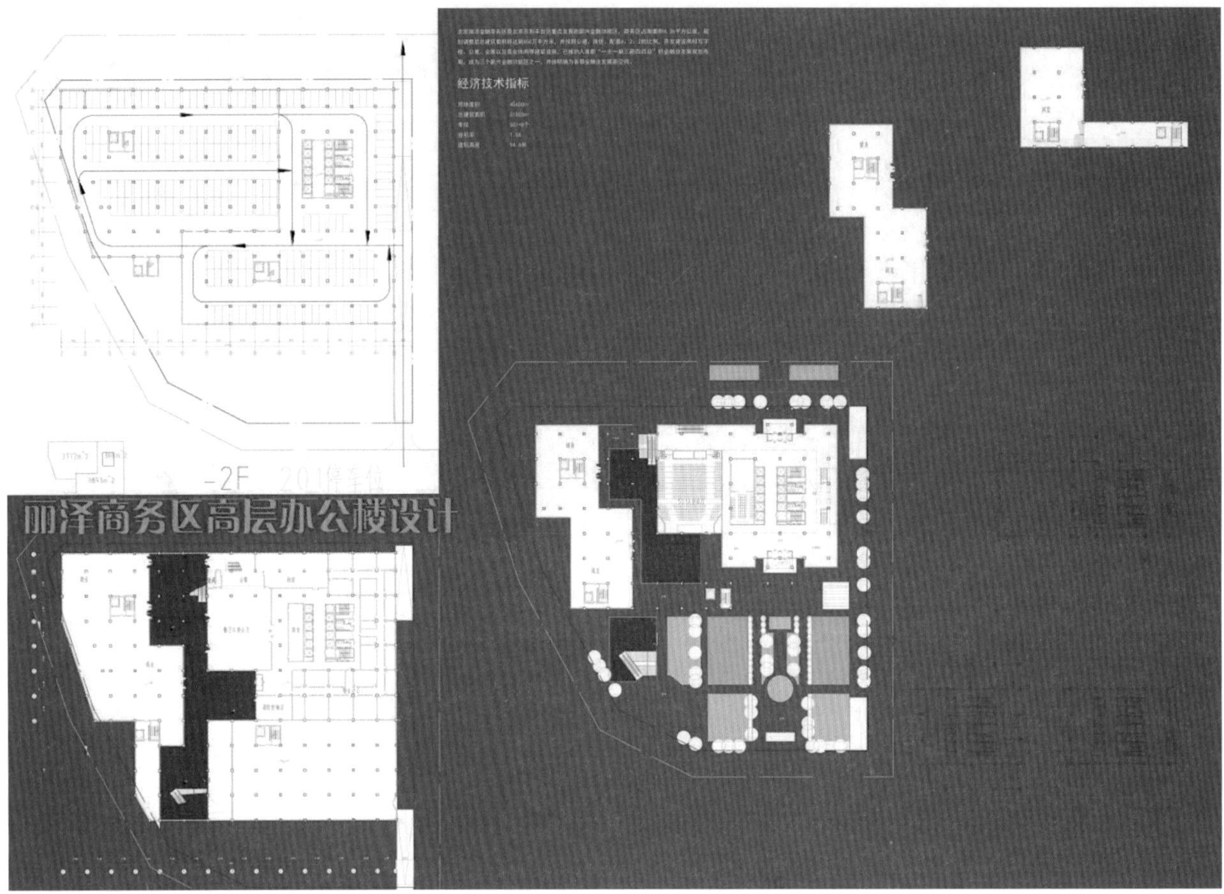

评语：

该设计方案总体平面布局规整，用地节省。主体高层建筑采用整体为矩形的构造，客房节点图清晰可见。不足之处在于功能分区不明确，颜色较为单一，底部配色导致制图部分模糊，另外整体高层偏厚重感。

01 通轴故俚
URBAN DESIGN OF TONGZHOU CANAL CENTRAL AREA IN BEIJING SUB-CENTER
北京城市副中心通州运河中心区城市设计
PENETRATING TO THE HOMETOWN

区位概况
周边环境
现状评估
历史沿革
场地分析
公园广场
教育设施
文化设施
生活设施
场地建筑
场地水系
场地道路
场地绿化
道路断面
上位规划
北京城市副中心控制性详细规划
人群活动
区域特点

02 通轴故俚
URBAN DESIGN OF TONGZHOU CANAL CENTRAL AREA IN BEIJING SUB-CENTER
北京城市副中心通州运河中心区城市设计
PENETRATING TO THE HOMETOWN

大总平面
方案生成
发现问题
解决策略
方案生成
大区域总平面图 1:5500

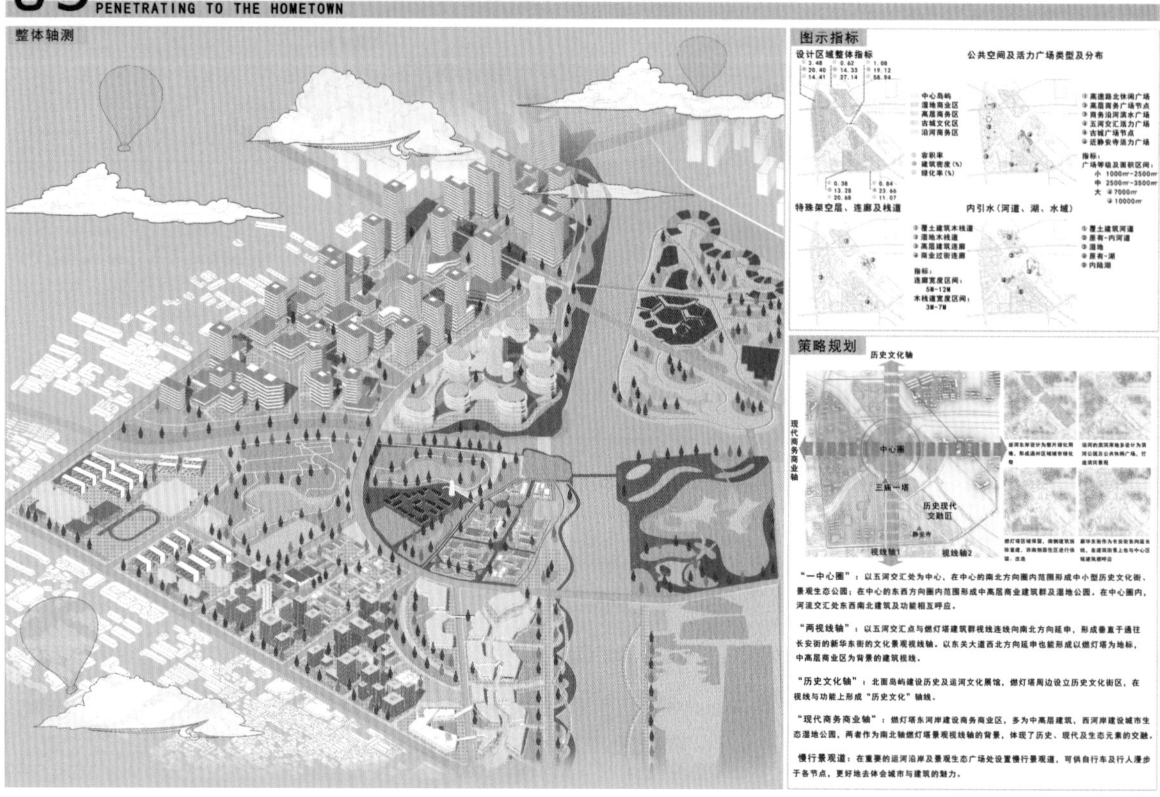

03 通轴故俚
URBAN DESIGN OF TONGZHOU CANAL CENTRAL AREA IN BEIJING SUB-CENTER
北京城市副中心通州运河中心区城市设计
PENETRATING TO THE HOMETOWN
整体轴测
图示指标
设计区域整体指标
公共空间及活力广场类型及分布
中心岛屿
湿地商业区
高层商务区
古城文化区
沿河商务区
容积率
建筑密度(%)
绿化率(%)
特殊架空层、连廊及栈道
内引水（河道、湖、水域）
策略规划
历史文化轴
现代商务商业轴
中心圈
三庙一塔
历史现代文融区
静安寺
视线轴1
视线轴2
“一中心圈”：以五河交汇处为中心，在中心的南北方向圈内范围形成中小型历史文化街、景观生态公园；在中心的东西方向圈内范围形成中高层商业建筑群及湿地公园。在中心圈内，河流交汇处东西南北建筑及功能相互呼应。
“两视线轴”：以五河交汇点与燃灯塔建筑群视线连线向南北方向延申，形成垂直于通往长安街的新华东街的文化景观视线轴。以东关大道西北方向延申也能形成以燃灯塔为地标，中高层商业区为背景的建筑视线。
“历史文化轴”：北面岛屿建设历史及运河文化展馆，燃灯塔周边设立历史文化街区，在视线与功能上形成“历史文化”轴线。
“现代商务商业轴”：燃灯塔东河岸建设商务商业区，多为中高层建筑、西河岸建设城市生态湿地公园，两者作为南北轴燃灯塔景观视线轴的背景，体现了历史、现代及生态元素的交融。
慢行景观道：在重要的运河沿岸及景观生态广场处设置慢行景观道，可供自行车及行人漫步于各节点，更好地去体会城市与建筑的魅力。

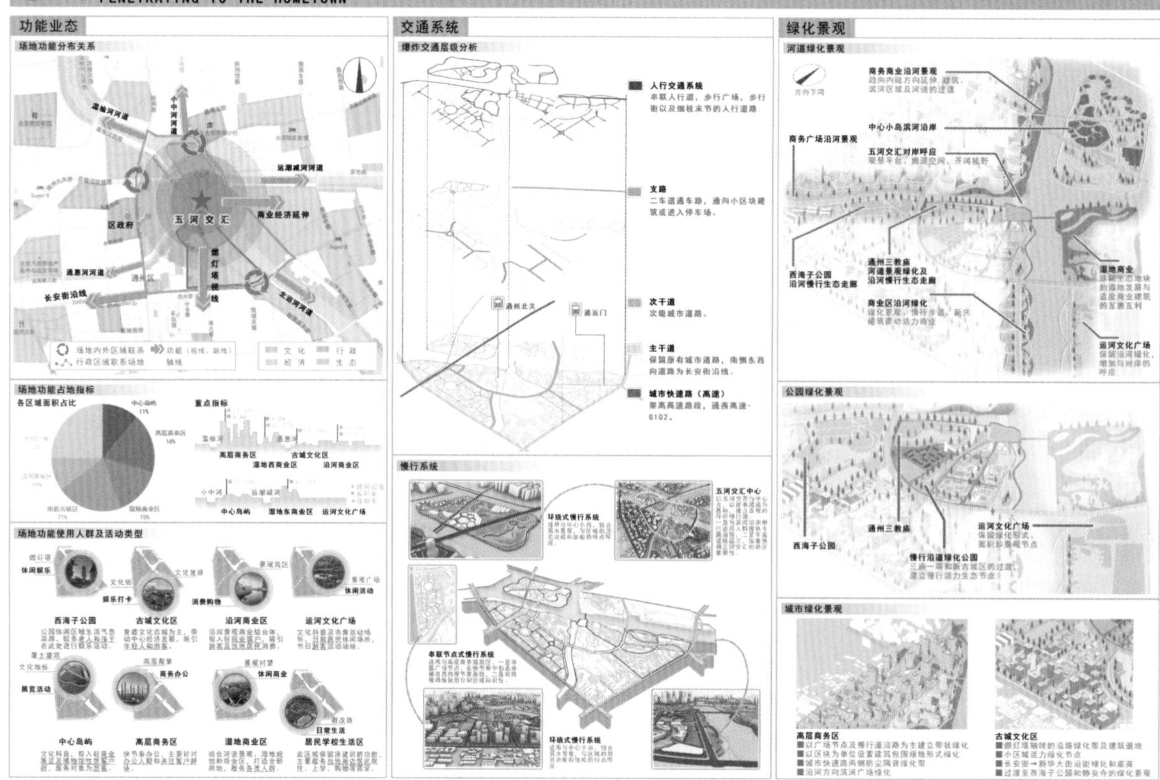

04 通轴故俚
URBAN DESIGN OF TONGZHOU CANAL CENTRAL AREA IN BEIJING SUB-CENTER
北京城市副中心通州运河中心区城市设计
PENETRATING TO THE HOMETOWN
功能业态
场地功能分布关系
五河交汇
区政府
商业经济延伸
长安街沿线
燃灯塔视线
场地功能占地指标
各区域面积占比
重点指标
场地功能使用人群及活动类型
西海子公园
古城文化区
沿河商业区
运河文化广场
中心岛屿
高层商务区
湿地商业区
居民学校生活区
交通系统
爆炸交通层级分析
人行交通系统
支路
次干道
主干道
城市快速路（高速）
慢行系统
环绕式慢行系统
五河交汇中心
串联节点式慢行系统
绿化景观
河道绿化景观
商务商业沿河景观
中心小岛滨河沿岸
五河交汇对岸呼应
商务广场沿河景观
西海子公园沿河慢行生态走廊
通州三教庙
湿地商业
商业区沿河绿化
运河文化广场
公园绿化景观
西海子公园
通州三教庙
慢行沿岸绿化公园
运河文化广场
城市绿化景观
高层商务区
古城文化区

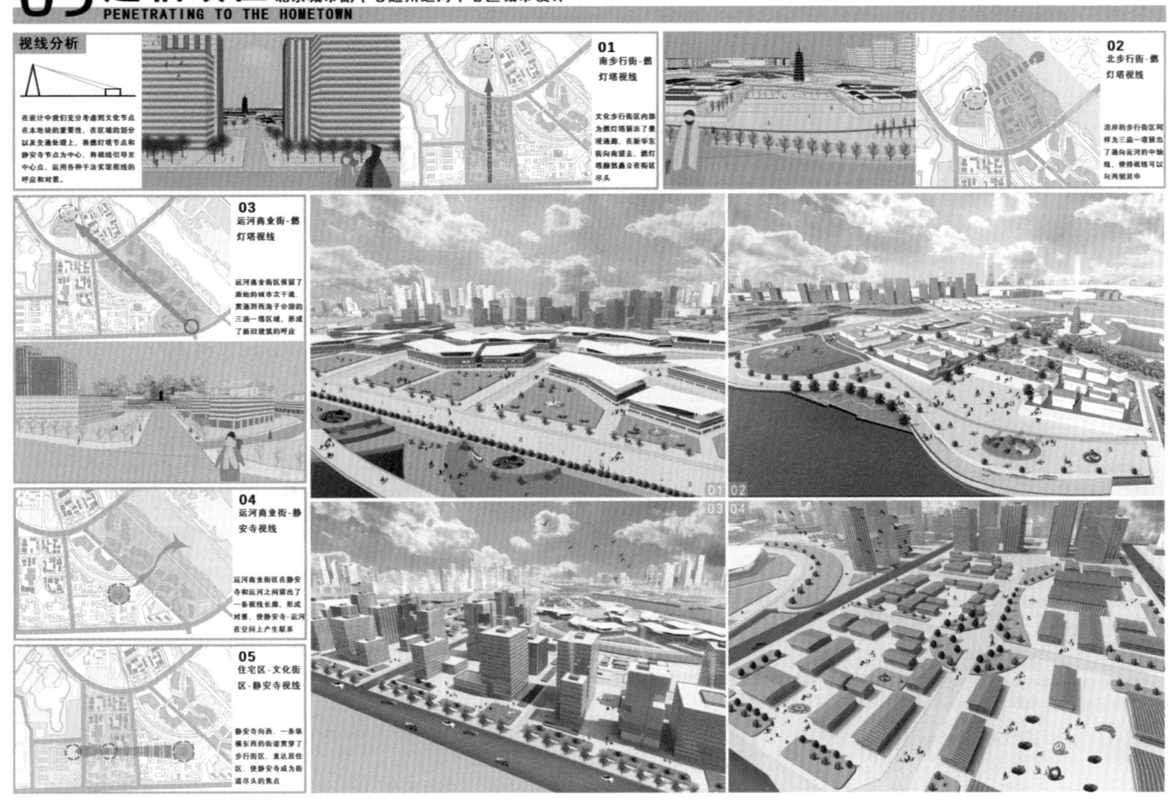
05 通轴故俚
URBAN DESIGN OF TONGZHOU CANAL CENTRAL AREA IN BEIJING SUB-CENTER
北京城市副中心通州运河中心区城市设计
PENETRATING TO THE HOMETOWN
视线分析
01
南步行街-燃灯塔视线
02
北步行街-燃灯塔视线
03
运河商业街-燃灯塔视线
04
运河商业街-静安寺视线
05
住宅区-文化街区-静安寺视线

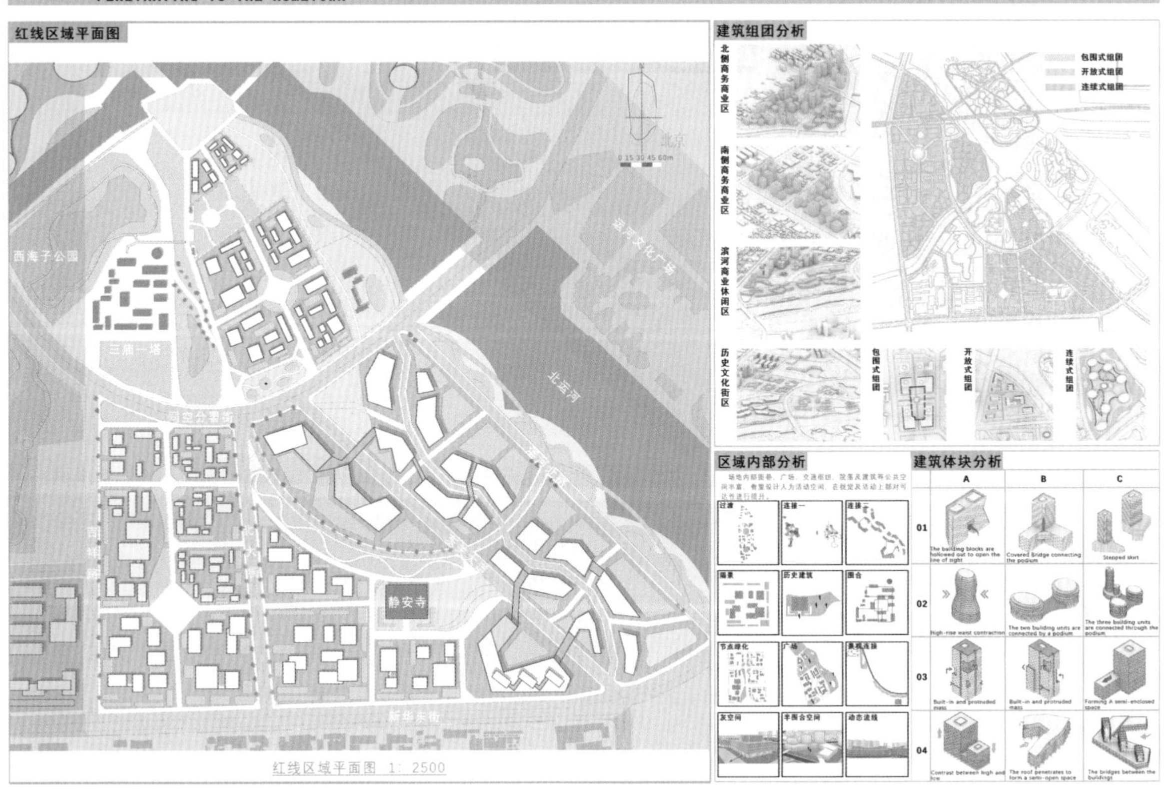
06 通轴故俚
URBAN DESIGN OF TONGZHOU CANAL CENTRAL AREA IN BEIJING SUB-CENTER
北京城市副中心通州运河中心区城市设计
PENETRATING TO THE HOMETOWN
红线区域平面图
建筑组团分析
区域内部分析
建筑体块分析
静安寺
红线区域平面图 1：2500

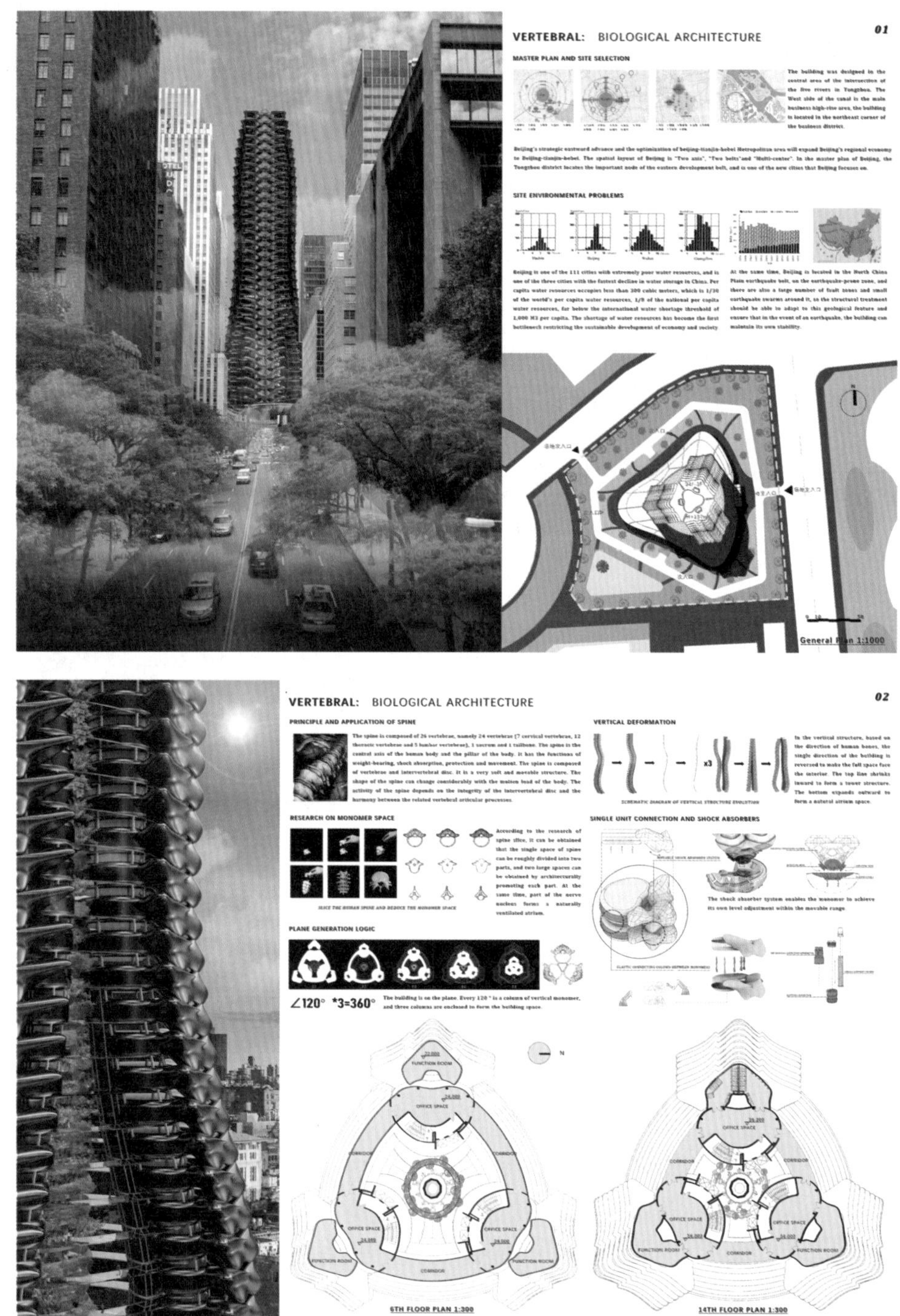

评语：

该高层建筑设计方案以人体脊椎为设计灵感，采用建筑仿生学，以解决高层建筑地震、风力影响等问题，形成独特的空间体系；同时结合绿色节能技术，具有一定的创新性。

建筑整体造型独特，设计新颖，使用了参数化，值得鼓励，图面表达清晰，具有未来科技感；不足之处在于标准层的公共空间较多，办公空间的面积较少，不够经济高效，图纸上应该标注相应的尺寸。

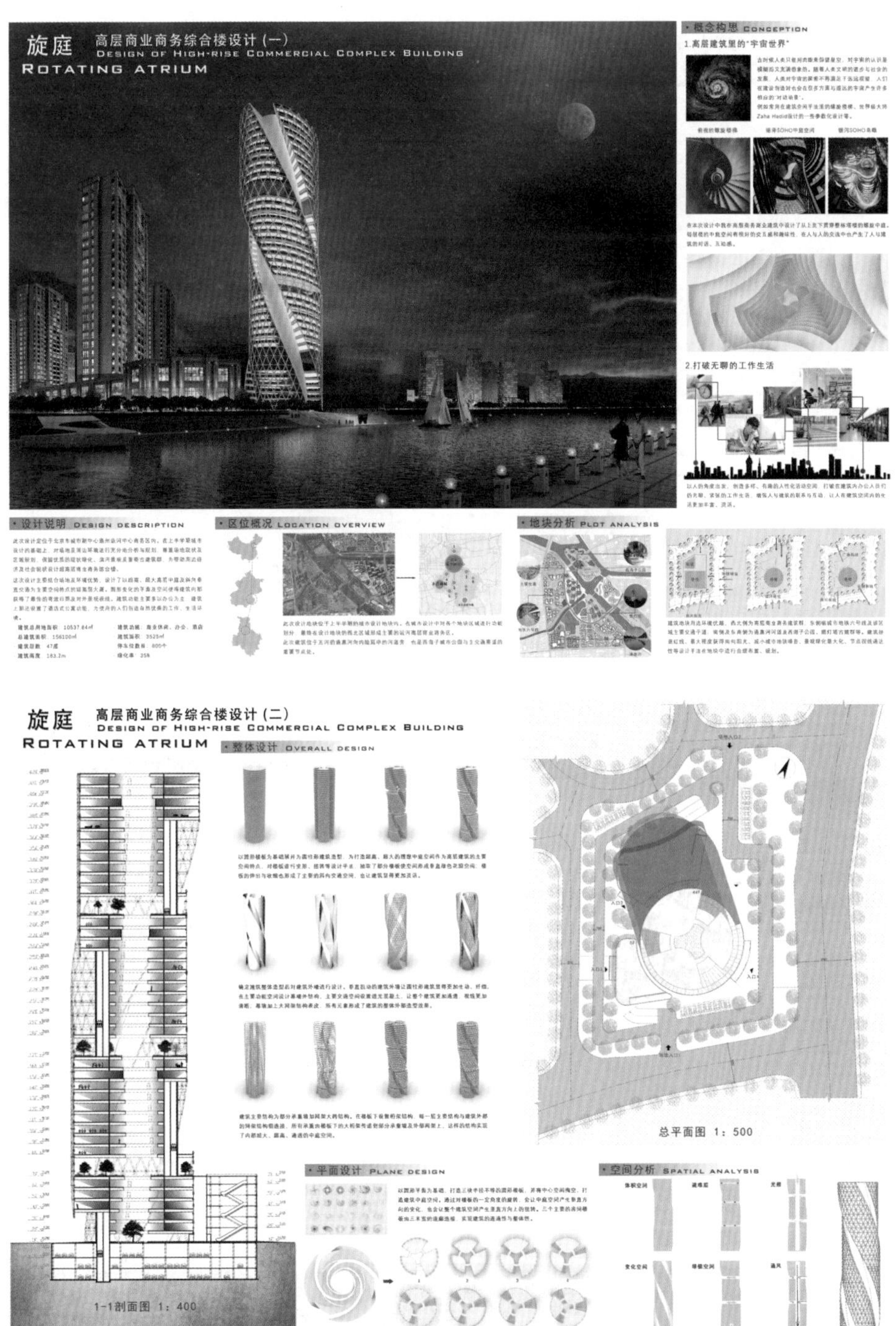

评语：

此高层建筑设计定位于北京市城市副中心通州运河中心商务区内，对场地及周边环境进行了充分分析与规划，尊重场地现状及区域规划，保留优质的现状绿化、滨河景观及重要古建筑群，满足带动周边经济及社会现状设计的超高层商务综合楼的设计要求，此设计结合场地及环境优势。

圆形变化的平面及空间使得建筑内部获得了最佳的有效日照及对外景观视线。建筑功能主要以办公为主，上部设计了酒店式公寓。不足之处在于裙房部分设计过于单调，同时整个设计无法体现地块的特色，整体图纸量基本达到要求，但是制图稍有不规范。

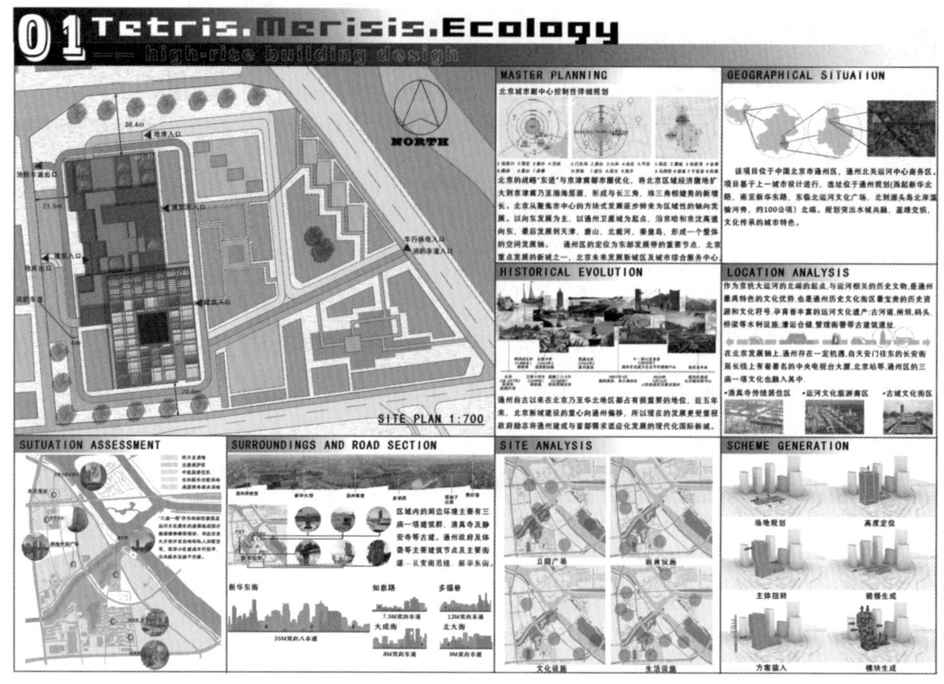

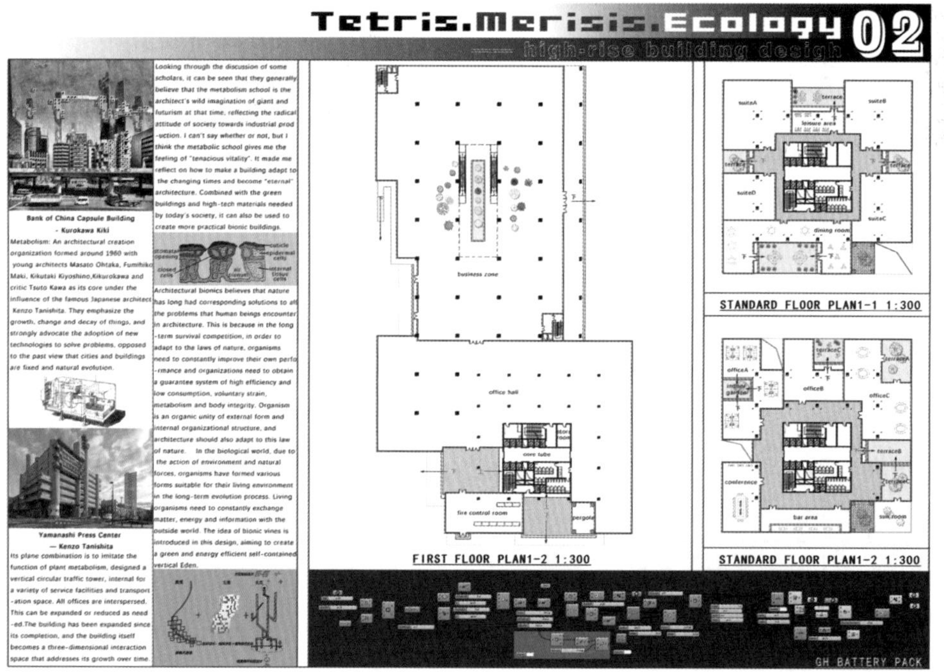

评语：

该方案深入考虑了建筑与周边环境、高层建筑与自然环境之间的关系，将建筑平面组合模仿了植物生长代谢的过程，利用建筑仿生学解决能耗问题，创建了绿色的三维立面。整体造型独特，设计新颖，使用了参数化设计，软件水平较高，形成了丰富的空间。

不足之处在于，由于设计变化较多，带来了很多的消极空间，无法成为酒店客房空间提供给客人居住，造成了空间的浪费，裙房部分功能不完善，缺少大空间组织，无法满足高级商务酒店的部分功能需求。

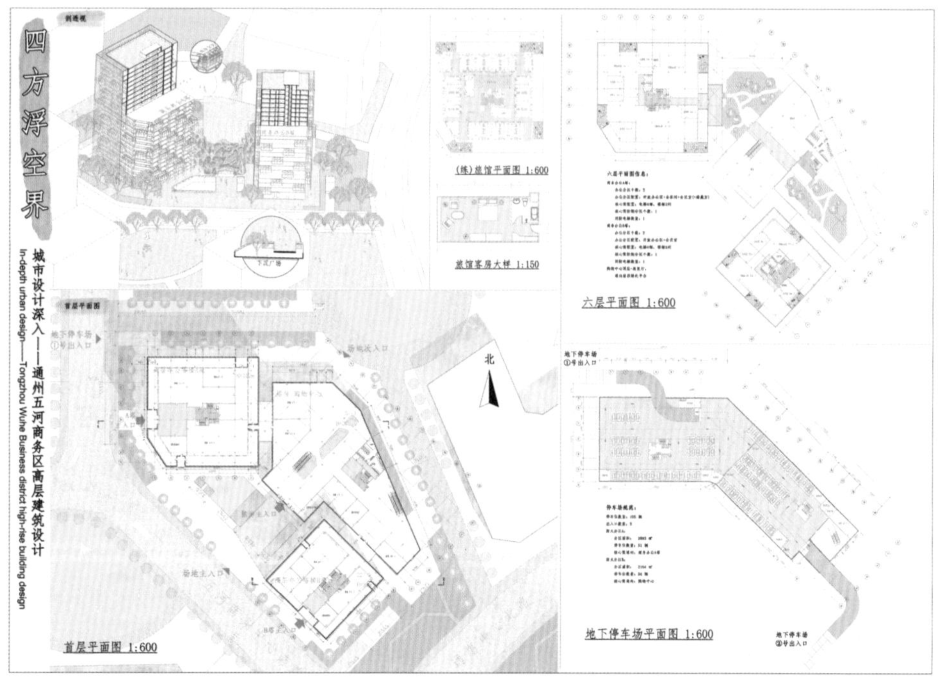

评语：

该方案布局规整，用地节约，灵活结合场地进行合理设计，设置了带斜角的裙房空间；主体建筑南北朝向，有比较好的采光和通风。模块化的绿色空间给传统的办公空间带了生机，给建筑造型和立面带来了丰富的变化。整体图纸表达清晰，图纸量达到基本要求，但是图面效果仍需加强，尺寸标注稍有不规范。

01 还古续今观 －通州城市副中心设计
设计思路：
该设计在我们小组参考完上位规划后，定下基调为借古还今，设计核心区主要放置古城复原建筑来完善整个北京城的肌理，延续南边十八个半截胡同的整体结构而为了深化设计，主要将古城复建部分分为四大模块，从东到西依次为码头文化展览区，古城复建核心区，新式古城商业区，基础服务设施区而北方的西海子公园没有进行大规模改动，燃灯塔则是参考吴晨院士对三庙一塔的改动。再北方的是我们商务核心，主要承担我们设计范围的商务作用，而商务区则分为三大模块，从北到南分别为商务核心区，综合商务区，文化游览区。而总体的设计则是从北到南依次为现代到古代，从西到东为新式到古式的设计。
北方工业大学 NCUT

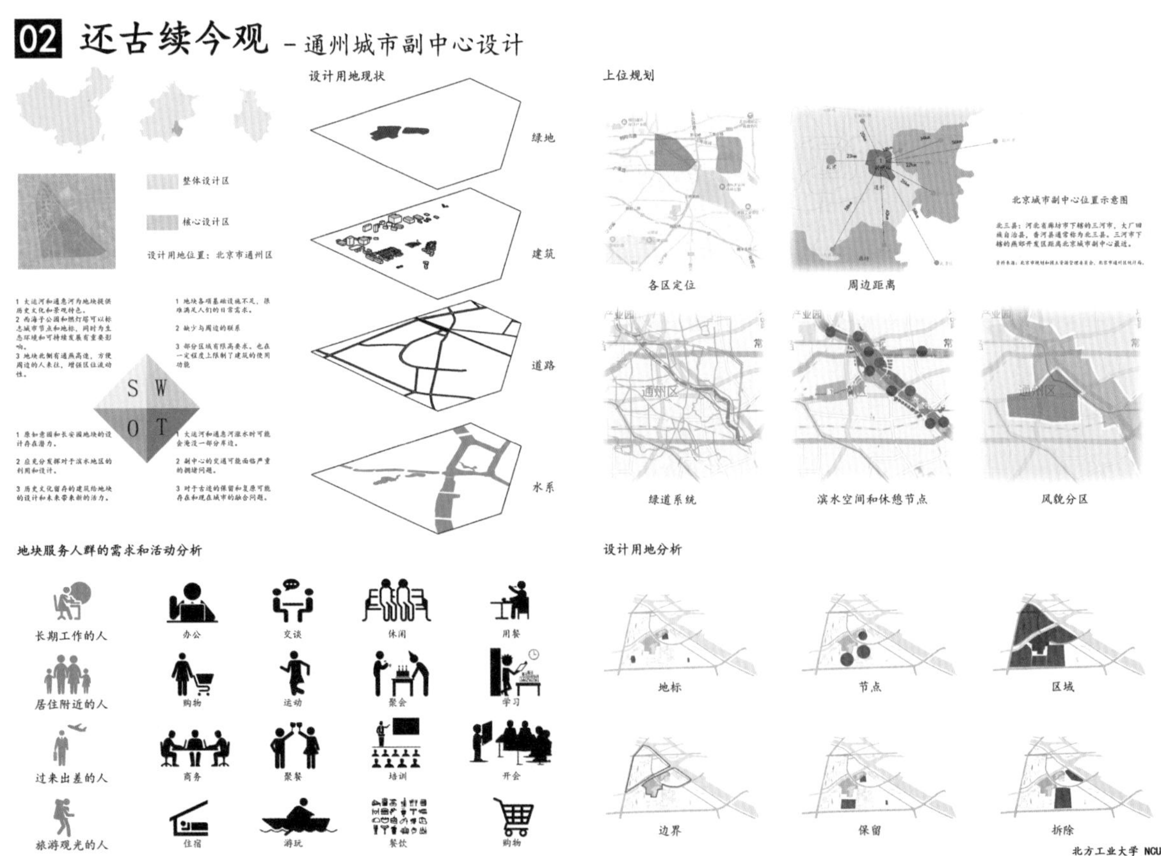
02 还古续今观 －通州城市副中心设计
整体设计区
核心设计区
设计用地位置：北京市通州区
1 大运河和通惠河为地块提供历史文化和景观特色。
2 西海子公园和燃灯塔可以标志城市节点和地标，同时为生态环境和可持续发展有重要影响。
3 地块北侧有通燕高速，方便周边的人来往，增强区位流动性。
1 地块各项基础设施不足，很难满足人们的日常需求。
2 缺少与周边的联系
3 部分区域有限高要求，也在一定程度上限制了建筑的使用功能
S W
O T
1 原如意园和长安园地块的设计存在潜力。
2 应充分发挥对于滨水地区的利用和设计。
3 历史文化留存的建筑给地块的设计和未来带来新的活力。
1 大运河和通惠河涨水时可能会淹没一部分岸边。
2 副中心的交通可能面临严重的拥堵问题。
3 对于古迹的保留和复原可能存在和现在城市的融合问题。
设计用地现状
绿地
建筑
道路
水系
上位规划
各区定位
周边距离
北京城市副中心位置示意图
北三县：河北省廊坊市下辖的三河市，大厂回族自治县，香河县通常称为北三县。三河市下辖的燕郊开发区距离北京城市副中心最近。
资料来源：北京市规划和国土资源管理委员会，北京市通州区统计局。
绿道系统
滨水空间和休憩节点
风貌分区
地块服务人群的需求和活动分析
长期工作的人
办公
交谈
休闲
用餐
居住附近的人
购物
运动
聚会
学习
过来出差的人
商务
聚餐
培训
开会
旅游观光的人
住宿
游玩
餐饮
购物
设计用地分析
地标
节点
区域
边界
保留
拆除
北方工业大学 NCUT

03 还古续今观 -通州城市副中心设计

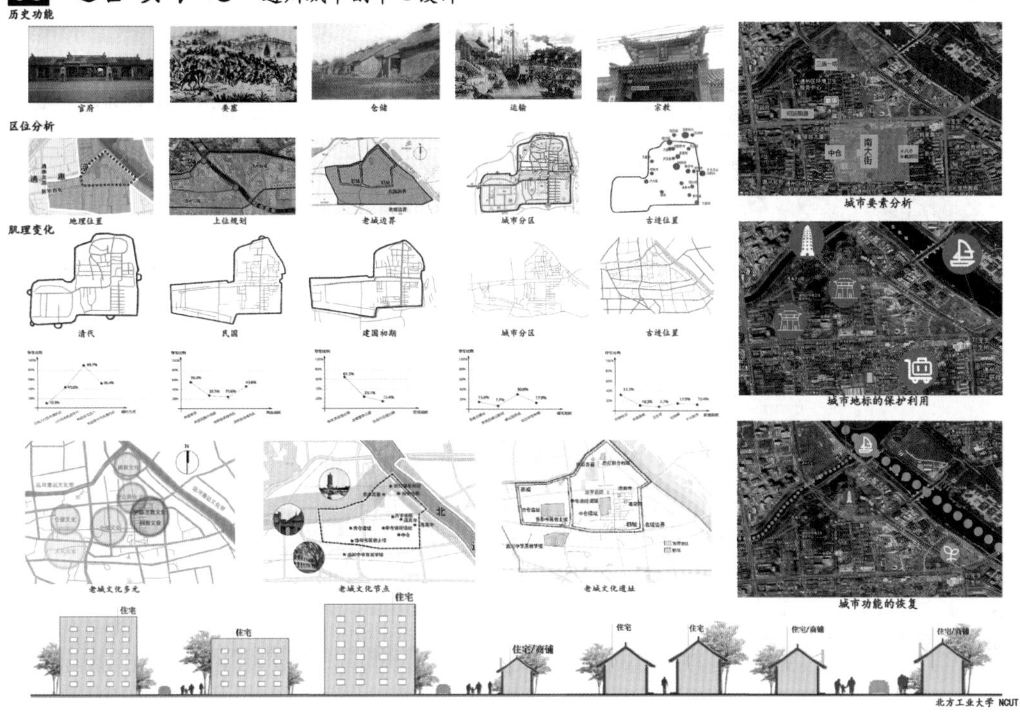

04 还古续今观 -通州城市副中心设计

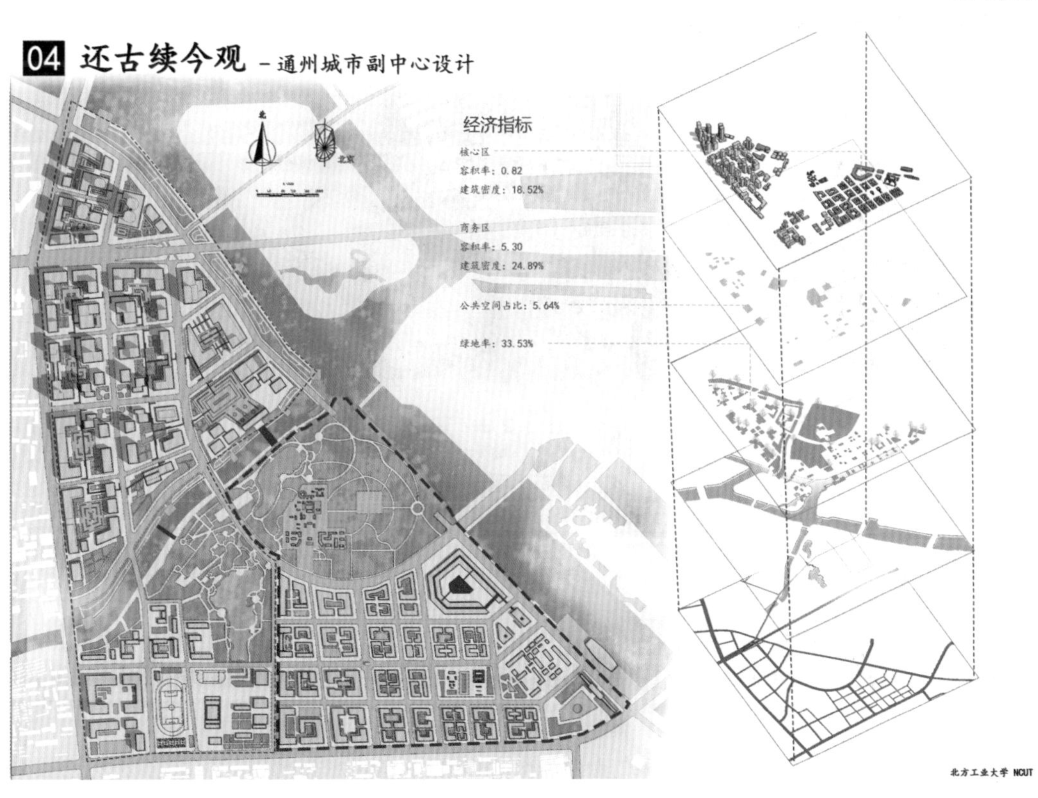

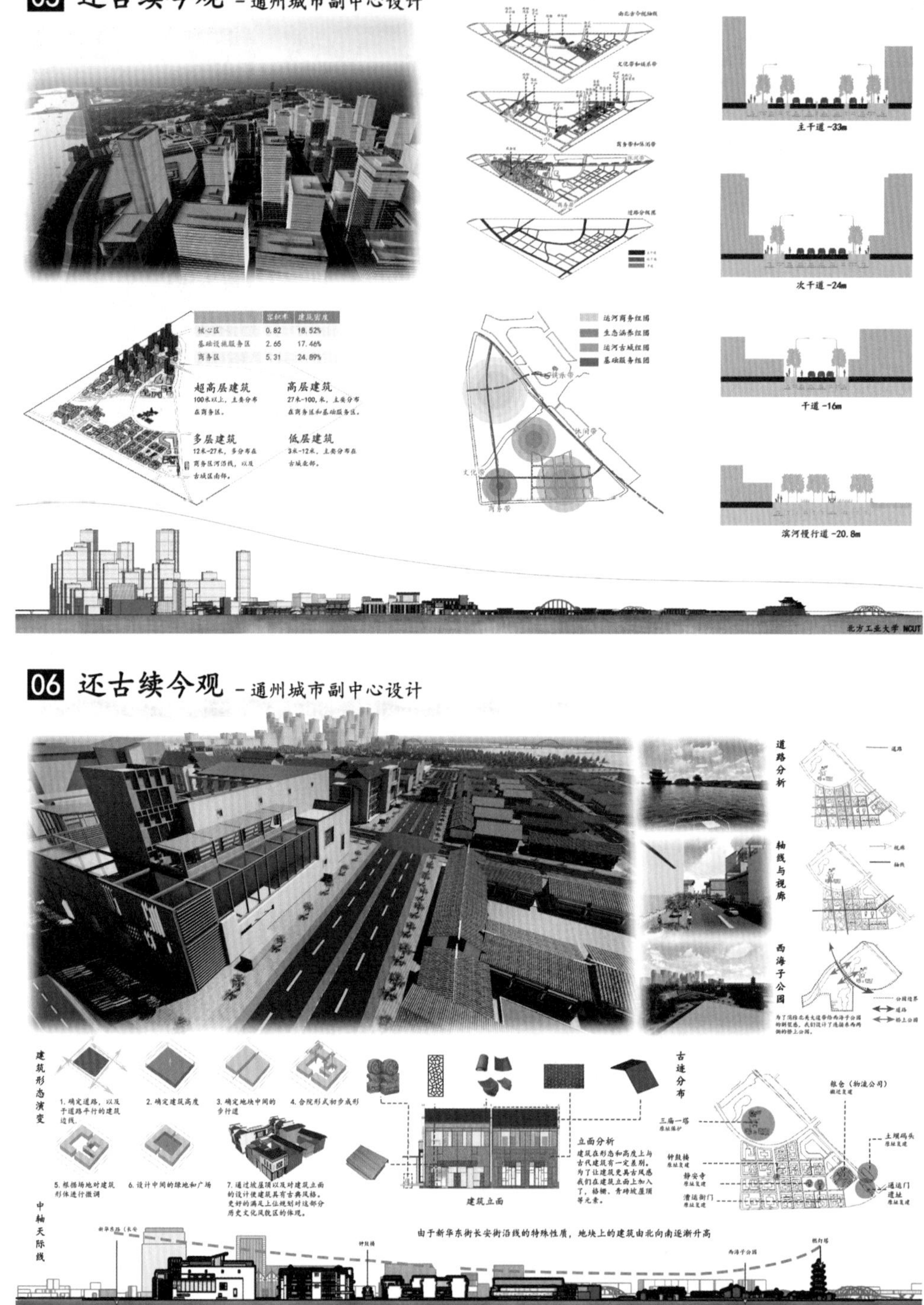

评语：

该方案的图纸表达上整体风格较统一，并且表达了不同街区的特色，分析图表达较完善有些图面排版欠考虑，效果图表达效果还有提升空间。

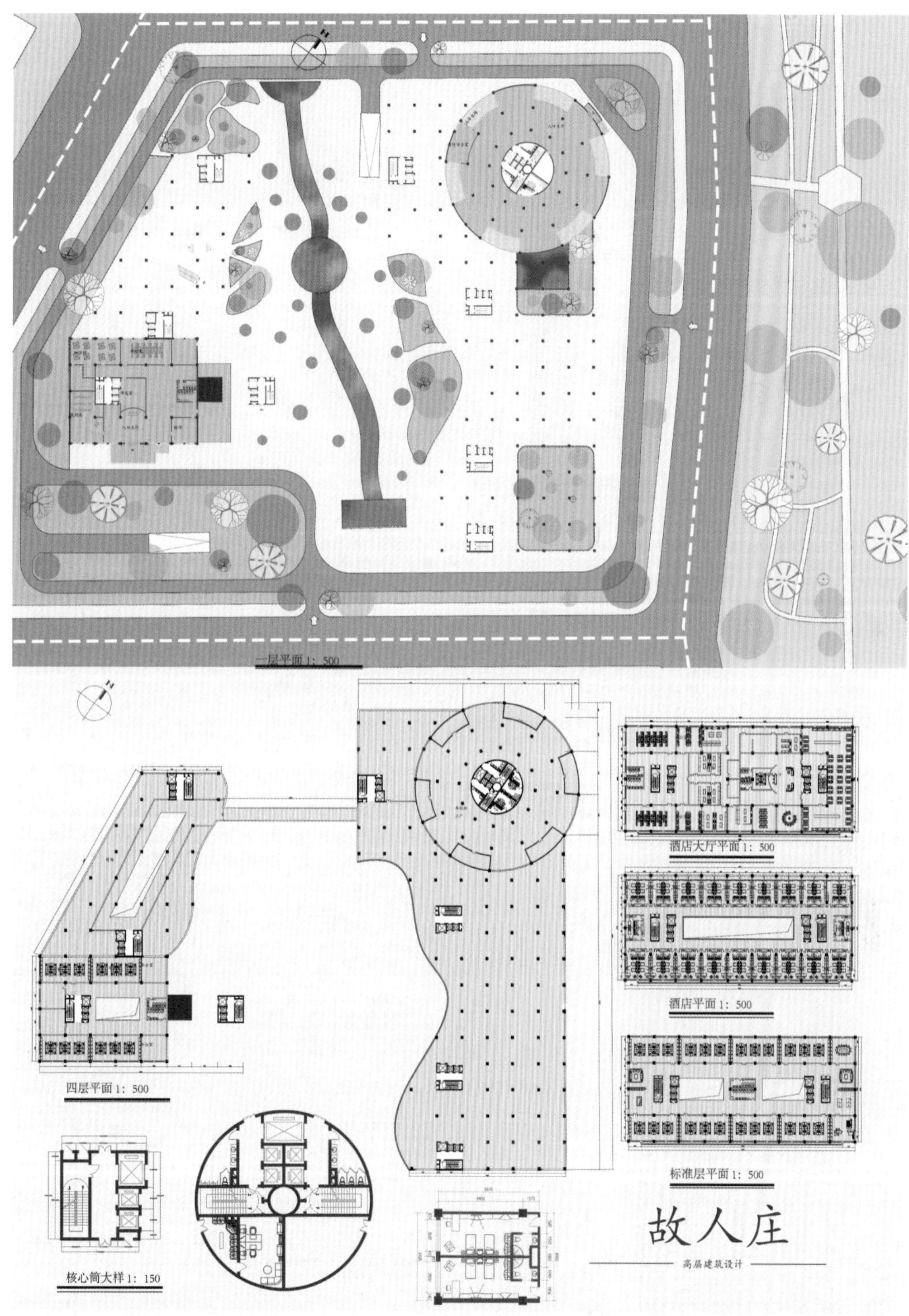

评语：

该高层建筑方案以生态为概念，强调生态才是大自然的主体，将高层建筑设计与城市立体农场相结合，设计双层楼板，以实现绿色节能和资源循环；同时高层建筑的底层空间开放，为城市提供更多开放的公共空间；整体图纸量达到基本要求，不足之处在于图纸表达方面，标注不够规范，墙线和家具线型未区分，效果图表达上注重比例尺度等细节。

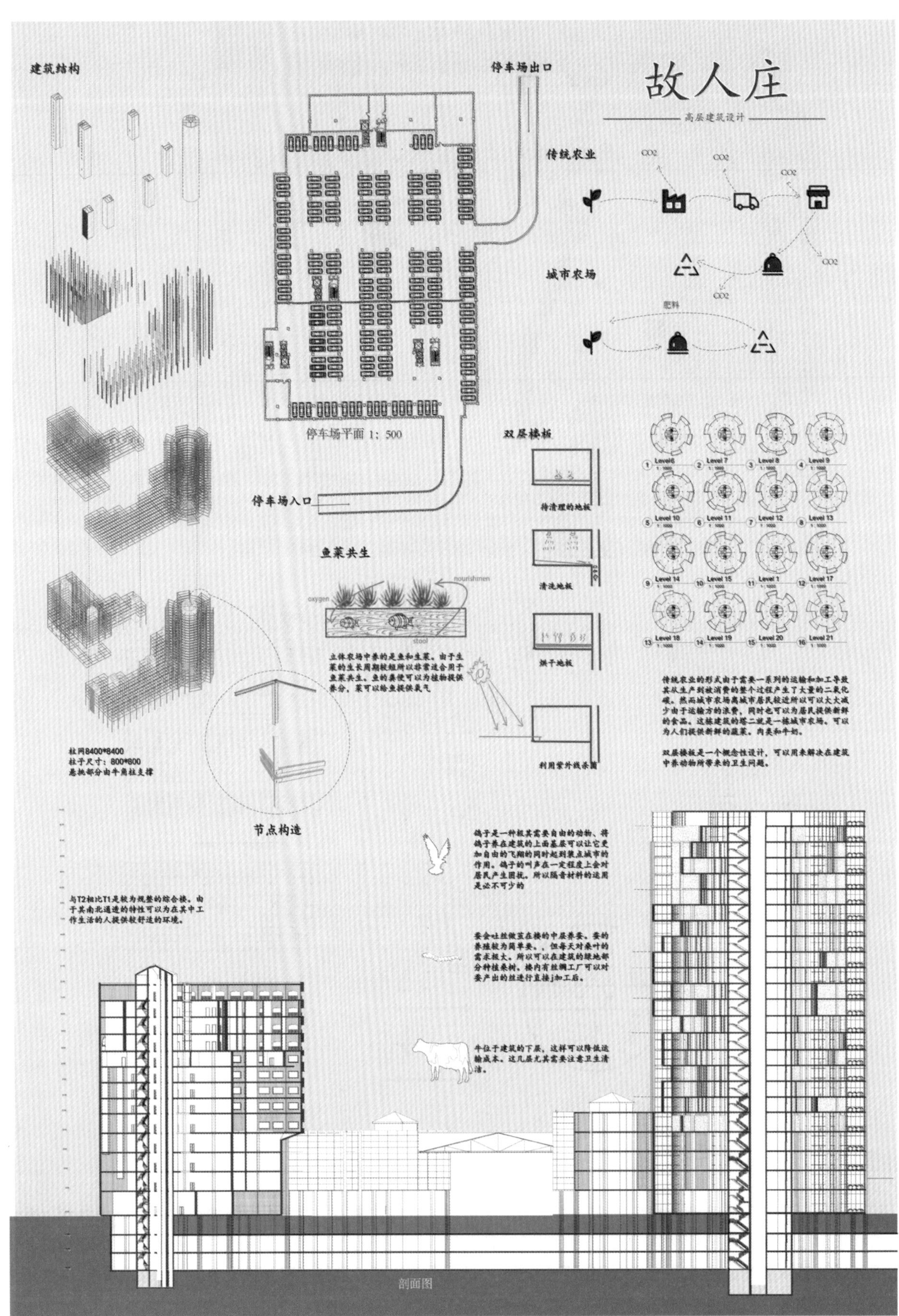

故人庄
高层建筑设计
建筑结构
停车场出口
传统农业
城市农场
CO2
肥料
停车场平面 1：500
停车场入口
双层楼板
待清理的地板
清洗地板
烘干地板
利用紫外线杀菌
鱼菜共生
nourishmen
oxygen
stool
立体农场中养的是鱼和生菜。由于生菜的生长周期较短所以非常适合用于鱼菜共生。鱼的粪便可以为植物提供养分，菜可以给鱼提供氧气
Level6
Level 7
Level 8
Level 9
Level 10
Level 11
Level 12
Level 13
Level 14
Level 15
Level 1
Level 17
Level 18
Level 19
Level 20
Level 21
传统农业的形式由于需要一系列的运输和加工导致其从生产到被消费的整个过程产生了大量的二氧化碳。然而城市农场离城市居民较近所以可以大大减少由于运输方的浪费，同时也可以为居民提供新鲜的食品。这栋建筑的塔二就是一栋城市农场。可以为人们提供新鲜的蔬菜，肉类和牛奶。
双层楼板是一个概念性设计，可以用来解决在建筑中养动物所带来的卫生问题。
柱网8400*8400
柱子尺寸：800*800
悬挑部分由牛角柱支撑
节点构造
鸽子是一种极其需要自由的动物、将鸽子养在建筑的上面基层可以让它更加自由的飞翔的同时起到装点城市的作用。鸽子的叫声在一定程度上会对居民产生困扰。所以隔音材料的选用是必不可少的
与T2相比T1是较为规整的综合楼。由于其南北通透的特性可以为在其中工作生活的人提供较舒适的环境。
蚕会吐丝做茧在楼的中层养蚕。蚕的养殖较为简单要。，但每天对桑叶的需求极大。所以可以在建筑的绿地部分种植桑树。楼内有丝绸工厂可以对蚕产出的丝进行直接j加工后。
牛位于建筑的下层，这样可以降低运输成本。这几层尤其需要注意卫生清洁。
剖面图

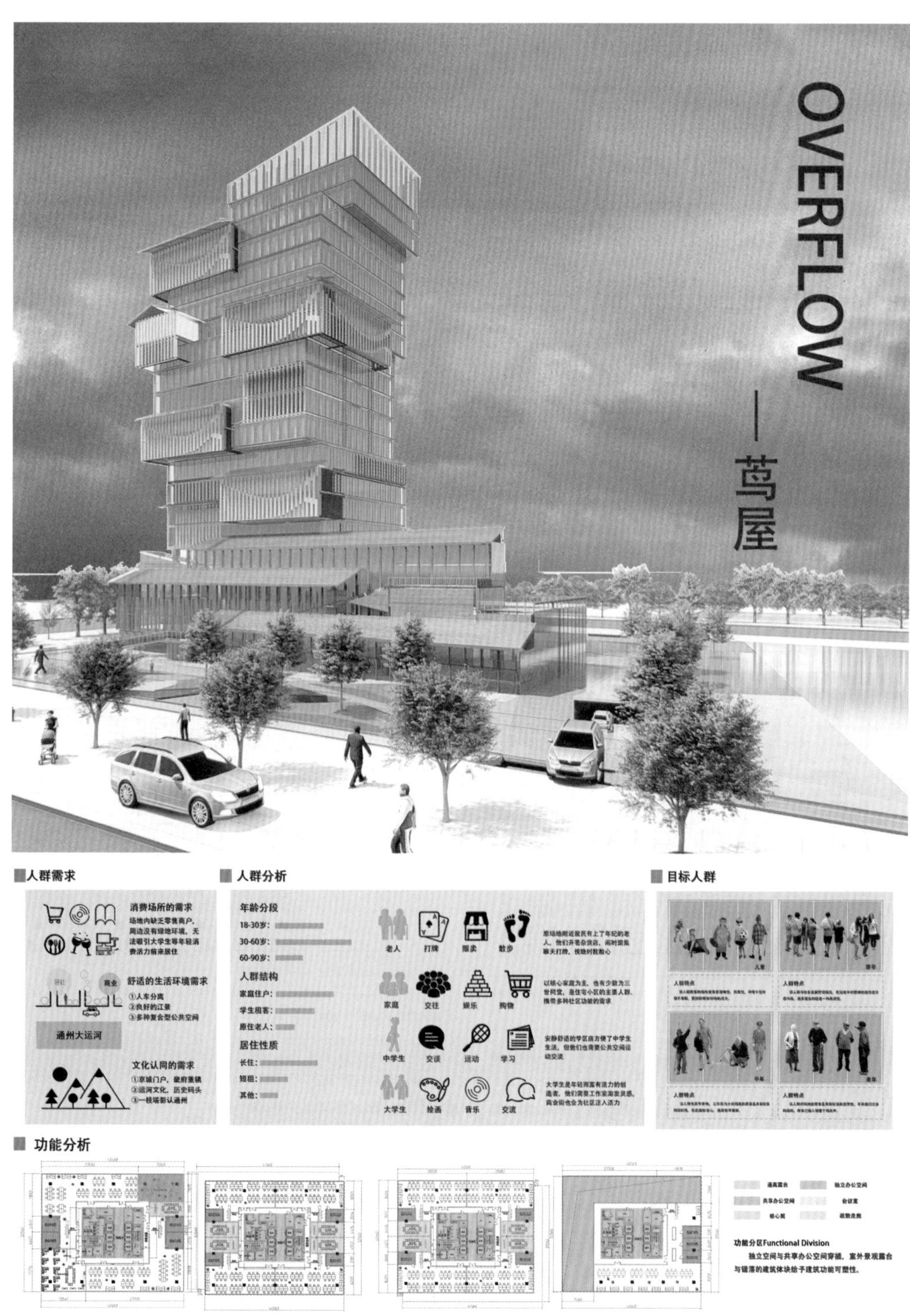

评语：

该高层建筑方案根据场地内缺乏零售商户、周边没有绿地环境、无法吸引大学生等年轻消费群体前来居住等问题而设计，创造舒适的生活环境需求，人车分离、良好的江景、多重复合型公共空间。

原场地附近居民有上了年纪的老年人，他们开着杂货店，闲时聚集聊天打牌，傍晚时散步休闲。是住宅小区的主要人群。

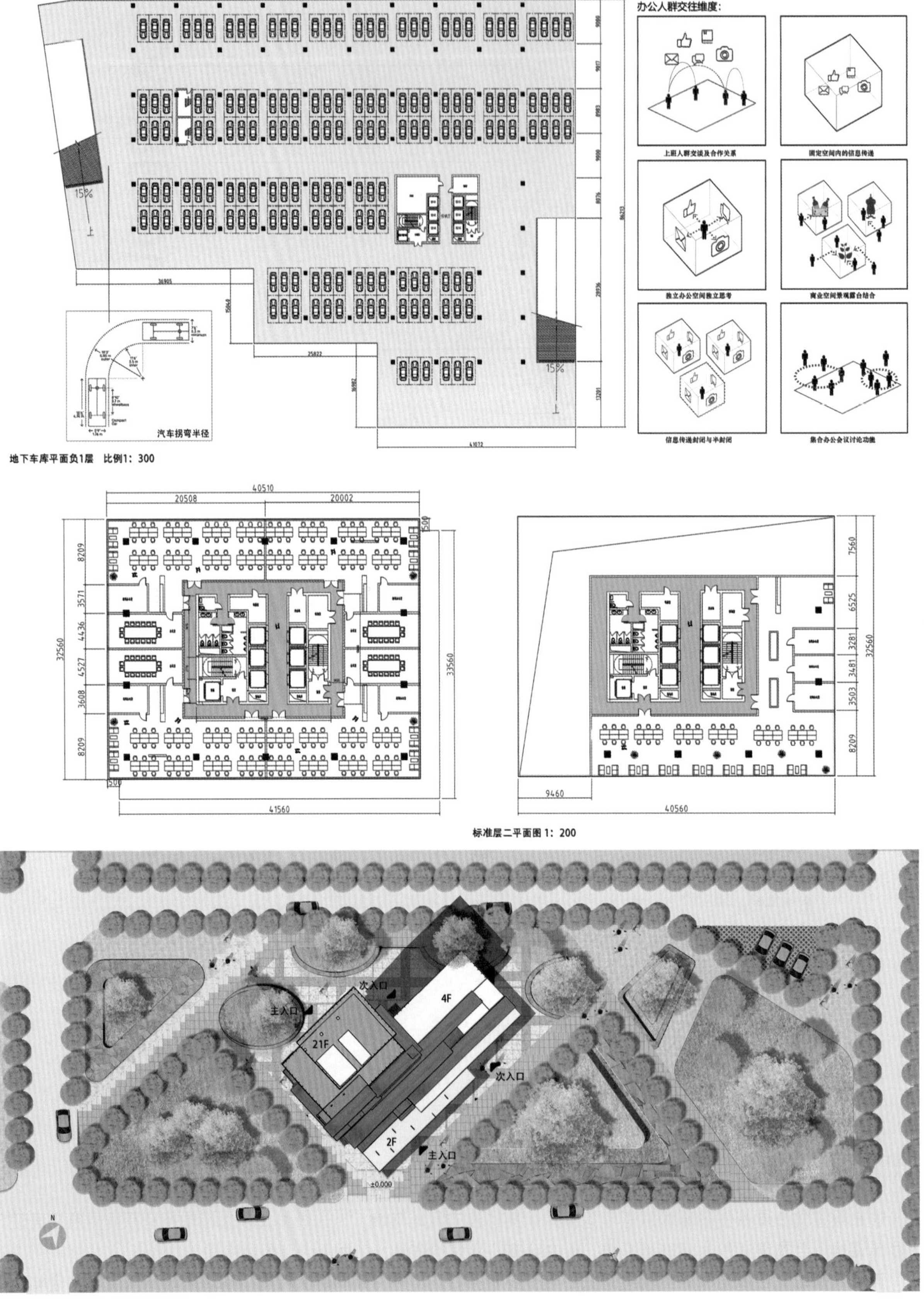

地下车库平面负1层 比例1：300

标准层二平面图 1：200

总平面图 1：1200

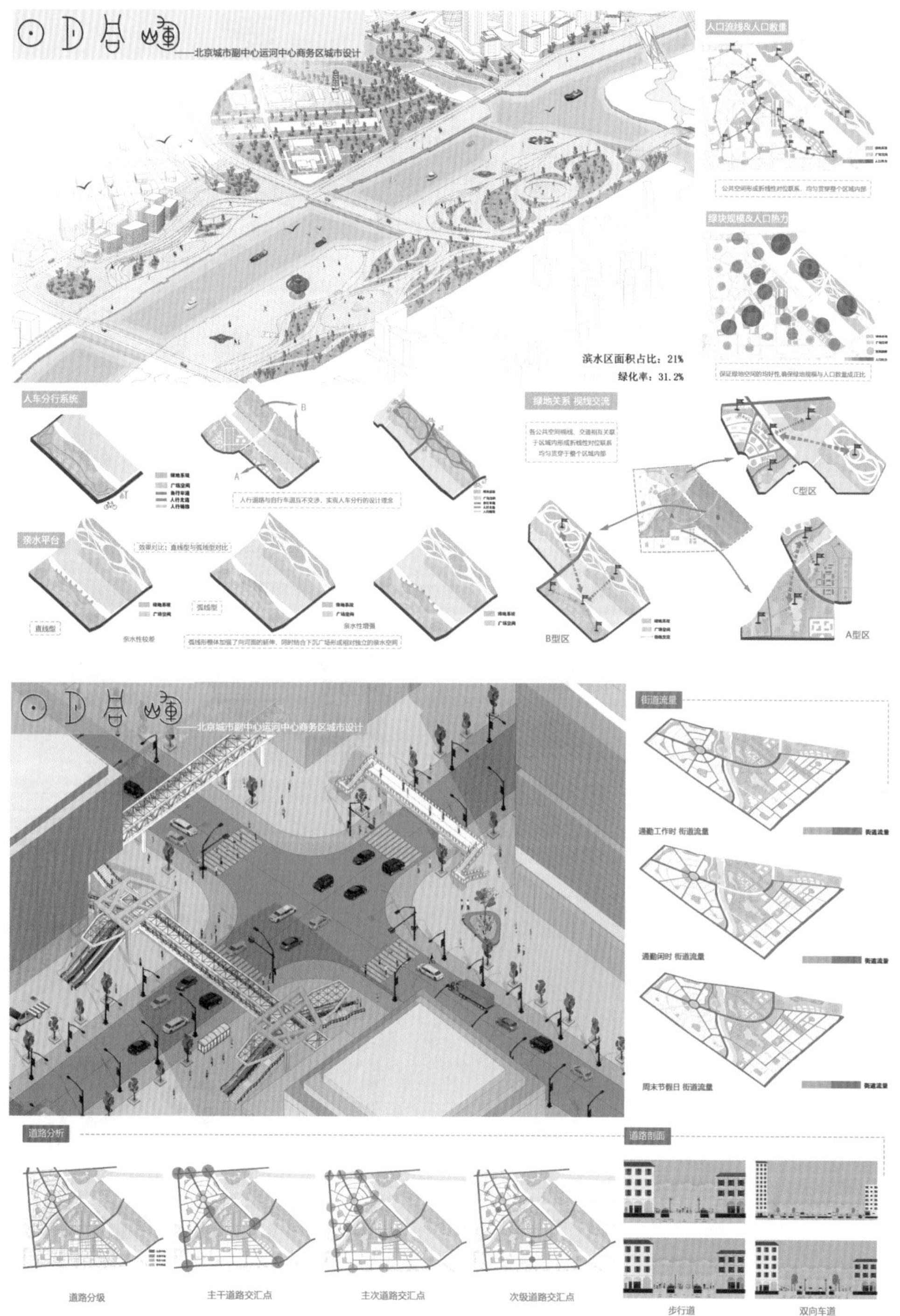

评语：

该设计明确地在用地的西北地段用环形道路广场组织城市空间并构筑特色，围绕古建筑“三庙一塔”来延展视线，并通过此进行通州区运河商务区的复兴设计，呼应历史发展文脉，并在古建筑周围布局公园、绿地，建设步行廊道和骑车廊道，并借此构筑周围便捷、安全的绿色空间，使设计形成一个整体。

在用地的西北地段采用放射状扩散的布局，并且设立“中心景观绿地”，使该区域与“三庙一塔”进行视线上的连接景观的格局。在空间上既串联起周围的流线，又使人们可以进行视线交流。

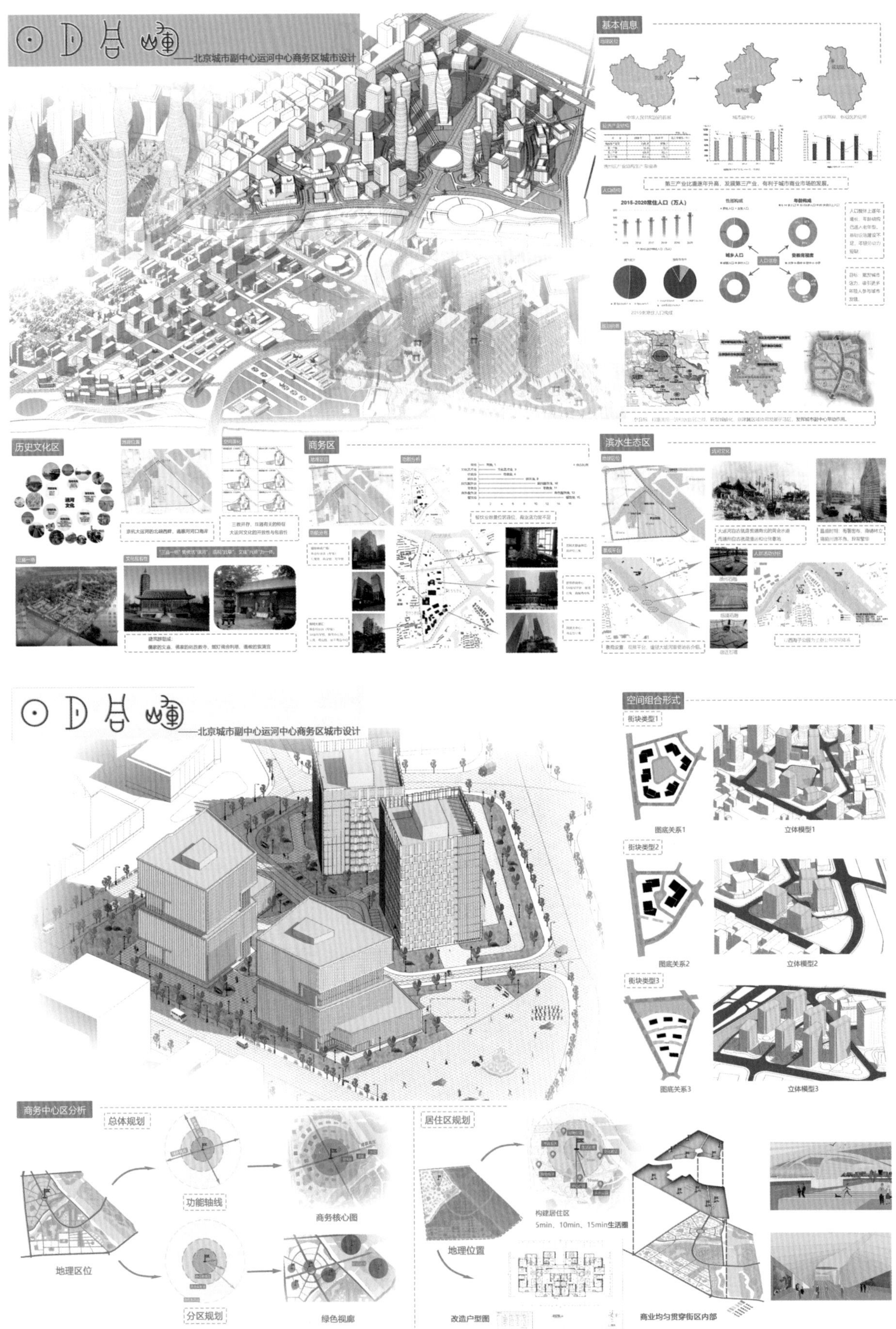
——北京城市副中心运河中心商务区城市设计
基本信息
历史文化区
商务区
滨水生态区
——北京城市副中心运河中心商务区城市设计
空间组合形式
街块类型1
图底关系1
立体模型1
街块类型2
图底关系2
立体模型2
街块类型3
图底关系3
立体模型3
商务中心区分析
总体规划
功能轴线
商务核心圈
地理区位
分区规划
绿色视廊
居住区规划
构建居住区
5min、10min、15min生活圈
地理位置
改造户型图
商业均匀贯穿街区内部

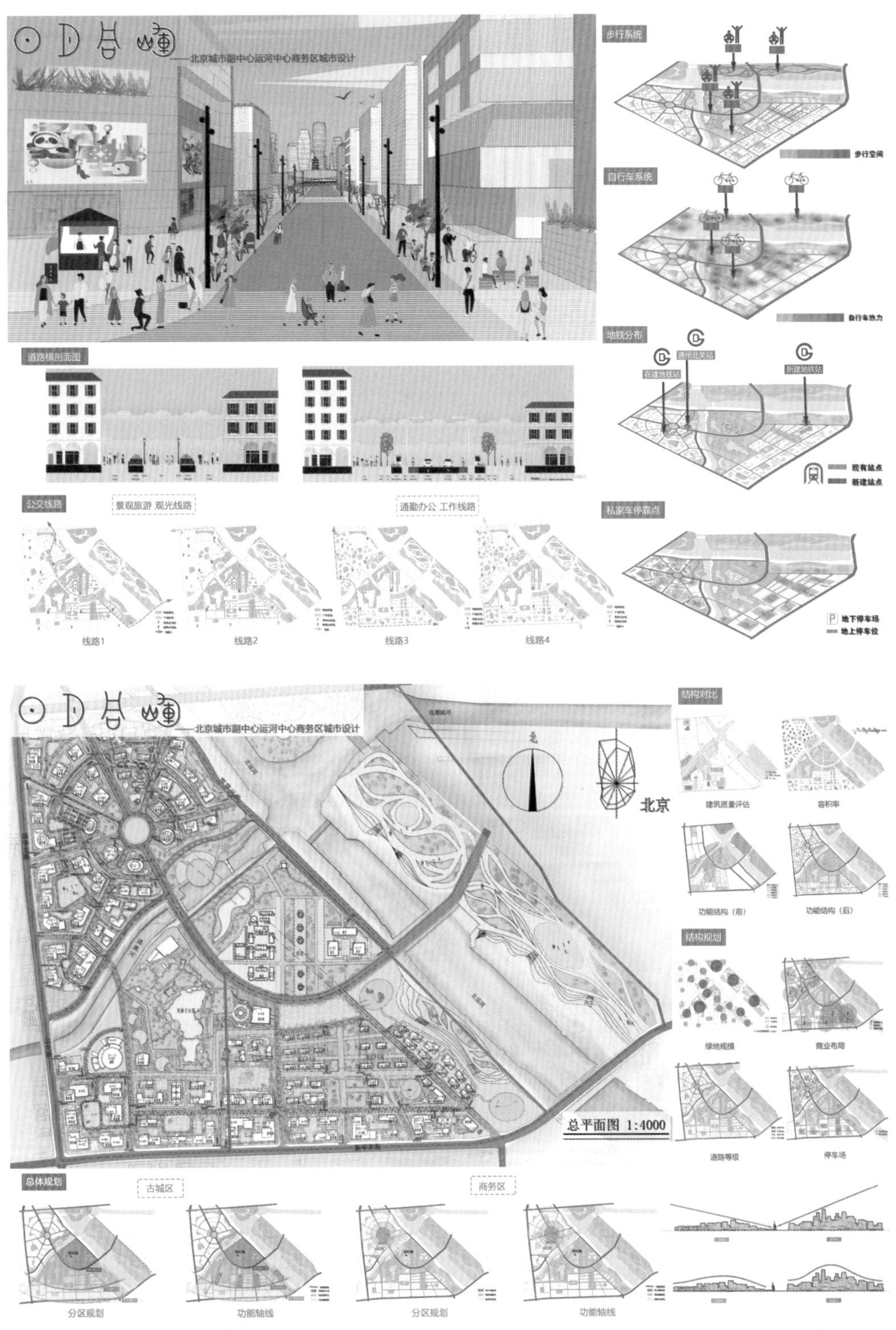

评语：

该方案设计整体图面效果表达十分完整，设计结合文脉又十分具有特色，分析图空间秩序以及视线、人流的分析、区域人流的分析也基本完整，但是方案表达上总图的信息表达不是十分完整，部分图纸可以进一步深化。

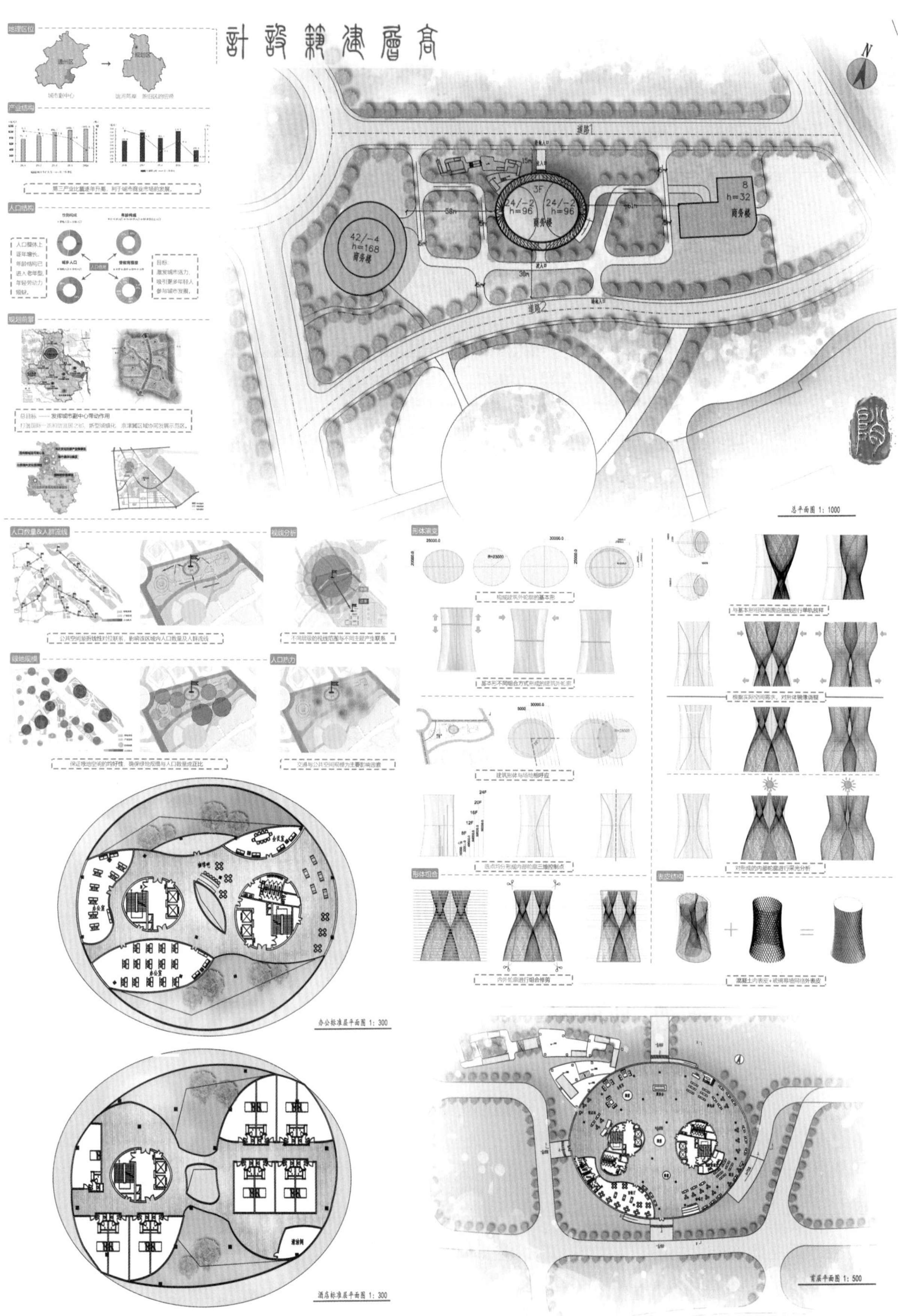
高层建筑设计
地理区位
产业结构
人口结构
规划前景
总平面图 1:1000
形体演变
形体组合
表皮结构
办公标准层平面图 1:300
酒店标准层平面图 1:300
首层平面图 1:500

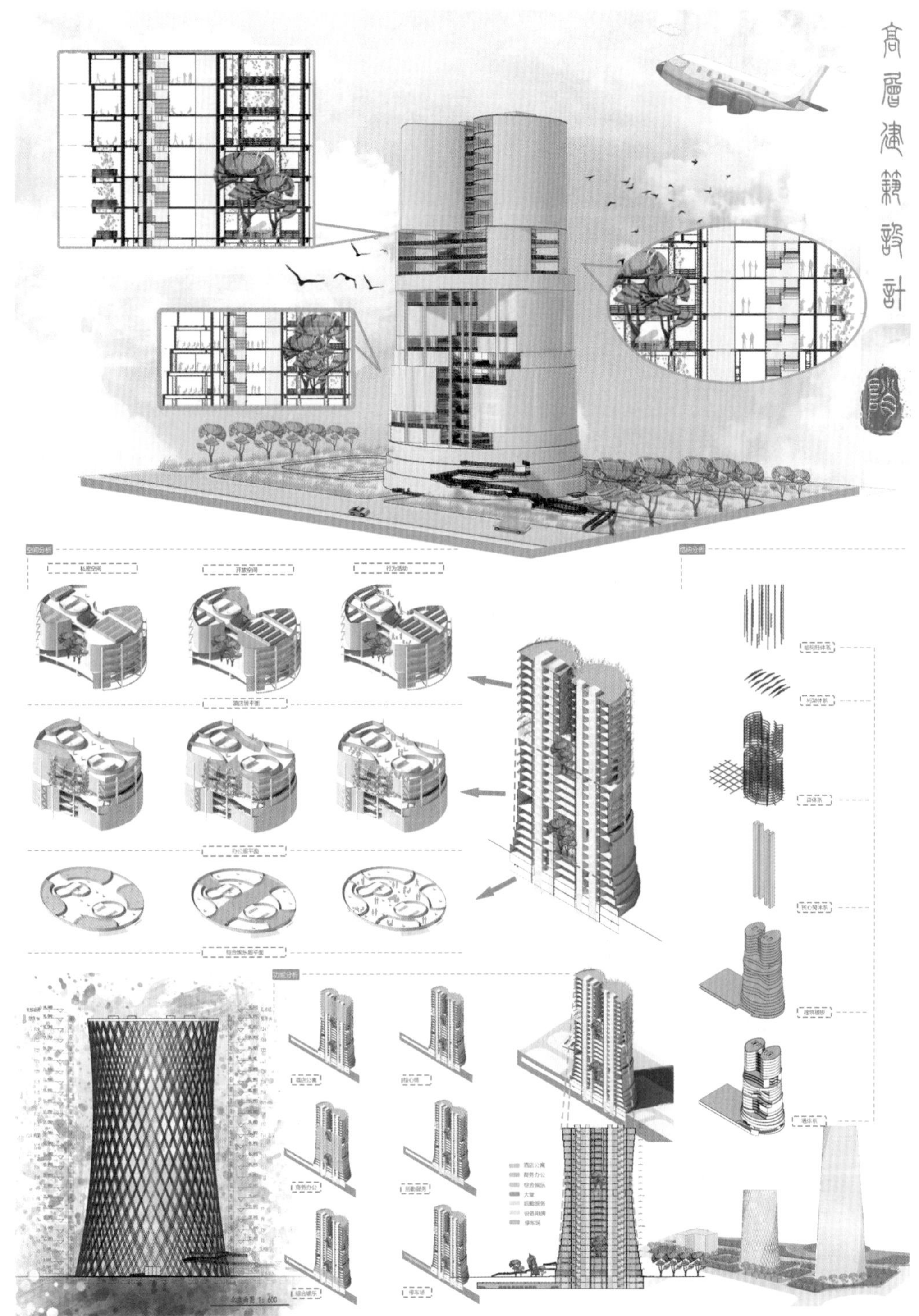

评语：

该方案通过对首钢工业园区的工业遗产建筑的文脉分析，来突出表现工业遗产建筑的关联，同时结合首钢工业园复杂的工业建筑造型获得设计灵感，将主体建筑结构重塑，打破常规的建筑结构和形态；方案整体布局合理，在高层主体的部分设计了三个绿化平台，可能带来使用面积的减少；同时，两座塔楼局部采用了平台连接，造型丰富的同时也会带来造价的增加。

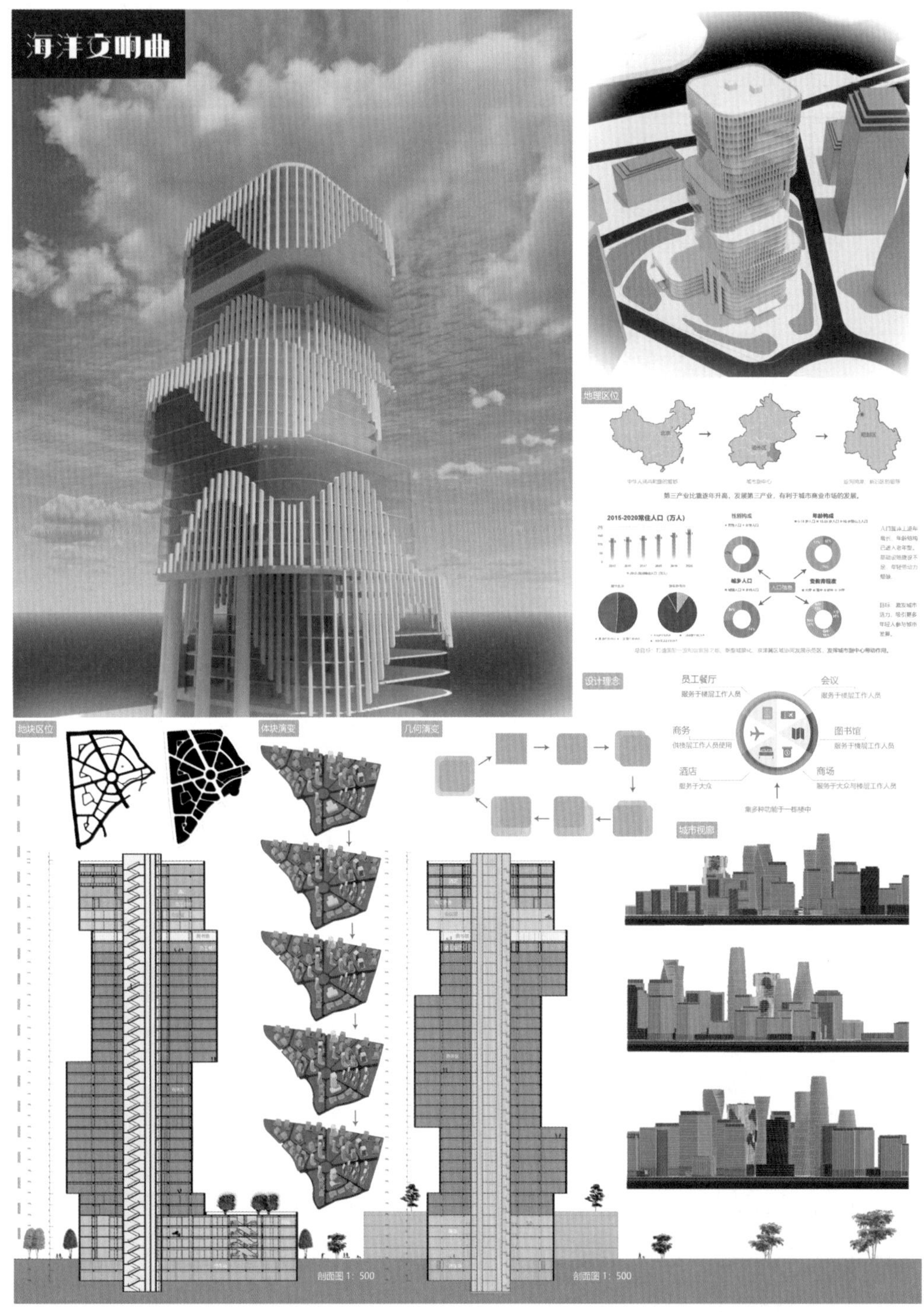

评语：

该设计方案总平面布局规整，用地节约，图纸工作量达到基本要求。立面造型简洁现代，标准层沿着核心筒错动布置，具有一定的趣味性。不足之处在于，没有充分利用标准层错动而生成的退台空间，且裙房部分设计过于单调，缺少高档星级酒店大空间布局，尤其是在一、二、三层裙房部分缺少这些空间，无法形成完善的高层星级酒店服务功能；图纸表现部分也仍需加强。

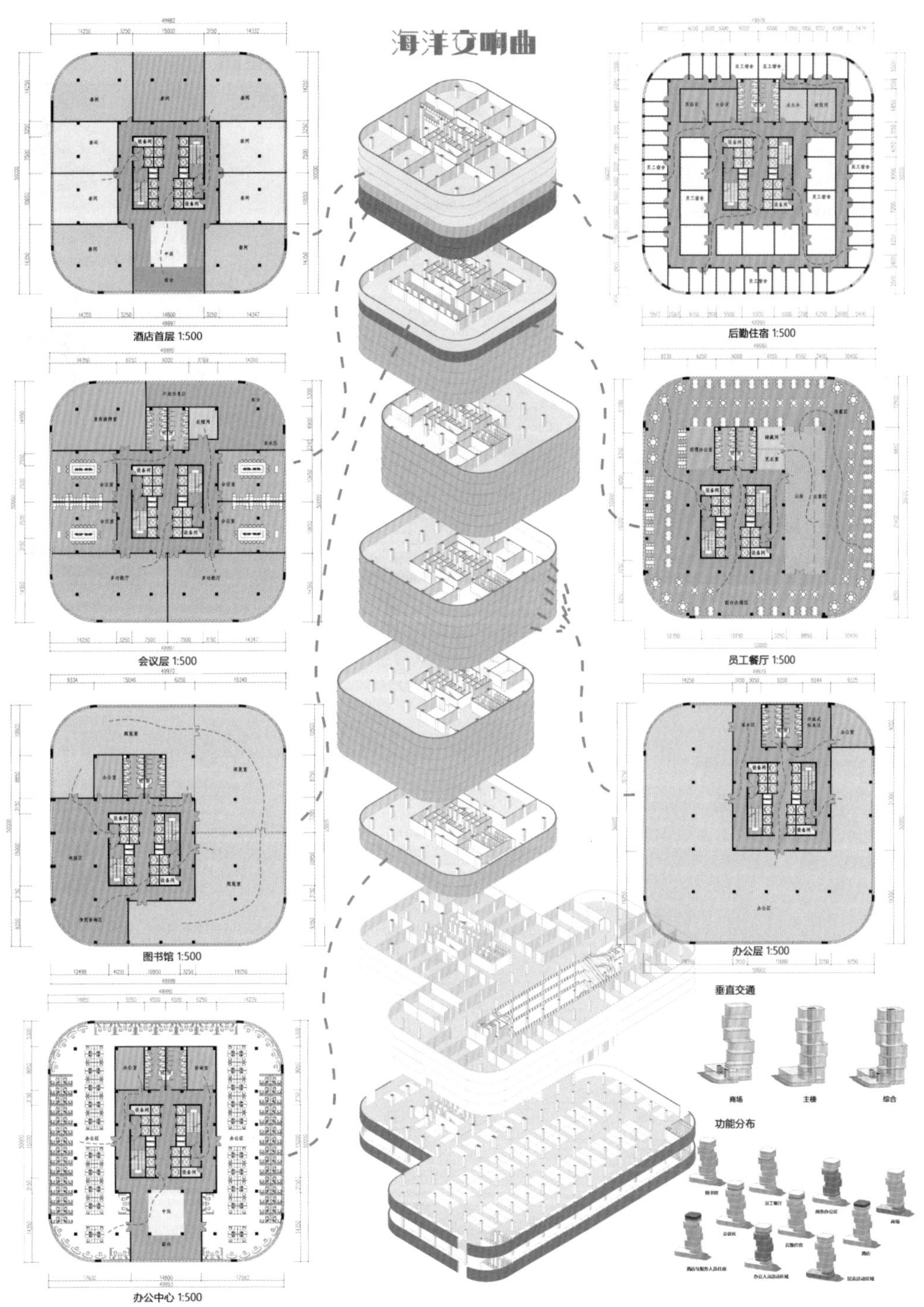

评语：

该方案将主体建筑结构重塑，打破常规的建筑结构和形态，方案整体布局合理。楼层之间有的错落开，打破了高层的沉闷设计。

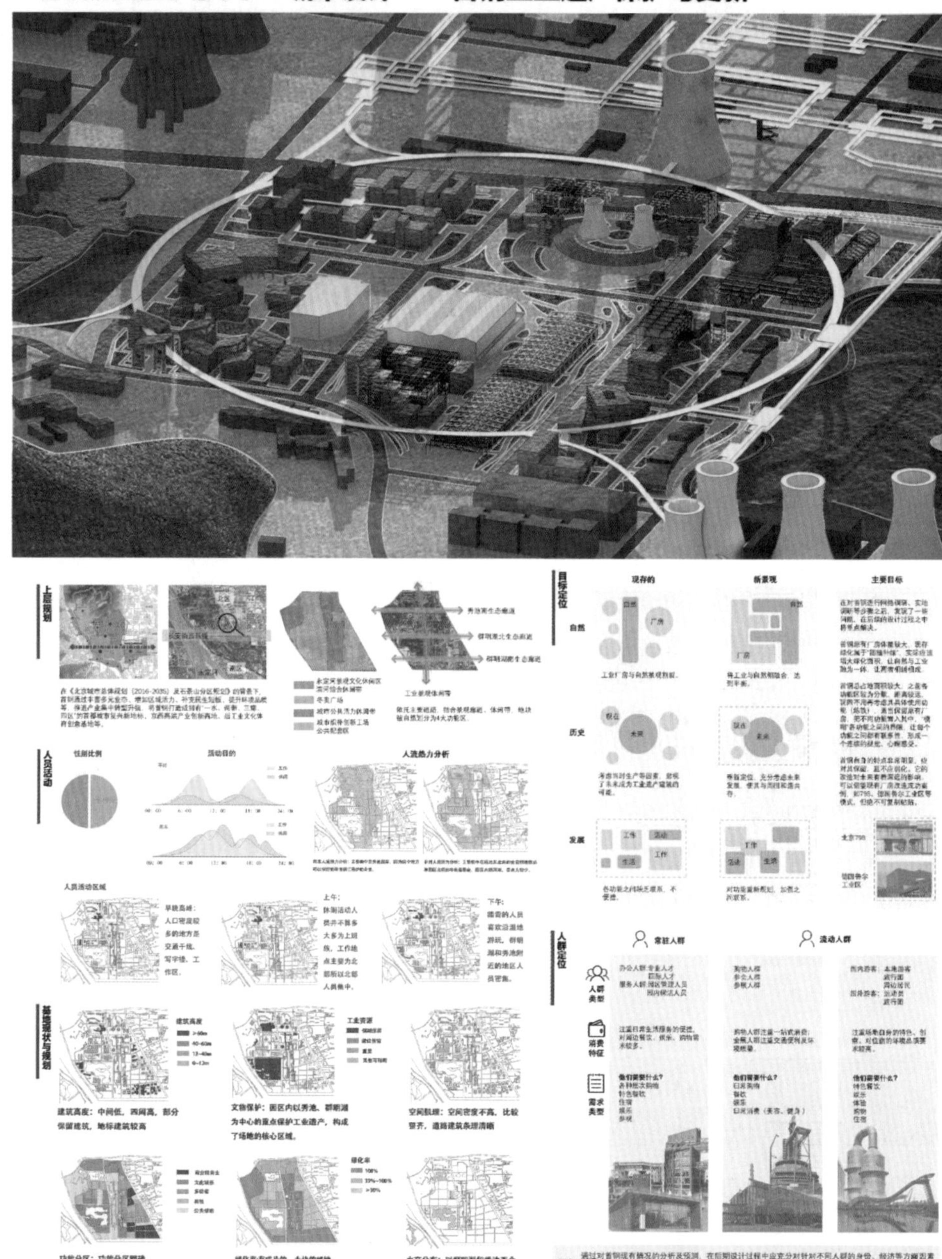

评语：

该方案设计整体图面效果表达完整，表现既美观又突出设计亮点，图纸数量满足要求，分析图在设计策略、形体生成、功能流线等方面也基本完善，各种节点表现图较全面，但立面造型和场地景观设计仍可以进一步深化。

该设计插入方形体块，对其进行斜切，去除多余体块，形成梯形平面。植入方形呼应一旁旧建筑，拆除旧建筑外表皮，露出“骨骼”，将新体块与旧体块进行穿插，进一步设计建筑外立面，提取首钢工业园内立面元素，对组群立面进行深化设计，并使用“V”字形支撑，使整栋建筑风格融入首钢。

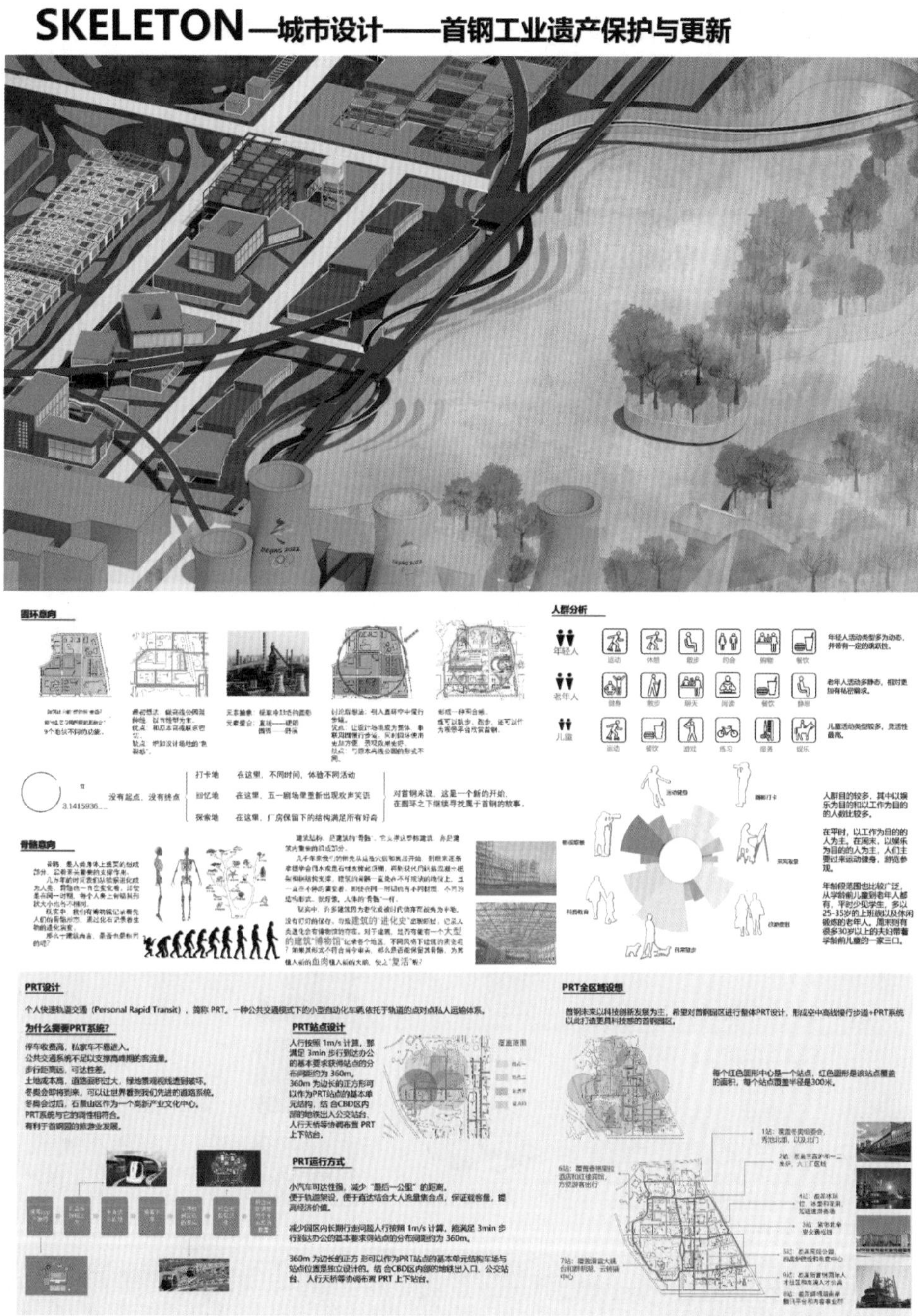

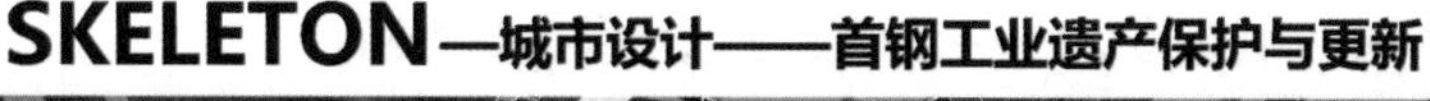

评语：

该方案将原厂房外表皮拆除，露出其“骨骼”植入不同大小长方形体块，用于进行各项体育活动，方格大小即为每种运动场地所需长度、宽度、高度。将各个小体块整合成两个房间，植入厂房内部。将厂房前后两端留出一定空中间做通道供行人穿过。提取工业园厂房长方形元素，并将长方形体块拆分成份，形成八栋建筑。调整各体块位置，增加层次感，用以丰富街道立面，提升各个体块，拉伸屋顶形成坡屋面，迎合厂房剖屋面的形式。对立面进行深化设计，进行方形开窗，升高部分建筑体块使得人们可以从建筑底部通过。

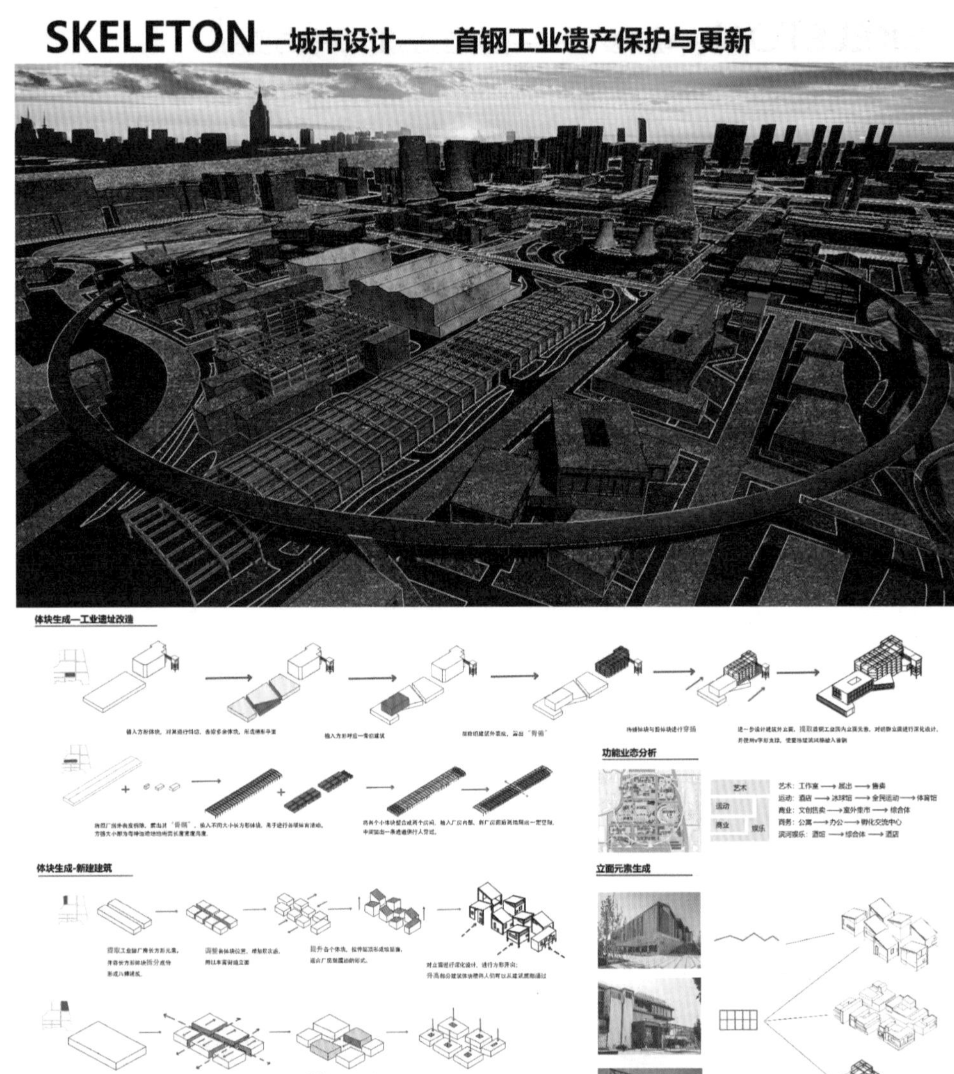

评语：

该方案以首钢工业遗产的保护和更新发展为主题，前期调研工作充分，能够结合场地特色进行合理的规划布局，对重点空间设计详细深入，能根据场地实际问题提出针对性的解决思路和设计方案；针对不同的建筑类型进行区分设计，新旧建筑融合及功能转换设计合理，创意性地结合高线公园和PRT系统，灵活地串联首钢各功能空间形成完整的场所空间，结合现代技术活化首钢工业遗产。

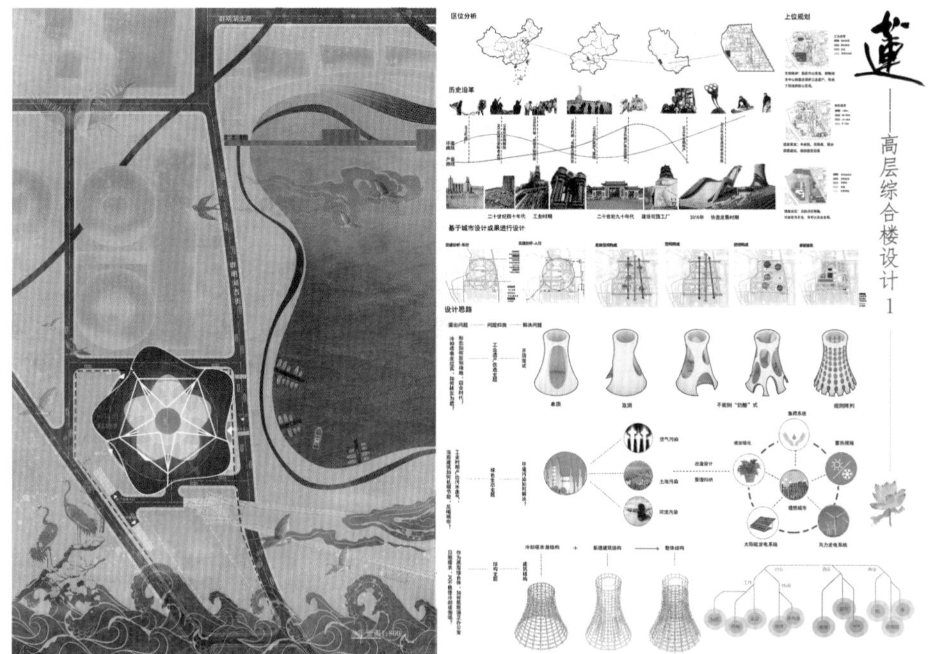

评语：

该设计位于首钢园区内，位于滑雪跳台北侧，为冬奥会后企业及游客设计的高层综合体。本设计在保护工业遗产的基础上进行设计。对周边环境进行分析，提出三大问题：①冷却塔体型过实，怎样开洞可以使其虚实结合；②当前建筑如何低碳节能反哺城市；③如何保留原有冷却塔又在其上建造高层建筑。提出了三点解决办法：第一，通过设计开洞打破过实的体块；第二，植入集雨太阳能发电风力发电系统节能减排；第三，设计独立结构，使高层建筑结构与冷却塔结构分离。解决三个问题后整个方案应运而生。

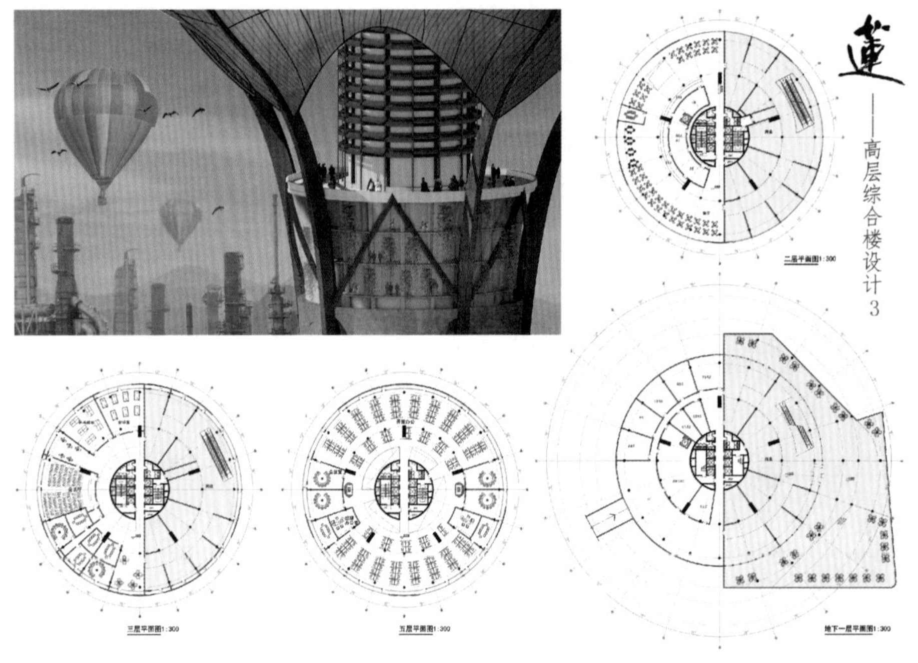

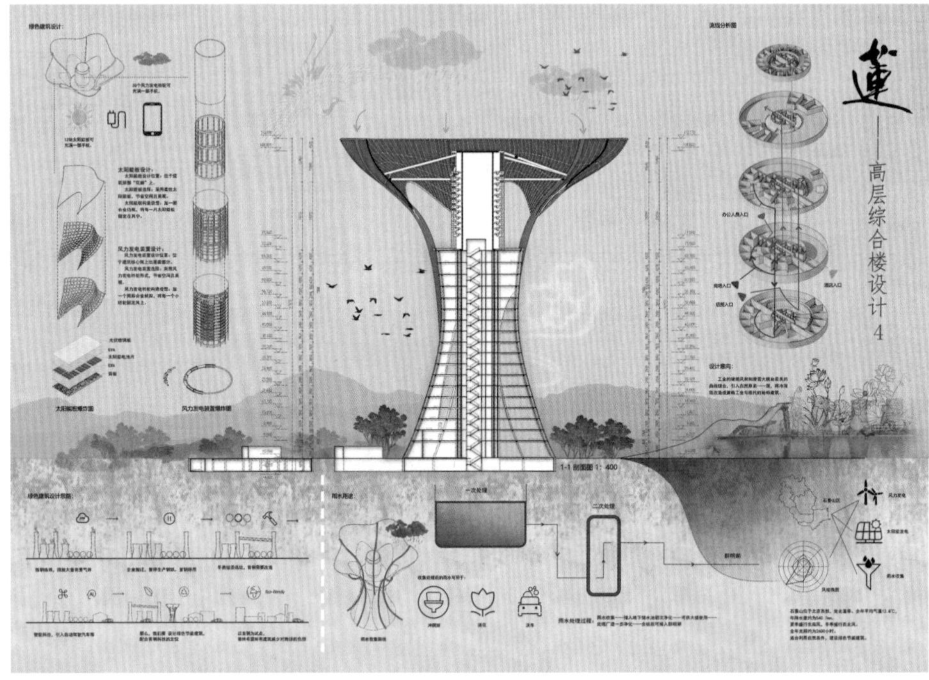

评语：

该设计方案结合首钢工业园内的冷凝塔实际情况进行设计，重塑主体建筑结构，打破常规的建筑结构和形态，局部造型虚实凹凸变化，带来了立面的丰富变化，同时还考虑到建筑在城市中的影响，将低碳节能技术与整体造型结合，也形成方案的造型特点。方案整体设计具有特色，造型新颖，图纸表达优秀，制图规范，但结构设计不够清晰，仍有可以提升的空间。

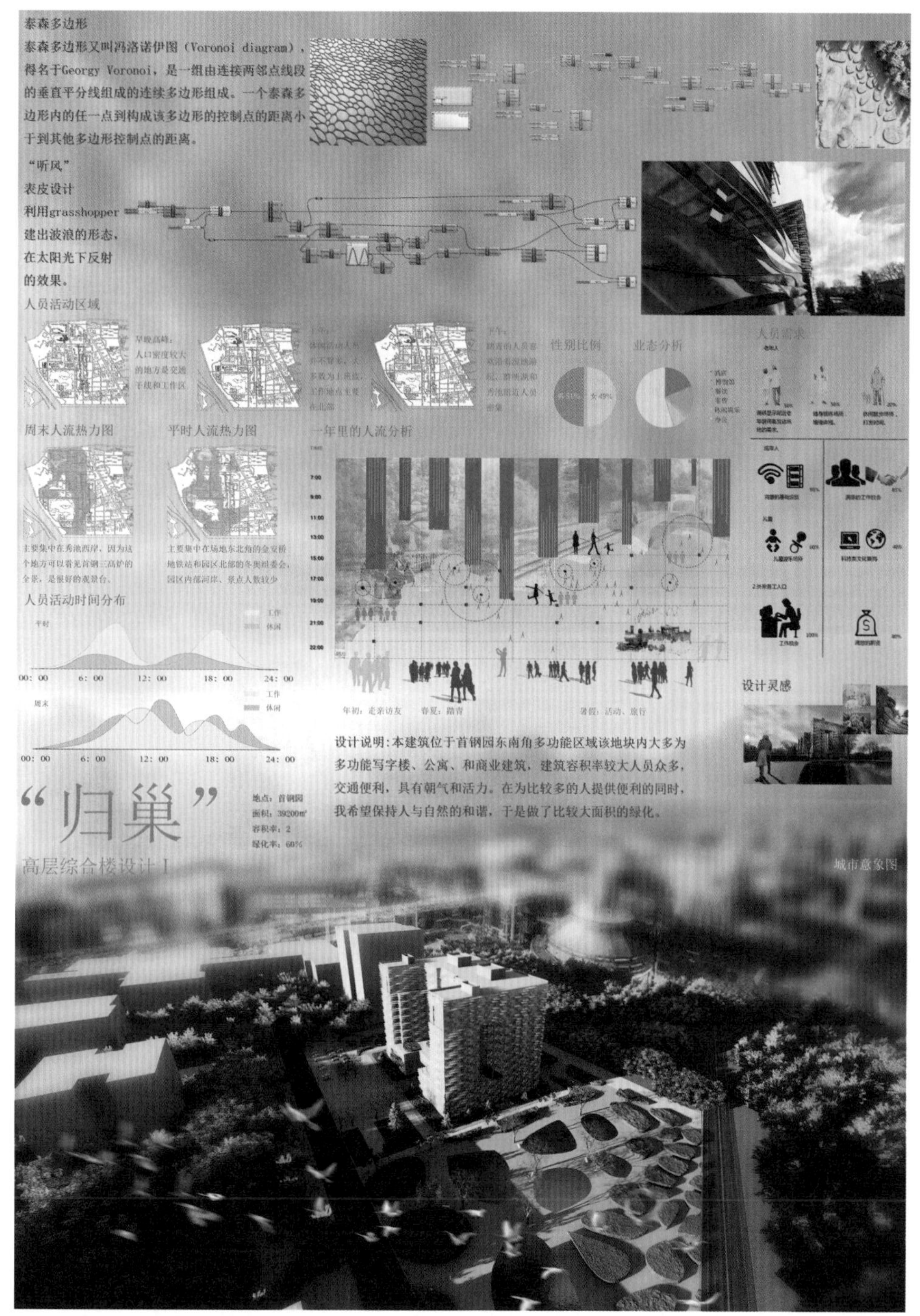

评语：

该设计方案总平面为"凹字形"的平面形式，布局规整，用地节约，重视场地的绿化设计；同时建筑立面表皮设计丰富，采用参数化技术，让建筑能够反射太阳光形成波浪的效果，也是本方案的设计特色之一。整体图纸工作量达到基本要求，不足之处在于图纸在标准层尺寸标注、总平面图表达等方面不够规范，图面美观设计仍有提升的空间。

本建筑位于首钢园东南角多功能区域，该地块内大多为多功能写字楼、公寓和商业建筑，建筑容积率较大，人员众多，交通便利，具有朝气和活力。

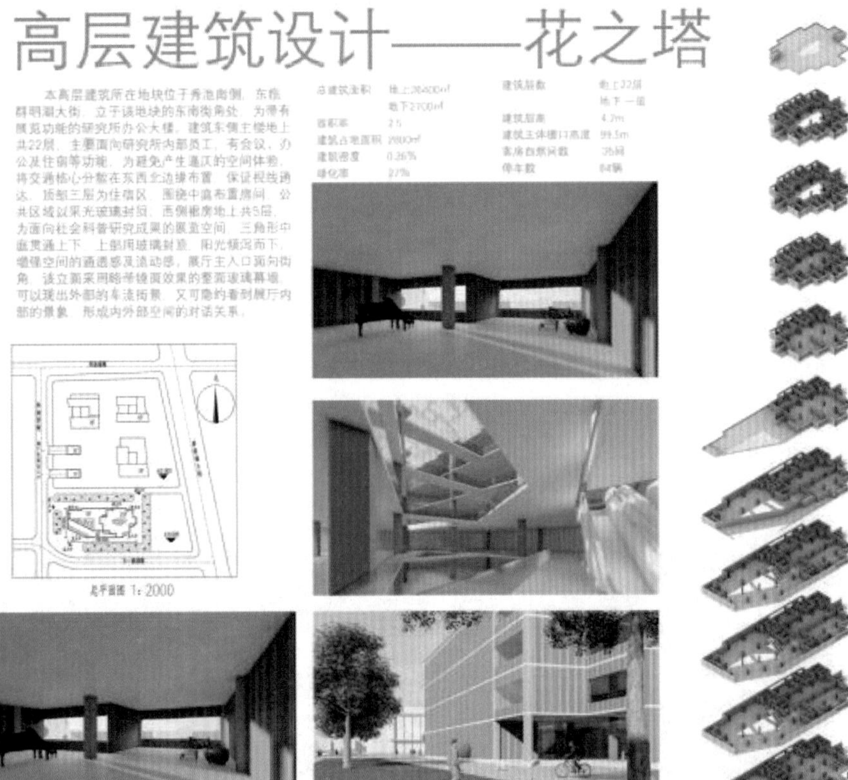

评语：

该方案高层建筑所在地块位于秀池南侧，东临群明湖大街，在该地块的东南街角处，是带有展览功能的研究所，有展览、会议、办公及居住等功能，为避免产生不好的空间体验，将交通核心分散在东西北边缘布置，保证视线通达；顶部三层为住宿区，围绕中庭布置房间，公共区域以采光玻璃封顶；西侧裙房地上共 5 层，为面向社会科普研究成果的展览空间。

本高层建筑将交通核心分散在东西北边缘布置，保证视线通达，三角形中庭上下贯通，上部用玻璃封顶，阳光倾泻而下，增强空间的通透性及流动感。展厅主入口面向里街角，该立面采用略带镜面效果的整面玻璃幕墙，形成内外部空间的对话。

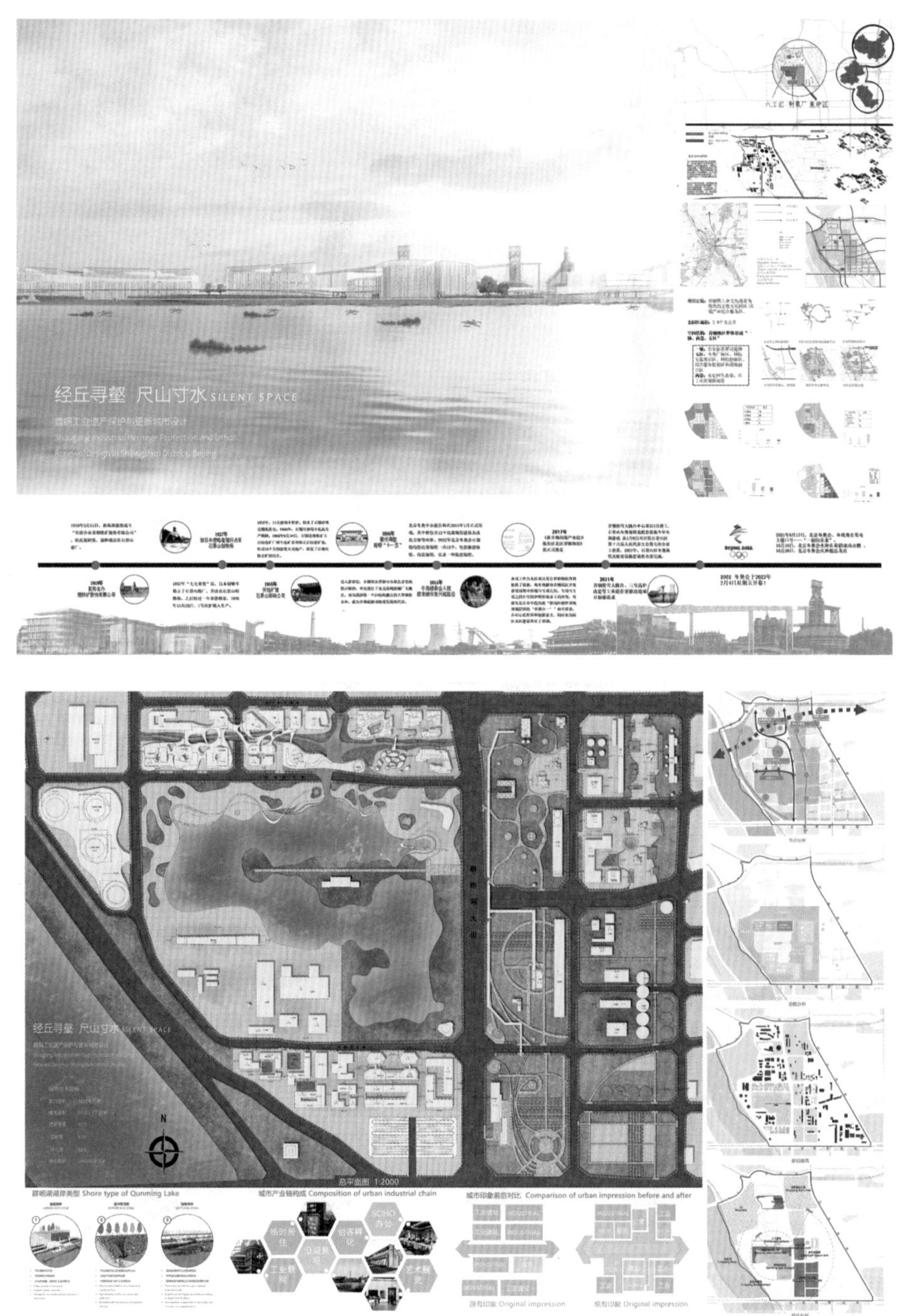

评语：

该设计方案以首钢工业区地块的更新发展为主题，尊重场地内原有的工业遗产建筑，结合冬奥会总体规划延伸现有的建筑设计，结合轴线设计，对场地进行带状灵活分割，趣味性地串联起不同性质的功能空间和公共活动空间，打造绿化走廊带和空中走廊，置入商业活动、冬奥活动、休闲活动等功能。

该设计为周围的居民和游客提供多维度的体验路线；同时考虑绿色生态技术，沿着群明湖建立五个雨洪管理区进行降雨收集管理，多方面更新与活化首钢工业遗产。该方案设计整体图面效果表达完整美观、功能布局合理、图纸数量满足要求，分析图在设计策略、形体生成、功能流线、绿色技术等方面也基本完善。

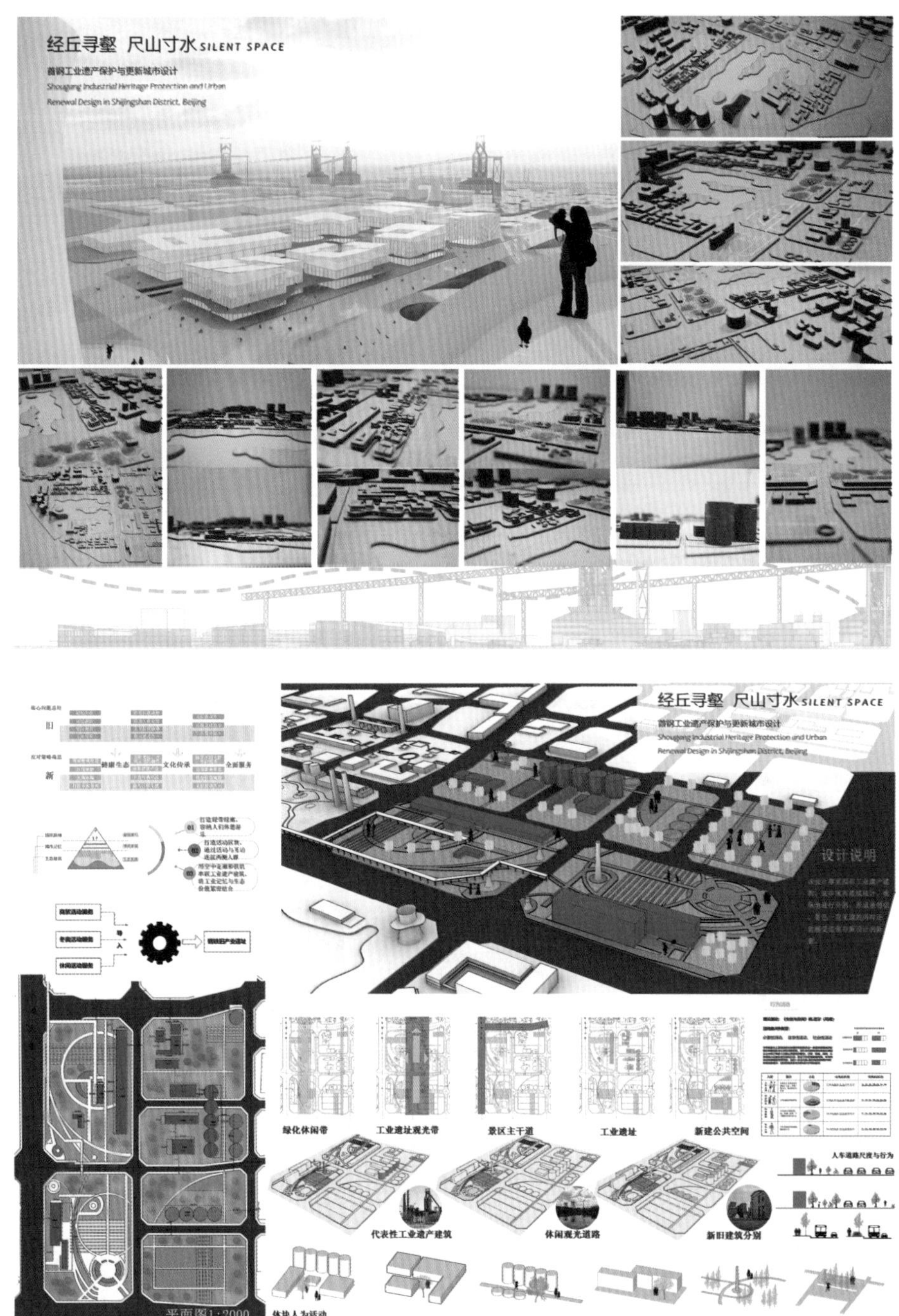

评语：

该设计中作为“城市更新新地标”的北京首钢园区，已经成为国内乃至世界范围内令人瞩目的工业遗存更新案例。大事件作为催化剂，在更新进程中扮演了极为重要的角色。在“冬奥 IP”及“首钢百年庆典”强力助推下，园区更新在经历了十年的瓶颈期后全面加速。

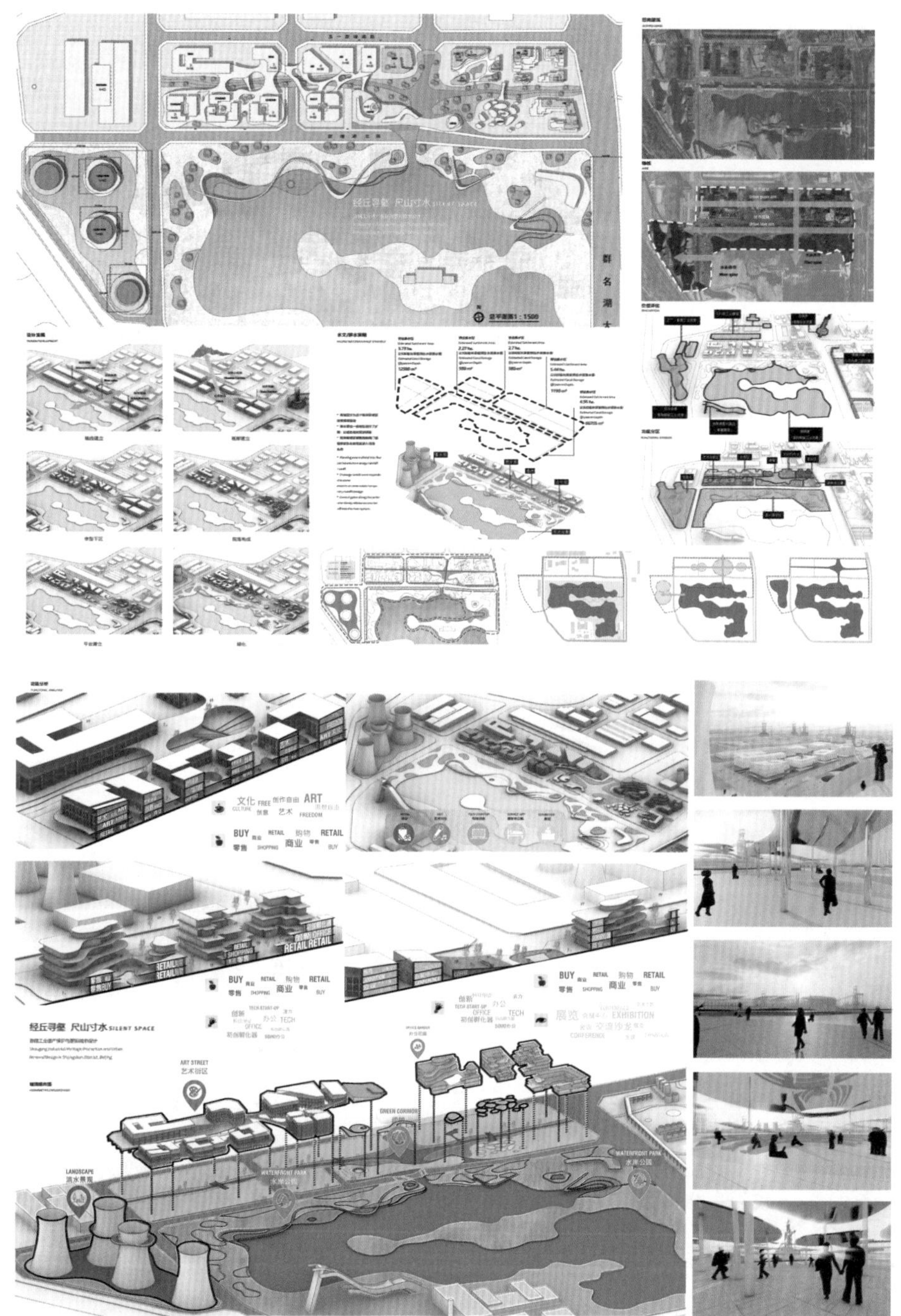

评语：

该方案设计定位以钢铁工业文化遗存为特色的主题文化园区或高端产业综合服务区。在空间结构上首钢地区整体形成“一轴、两带、五区”，一轴：长安街首都功能轴；五区：冬奥广场区、国际交流展示区、科技创新区、综合服务配套区和战略留白区；两带：永定河生态带、后工业景观休闲带。

该设计方案结合首钢工业园内的实际情况进行设计，该设计尊重原有工业遗产建筑，延伸现有建筑设计，将场地进行分割，形成条带状，景色一览无余的同时还能感受到现有新设计的新意。规划区分为五个雨洪管理区收集降雨径流。排水渠在一些地区进行了扩展，以适应临时径流调蓄。雨洪管理区周围控制阀门慢慢释放多余的径流进入河流系统。

评语：

新城与旧城、新城与古城在通州城市发展中是无法回避的矛盾问题，如何在两者中权衡是一个棘手的问题。处理好新城与古城的关系，可向游客群体传递当地的运河文化及古城文化历史。

在人与自然的关系方面，面对不同人群之间的活动和用地冲突，应加强人群之间的沟通交流。在室外开放空间结合一些活动场所，并考虑视线与地标轴线的关系。

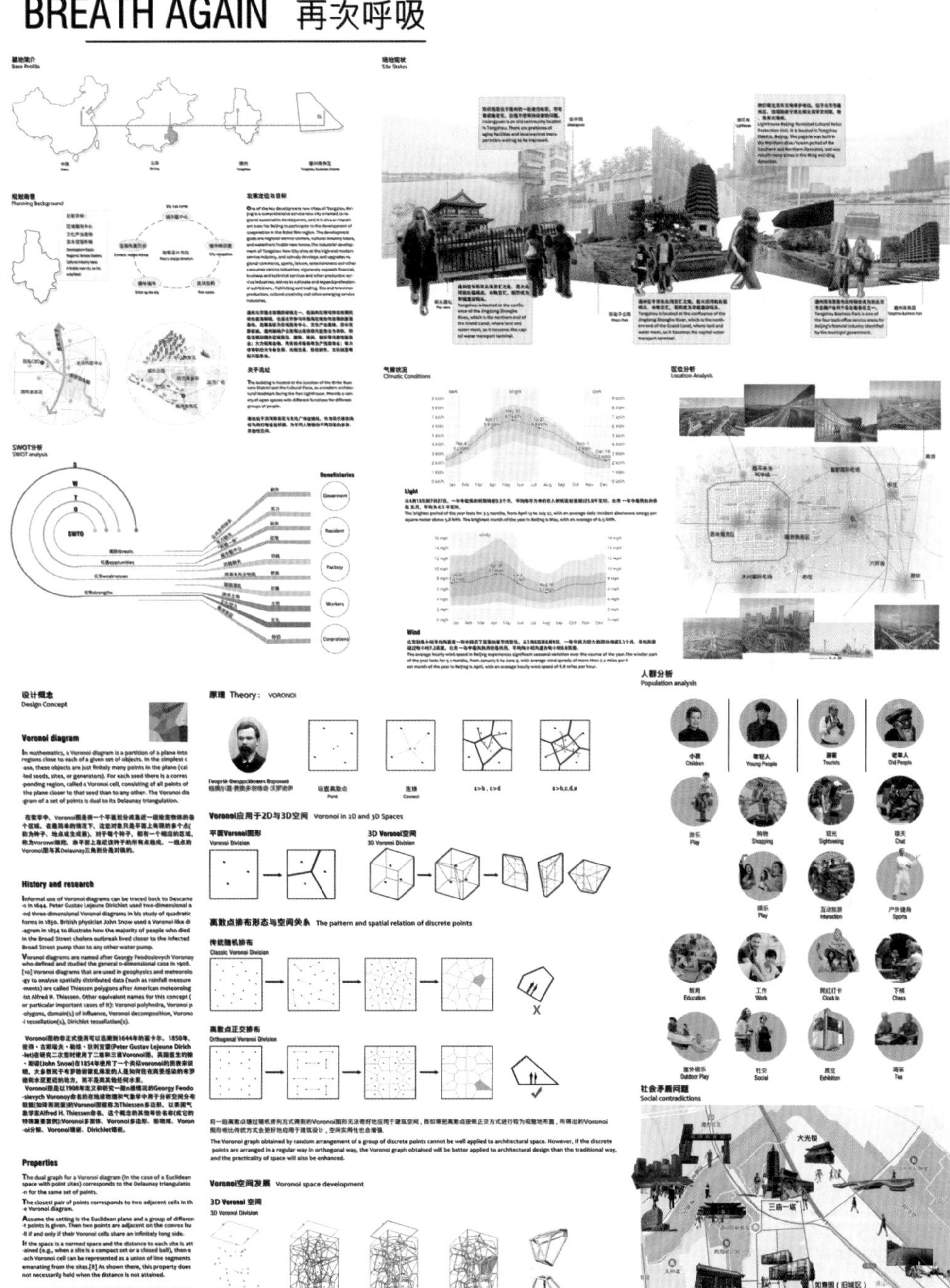

评语：

该方案运用了包括 VR 和 AR 在内的扩展现实技术，可以提供沉浸式的体验。运用数字孪生，能够把现实世界镜像到虚拟世界里面去，同时用区块链来搭建经济体系，随着元宇宙的进一步发展，加强对整个现实社会的模拟程度。在结构上，每个中庭空间集合了采光、结构、交通等系统，通过预制构架进行搭接，构建中庭框架，并向中心偏移出体块作为中庭空间，在中庭与框架之间加入次级支撑，提高稳定性，并引入管状交通系统。

BREATH AGAIN 再次呼吸

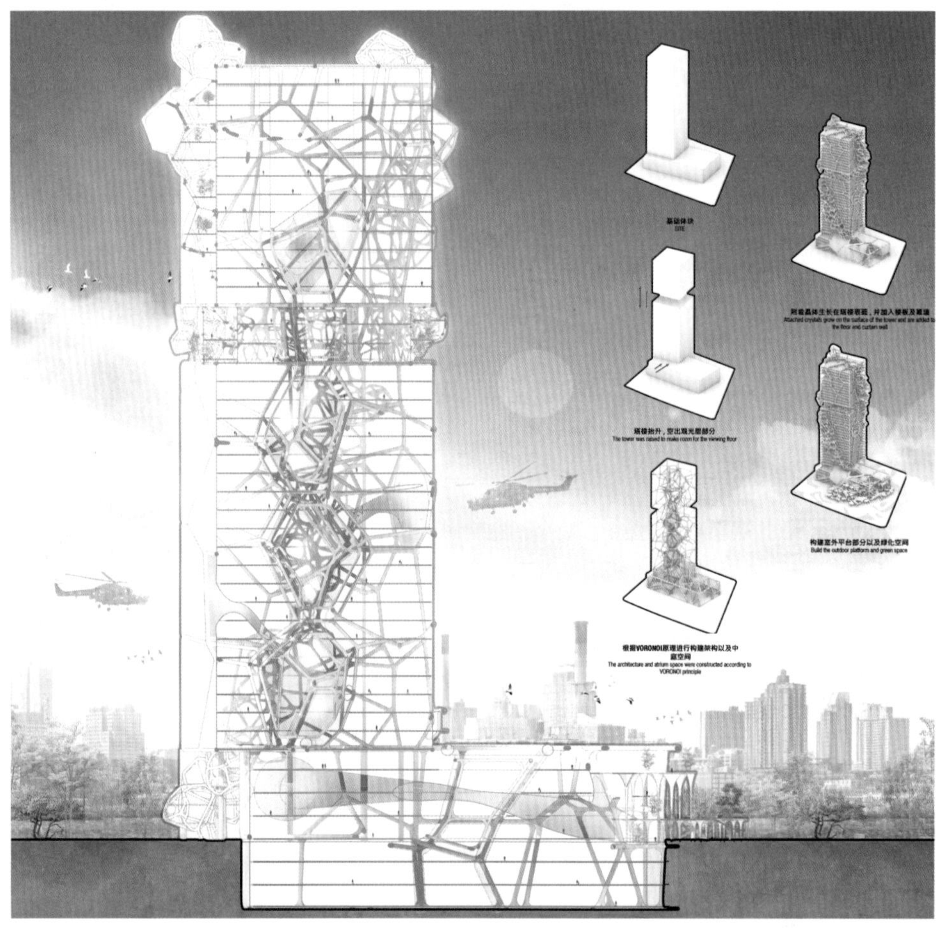

评语：

该方案中的呼吸链像有机生命体一样围绕着建筑生长上去，呼吸链可为建筑引入室外空间，让室内外实现有机的交互，将市民的活动空间从室内扩展到了室外，在高层建筑中创造了一个亲近自然的环境，每个单元在视觉上都与窗外的绿色植物相连，一系列开放的、有遮蔽的空中的花园、露台、阳台和植物在视觉上创造出一个“会呼吸的立面”。在生态平台上，用伞状的柱子与环形平台通过多种方式相结合，创造出许多丰富有趣的空间，并结合绿化空间，形成生态平台。

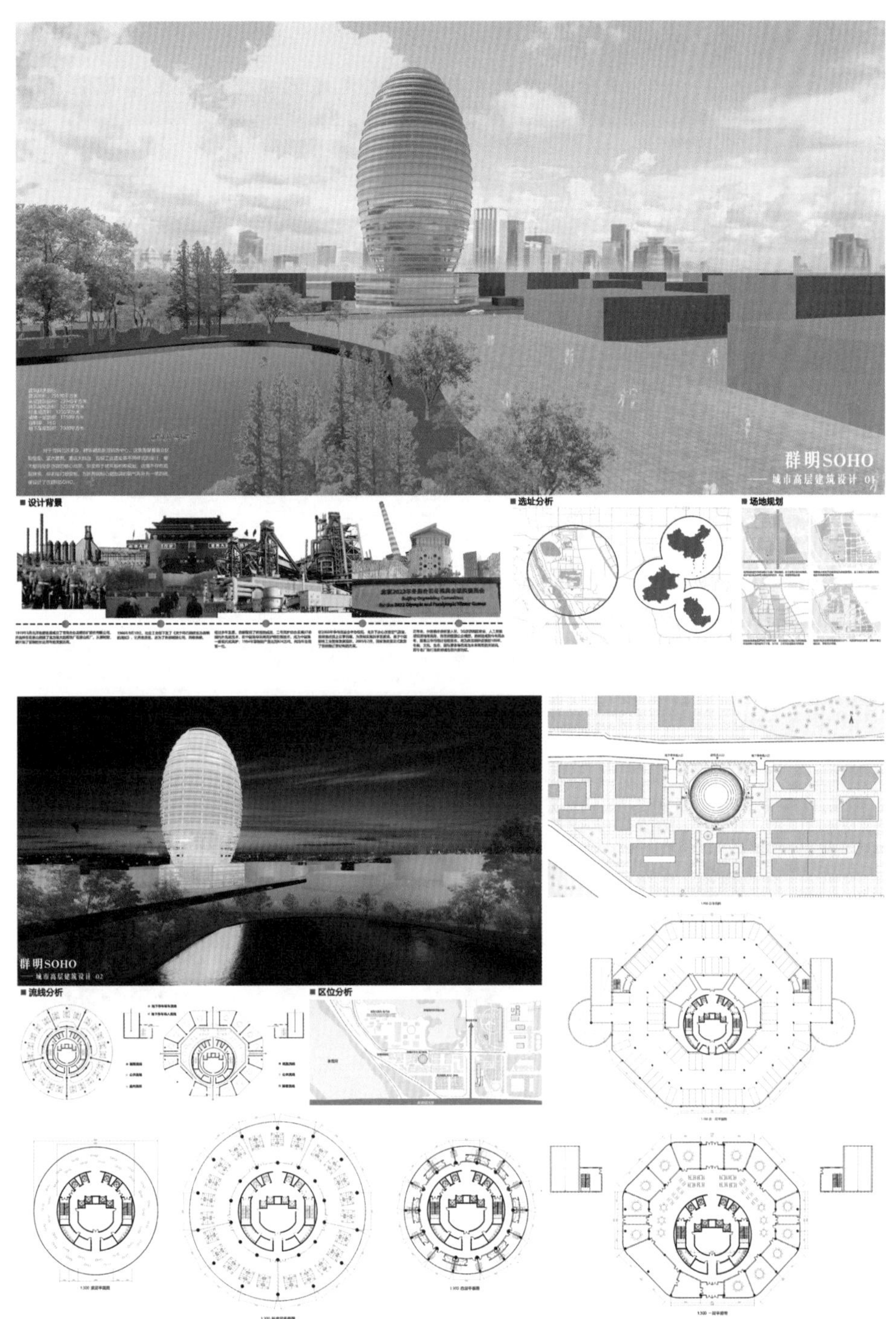

评语：

群明湖是新首钢的中心，这里围聚着商业区、购物街、滨水景观、奥运大跳台、首钢工业遗址等不同样式的设计，毫无疑问是新首钢的核心地带。

该设计方案结合首钢工业园内的实际情况进行设计，该设计尊重原有工业遗产建筑，延伸现有建筑设计，打破限制，为新首钢的新形象增添光彩。

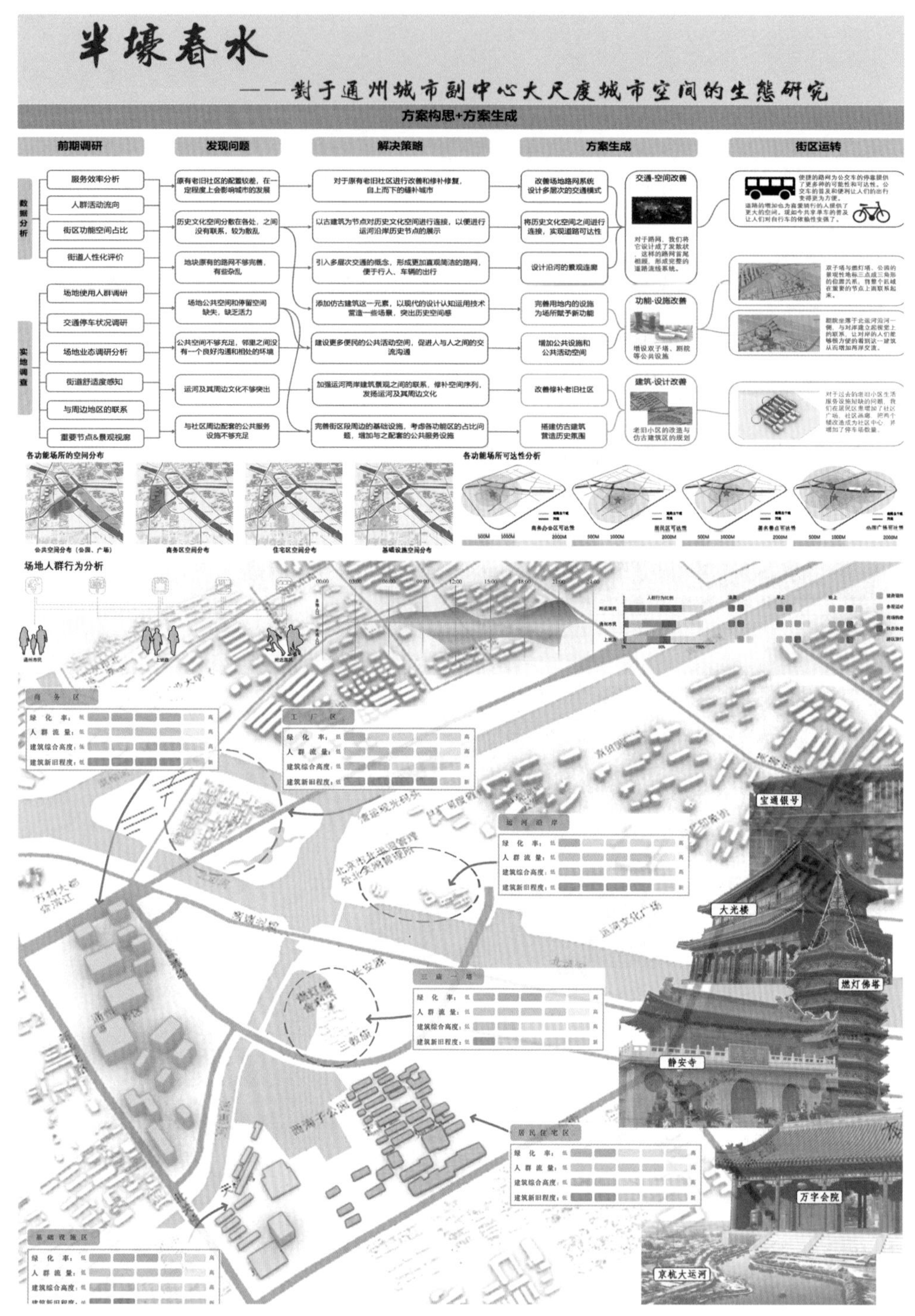

评语：

该方案在前期调研过程中做了充分的准备，进行了数据分析及实地调研，并针对现有的问题提出了解决策略，对于原有老旧社区进行改善、修补和修复，自上而下地“缝补”城市。以古建筑为节点对历史文化空间进行连接，以便进行运河沿岸历史节点的展示。引入多层次交通的概念，形成更加直观简洁的路网，便于行人、车辆的出行。添加仿古建筑这一元素，以现代的设计认知运用技术营造一些场景，突出了历史空间感。

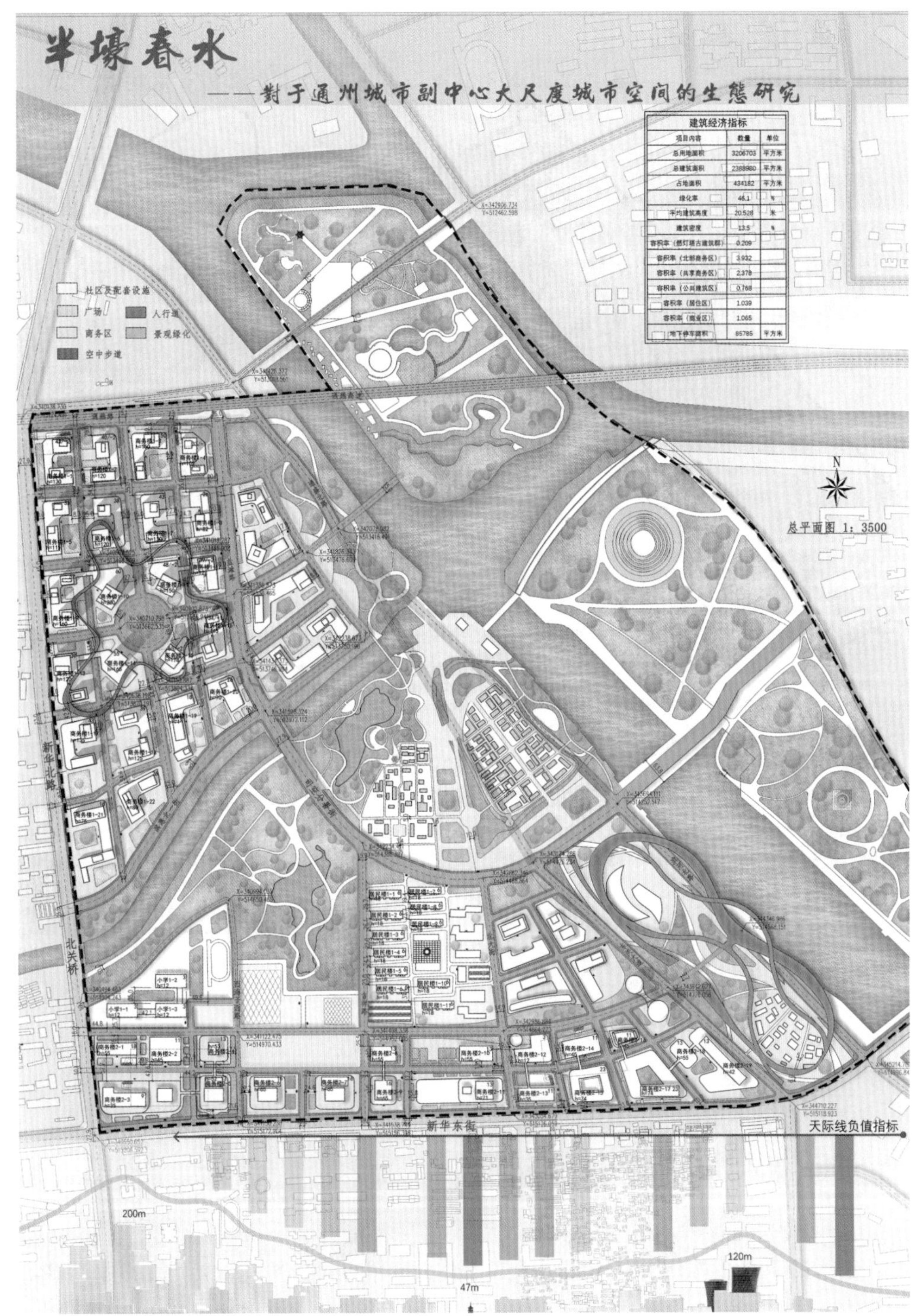

建筑经济指标		
项目内容	数量	单位
总用地面积	3206703	平方米
总建筑面积	2388980	平方米
占地面积	434182	平方米
绿化率	46.1	%
平均建筑高度	20.528	米
建筑密度	13.5	%
容积率（燃灯塔古建筑群）	0.209	
容积率（北部商务区）	3.932	
容积率（共享商务区）	2.378	
容积率（公共建筑区）	0.768	
容积率（居住区）	1.039	
容积率（商业区）	1.065	
地下停车面积	85785	平方米

评语：

该方案在交通、功能、建筑三个方面进行改善。设计了更多便民的公共空间，促进了人与人之间的交流沟通，加强了运河两岸建筑景观之间的联系，修补了空间序列，发扬运河及其周边文化，完善了街区周边的基础设施，考虑各功能区的占比问题，增加与之配套的公共服务设施。图面表达较为完整，思维逻辑较为清晰，文脉十分有特色，分析图空间秩序以及视线人流的分析也基本完整，但是方案总平面图的信息表达不是十分完整，部分图纸可以进一步深化。

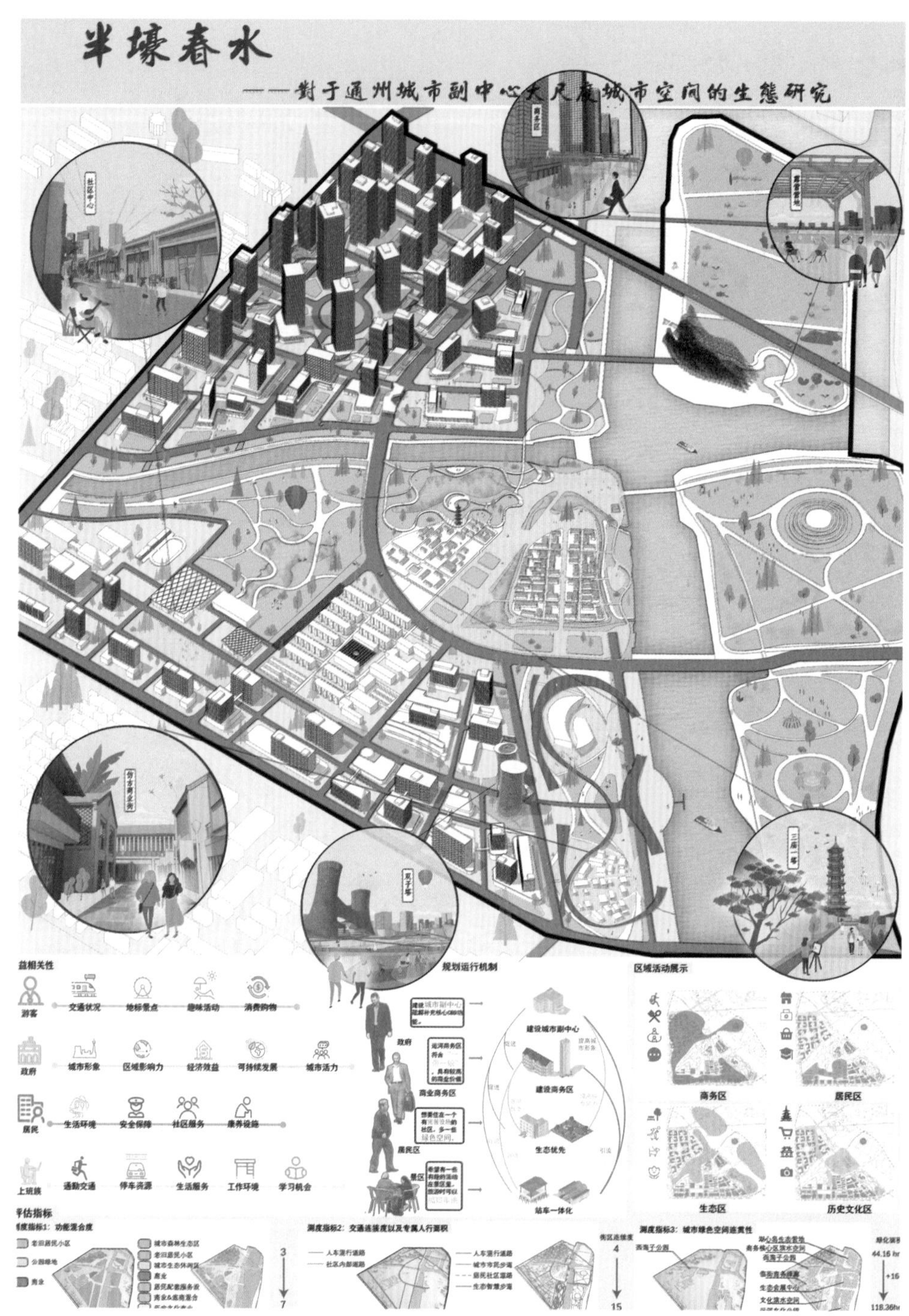

评语：

该方案根据对场地前期人群、历史以及环境的调研，参考了通州区上位规划，在运河东岸设计成连续的景观绿地，以此呼应通州区发展成为森林城市的目标。建筑是地块的空间构成，通过建筑布局分割其他场所，在城市设计中起主导作用，建筑布局的好坏直接影响了绿化和路网的品质，而该地块中商务区和商业区又占据主要成分。北运河历史久远，具有很高的历史价值，运河两岸的区域十分重要。在原有地块里，运河两岸的联系并不密切，并且两岸的设施也很简单，因此设计要增加两岸的关系，并设计景观连廊，突出这块区域的重要性，让两岸的联系更加密切。

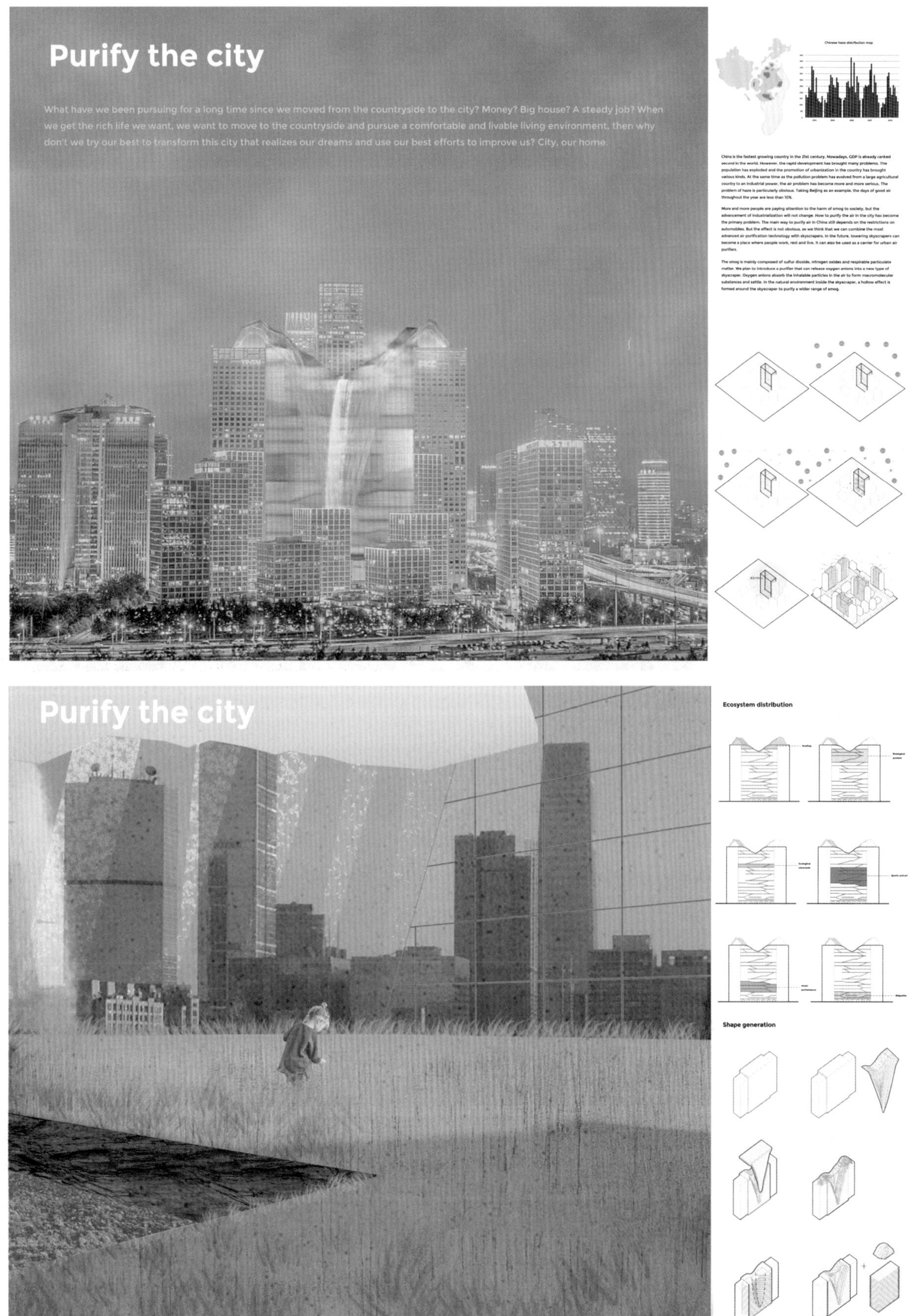
Purify the city
What have we been pursuing for a long time since we moved from the countryside to the city? Money? Big house? A steady job? When we get the rich life we want, we want to move to the countryside and pursue a comfortable and livable living environment, then why don't we try our best to transform this city that realizes our dreams and use our best efforts to improve us? City, our home.
Chinese haze distribution map
China is the fastest growing country in the 21st century. Nowadays, GDP is already ranked second in the world. However, the rapid development has brought many problems. The population has exploded and the promotion of urbanization in the country has brought various kinds. At the same time as the pollution problem has evolved from a large agricultural country to an industrial power, the air problem has become more and more serious. The problem of haze is particularly obvious. Taking Beijing as an example, the days of good air throughout the year are less than 10%.
More and more people are paying attention to the harm of smog to society, but the advancement of industrialization will not change. How to purify the air in the city has become the primary problem. The main way to purify air in China still depends on the restrictions on automobiles. But the effect is not obvious, so we think that we can combine the most advanced air purification technology with skyscrapers. In the future, towering skyscrapers can become a place where people work, rest and live. It can also be used as a carrier for urban air purifiers.
The smog is mainly composed of sulfur dioxide, nitrogen oxides and respirable particulate matter. We plan to introduce a purifier that can release oxygen anions into a new type of skyscraper. Oxygen anions absorb the inhalable particles in the air to form macromolecular substances and settle. In the natural environment inside the skyscraper, a hollow effect is formed around the skyscraper to purify a wider range of smog.
Purify the city
Ecosystem distribution
Shape generation

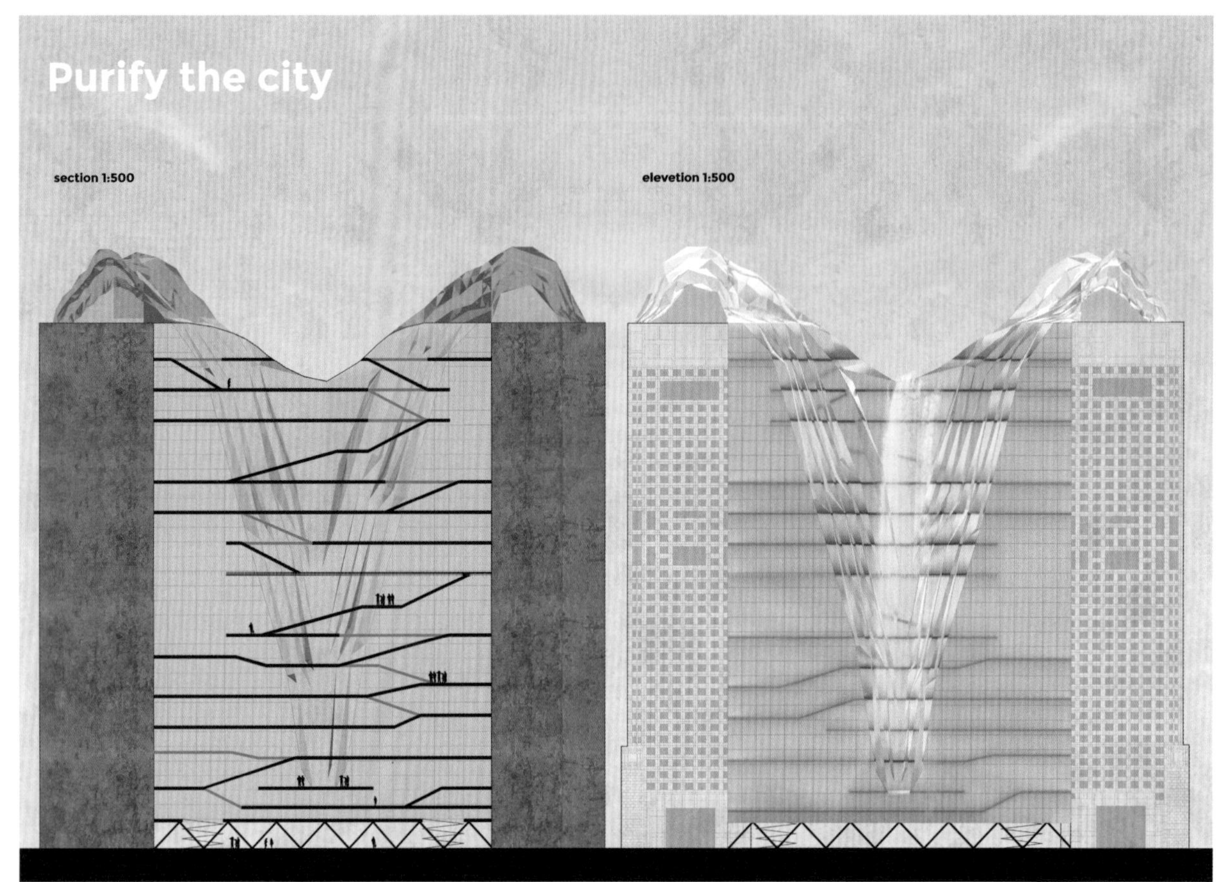

评语：

该方案的高层建筑造型别致新颖，如同瀑布从天而降。该建筑集运动、音乐以及生态等功能为一体，自身既是建筑，又是城市的生态净化器，新兴概念的城市在未来的城市生活中一定会大放光彩。该方案虽然设计精美，但是缺少内部平面图等重要图纸。

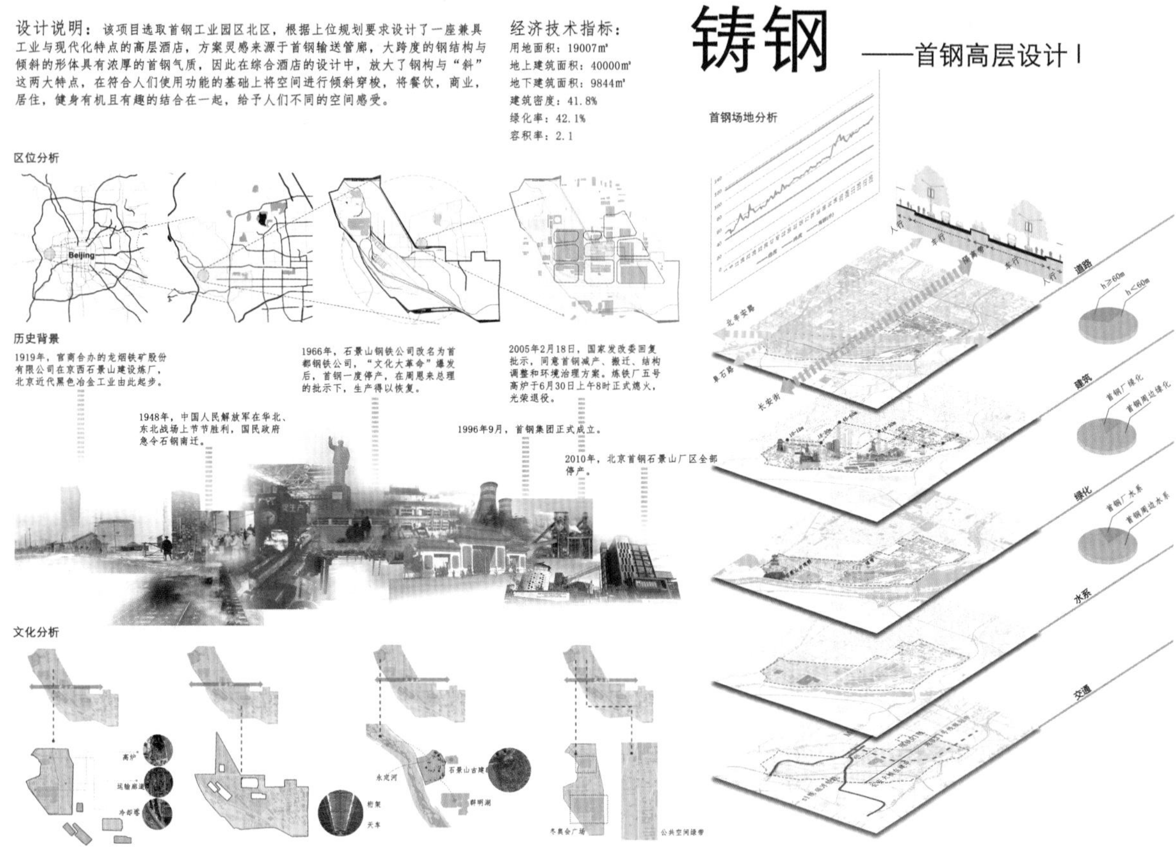
设计说明：该项目选取首钢工业园区北区，根据上位规划要求设计了一座兼具工业与现代化特点的高层酒店，方案灵感来源于首钢输送管廊，大跨度的钢结构与倾斜的形体具有浓厚的首钢气质，因此在综合酒店的设计中，放大了钢构与“斜”这两大特点，在符合人们使用功能的基础上将空间进行倾斜穿梭，将餐饮，商业，居住，健身有机且有趣的结合在一起，给予人们不同的空间感受。
经济技术指标：
用地面积：19007m^2
地上建筑面积：40000m^2
地下建筑面积：9844m^2
建筑密度：41.8%
绿化率：42.1%
容积率：2.1
铸钢
——首钢高层设计Ⅰ
首钢场地分析
区位分析
Beijing
历史背景
1919年，官商合办的龙烟铁矿股份有限公司在京西石景山建设炼厂，北京近代黑色冶金工业由此起步。
1948年，中国人民解放军在华北、东北战场上节节胜利，国民政府急令石钢南迁。
1966年，石景山钢铁公司改名为首都钢铁公司，“文化大革命”爆发后，首钢一度停产，在周恩来总理的批示下，生产得以恢复。
1996年9月，首钢集团正式成立。
2005年2月18日，国家发改委回复批示，同意首钢减产、搬迁、结构调整和环境治理方案。炼铁厂五号高炉于6月30日上午8时正式熄火，光荣退役。
2010年，北京首钢石景山厂区全部停产。
北辛安路
阜石路
长安街
道路
建筑
绿化
水系
交通
文化分析

高层调研——职工之家、凯德晶品一带高层实地调研分析
消防车道+绿化
消防车道+下沉
消防车道+停车场
建筑次入口
（车库、超市、员工）入口分流
车库
直达客房
立体停车
特殊车位
客房（标准间）
标准间公共化
职工之家——公共走廊空间利用
走廊多样化公共空间
职工之家——餐厅包间
（走廊）茶座隔间
职工之家——健身空间
开敞、无柱、通透、大空间
职工之家——细部处理
入口内凹处理缓冲空间、羽毛球馆软质靠垫
铸钢
——首钢高层设计Ⅱ
地下一层平面图 1:500

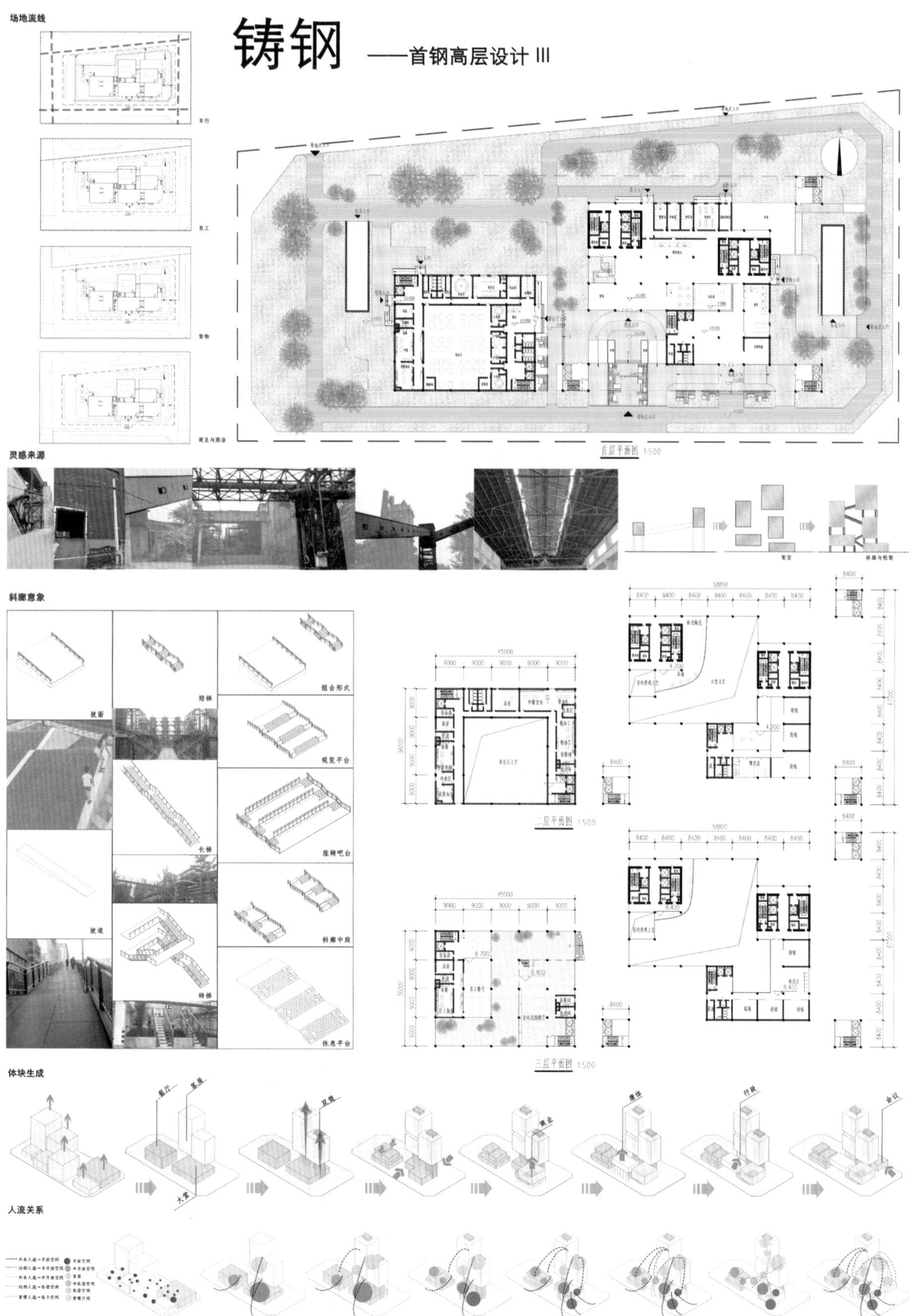
铸钢
——首钢高层设计 III
场地流线
灵感来源
斜廊意象
体块生成
人流关系
首层平面图 1:500
二层平面图 1:500
三层平面图 1:500

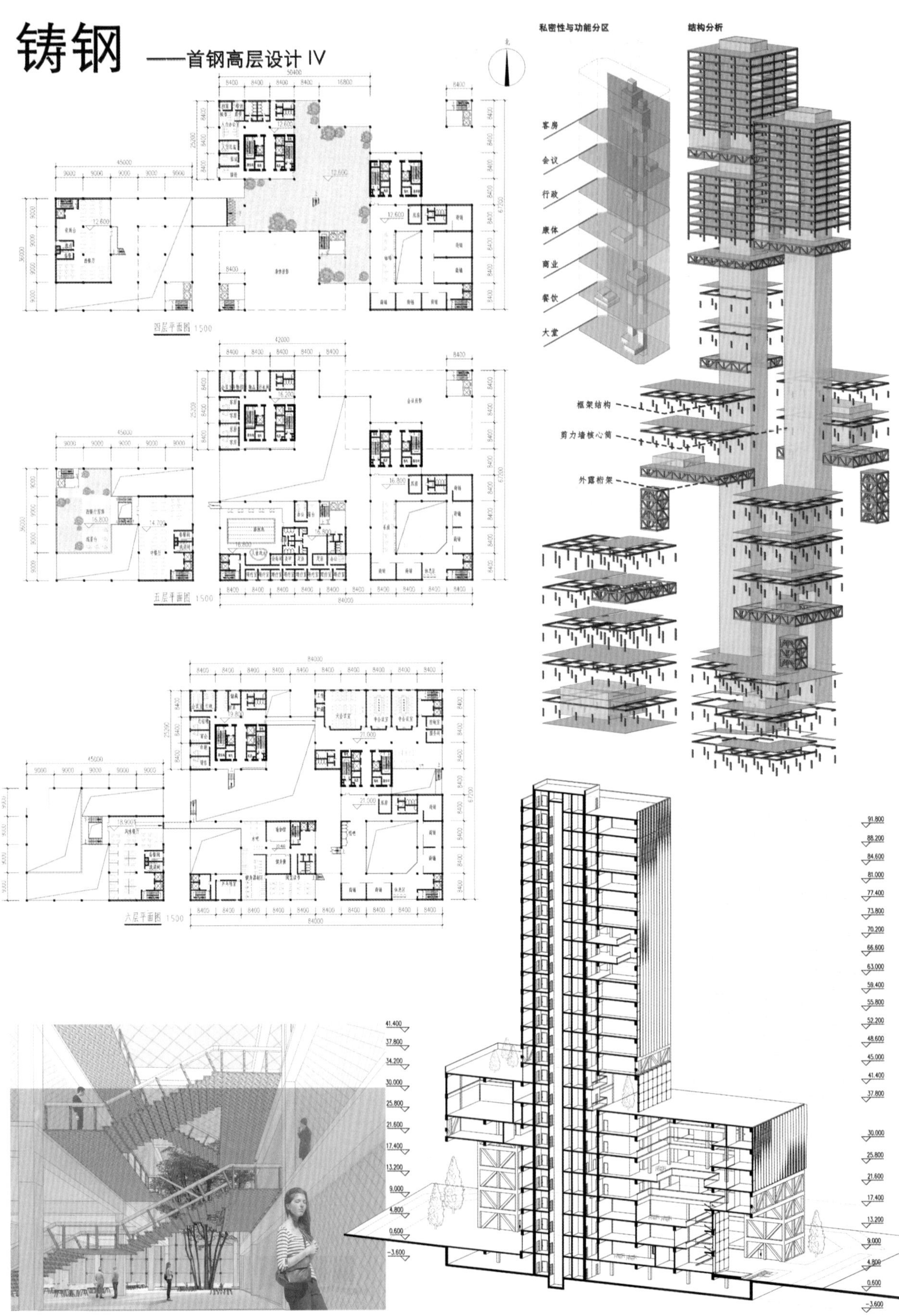
铸钢
——首钢高层设计 IV
私密性与功能分区
结构分析
客房
会议
行政
康体
商业
餐饮
大堂
框架结构
剪力墙核心筒
外露桁架
四层平面图 1:500
五层平面图 1:500
六层平面图 1:500

铸钢 ——首钢高层设计 V

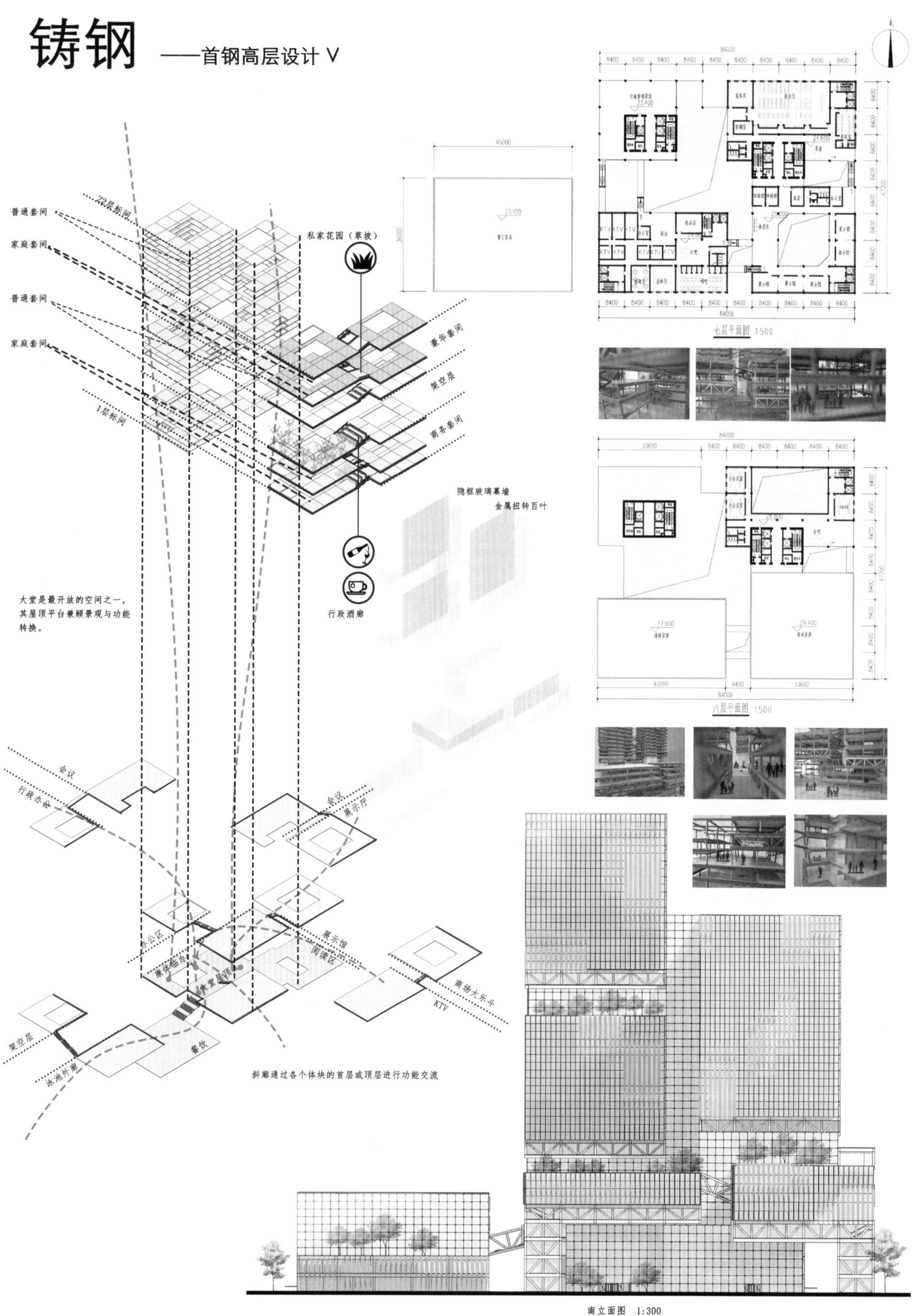
22层标间
普通套间
家庭套间
普通套间
家庭套间
1层标间
私家花园（草坡）
豪华套间
架空层
商务套间
隐框玻璃幕墙
金属扭转百叶
大堂是最开放的空间之一，其屋顶平台兼顾景观与功能转换。
行政酒廊
会议
行政办公
会议
展示厅
办公区
展示馆
阅读区
商场大乐斗
KTV
大堂屋顶
架空层
泳池外廊
餐饮
斜廊通过各个体块的首层或顶层进行功能交流
七层平面图 1:500
八层平面图 1:500
南立面图 1:300

铸钢 ——首钢高层设计 VI

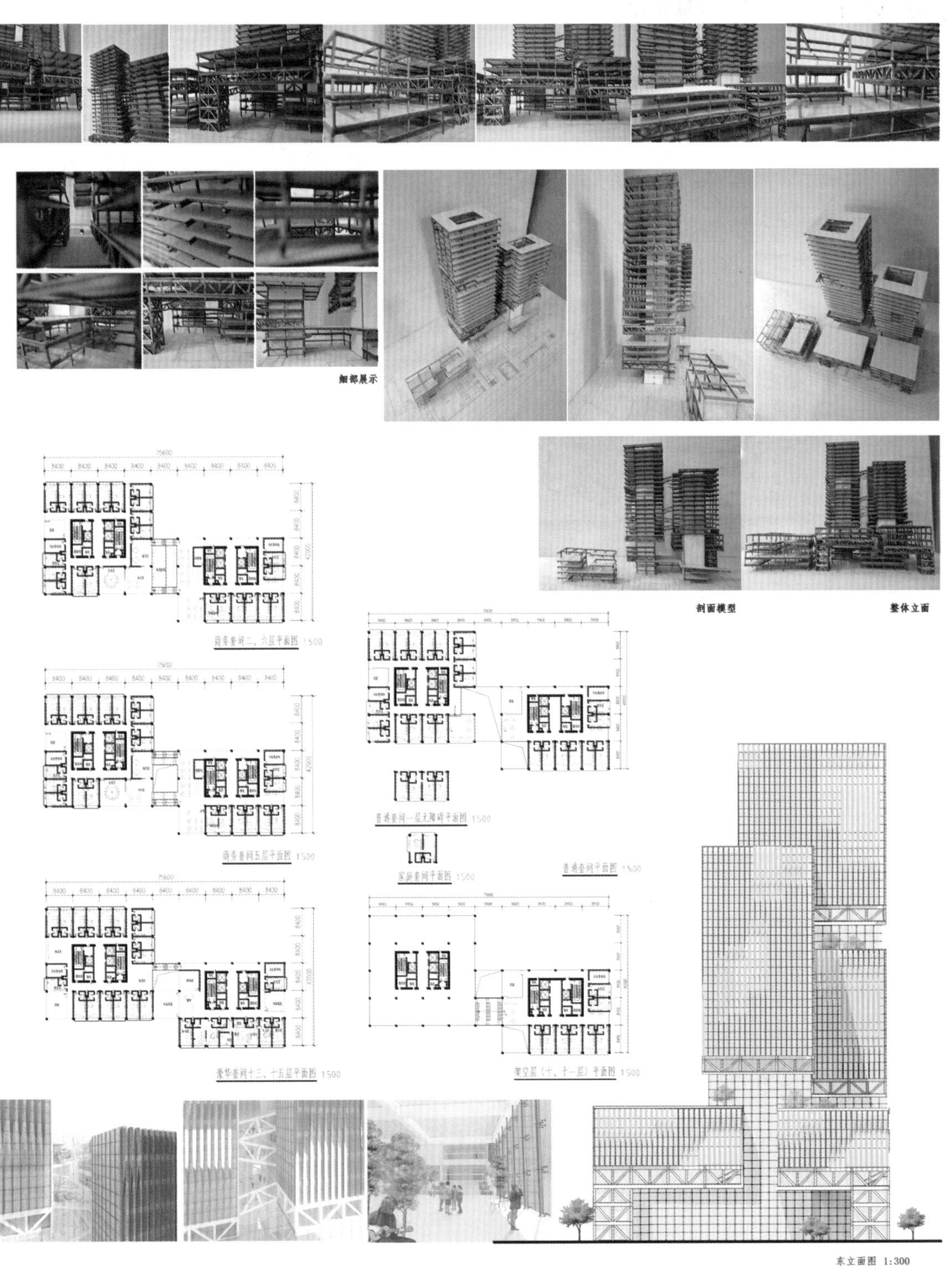

评语：

该方案高楼主体采用双塔式结构，两大主体建筑相互呼应，高低错落。不同楼层设有不同的房间类型，同时配有相应的服务设施。设计图颜色多样、设计精美。裙房功能完备，分布合理。酒店房间设施齐全，楼层空间布局合理。

ZCMY-HOTEL&MANSION
BEIJING SHOUGANG
HIGH-RISE HOTEL DESIGN 1

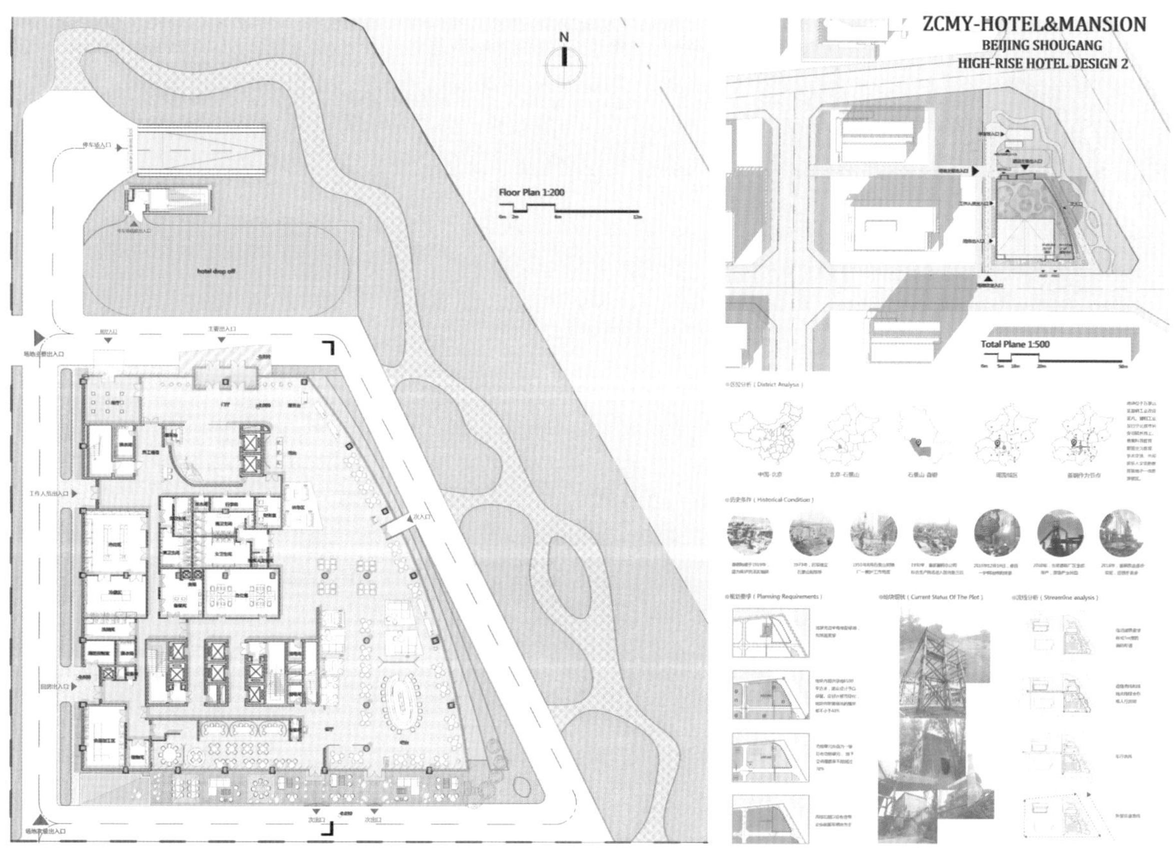
ZCMY-HOTEL&MANSION
BEIJING SHOUGANG
HIGH-RISE HOTEL DESIGN 2
N
Floor Plan 1:200
hotel drop off
Total Plane 1:500

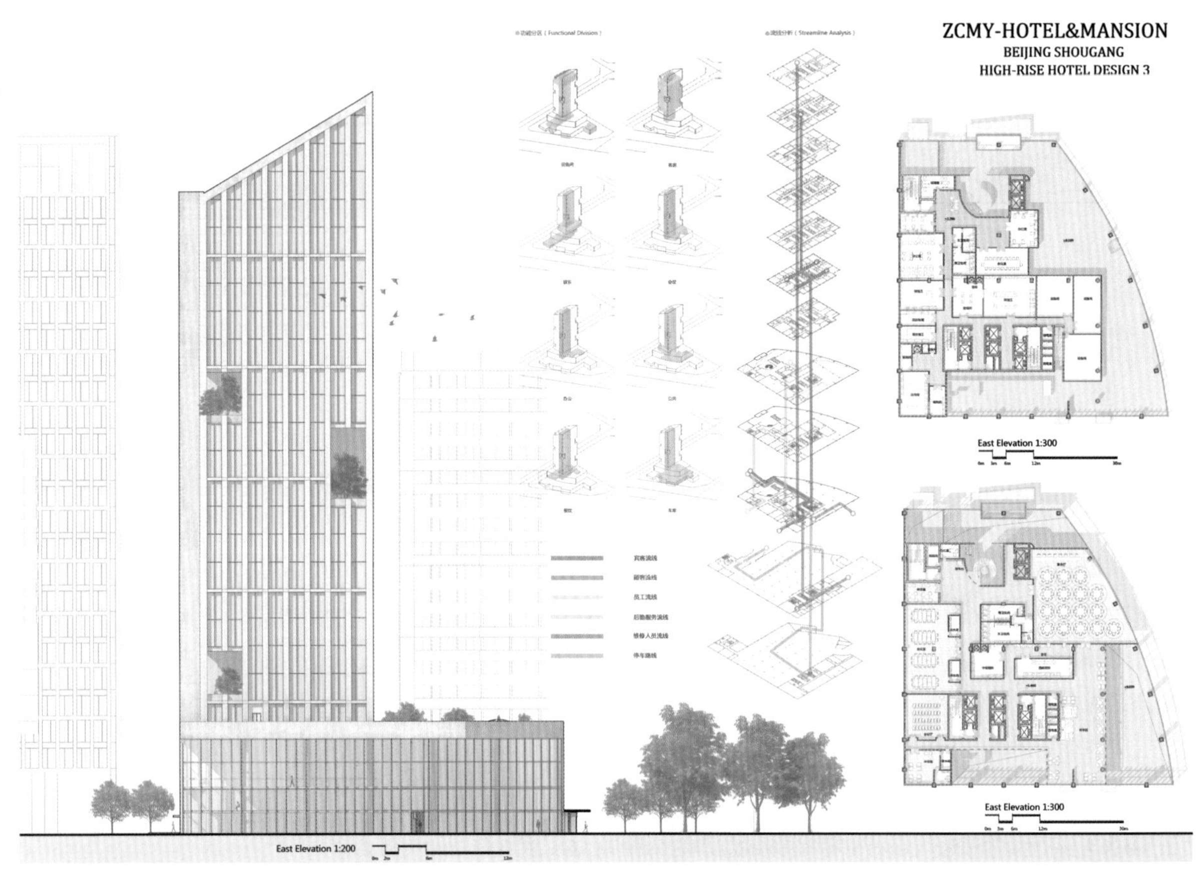
ZCMY-HOTEL&MANSION
BEIJING SHOUGANG
HIGH-RISE HOTEL DESIGN 3
East Elevation 1:300
East Elevation 1:300
East Elevation 1:200

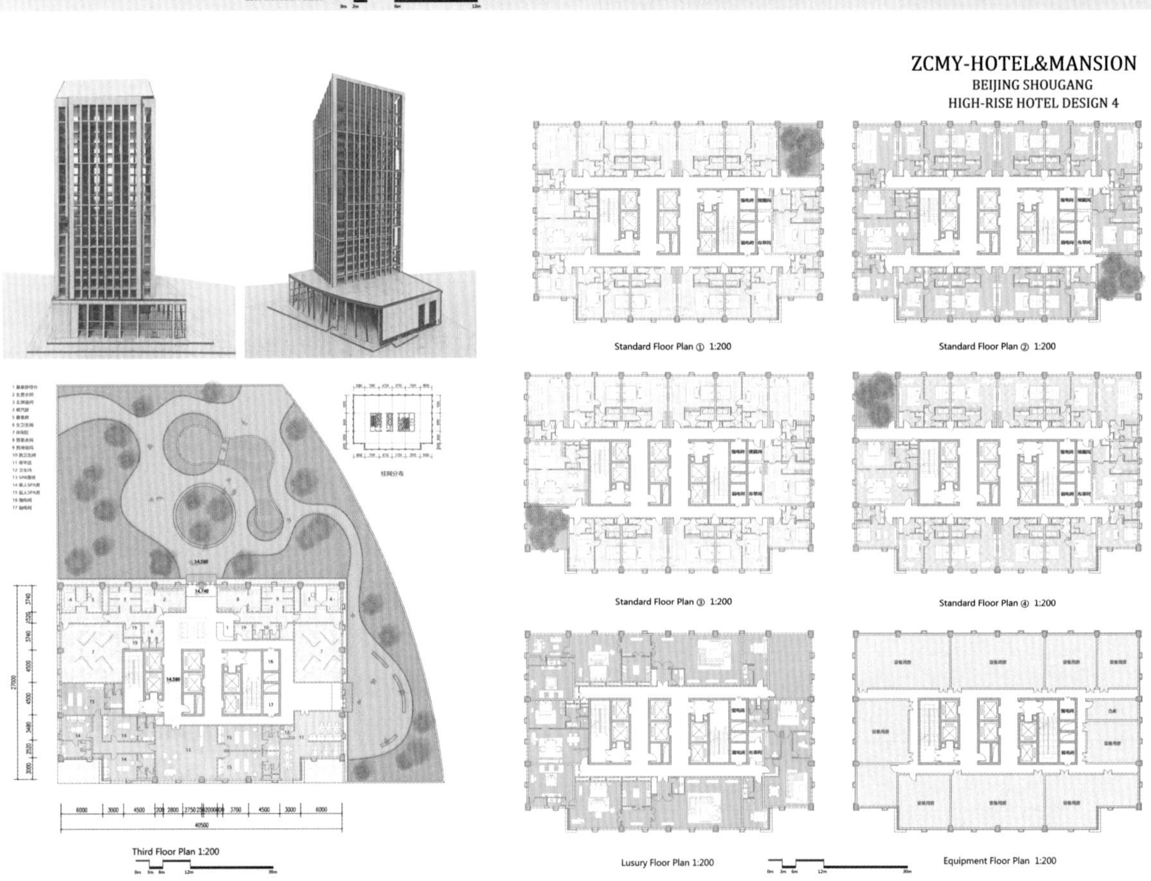
ZCMY-HOTEL&MANSION
BEIJING SHOUGANG
HIGH-RISE HOTEL DESIGN 4
Standard Floor Plan ① 1:200
Standard Floor Plan ② 1:200
Standard Floor Plan ③ 1:200
Standard Floor Plan ④ 1:200
Third Floor Plan 1:200
Lusury Floor Plan 1:200
Equipment Floor Plan 1:200

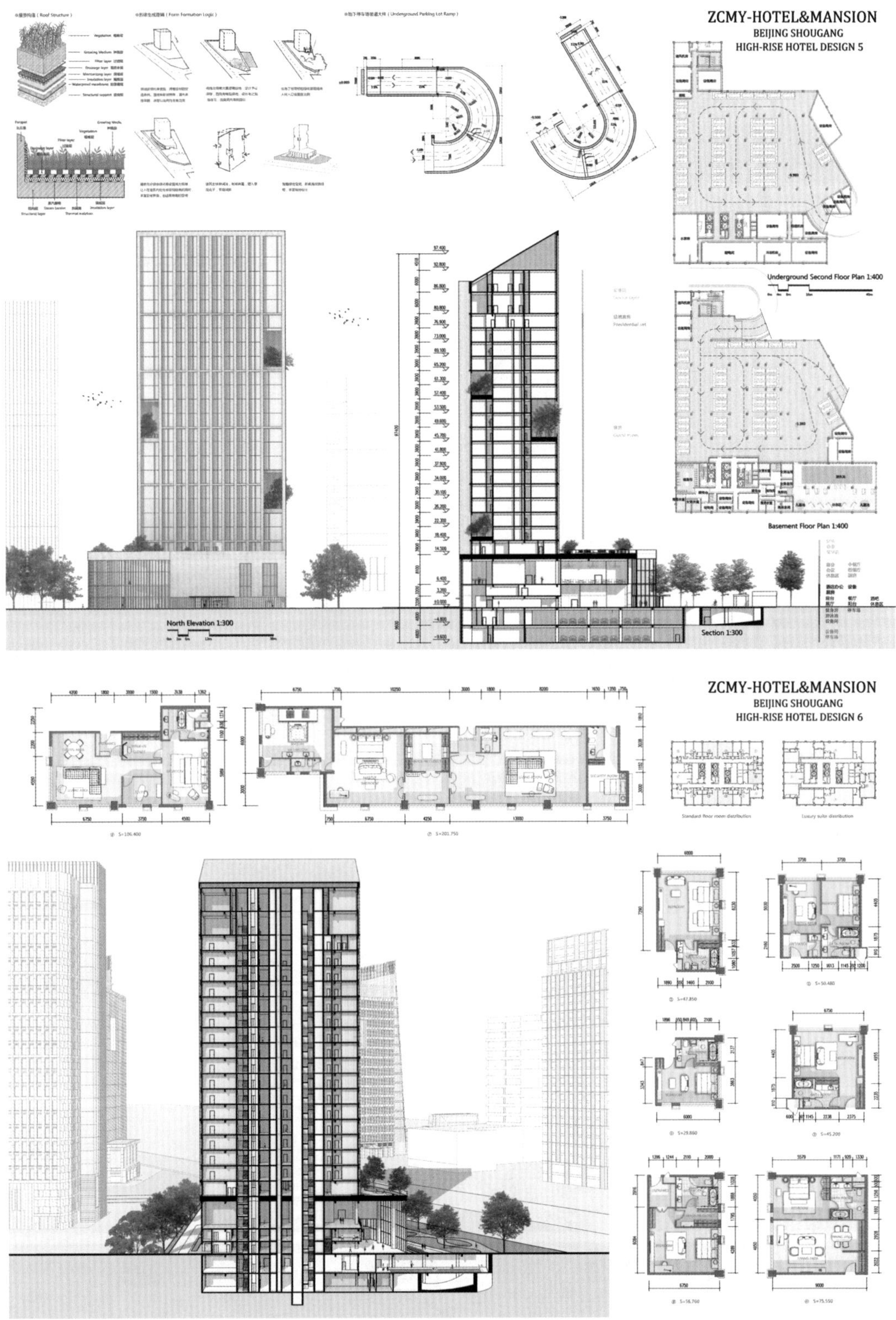

评语：

该建筑位于首钢改造工业厂区内，为符合首钢的工业气息，采用大斜线屋顶带来异质化气质，同时运用钢铁打造工业气息。裙房功能齐全，布局合理。平面图颜色丰富，简洁美观。酒店房间种类多样，内部设施齐全。

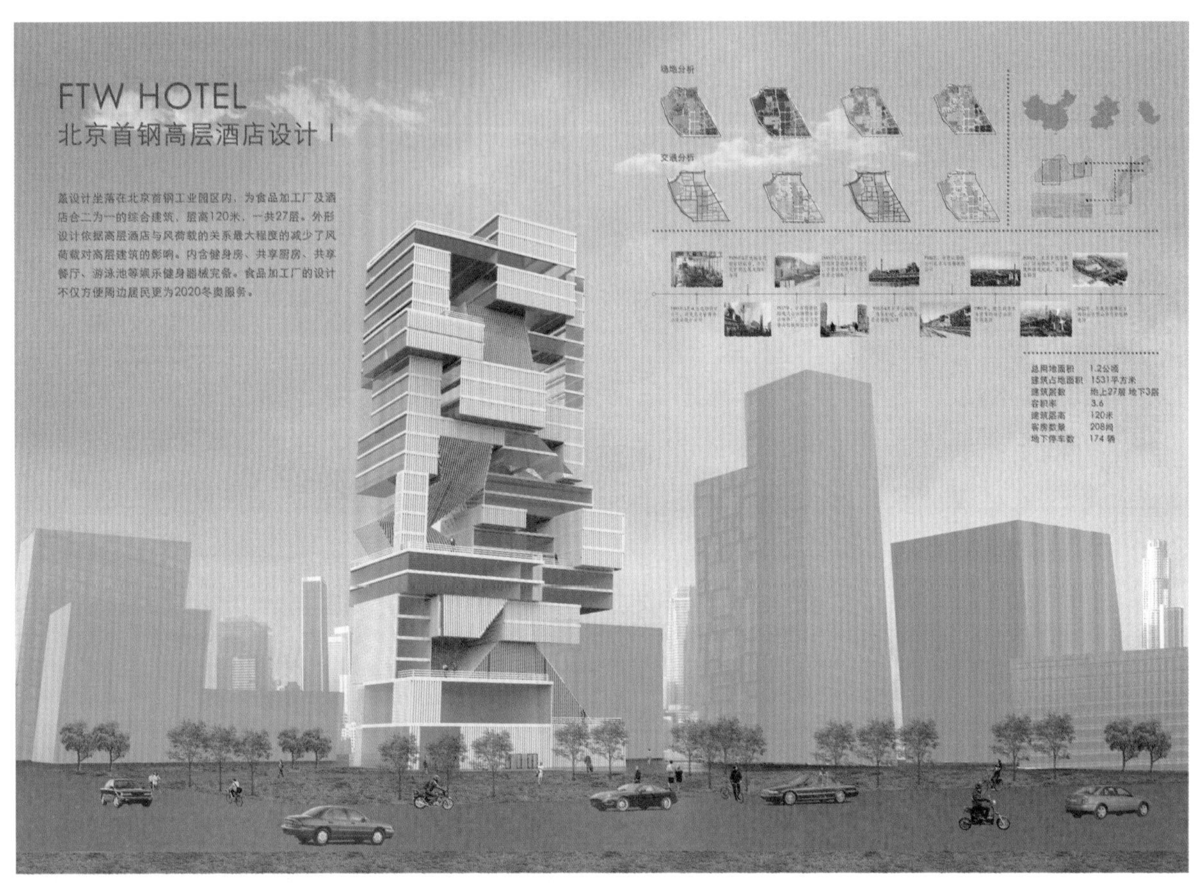
FTW HOTEL
北京首钢高层酒店设计 I
该设计坐落在北京首钢工业园区内，为食品加工厂及酒店合二为一的综合建筑，层高120米，一共27层。外形设计依据高层酒店与风荷载的关系最大程度的减少了风荷载对高层建筑的影响。内含健身房、共享厨房、共享餐厅、游泳池等娱乐健身器械完备。食品加工厂的设计不仅方便周边居民更为2020冬奥服务。
场地分析
交通分析
总用地面积 1.2公顷
建筑占地面积 1531平方米
建筑层数 地上27层 地下3层
容积率 3.6
建筑高度 120米
客房数量 208间
地下停车数 174 辆

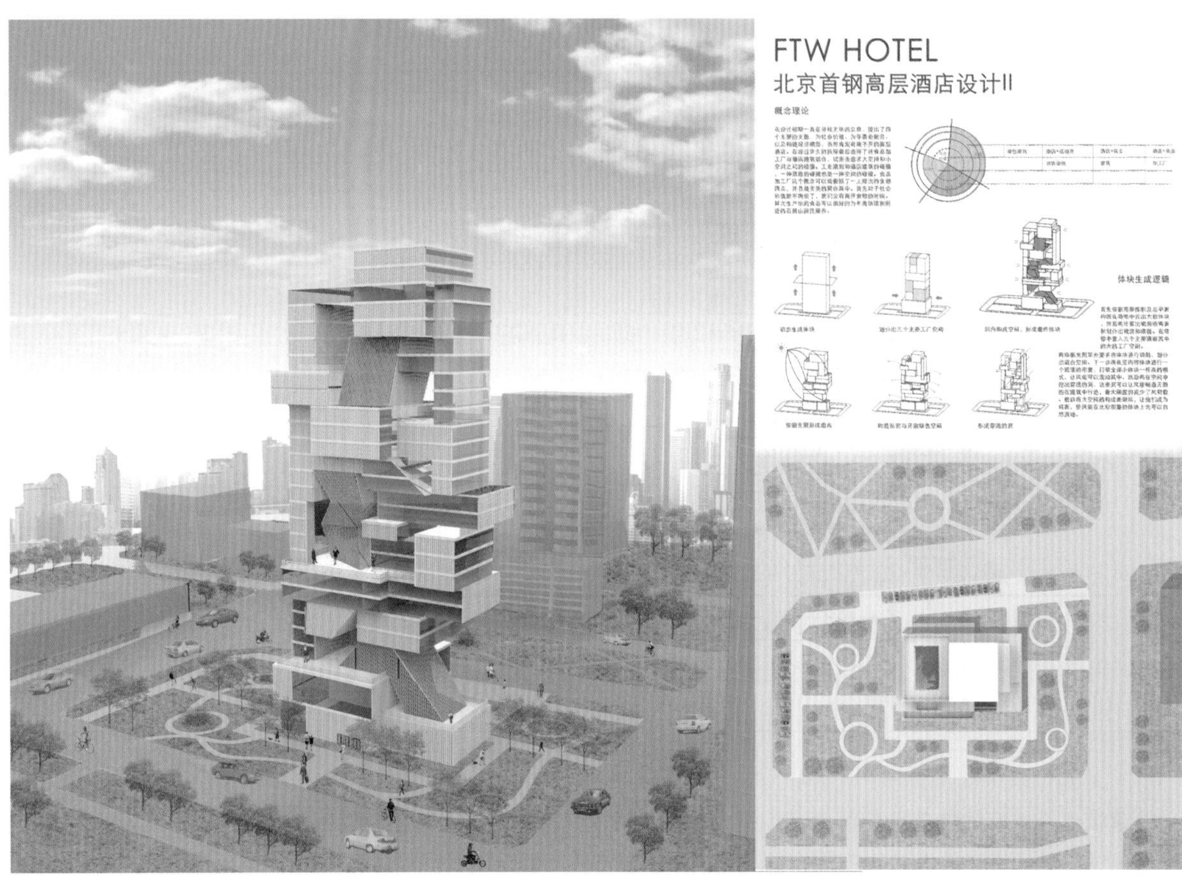
FTW HOTEL
北京首钢高层酒店设计II
概念理论
体块生成逻辑

FTW HOTEL
北京首钢高层酒店设计III
高层建筑风能分析
削弱边角强风，使风在外立面流动
绿植增加风的阻力
内设庭院使风荷载大大降低
上细下粗的体型使风荷载减小
切除西南角可以减少26%的边角强风
b1层平面图 1:400
首层平面图 1:400

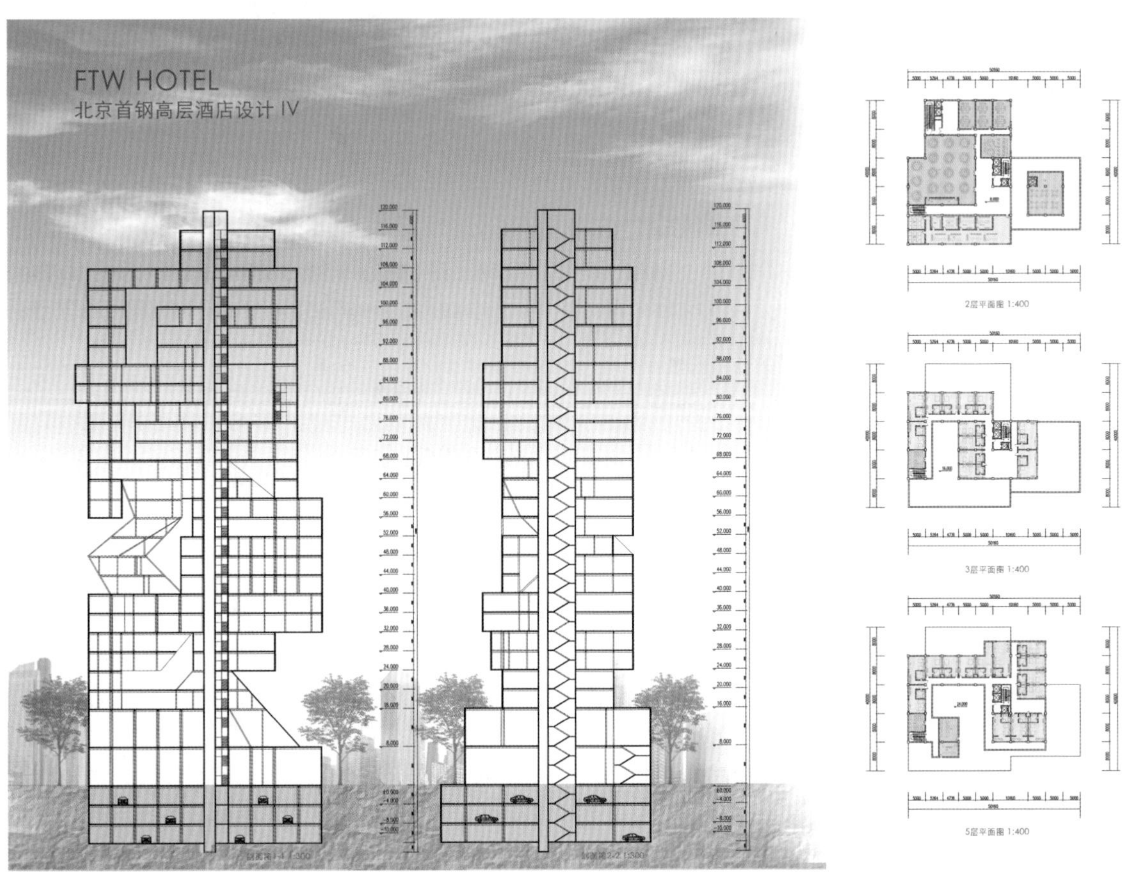
FTW HOTEL
北京首钢高层酒店设计 IV
2层平面图 1:400
3层平面图 1:400
5层平面图 1:400

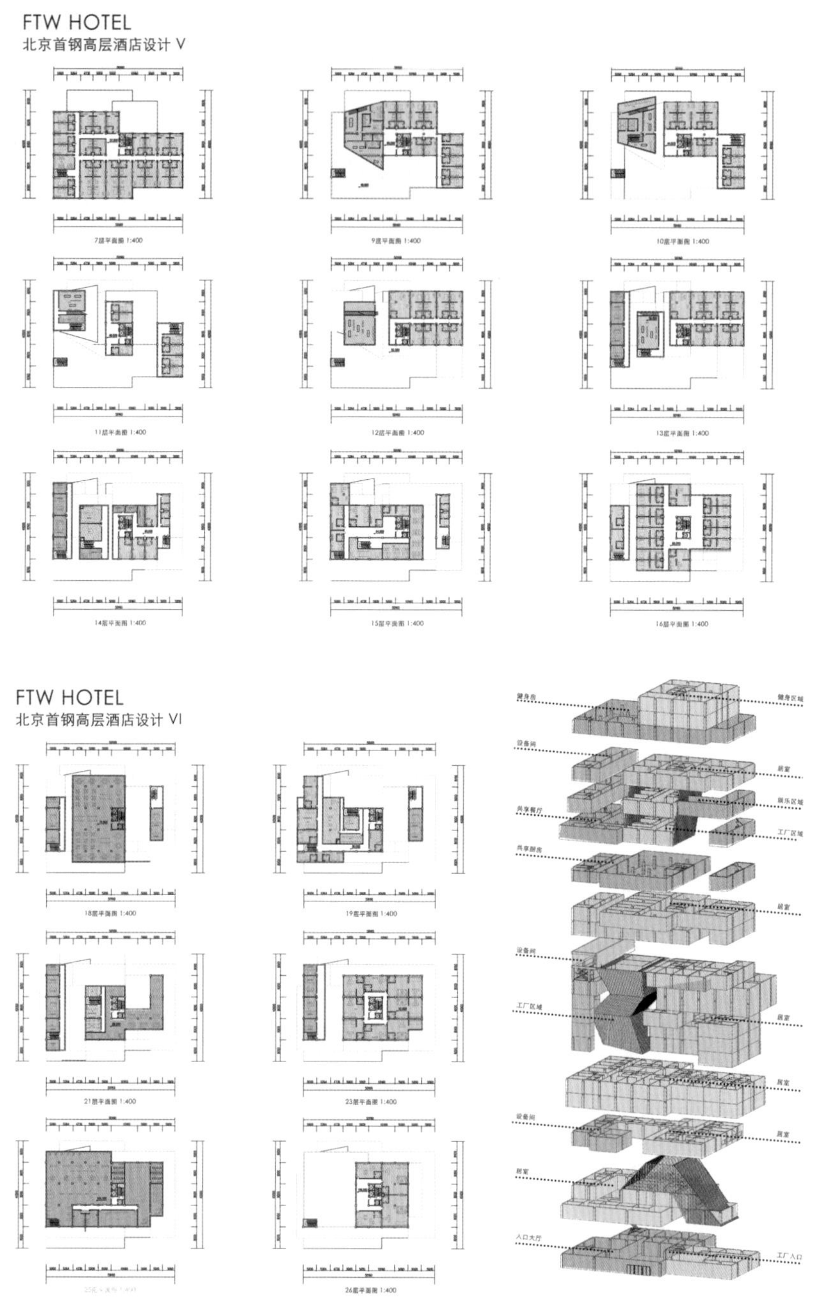

评语：

该高层综合楼选址于首钢工业厂区，为冬奥会来京的各类人士提供休闲娱乐、餐饮住宿、运动健身的综合场所。裙楼功能设计全面，适合各类人士，同时裙楼尖角的设计为高层综合楼带来美感，独自搭建的实体模型在草地中拍摄美观新颖。不足之处是高楼主体渲染效果差，核心筒立面下侧未封口，部分立面和平面图清晰度差，缺乏美感。

建筑位于首钢改造工业厂区内，该建筑将食品加工厂与酒店合二为一，主体高层立面形状多变，既有利于减少风荷载，同时增加建筑的美观度。多变的立面形成多个屋顶花园，为首钢园带来自然气息。不足之处是多变的立面使得建筑略显杂乱，平面图的配色导致线条略显模糊，裙房功能稍显单一。

首钢高层综合体设计

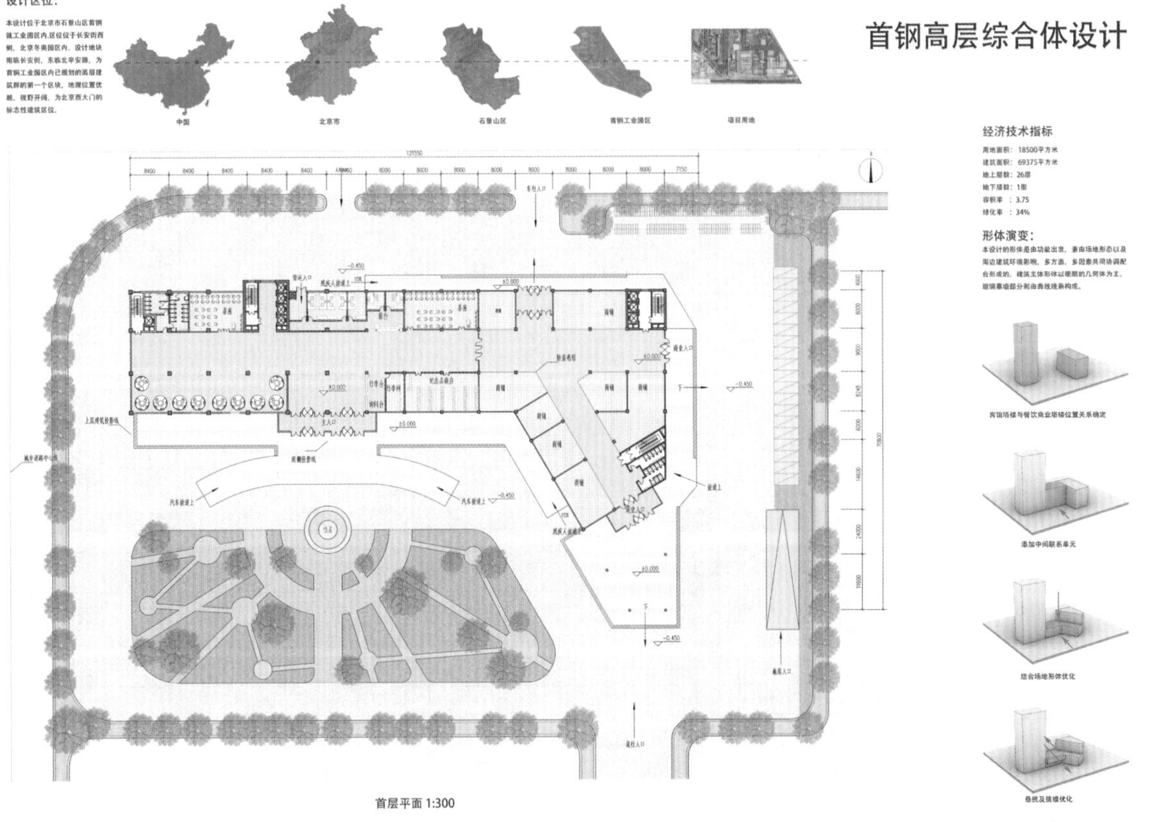
设计区位:
本设计位于北京市石景山区首钢就工业园区内.区位位于长安街西侧，北京冬奥园区内。设计地块南临长安街，东临北辛安路，为首钢工业园区内已规划的高层建筑群的第一个区块，地理位置优越，视野开阔，为北京西大门的标志性建筑区位。
中国
北京市
石景山区
首钢工业园区
项目用地
首钢高层综合体设计
经济技术指标
用地面积：18500平方米
建筑面积：69375平方米
地上层数：26层
地下层数：1层
容积率 ：3.75
绿化率 ：34%
形体演变:
本设计的形体是由功能出发，兼由场地形态以及周边建筑环境影响，多方面，多因素共同协调配合形成的。建筑主体形体以硬朗的几何体为主，玻璃幕墙部分则由曲线线条构成。
宾馆塔楼与餐饮商业塔楼位置关系确定
添加中间联系单元
结合场地形体优化
悬挑及插接优化

首层平面 1:300

首钢高层综合体设计

二层平面 1:300
三层平面 1:300

首钢高层综合体设计
车行流线
主要观景角度
人行流线
地库范围
消防流线
消防登高面
总平面图 1:2000

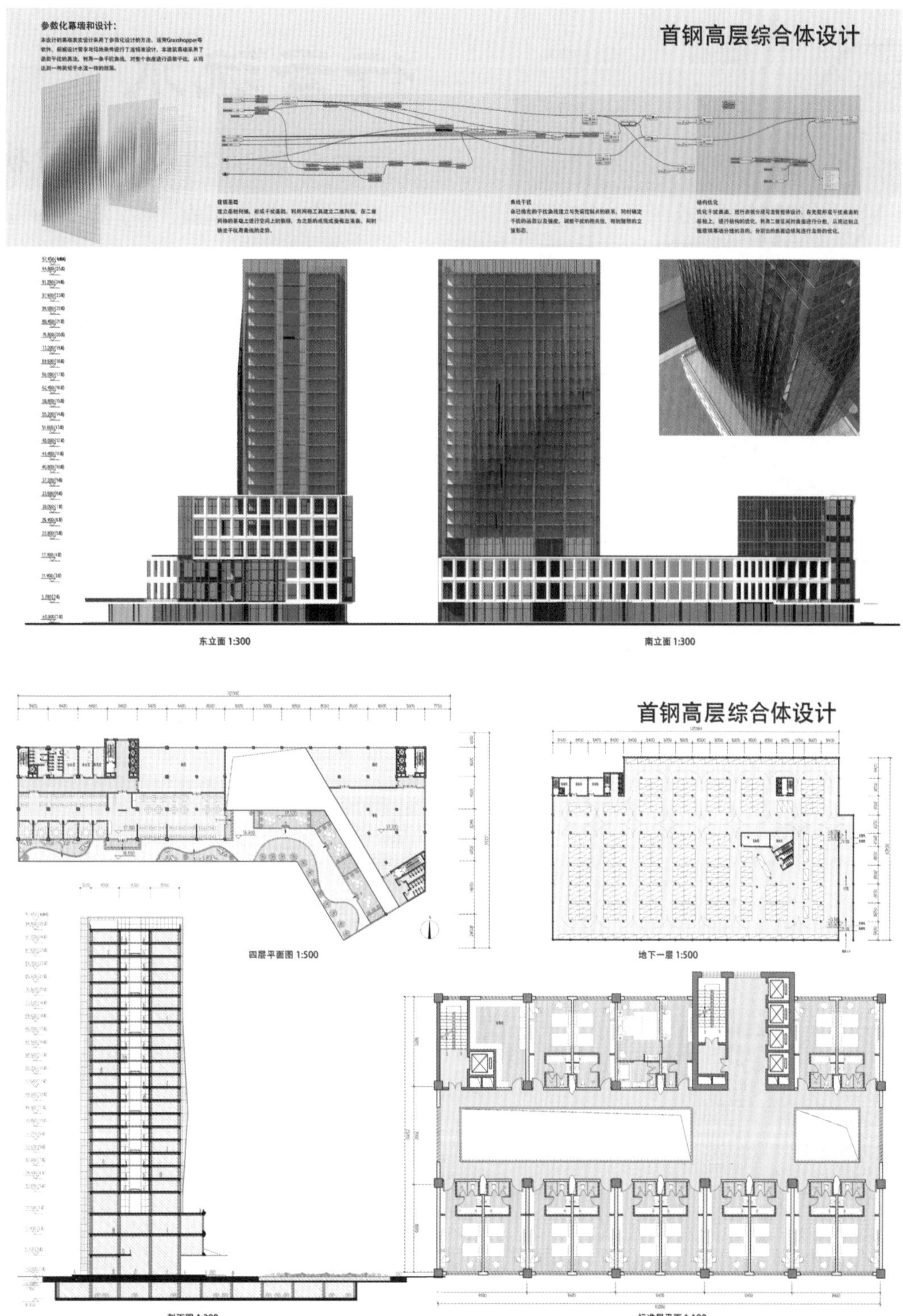

评语：

该建筑运用幕墙技术来贴合永定河波澜的河水，通过曲线模拟出水波的效果，建筑美观大气，裙房功能完善齐全，绘图颜色多样，设计思路清晰明了，客房内部设计合理。不足之处是酒店内部所有楼层房间布局一致，空间缺乏丰富性，无法满足需要高档次住房需求的客户。同时楼层中间部位空间利用率低，影响经济性。

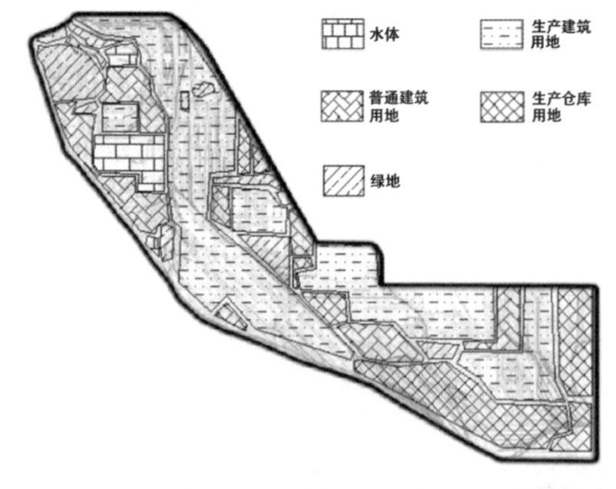

行云流水

——首钢调研及功能分析

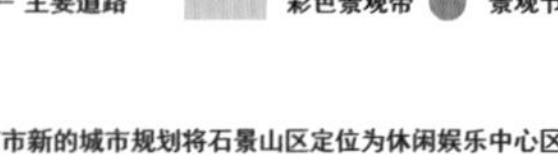

北京市新的城市规划将石景山区定位为休闲娱乐中心区而首钢老工业区被纳入石景山南部综合旅游文化区。区域产业的统筹发展决定了首钢老工业区的产业转型策略。

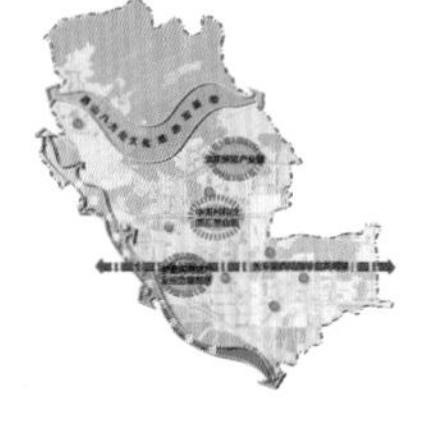

在首钢工业区东部地区划出部分用地作为工业区全面改造之前的启动区，西至古城南街，东至北京巴布科克威尔科克有限公司西边界，南至莲石西路，北至体育场南路以及体育场南路以北的首钢权属用地。

首钢园区包含了快速路、主干路、次干路、支路四级道路，轻轨系统和公交系统覆盖整个园区内部。

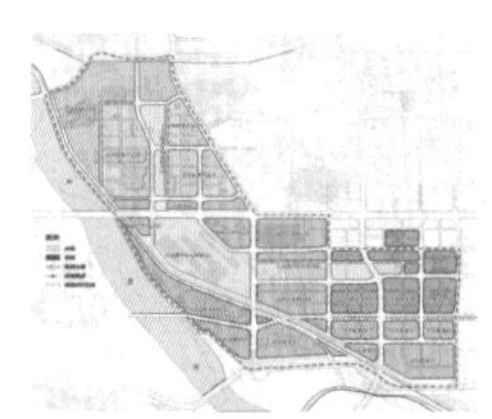

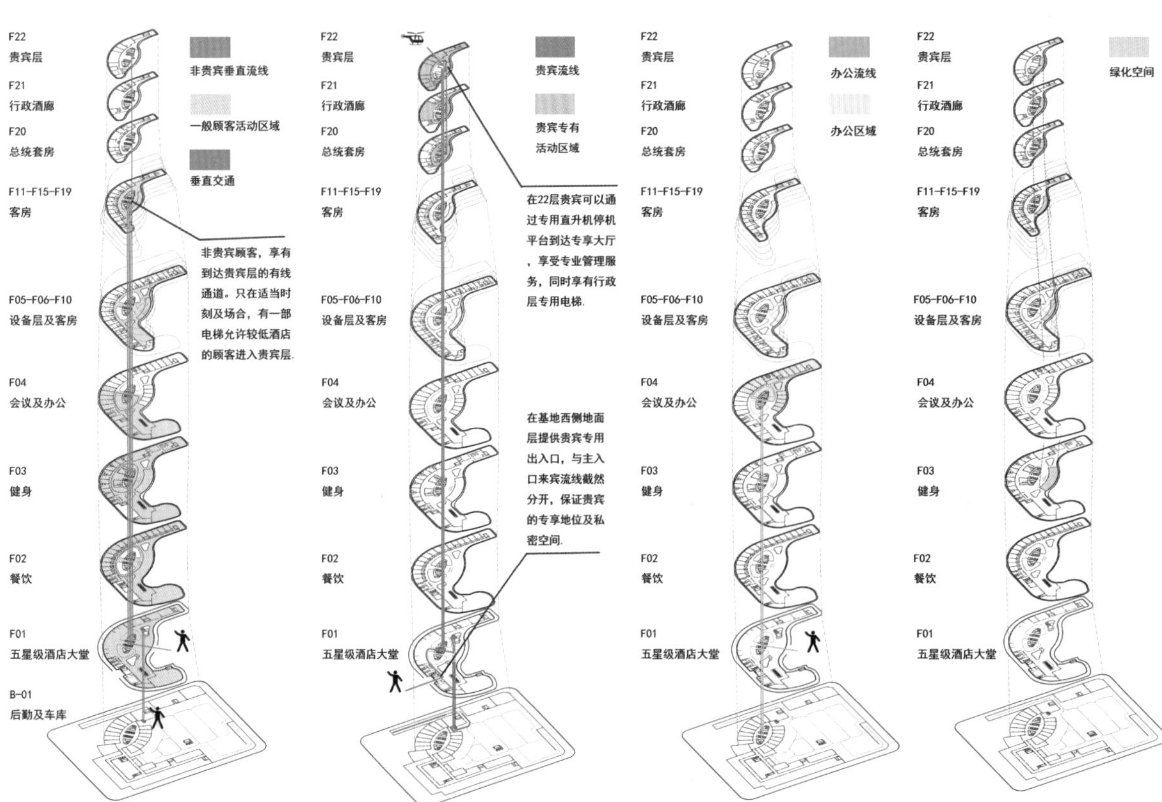

行云流水

——高层建筑酒店设计1

设计说明：此五星级酒店设计场地位于首钢城市综合服务区内，借助高山流水的意向呼应首钢，绿色生态的发展目标。酒店共有23层，包含地下一层停车与服务功能。除服务一般顾客外，亦可服务贵宾人群。酒店的海景房、中庭与绿植平台专为顾客设计，以达到新奇的体验。

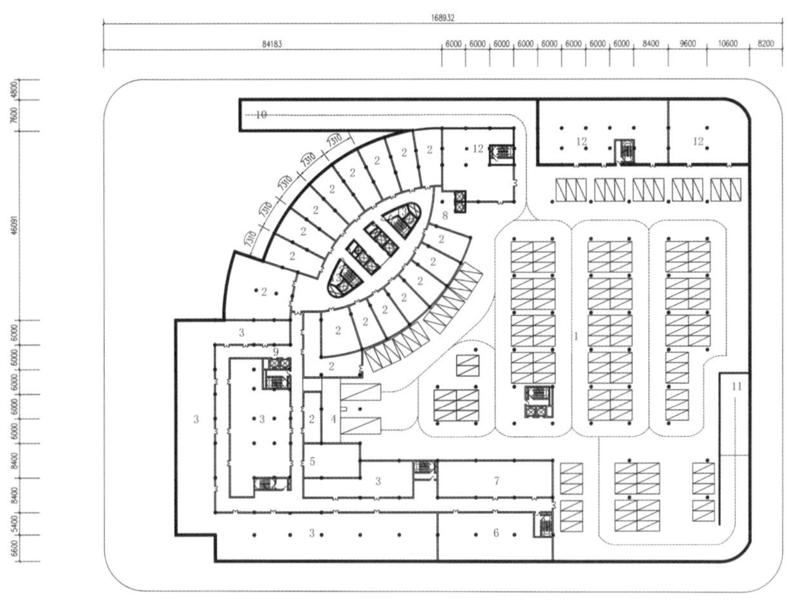

1 地下停车场
2 后勤服务
3 主厨房
4 卸货平台
5 垃圾房
6 员工餐厅
7 后勤用房
8 转换电梯厅
9 酒店食梯
10 机动车出入口
11 非机动车出入口
12 机房
13 货梯厅

地下一层平面图 1:500

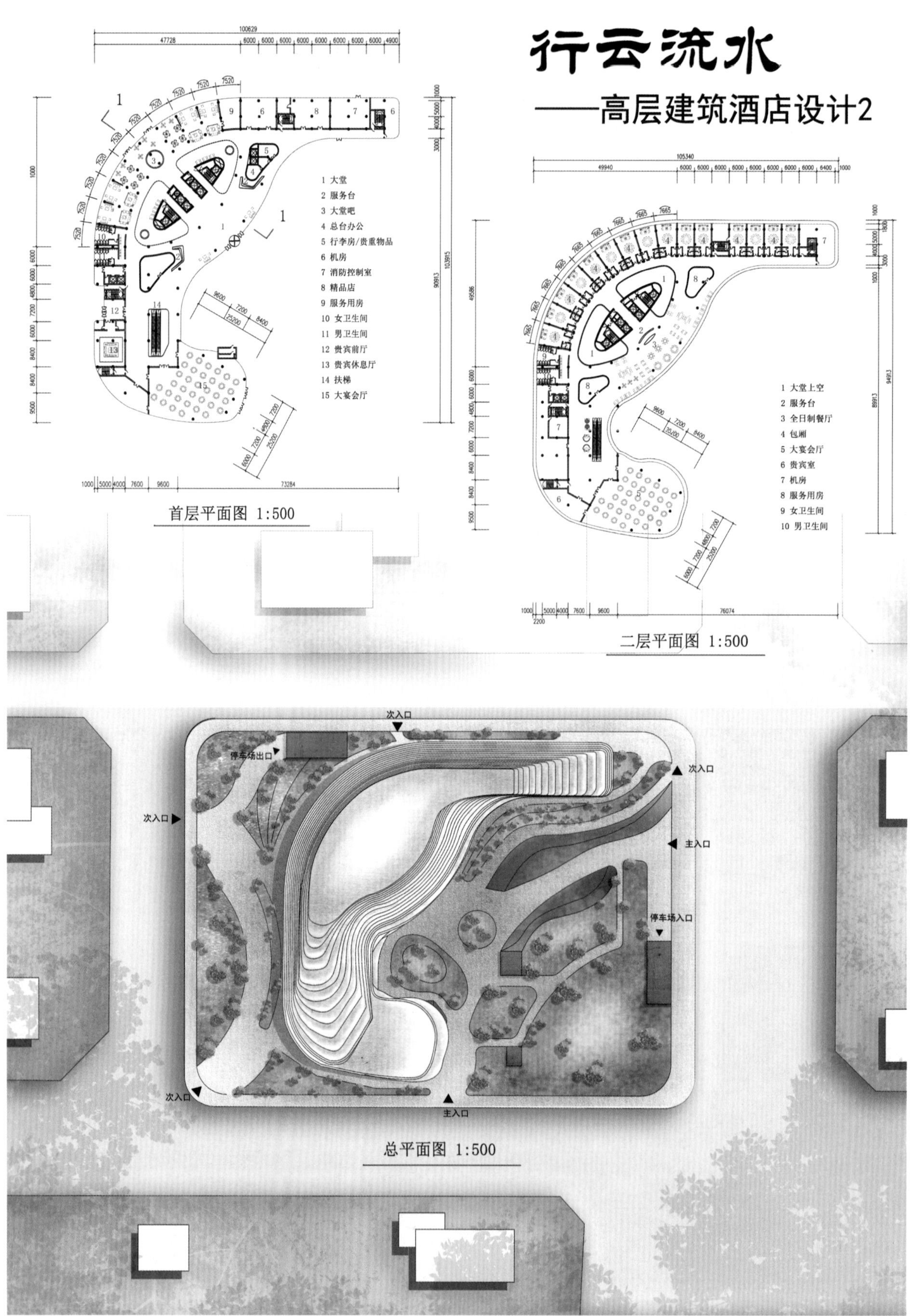

首层平面图 1:500

二层平面图 1:500

总平面图 1:500

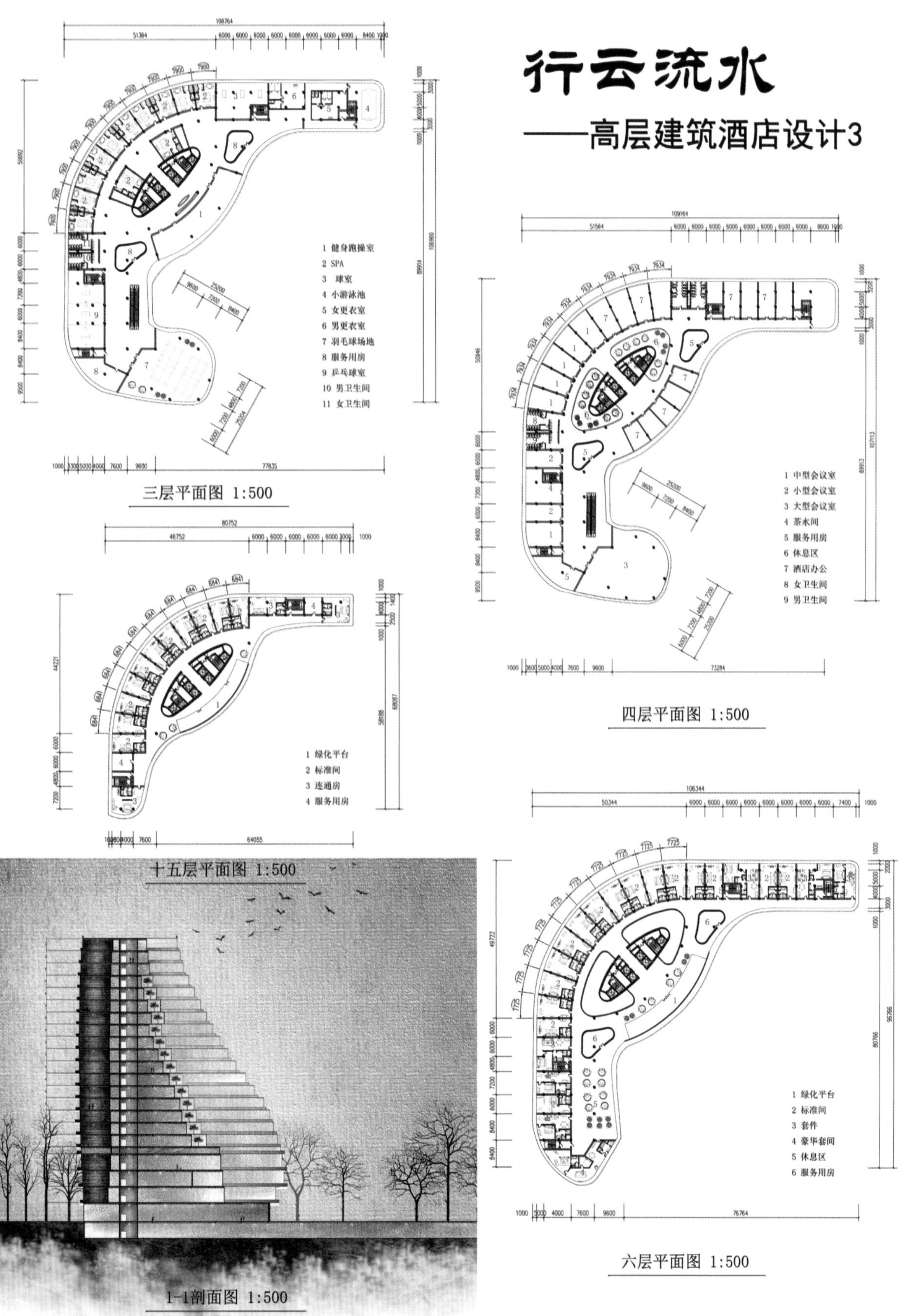

三层平面图 1:500

四层平面图 1:500

十五层平面图 1:500

1-1剖面图 1:500

六层平面图 1:500

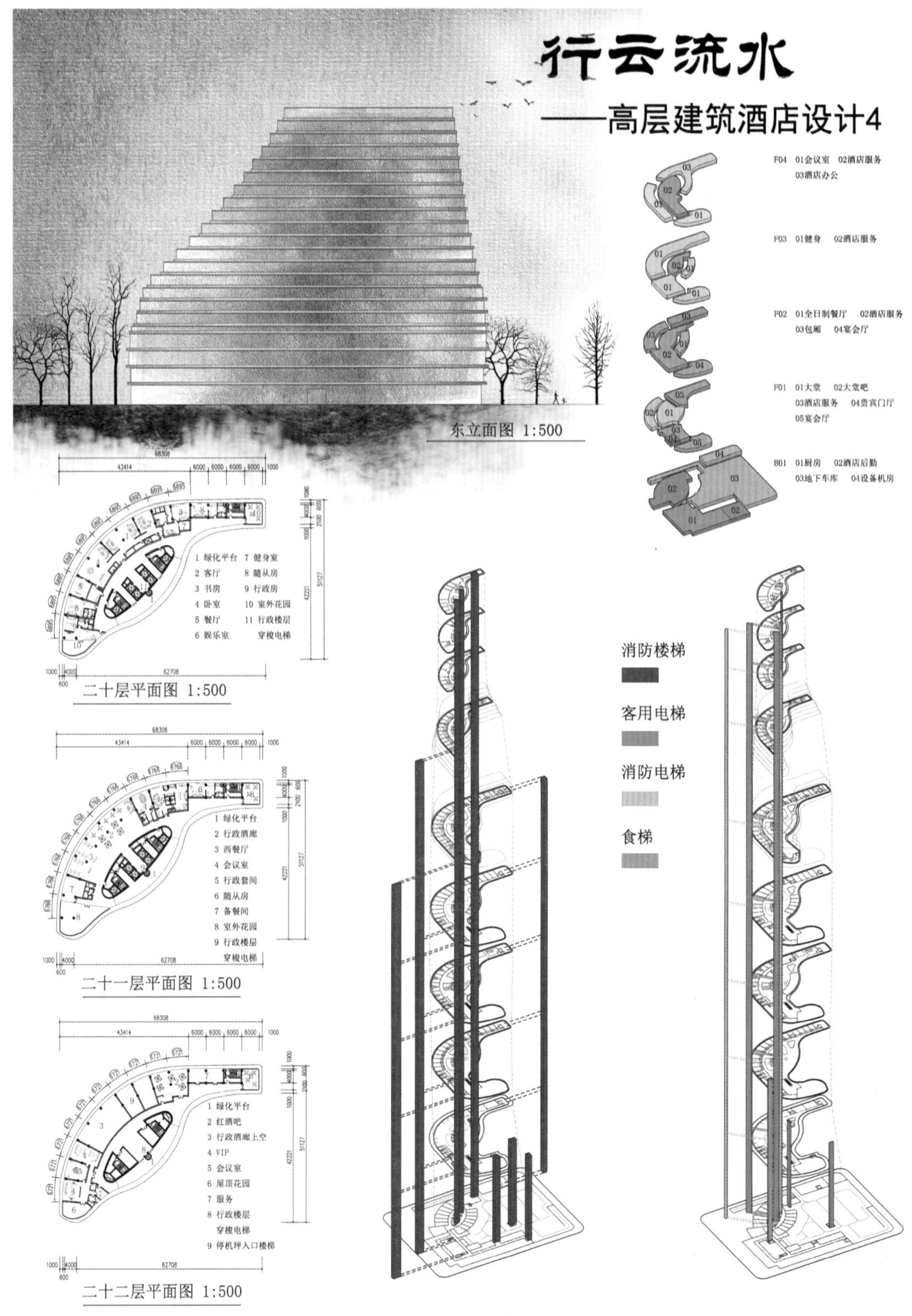

评语：

建筑位于首钢城市综合服务区内，建筑设计巧妙，如一座高山在园区内挺立，大有高山流水之意。裙房功能完善。不足之处是平面图颜色单一，缺乏美观，“L”形的布局导致空间利用率差，房间房型缺乏丰富性，房间布局较为单调。

高层酒店前期调研 Preliminary investigation of high-rise hotels

案例一： 北京宝格丽酒店

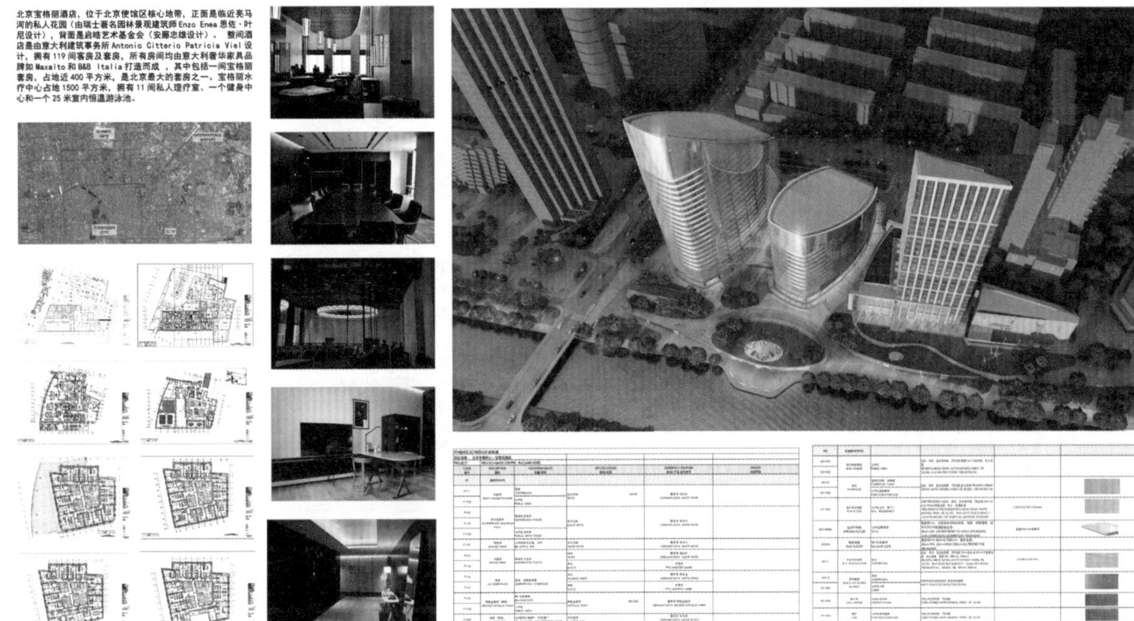

北京宝格丽酒店，位于北京使馆区核心地带，正面是临近亮马河的私人花园（由瑞士著名园林景观建筑师Enzo Enea恩佐·叶尼设计），背面是启皓艺术基金会（安藤忠雄设计）。 整间酒店是由意大利建筑事务所Antonio Citterio Patricia Viel设计，拥有119间客房及套房，所有房间均由意大利奢华家具品牌如Maxalto和B&B Italia打造而成 ，其中包括一间宝格丽套房，占地近400平方米，是北京最大的套房之一。宝格丽水疗中心占地1500平方米，拥有11间私人理疗室、一个健身中心和一个25米室内恒温游泳池。

案例二： 北京长安街 W 酒店

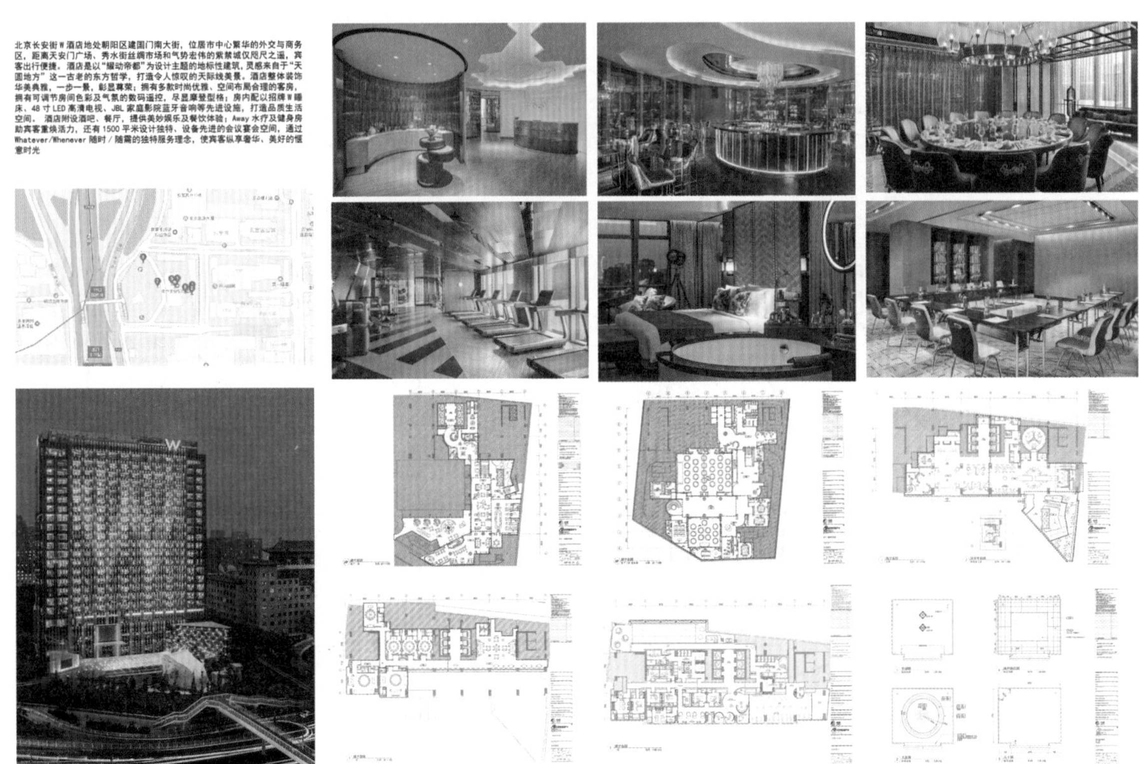

北京长安街W酒店地处朝阳区建国门南大街，位居市中心繁华的外交与商务区，距离天安门广场、秀水街丝绸市场和气势宏伟的紫禁城仅咫尺之遥，宾客出行便捷。酒店是以“耀动帝都”为设计主题的地标性建筑，灵感来自于“天圆地方”这一古老的东方哲学，打造令人惊叹的天际线美景。酒店整体装饰华美典雅，一步一景，彰显尊荣；拥有多款时尚优雅、空间布局合理的客房，拥有可调节房间色彩及气氛的数码遥控，尽显摩登型格；房内配以招牌W睡床、48寸LED高清电视、JBL家庭影院蓝牙音响等先进设施，打造品质生活空间。 酒店附设酒吧、餐厅，提供美妙娱乐及餐饮体验；Away水疗及健身房助宾客重焕活力，还有1500平米设计独特、设备先进的会议宴会空间，通过Whatever/Whenever随时／随需的独特服务理念，使宾客纵享奢华、美好的惬意时光

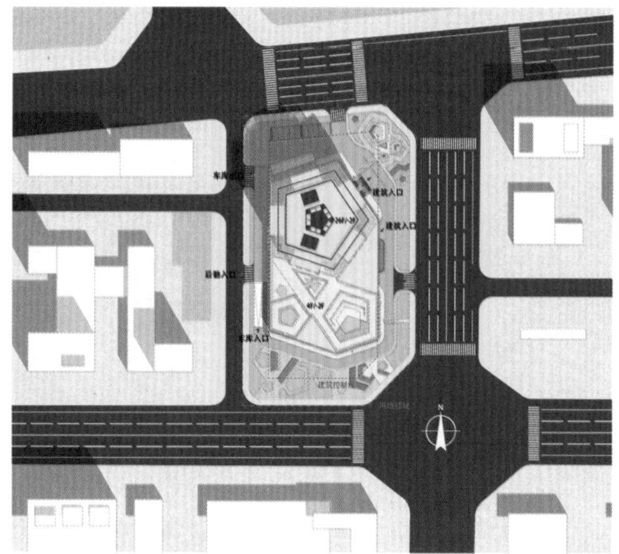

总平面图 1:1000

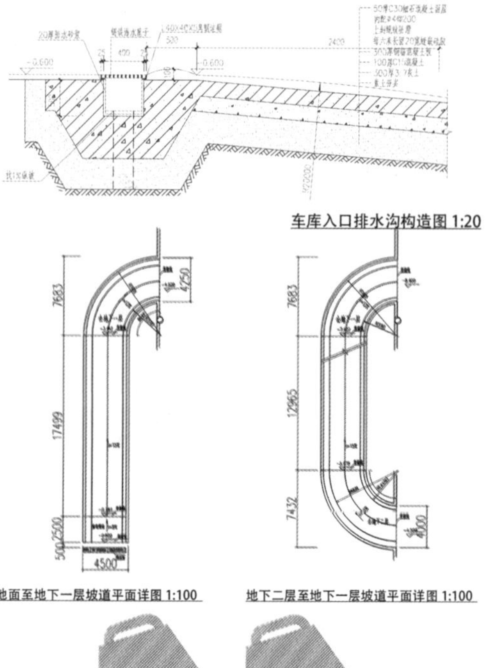

车库入口排水沟构造图 1:20

地面至地下一层坡道平面详图 1:100

地下二层至地下一层坡道平面详图 1:100

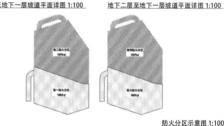

防火分区示意图 1:100

FÜNFECK HOTEL

经济技术指标

总用地面积(m²)	9931	地下建筑层数	2
容积率	4.4	地下建筑面积(m²)	7166
建筑占地面积(m²)	3277	停车数(辆)	142
建筑密度(%)	33	建筑总高(m)	97.2
绿地面积(m²)	2749	建筑层高(m) 裙房/标准层	5.4/3.6
绿化率(%)	28	建筑总层数	26
屋顶绿化面积(m²)	1855	建筑层数 裙房/标准层	4/23
标准层面积(m²)	1304	房间总数(间)	362
裙房总面积(m²)	13720	套间单床双床房间数比	1:3:16

1919 年，官商合办的龙烟铁矿股份有限公司在京西石景山建设炼厂，北京近代黑色冶金工业由此起步。经过历史的洗礼，一步步发展成为世界百强钢铁企业。自 2003 年之后，政府对首钢进行压产、搬迁、结构调整，各大炼铁炉、焦炉陆续停产。从 2005 年起，首钢园区联手各大高校、工程院、规划局同步开展十余个专项研究。2017 年 4 月政府批复了园区北区详细规划，首钢集团正按照政府要求的成为具有全球影响力的“城市复兴新地标”目标让工业遗迹与现代化办公环境相互融合，充分展现首钢园区特有的文化韵味。并且北京冬奥组委顺利入驻，东南区一级开发取得立项批复，正加快建设水电气热等基础设施。在产业规划方面，遵循市委市政府对首钢园区“传统工业绿色转型升级示范区、京西高端产业创新高地、后工业文化体育创意基地”的定位，规划建设体育+、数字智能、文化创意三个主导产业，消费升级、智慧场景、绿色金融服务三个产业生态和首钢国际人才社区在内的“三产三态一社区”的产业体系。

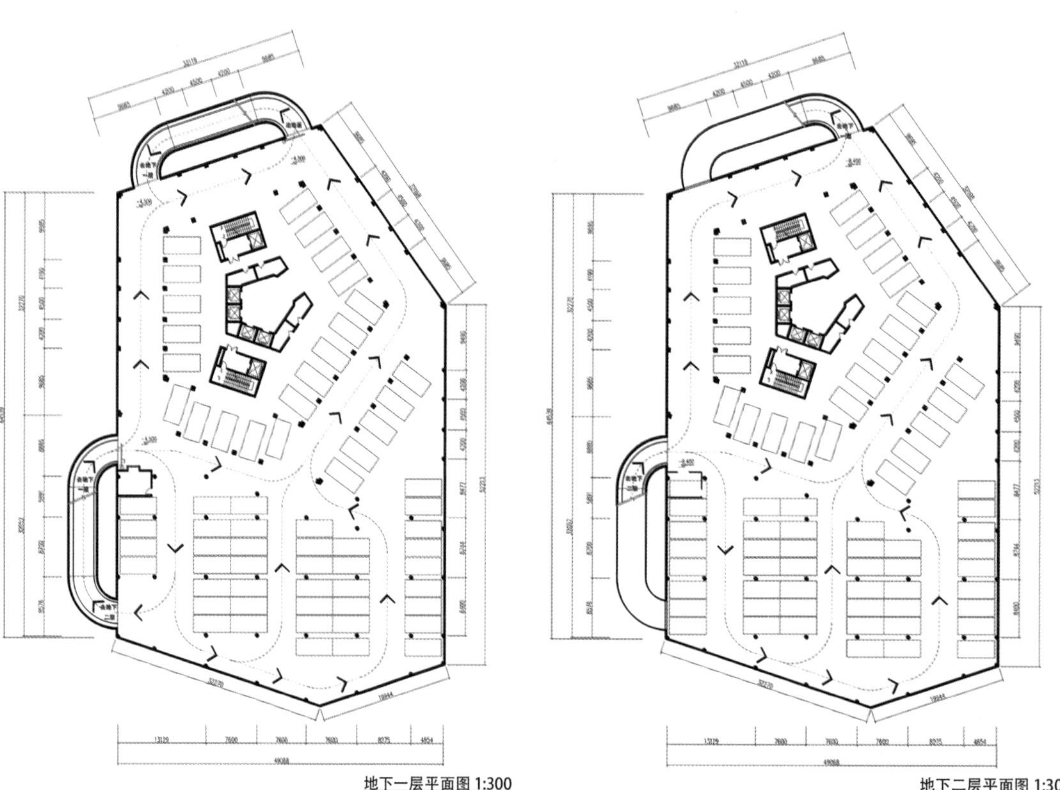

地下一层平面图 1:300

地下二层平面图 1:300

FÜNFECK HOTEL

设计说明

此次高层酒店设计的名字为FÜNFECK HOTEL，FÜNFECK在德语中意为五边形，也就是整个酒店形体的主要形状。正五边形是一个特殊形状其各个内角的度数为108度，在建筑设计中，钝角相对于锐角来说可以更好地利用。从标准层平面中可以看出，以五边形为主体两层相套而生成的形状。

本酒店为一综合体，集住宿、购物、会议、餐饮、休闲娱乐、地下停车库等功能于一体的高层酒店。为来首钢的人们提供多样化的需求。酒店部分客房间数为362间，其中标准间共285间、商务间共59间、套房间数共18间。

房间平面大样

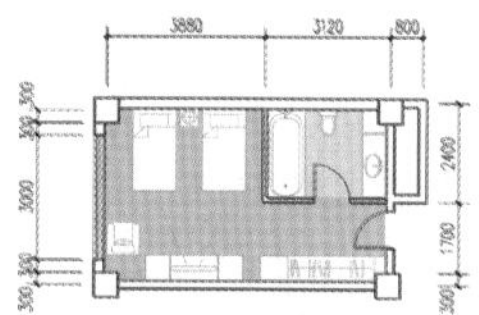

标准间是酒店中最多的房间，共计285间，占房间总数的78.7%，房间总面积31.5平方米、盥洗室面积7.6平方米。标准间配备了两张1.2米宽的单人床、沙发椅、电视机、衣柜以及置物台。

标准间平面大样图 1:100

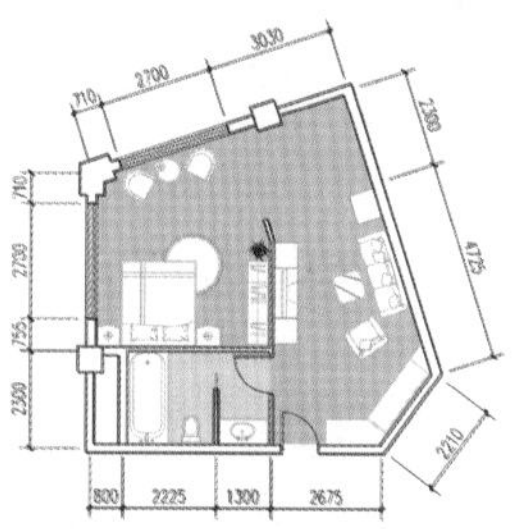

商务间平面大样图 1:100

商务间，共计59间，占房间总数的16.2%，房间总面积59平方米、盥洗室面积8.7平方米。标准间配备了一张1.8米宽的单人床、组合沙发、休闲座椅、电视机、衣柜以及置物台。起居部分与卧室部分由一墙作为界限简单分隔开。

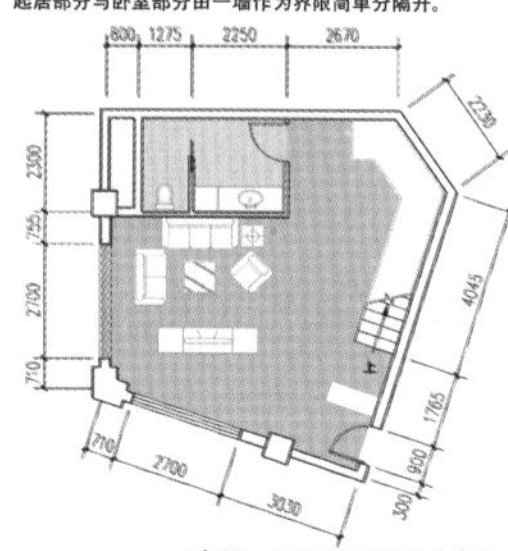

套间一层平面大样图 1:100

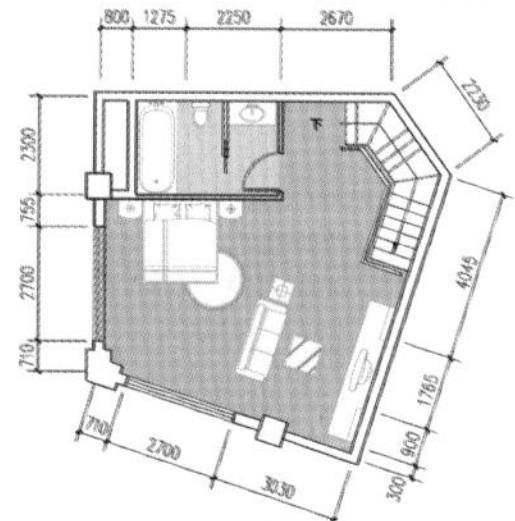

套间二层平面大样图 1:300

套间，共计18间，占房间总数的4.9%，房间总面积118平方米、盥洗室面积15.4平方米。标准间配备了一张1.8米宽的单人床、两套组合沙发、休闲座椅、两部电视机、衣柜以及置物台。套间分为上下两层，一层为整个套间的起居室，为了方便接待来访的客人，二层为卧室。跃层的房间增加了房间的私密性，为来访的客人提供了更好的居住体验。

鸟瞰图

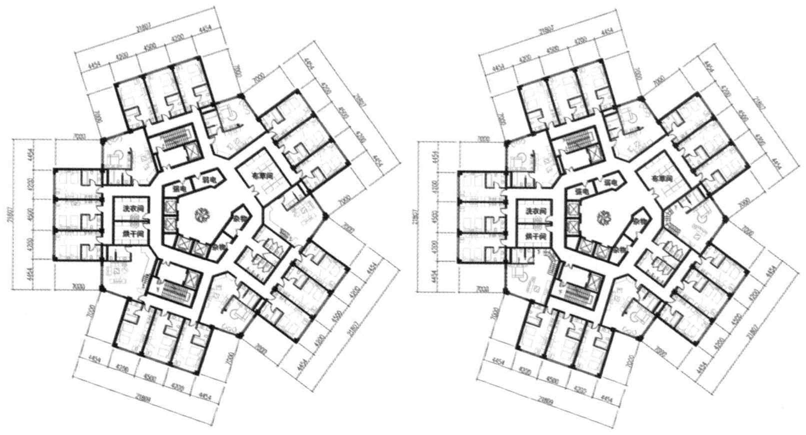

标准层奇数层平面图 1:300　　标准层偶数层平面图 1:300

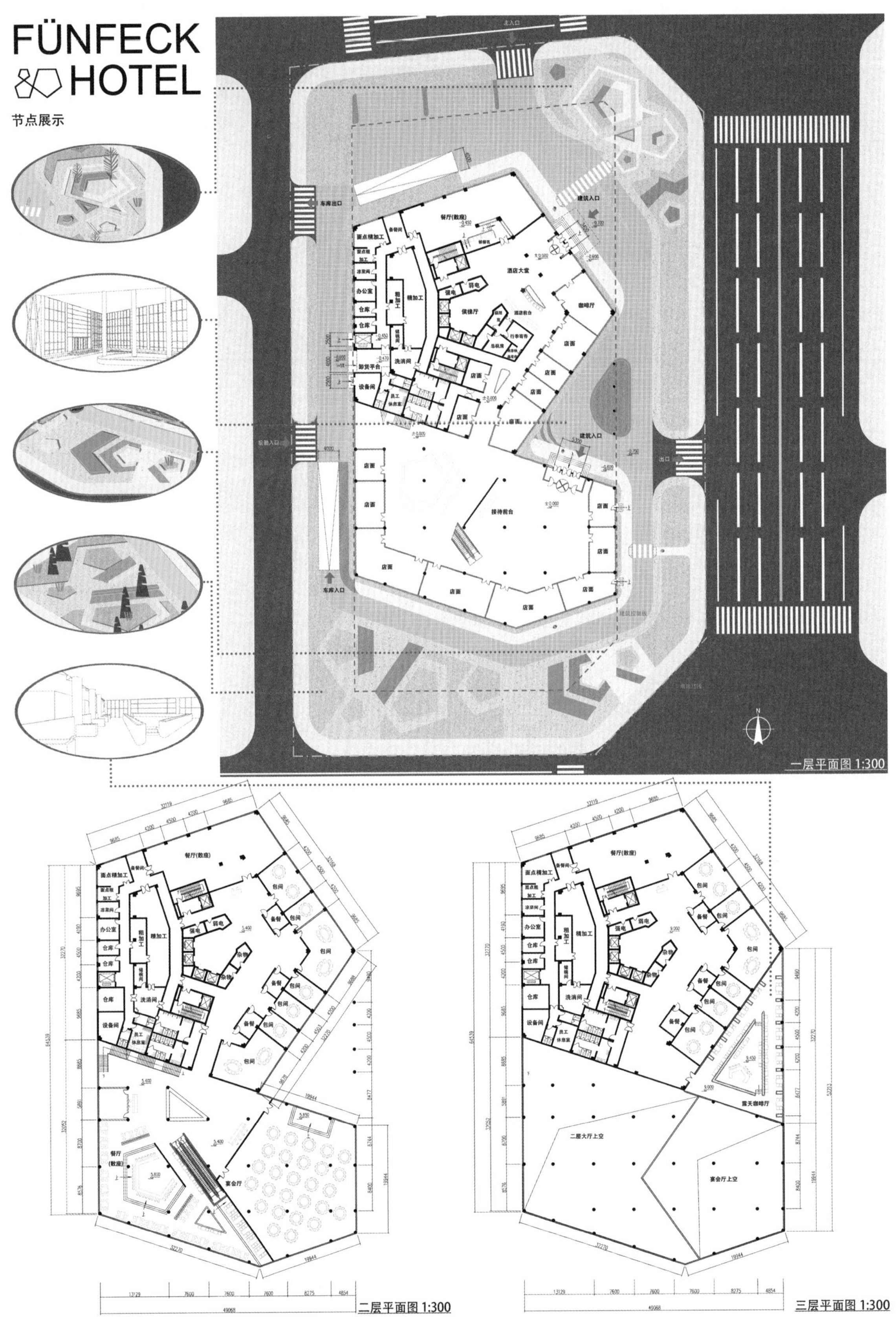
FÜNFECK
HOTEL
节点展示
一层平面图 1:300
二层平面图 1:300
三层平面图 1:300

入口人视角度图

俯瞰群房楼顶

五层平面图 1:300

屋顶景观设计思路

景观位于四层裙房的屋顶，是本次酒店设计的重要景观节点之一。景观设计的灵感也源于正五边形，通过对平面的抬起、下沉、围合、裁剪、补充等方法对空间进行分割。景观共分为三个主要部分和一个次要小节点。三个部分相互映照，让使用者再移步的同时，有多种景色可以观赏。

同时屋顶绿化对于人与建筑也有许多优点。净化空气，减弱噪音：绿化植物在进行光合作用时，吸收空气中的二氧化碳，放出氧气。加强屋顶隔热效果，改善小气候：屋顶绿化可降低建筑物顶部温度，而气温降低后，建筑物内部的空调用电量也可降低。保护建筑物，并延长建筑物寿命：屋顶绿化后，减少了紫外线的直接照射，减轻了阳光暴晒引起的热胀冷缩对建筑物基本构件的影响。

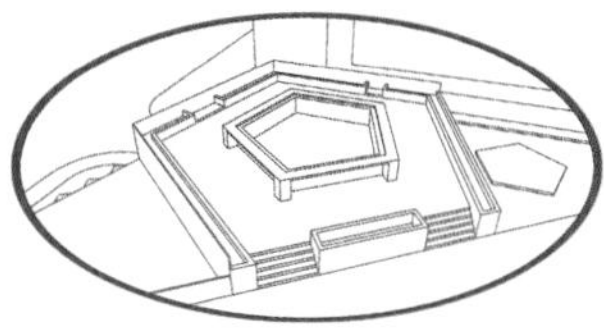

1 交流 观望

这个景观是三个中私密性较高的一个，通过将五边形抬起，使从外面通过的人的视线无法与再这个景观空间中的人有视线接触，而在这个空间中的人，可以从边缘登高的台阶向建筑外看去，而与楼下的人群有视线交流，从而吸引建筑外的人到楼上来（边缘的绿化池也起到此作用）。景观的主体是一五边形木制围合桌子，它可以成为小型露天会议的场所，也可以是围坐吃饭的地方。

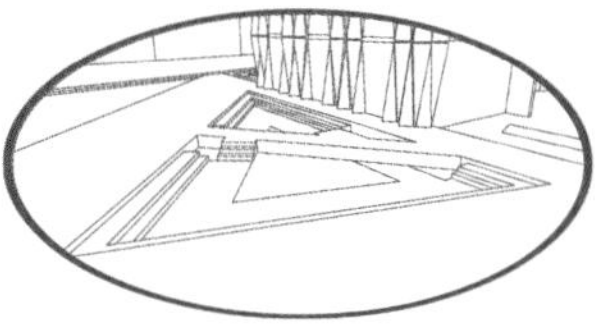

2 停留 穿越

五边形之间形成的三角形，将其下沉，再由一条斜线穿过。这个景观的设计利用了格式塔心理学中“闭合”法则，这个法则可以实现统一整体，即使三角形的边缘不是闭合的，也会称其为三角形，这种设计手法给人以简单、轻松、自由的感觉，也使得空间的趣味性增多了。给了通过的人更多的选择性，或是停留、或是穿过、或是穿过中选择停留。

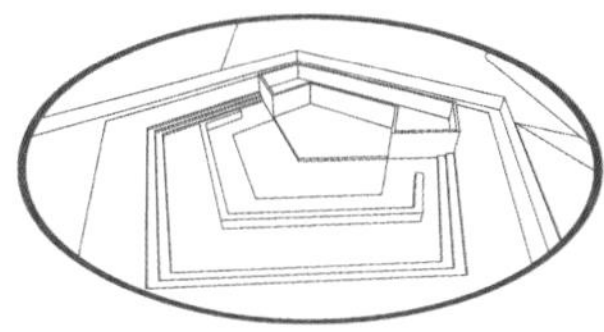

3 集会 表演

三个景观中最大的景观，其中间设置由一个小舞台，适合大群（数十人以上不等）群体，再此进行集会或者是观演活动。在这个区域中适合以下几种人停留，第一种是主动表演的人或是主动参与的人，第二种是被动参与或主动旁观活动，例如当有人在此演讲时跟随人流或是坐在台阶上观看。同时如果有人不想参与的话还可以从外围穿过，看楼下的风景。

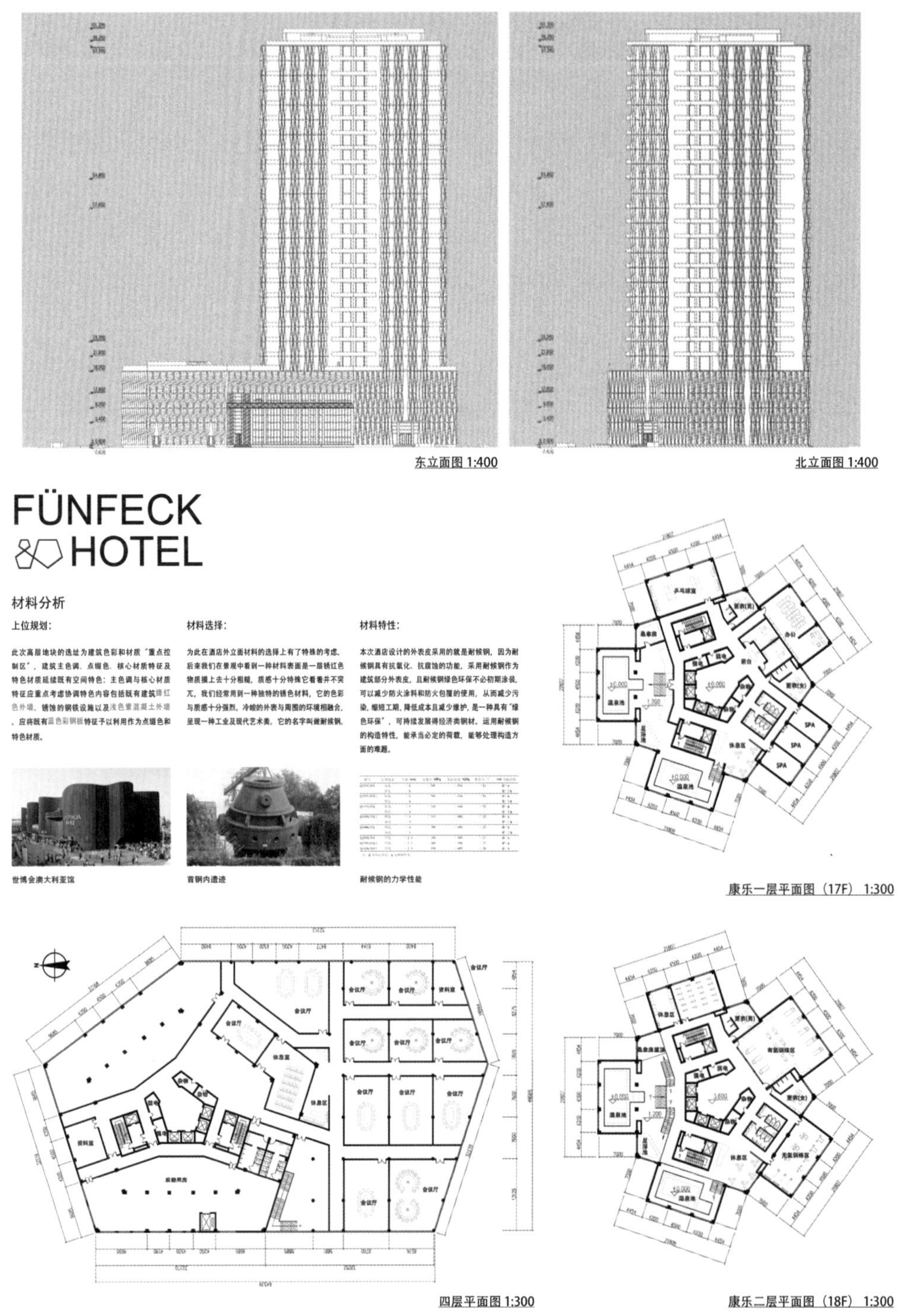

评语：

建筑高层采用五边形设计，并通过变形使得建筑立面形状丰富。屋顶绿化可以有效减少空调使用率和阳光引起的建筑物变形。建筑设立两层康乐层，提供健身和温泉空间，为游客提供舒适体验。不足之处是平面图颜色单一，缺乏美观，变形后的五边形空间利用率差，标准层奇数层和偶数层完全一致无须特意标注并区分。

HOTEL DESIGN

1

Vertical Greening&Urban Mosaic

设计说明

本设计位于首钢工业遗址园区，旨在解决两个主要问题：

1如何处理高密度城市与绿化之间的矛盾

采用立体绿化的方式设置空中花园，解决基地绿化面积不足的问题，为住户提供更好的生活体验。

2如何展示首钢园区新风貌，创造长安街西延亮丽风景线

采用斜向马赛克的立面表现手法和不规则形状的体块处理方式，形成灵活多变的内部空间和活泼富有动感的外部造型。

总平面图1：500

区位

首钢工业区位于北京石景山区中部，中心城区西侧边缘，长安街西端与永定河交汇处，距天安门约20km。在北京市总体规划的“两轴两带多中心”城市空间结构中，首钢主厂区处于轴带交会的结点位置，占地面积约

历史沿革

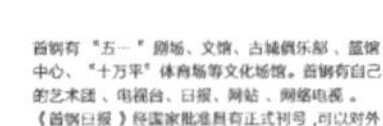

首钢厂史展览馆位于石景山东侧山腰，是两排砖石结构的灰色坡顶平房。这片建筑最早建于1919年，原名龙烟别墅。“一战”期间，北洋政府的幕僚们集资，成立了“官督商办龙烟铁矿有限公司——石景山炼厂”，即今日首钢炼铁厂的前身。

首钢有“五一”剧场、文馆、古城俱乐部、篮馆中心、“十万平”体育场等文化场馆。首钢有自己的艺术团、电视台、日报、网站、网络电视。《首钢日报》经国家批准具有正式刊号，可以对外经营发行。首钢还有许多职工业余爱好协会。

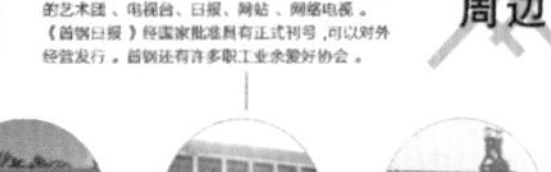

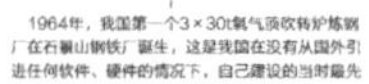

1964年，我国第一个3×30t氧气顶吹转炉炼钢厂在石景山钢铁厂诞生，这是我国在没有从国外引进任何软件、硬件的情况下，自己建设的当时最先进的炼钢厂，揭开了我国转炉炼钢的新篇章。

首钢厂区有一批历史悠久的文物古迹，“石景山”就坐落在首钢厂区内，山上有以“元君庙”、“藏经洞”、“本来洞”、“古井”为代表的古建筑群，有保留完好的“雍正御碑”等。

首钢厂区内有厂房、大型工业设备、铁路、公路有自然景观，有山有水，有反映首钢历史的一些文物，如慈禧时期的电机、昭和时期的小火车、早期的蒸汽机车等。这都是十分珍贵的影视拍摄资源。

周边资源

体量高耸的高炉，空间巨大的炼钢厂房，造型独特的冷却塔与料仓以及铁轨、皮带长廊等线性钢铁工业元素，共同构成整体风貌的主导特色；舒展的群明湖、秀池以及秀丽的石景山和宽阔的永定河，形成了工业区条件极佳的自然风景

首钢石景山厂区经过多年绿化、美化，已成为花园式企业，最近获得了全国绿化最高荣誉奖——“全国绿化模范单位”称号，是全国工业旅游示范基地。自开展工业游以来，已有 15.3万名游客到首钢参观。

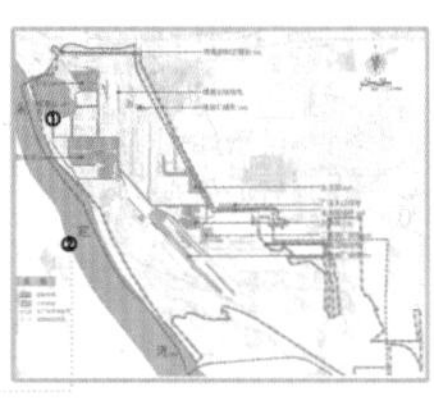

首钢工业旧址内的自然旅游资源以“一山(石景山)、一河(永定河)”为骨架，以丰富多样的园林绿地系统为支撑。据绿化植物普查，厂区内现有植物232种，名木古树11株，其中原生态植物主要生长在石景山地域。永定河西临厂区边界，将首钢厂区与城市划分开来，与石景山一道为首钢厂区提供了绿色环境背景。

效果图

HOTEL DESIGN 2

Vertical Greening&Urban Mosaic

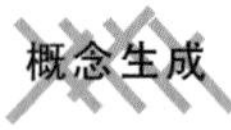

概念生成

城市酒店，除了酒店本身应具备的条件，还需要考虑两个要素。

1从人的角度出发的建筑使用体验

酒店空间存在着层层递进的关系：街道-园区广场-前厅-公共活动交通-私密的客房。这两种要素的介入，应当贯穿整套地进空间的始终，评价该设计好坏的最高标准是人的感受，应当使人们来到这里时，他们所寻求的归属感和占有欲都能得到满足。
设计者应当从使用者的角度思考，在场地内地表布置合理舒适，有设计美感的公共区域景观，同时不忘记在递进空间的末尾-客房部分进行升华，提供给客人专属空中花园景观。

2从城市的角度出发的与已有城市体系、上位规划的承接关系

该地段于长安街西延北侧，周边保留有部分首钢厂房，将来将改造成商住用建筑。由于主要人流和车流都从场地的东南角进入，酒店的东南两侧立面需要进行重点设计。将传统的高层建筑立面融入斜向马赛克纹理，同时在东立面着重将多种立体绿化和建筑退台、不规则造型相结合，设计者将建筑手段有机结合，得以创造出独特悦人的城市新概念型酒店。

上位规划

本设计选择的是5号地块。设计时主要把握了上位规划中的绿化、视廊、工业遗产保留再利用三个问题

建筑密度

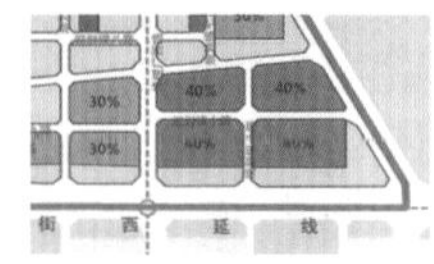

生态廊道

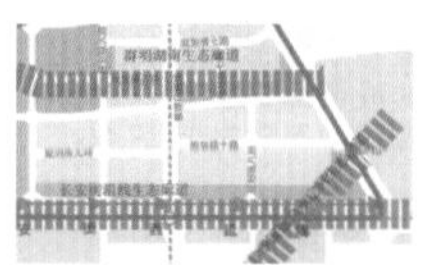

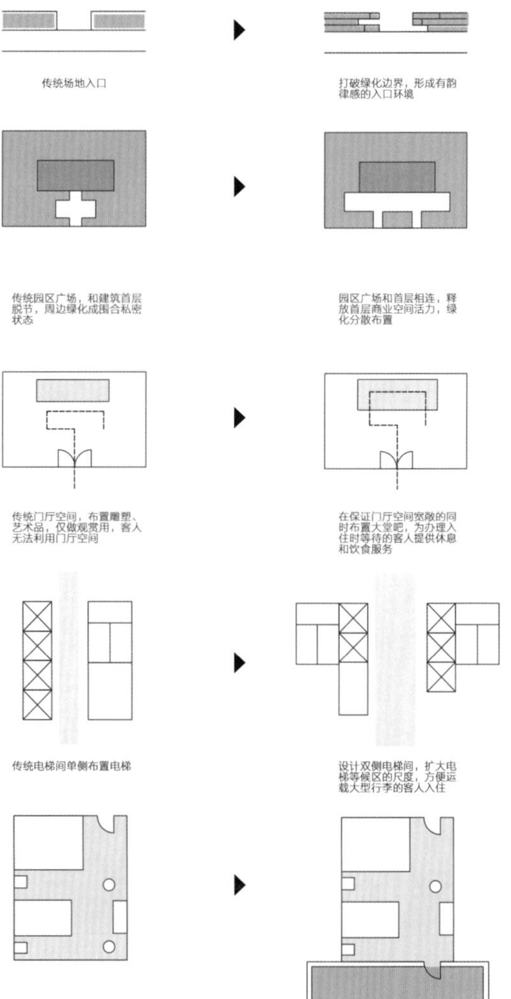

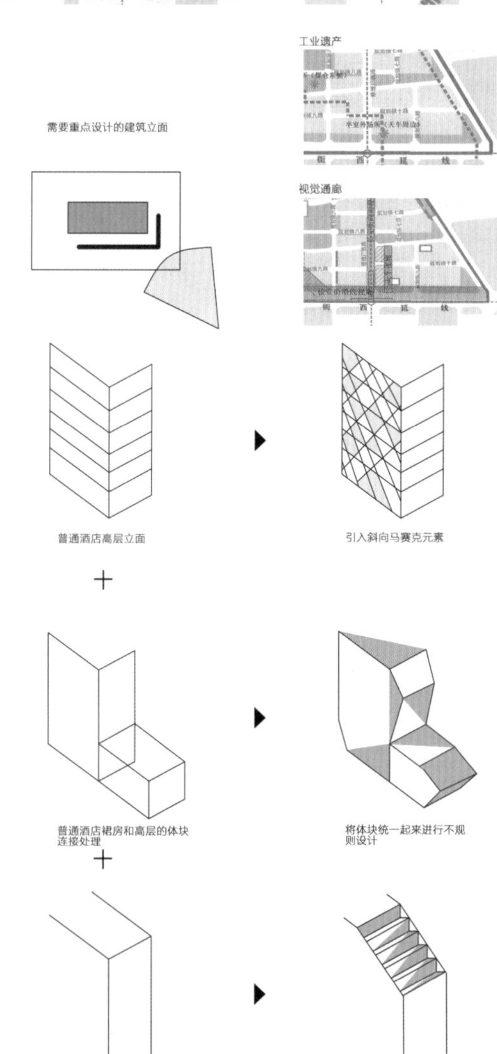

HOTEL DESIGN 3

Vertical Greening&Urban Mosaic

地下1层平面图1：500

地下二层平面图1：500

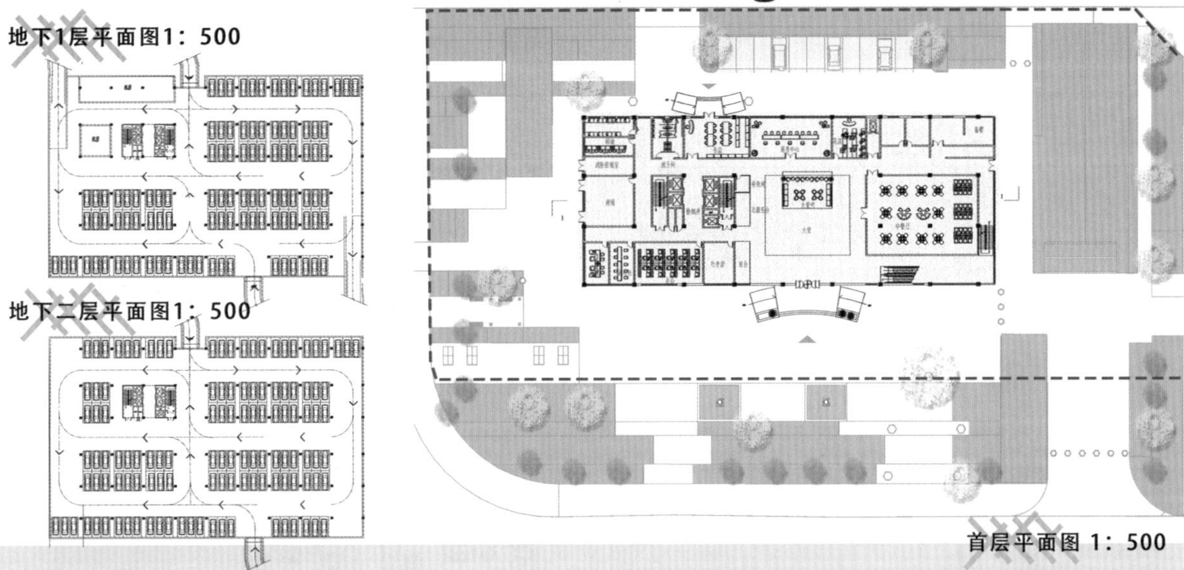

首层平面图 1：500

效果图

经济技术指标

总建筑面积：25600平方米
基底面积：1900平方米
用地面积：6400平方米
容积率：4
绿地率：42.5%
停车位：地上10个、地下240个

HOTEL DESIGN 4

Vertical Greening&Urban Mosaic

F2平面图1：500

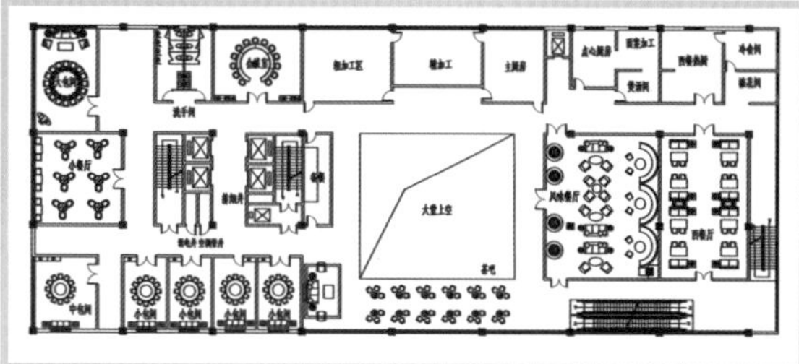

F4平面图1：500

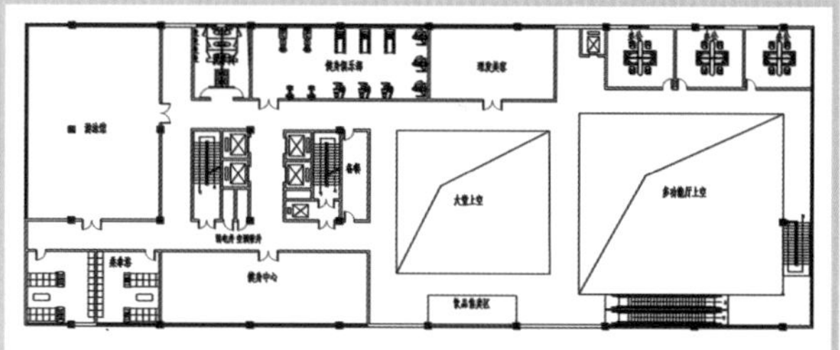

F3平面图1：500

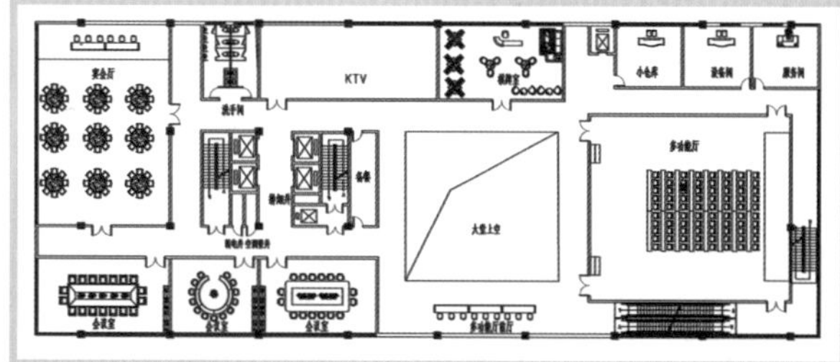

F5平面图（标准层）1：500

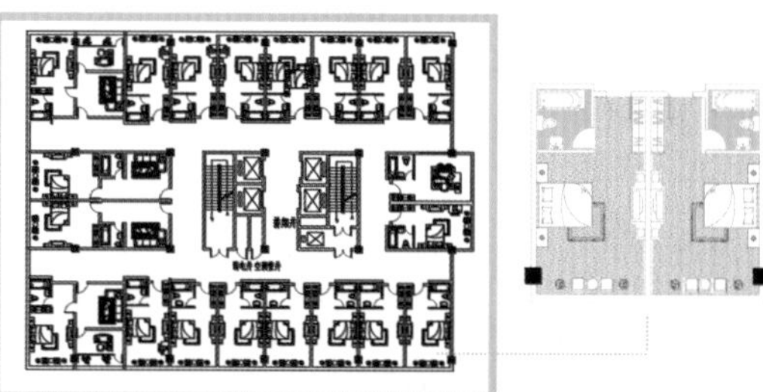

效果图

HOTEL DESIGN 5
Vertical Greening&Urban Mosaic

剖面图1：500

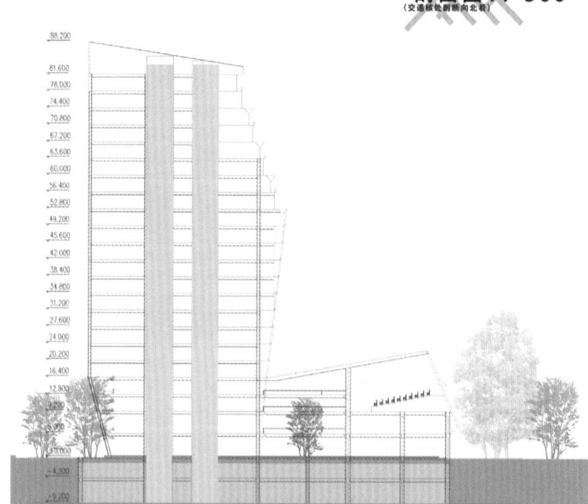

立面图1：500

人视效果图

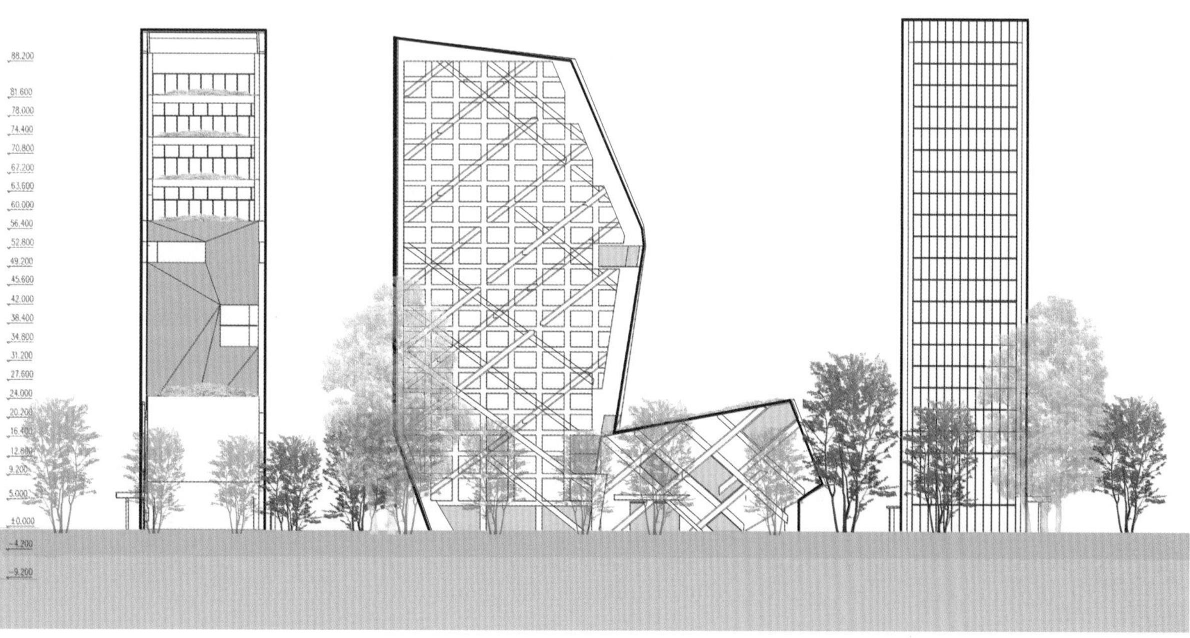

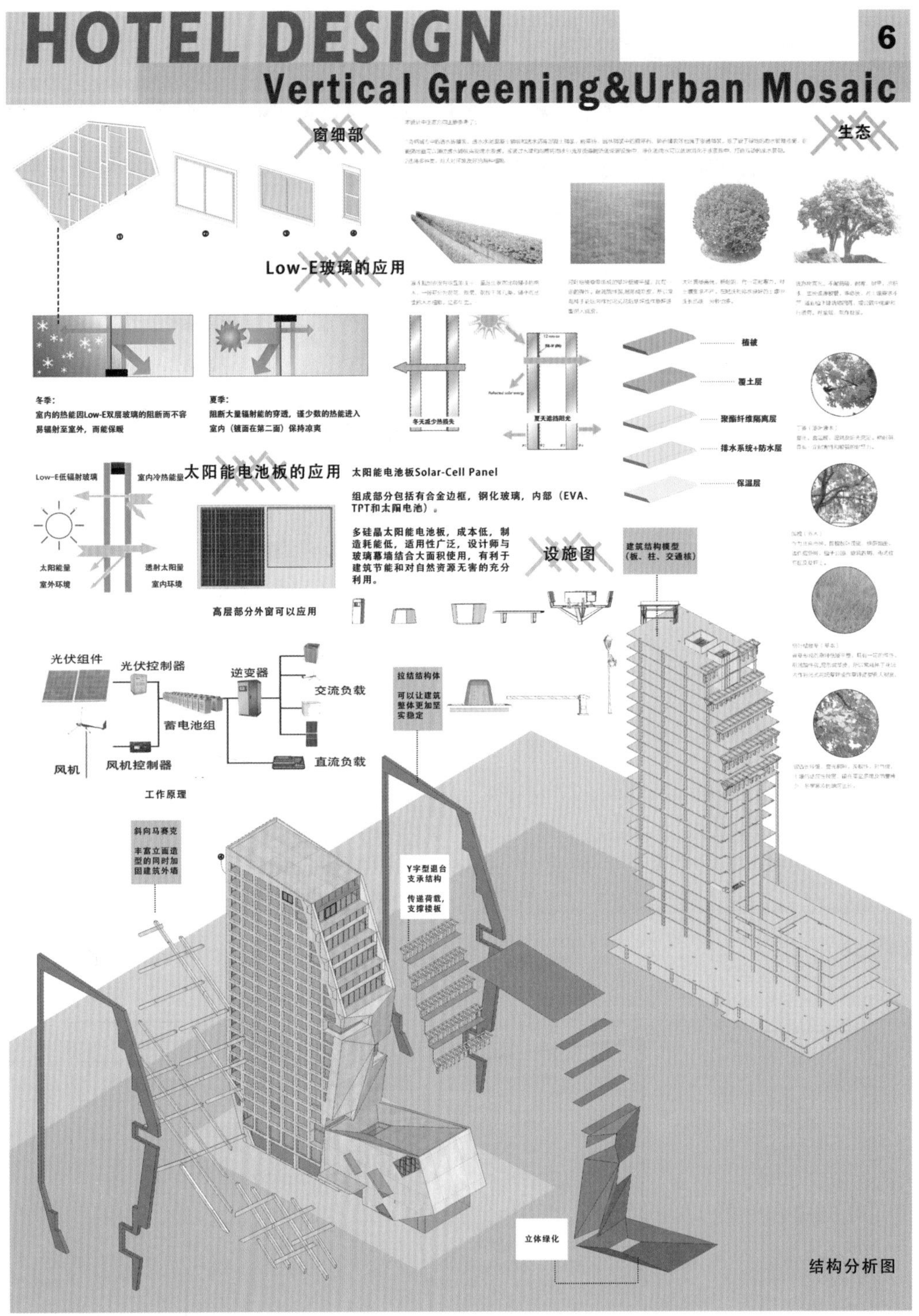

评语：

建筑中加入斜向马赛克纹路使得建筑立面具有设计感，多样的立体绿化和建筑退台丰富了建筑空间的丰富性。建筑采用太阳能板起到节能减排，为绿色建筑提供良好的方案。裙房功能齐全，布局合理。不足之处平面图内部装潢线条过粗，主体布局与内部细节区分度下降；平面图缺乏尺寸标注，颜色单一缺乏美观；效果图渲染不足，欠缺美观度。

设计说明

本次酒店高层建筑设计的基地位于北京石景山区首钢内部。首钢曾是工业核心区，现在虽停用外迁但仍保留有当时很多工业遗迹。

本次设计意在将现代高层建筑与工业遗迹相融合，成为工业区一部分的同时也成为工业区内的新地标建筑。本设计全部使用直线切割空间，手法简练，设计大气。直线异形建筑使建筑整体外观现代且新颖突出，内部空间同样便于使用。南北两侧凹陷处拓宽了建筑的采光面使内部空间拥有良好的采光环境，也使建筑形态富于变化。建筑群房部分顶层屋顶为上人屋面，在这里可以眺望远方的工业遗迹也可以俯瞰西长安街的景色。主楼部分的顶层也设上人屋顶花园，给客人们提供良好的公共空间，站在高空俯瞰城市夜景。

建筑内部也注重共享公共空间的设计，标准层每两层沿外立面做通高的阳台，配以绿化与休息设施，使客人们有良好的入住体验。每一个通高阳台之上的两层设中庭，使公共空间更加开阔舒适。

酒店内设单人间，双人间，套间，无障碍房间共237间，平均每间32平方米。同时设有齐全的服务设施，如鲜花店、精品店、健身房、中餐厅、西餐厅、日餐厅、宴会厅等供客人享受入住的时间。同时设10余间会议室供商务人士更好地办公。

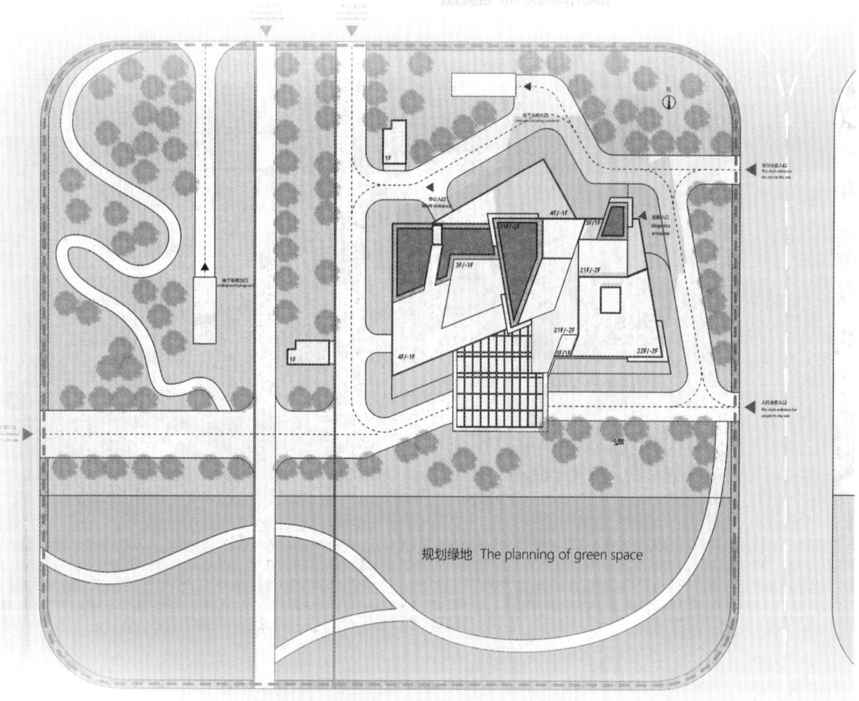

总平面图 1：500

总用地面积（公顷）	2.4	停车数（辆）	49
容积率	1.67	建筑层高（米）群房/标准层	5.4/3.9
建筑占地面积（平方米）	2558	建筑层数 裙房/标准层	3/19
建筑密度（%）	10.6	建筑主体檐口高度（米）	93.5
绿地面积（平方米）	15120	客房自然间数（间）	237
绿化率（%）	63	酒店面积指标（平米/间）	32
单床双床套间比例	1：12：3		

THE CLASH HOTEL 1

——Design of high-rise hotel

区位分析

该项目位于首钢工业园区遗址内部，遗址园区定为为高端产业综合服务区，要实现以人为本，绿色生态，文化特色的目标。厂区内有很多工业保护遗存包括：高炉、转炉、冷却塔、煤气罐、焦炉、料仓；运输廊道、管线，铁路专用线，机车、专用运输车；龙烟别墅等，本设计在选址红线内部保留一条天车通道，与道路设计相辅相成，共同实现以工业遗迹为主题的设计。

体块分析

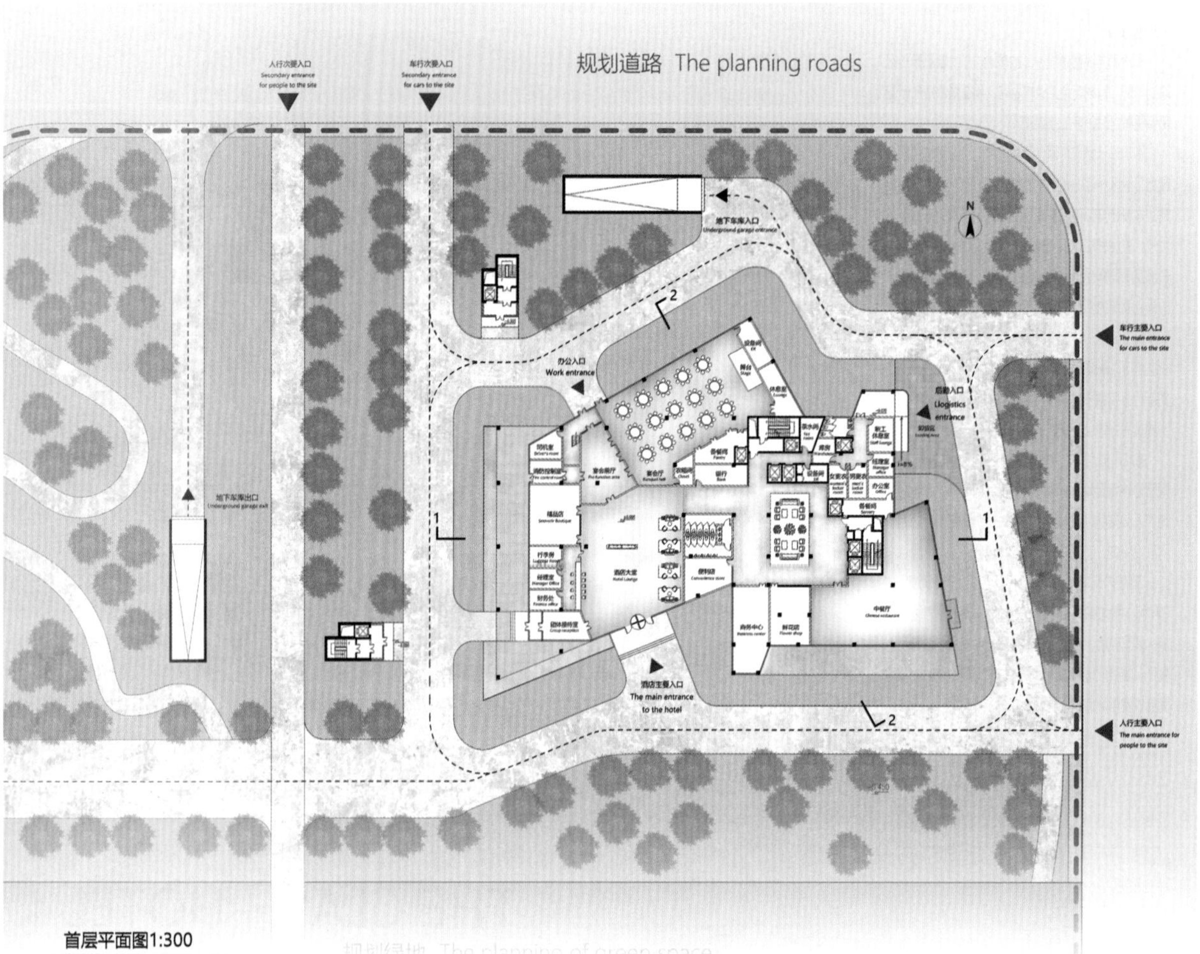

规划道路 The planning roads
人行次要入口 Secondary entrance for people to the site
车行次要入口 Secondary entrance for cars to the site
地下车库入口 Underground garage entrance
车行主要入口 The main entrance for cars to the site
办公入口 Work entrance
后勤入口 Llogistics entrance
地下车库出口 Underground garage exit
酒店主要入口 The main entrance to the hotel
人行主要入口 The main entrance for people to the site
规划绿地 The planning of green space

首层平面图1:300

THE CLASH HOTEL 2

——Design of high-rise hotel

地下二层防火分区
地下一层防火分区

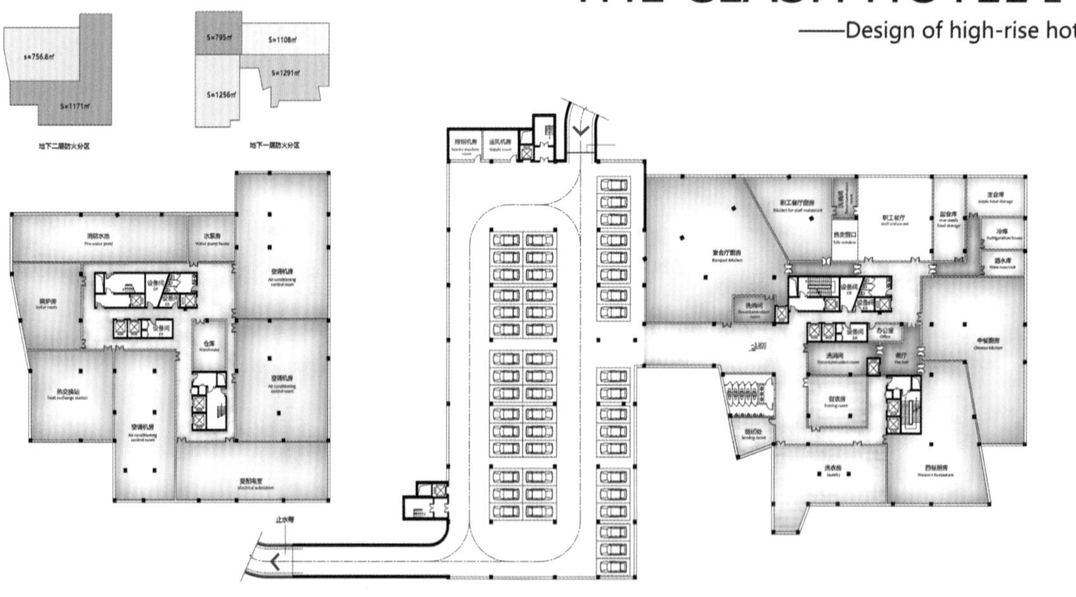

地下二层平面图 1:300

地下一层平面图 1:300

THE CLASH HOTEL 3

——Design of high-rise hotel

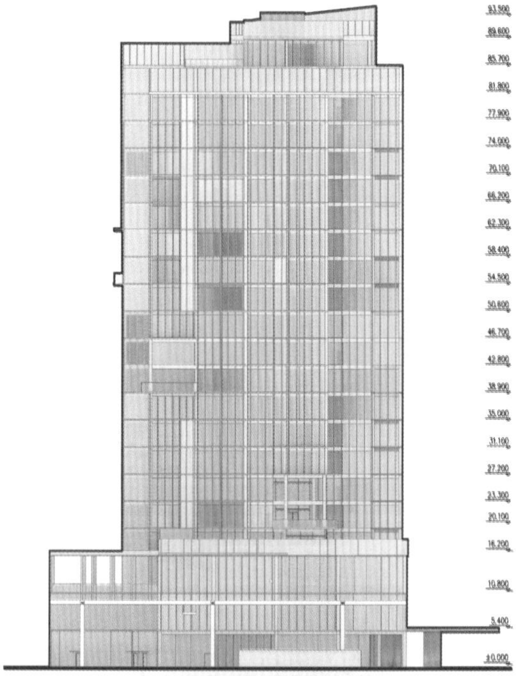

西立面图 1：300

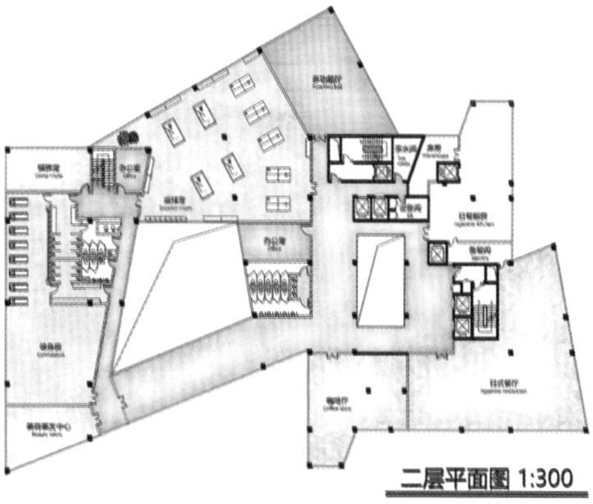

二层平面图 1:300

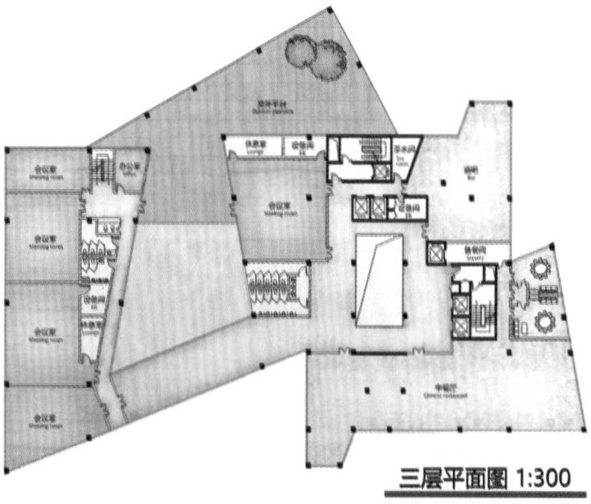

三层平面图 1:300

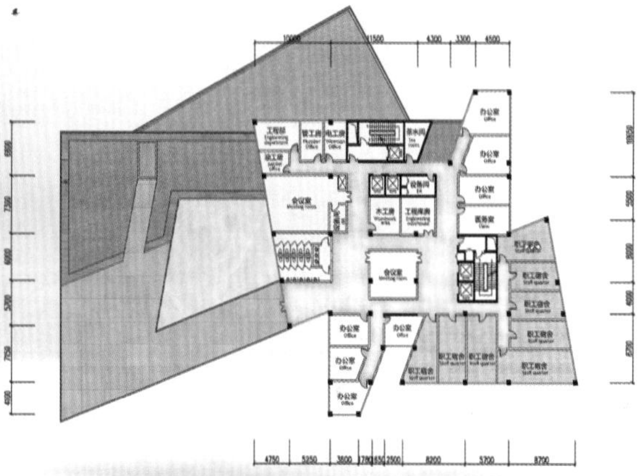

四层平面图 1:300

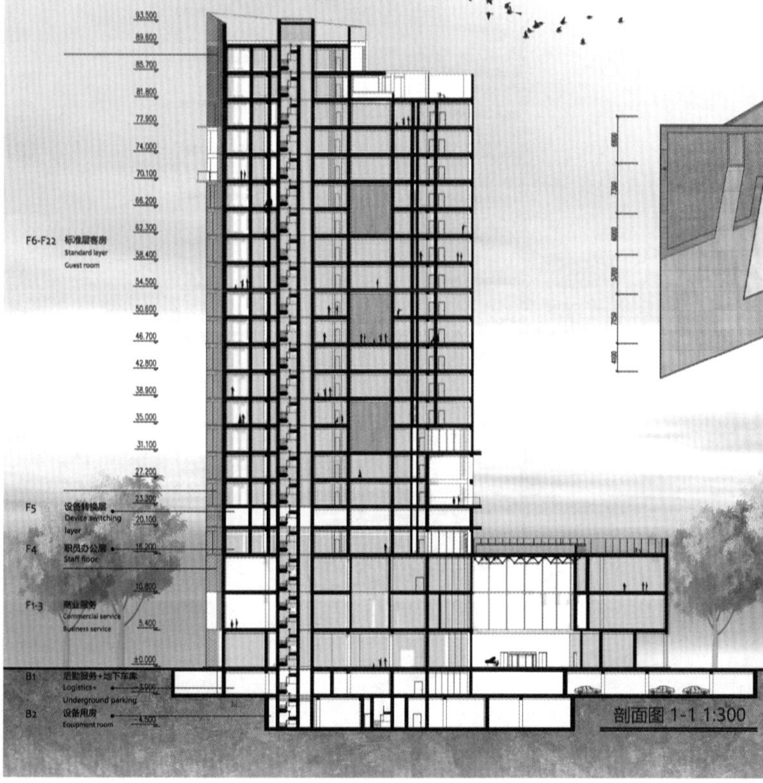

剖面图 1-1 1:300

THE CLASH HOTEL 4

——Design of high-rise hotel

六层平面图 1:300

七层平面图1:300

八层平面图 1:300

楼梯大样

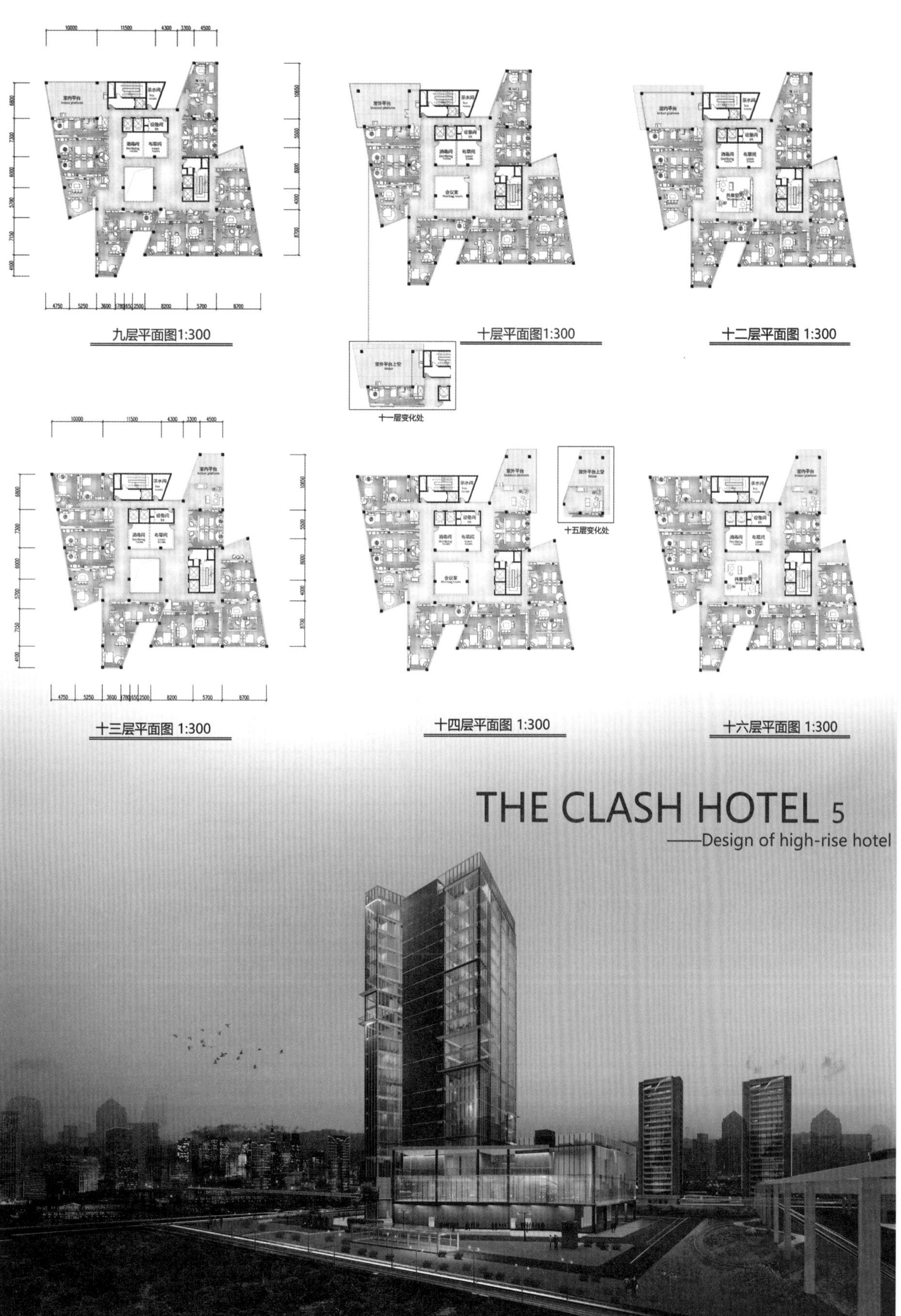
九层平面图1:300
十层平面图1:300
十一层变化处
十二层平面图 1:300
十三层平面图 1:300
十四层平面图 1:300
十五层变化处
十六层平面图 1:300
THE CLASH HOTEL 5
——Design of high-rise hotel

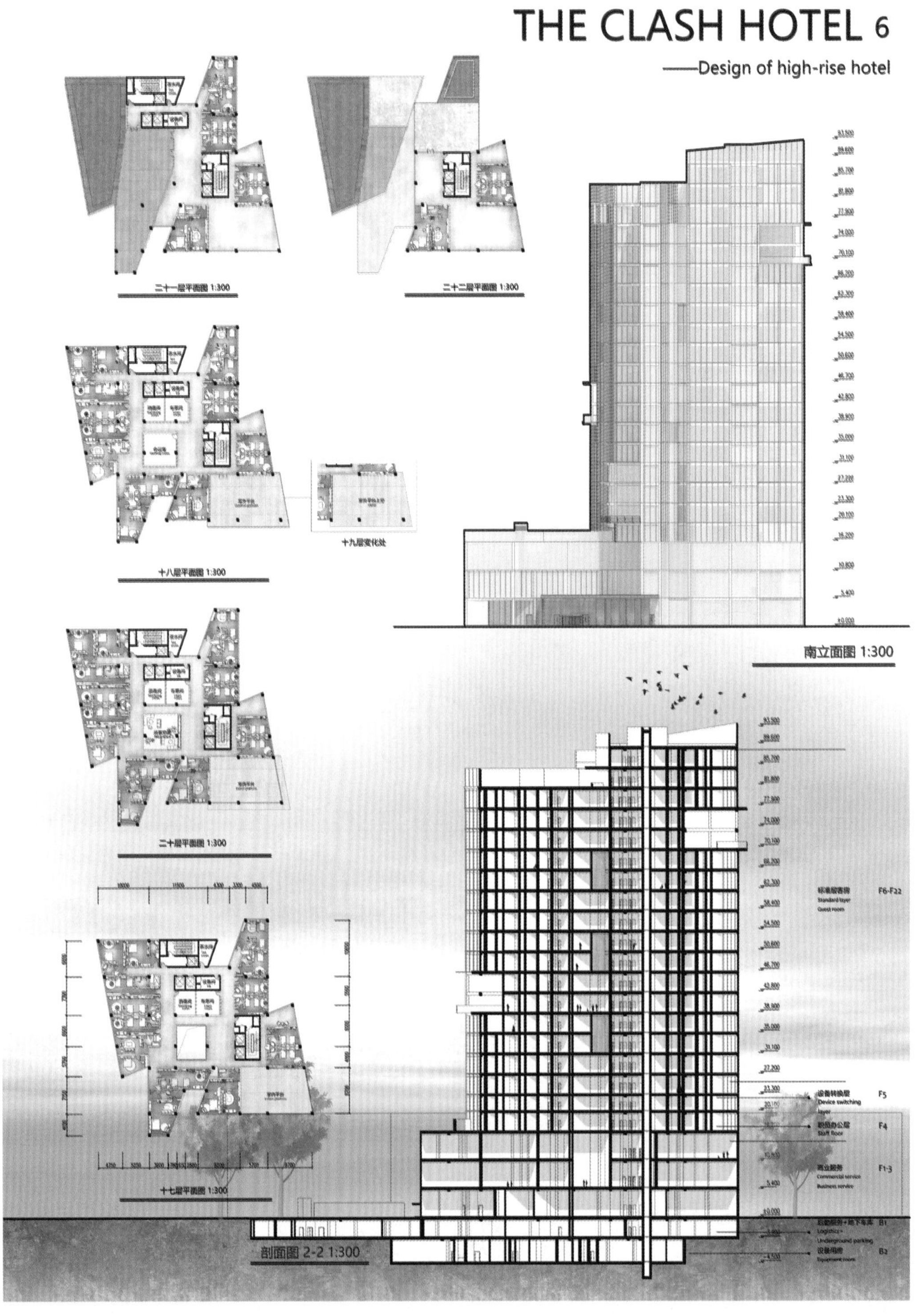

评语：

建筑位于首钢工业园，采用直线异形建筑切割空间，使得建筑外观新颖，设计大气磅礴。平面图颜色多样，重点突出；房型种类多样，丰富度高，每层设立室外平台可以观赏首钢园的壮丽景象；裙房功能齐全。不足之处平面图部分图表使用错误，缺少套房等高端房间。

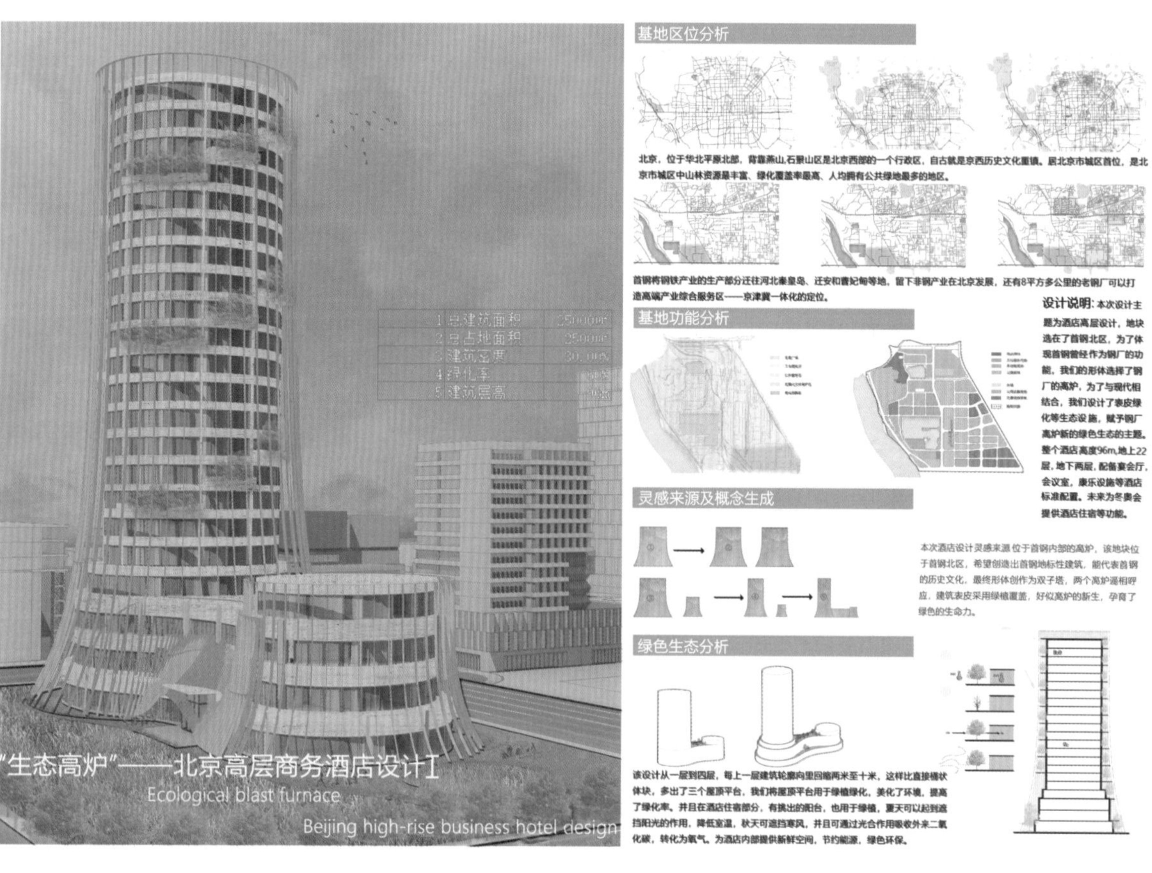
1 总建筑面积 25000㎡
2 总占地面积 2500㎡
3 建筑密度 30.00%
4 绿化率
5 建筑层高
"生态高炉"——北京高层商务酒店设计Ⅰ
Ecological blast furnace
Beijing high-rise business hotel design
基地区位分析
北京，位于华北平原北部，背靠燕山,石景山区是北京西部的一个行政区，自古就是京西历史文化重镇。居北京市城区首位，是北京市城区中山林资源最丰富、绿化覆盖率最高、人均拥有公共绿地最多的地区。
首钢将钢铁产业的生产部分迁往河北秦皇岛、迁安和曹妃甸等地，留下非钢产业在北京发展，还有8平方多公里的老钢厂可以打造高端产业综合服务区——京津冀一体化的定位。
基地功能分析
设计说明：本次设计主题为酒店高层设计，地块选在了首钢北区，为了体现首钢曾经作为钢厂的功能，我们的形体选择了钢厂的高炉，为了与现代相结合，我们设计了表皮绿化等生态设施，赋予钢厂高炉新的绿色生态的主题。整个酒店高度96m,地上22层，地下两层，配备宴会厅，会议室，康乐设施等酒店标准配置。未来为冬奥会提供酒店住宿等功能。
灵感来源及概念生成
本次酒店设计灵感来源位于首钢内部的高炉，该地块位于首钢北区，希望创造出首钢地标性建筑，能代表首钢的历史文化，最终形体创作为双子塔，两个高炉遥相呼应，建筑表皮采用绿植覆盖，好似高炉的新生，孕育了绿色的生命力。
绿色生态分析
该设计从一层到四层，每上一层建筑轮廓向里回缩两米至十米，这样比直接柱状体块，多出了三个屋顶平台，我们将屋顶平台用于绿植绿化，美化了环境，提高了绿化率，并且在酒店住宿部分，有挑出的阳台，也用于绿植，夏天可以起到遮挡阳光的作用，降低室温，秋天可遮挡寒风，并且可通过光合作用吸收外来二氧化碳，转化为氧气。为酒店内部提供新鲜空间，节约能源，绿色环保。

"生态高炉"——北京高层商务酒店设计Ⅱ
Ecological blast furnace
Beijing high-rise business hotel design
服务人群分析
人群分析
人的活动分析
我们的酒店服务的人群包括首钢退休职工，以及周围大学里的大学生，工作族等，提供短期住宿以及长期的住宿，我们还提供冬奥接纳游客和运动员的服务
我们的酒店四次配备高端的康乐设施，三层有咖啡厅及会议室，二层配备餐饮设施，可提供不同人群的各种需求。
地块SWTO分析
S
W
T
O
经典酒店案例分析
北京瑜舍酒店是一家都会风尚酒店，由日本著名建筑设计师隈研吾构思打造。浓烈的时代风格和无限舒展的空间设计，完美诠释了耳目一新的个性化服务。
总平面 1：1000
基地平面图

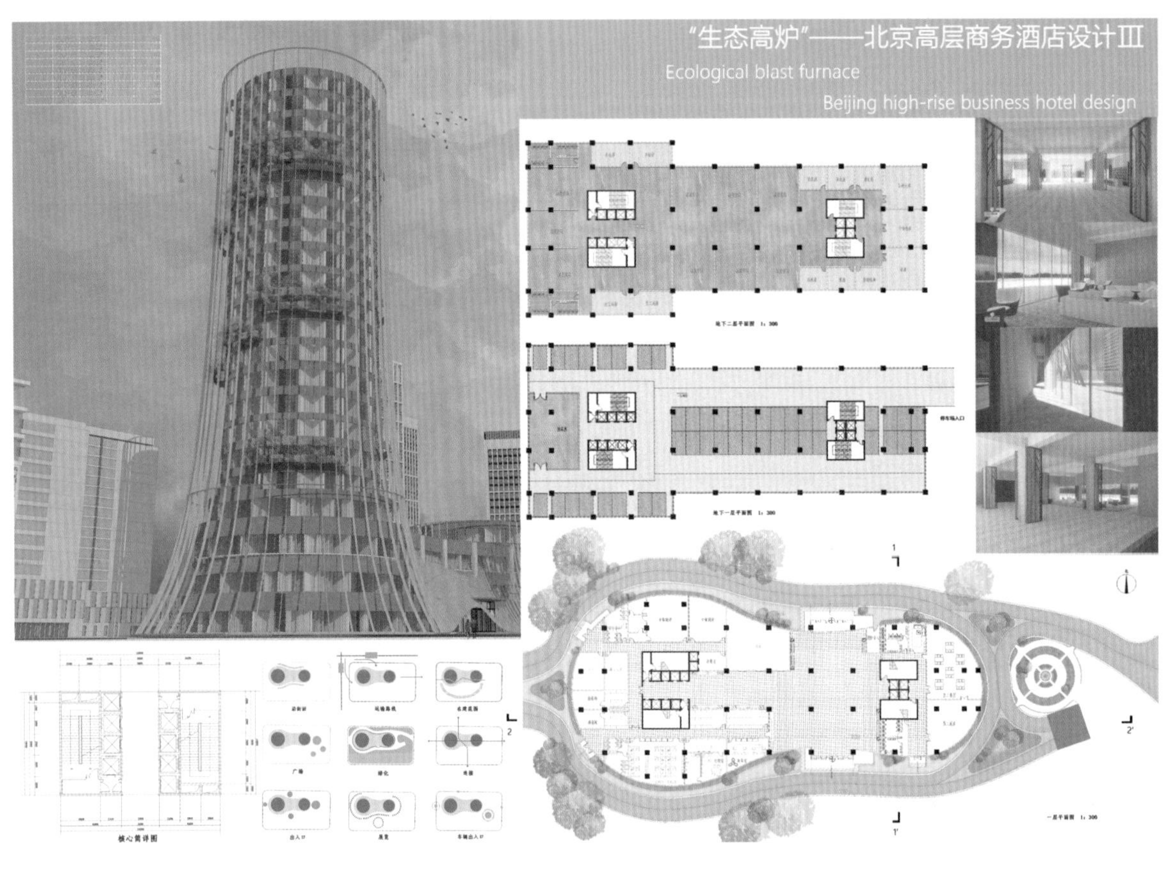

"生态高炉"——北京高层商务酒店设计Ⅲ
Ecological blast furnace
Beijing high-rise business hotel design

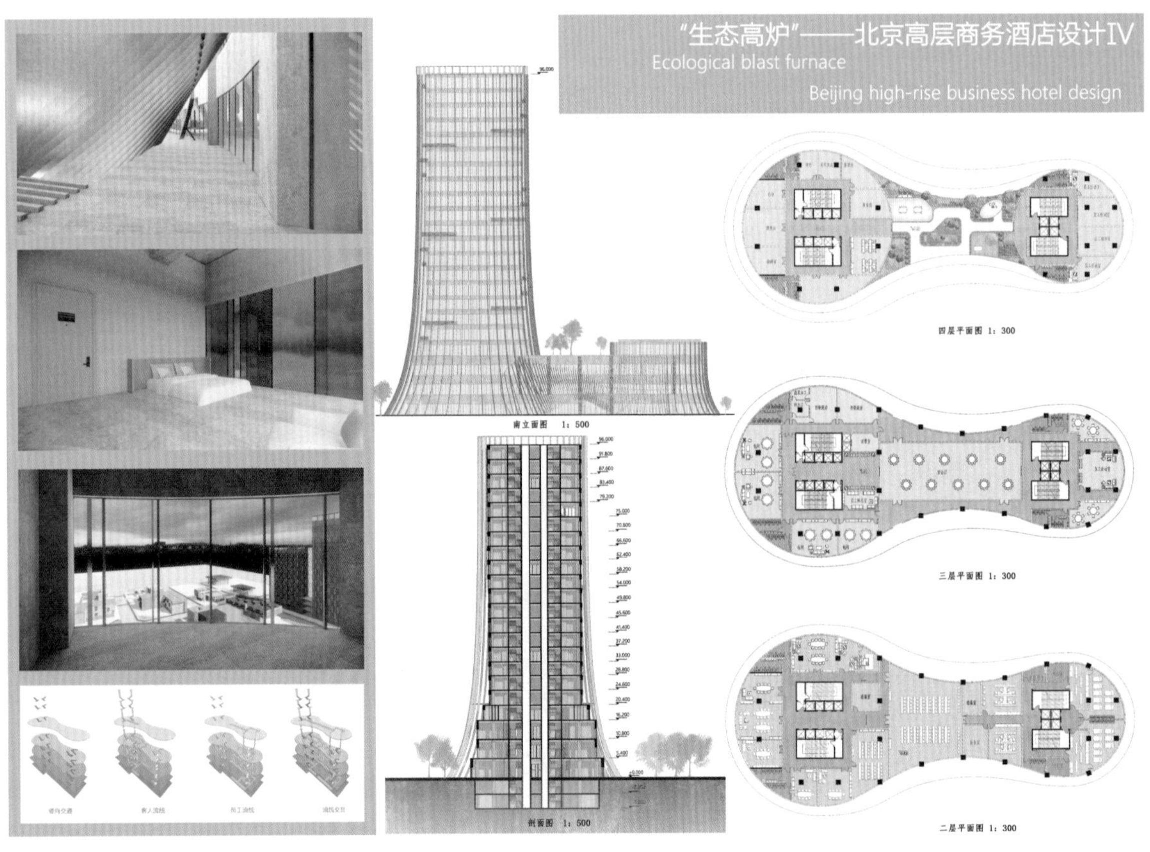

"生态高炉"——北京高层商务酒店设计Ⅳ
Ecological blast furnace
Beijing high-rise business hotel design
南立面图 1:500
剖面图 1:500
四层平面图 1:300
三层平面图 1:300
二层平面图 1:300

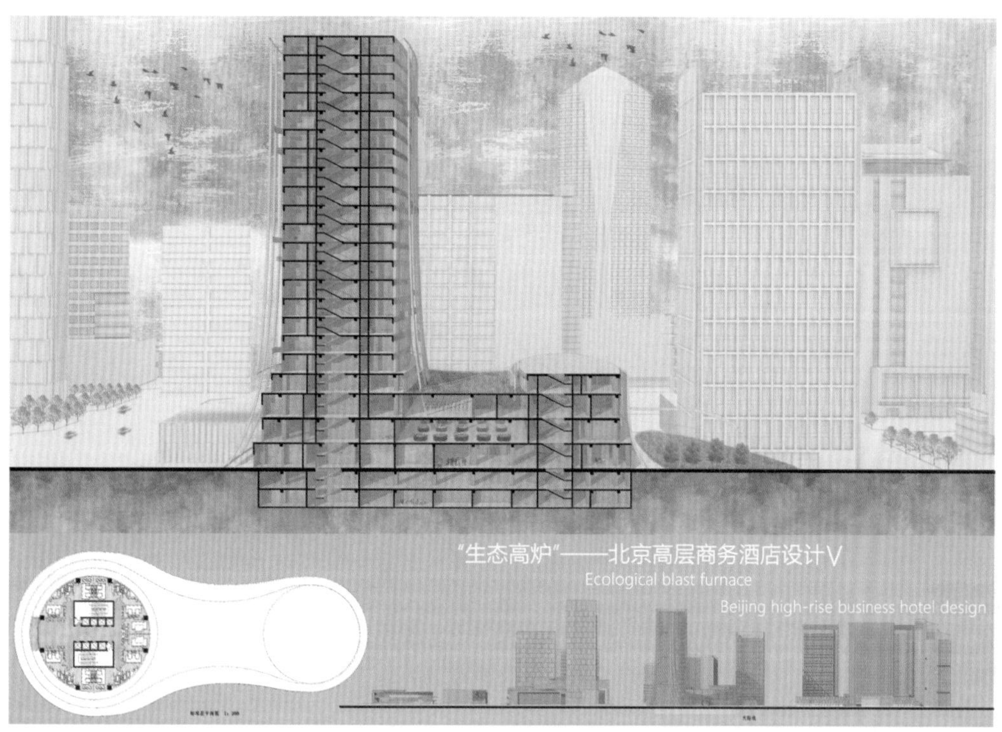

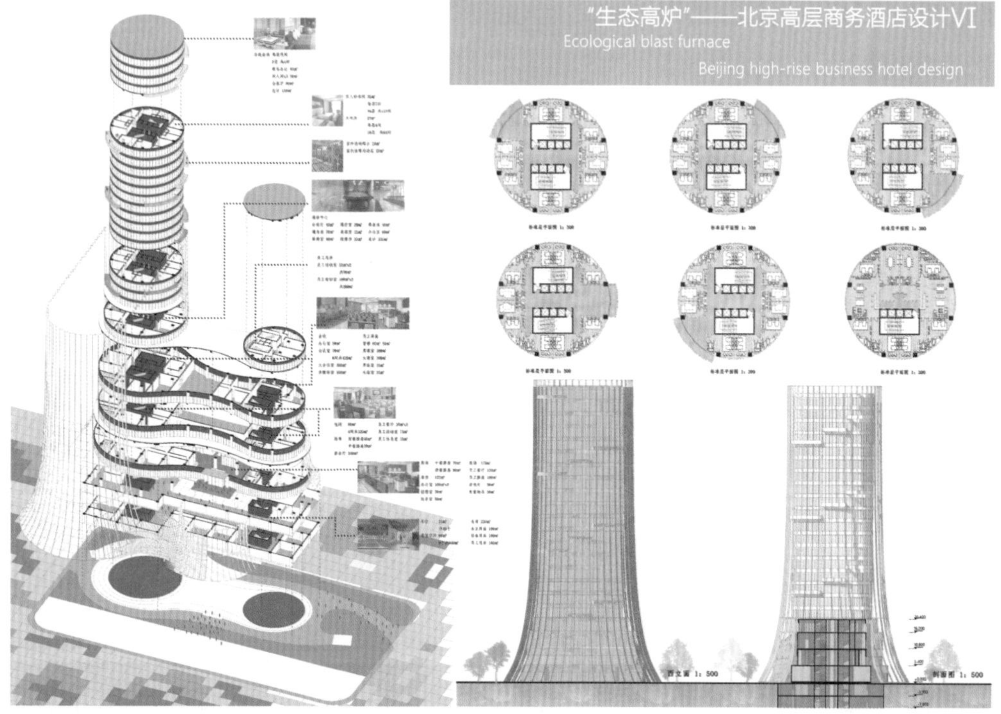

评语：

建筑位于首钢工业园，双子塔外观很像首钢园中的高炉，配合屋顶花园的绿植覆盖，仿佛给高炉赋予了新的生命。平面图颜色丰富，清晰明了。不足之处是一层平面图内部网格导致该平面图略显杂乱，部分底色导致文字不清晰，很多文字和数字具有白框，导致图片美观度下降，住房种类略显单调。

M8国际大酒店设计
本次高层建筑设计地块定于首钢工业园区。
根据市领导首钢调研精神，首钢工业区改造将以北京建设世界城市为契机，以首钢的钢铁产业优势为基础，以首钢主厂区特有的深厚工业文化为灵魂，以总部经济为形态，积极捕捉创新产业，讲首钢主厂区打造成一个高端要素聚集、总部特征明显、创意创新无限、工业文化浓厚、生态环境优美的“新首钢高端产业综合服务区”。根据最新规划公示，新首钢高端产业综合服务区总占地面积8.63平方公里，规划总建筑面积1030万平方米。
经济分析：现阶段首钢园区突出工业遗存特色，并建设五大功能区，石景山景观公园、冬奥广场、工业遗址公园、公共服务配套区及城市织补创新工场。其活化原则为“控制总量、优化结构、绿色优先、置换开发、分步实施、重点突破”。以人文首钢、创新首钢、活力首钢和生态首钢为规划目标，并将织补城市、海绵城市、城市复兴等理念运用其中；以区域协同、核心引领及三元共生（科技、自然、文化）为发展战略。
政策分析：首钢文化创意产业园区的打造有着良好的政策机遇，利用老旧厂房能够拓展文化空间。面对北京市七成的待开发的老旧厂房，北京市对老旧厂房的转型改造发布了《关于保护利用老旧厂房拓展文化空间的指导意见》，对文化创意产业园区转化过程中出现的价值认识不统一、规划引导不清晰等问题进行专项引导。中共中央、国务院关于对《北京城市总体规划（2016年—2035年）》的批复显示了北京在新时代的四个战略定位，即政治中心、文化中心、国际交往中心和科技创新中心。同时，北京市也将全面优化提升首都核心功能，初步形成京津冀协同发展、互利共赢的新局面。这为北京市政府优化产业结构、协同区域发展、加速推进北京创新城市及文化产业园区建设提供了新的政治机遇。
首钢旧建筑质量分布图：
时间线
现状分析
政策分析：
M8国际大酒店设计
新首钢高端产业综合服务区
“新首钢高端产业综合服务区”的规划占地面积大约 8.63 平方公里，规划总建筑面积约为 1060 万平方米。
北区西十筒仓改造区是首钢厂区改造北区中重要的组成部分，位于上位规划中工业主题园内，片区内工业遗产类型多样，空间互动性强，有利于场所营造，为塑造一个具有强烈工业特征的创意园区提供了良好的基础。
工业主题园
文化创意产业园
综合服务中心区
总部经济区
综合配套区
规划功能分区图
地上停车车位：49
地上车辆流线
地上停车位
《高层建筑设计防火规范》
调研案例（首都博物馆）
调研案例（翠微百货）
地下一层停车位：50
地下二层停车位：39
停车场设计规范：
地下一层停车场 1：400
地下二层停车场 1：400

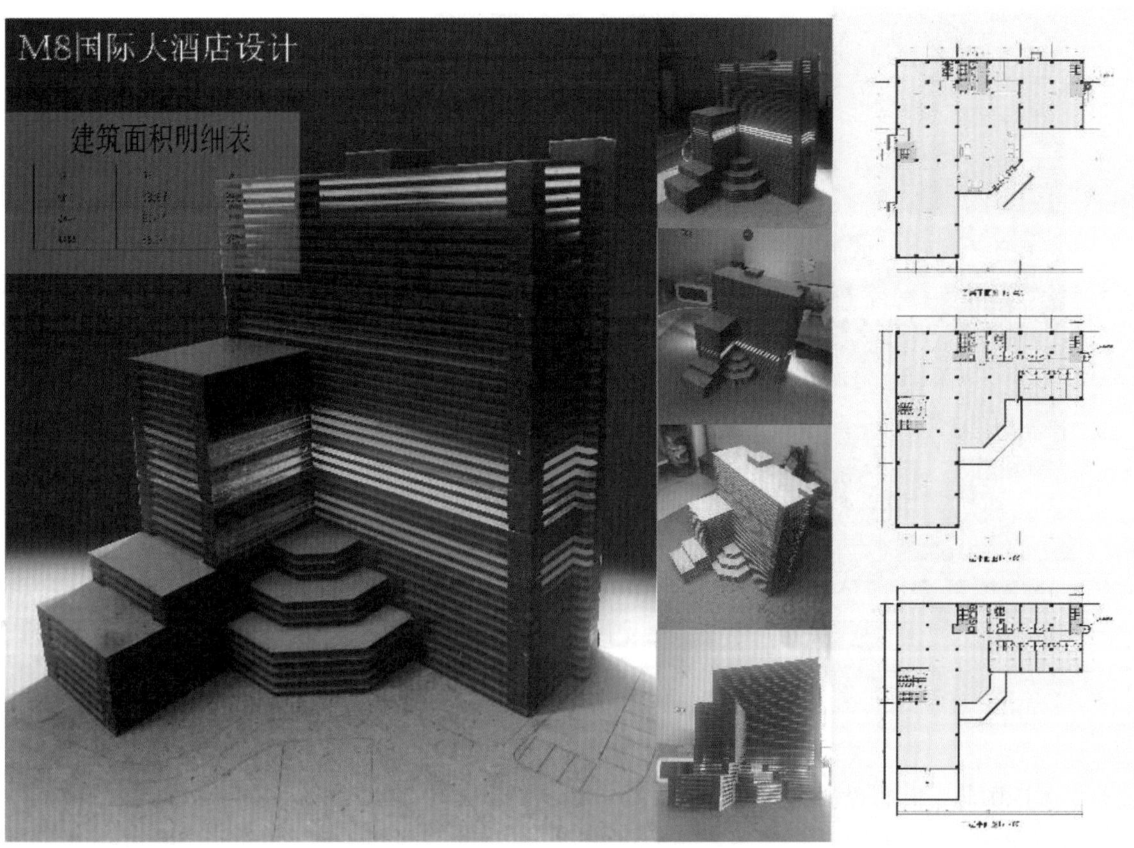
M8国际大酒店设计
建筑面积明细表

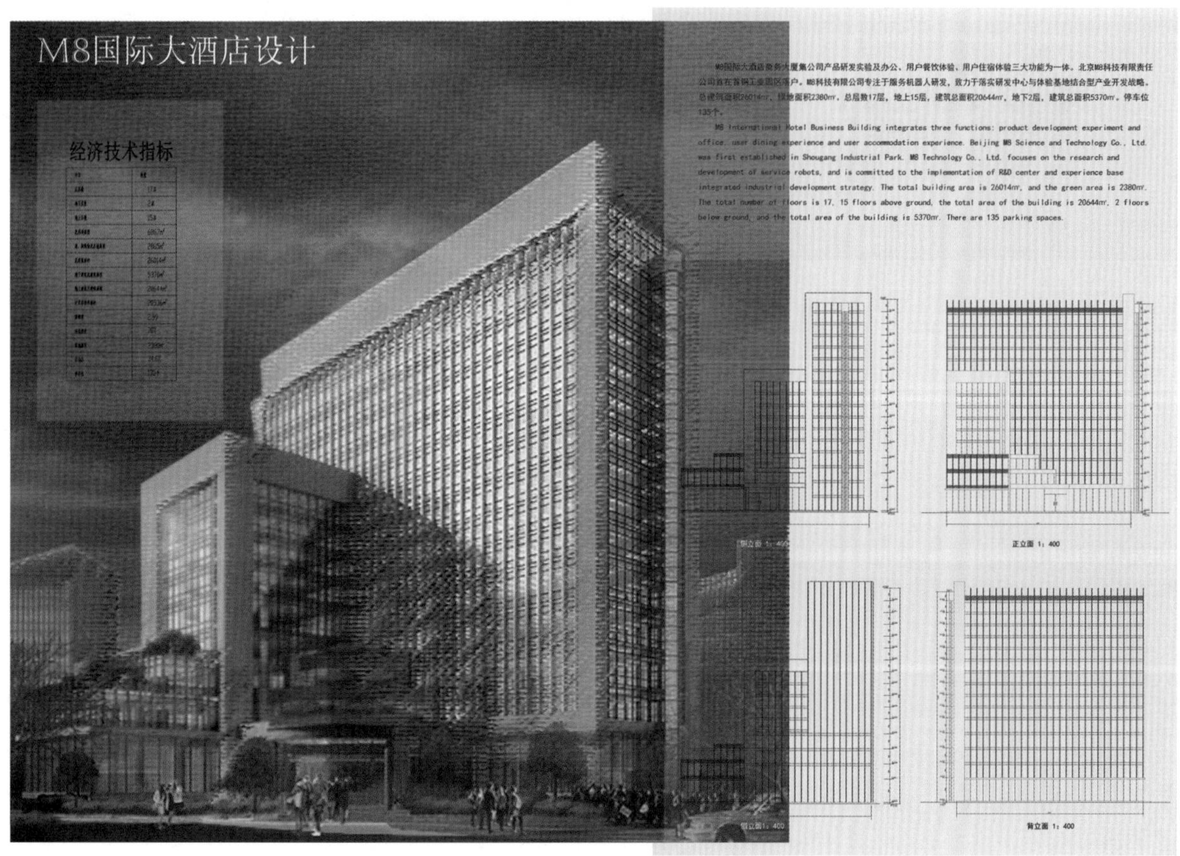
M8国际大酒店设计
经济技术指标
M8国际大酒店商务大厦集公司产品研发实验及办公、用户餐饮体验、用户住宿体验三大功能为一体。北京M8科技有限责任公司首在首钢工业园区落户。M8科技有限公司专注于服务机器人研发，致力于落实研发中心与体验基地结合型产业开发战略。总建筑面积26014㎡，绿地面积2380㎡，总层数17层，地上15层，建筑总面积20644㎡，地下2层，建筑总面积5370㎡。停车位135个。
M8 International Hotel Business Building integrates three functions: product development experiment and office, user dining experience and user accommodation experience. Beijing M8 Science and Technology Co., Ltd. was first established in Shougang Industrial Park. M8 Technology Co., Ltd. focuses on the research and development of service robots, and is committed to the implementation of R&D center and experience base integrated industrial development strategy. The total building area is 26014㎡, and the green area is 2380㎡. The total number of floors is 17, 15 floors above ground, the total area of the building is 20644㎡, 2 floors below ground, and the total area of the building is 5370㎡. There are 135 parking spaces.
正立面 1：400
背立面 1：400

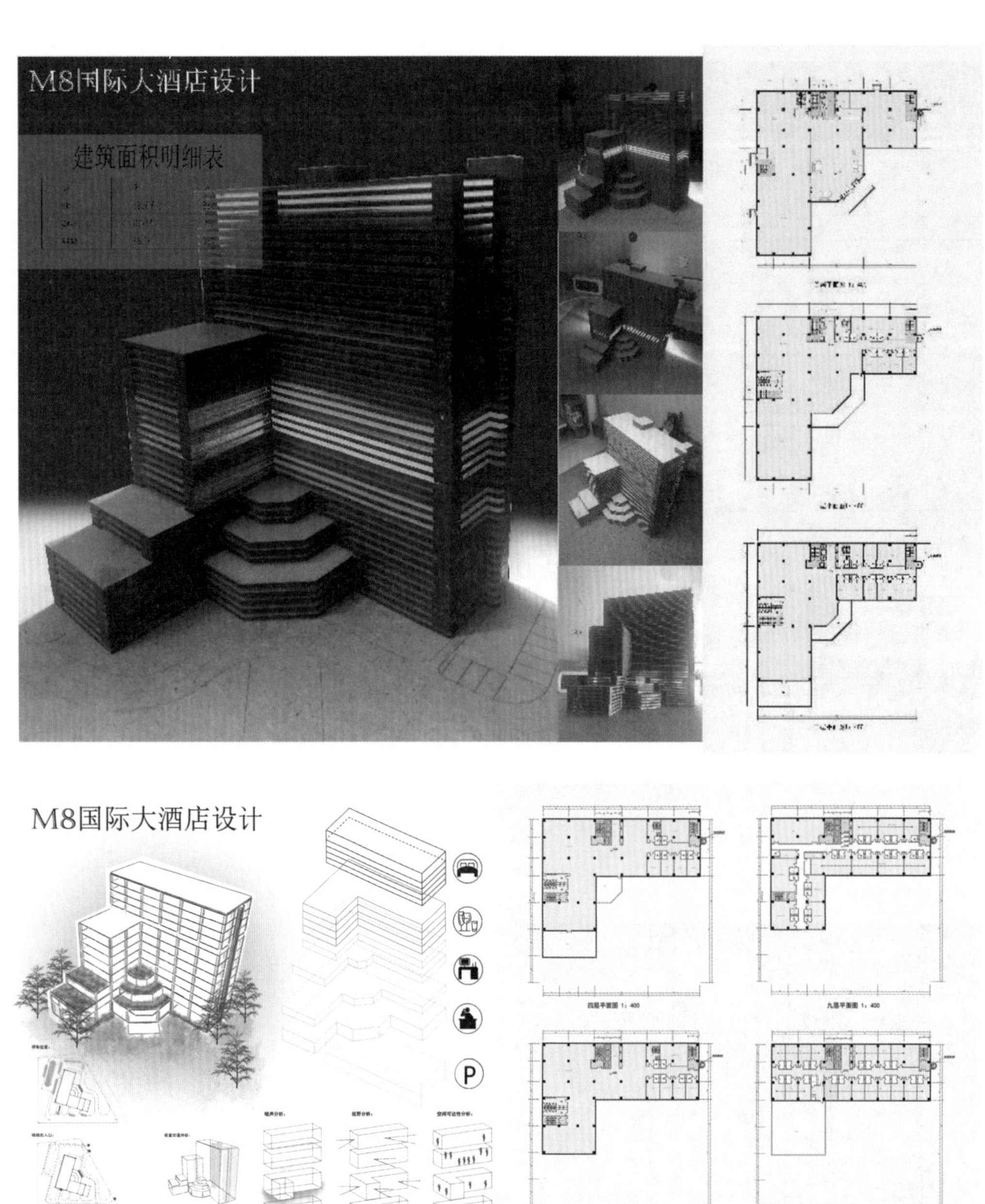

评语：

建筑位于首钢工业园区，建筑以工业文化为灵魂，设计出了一个环境优美，具有创意感的建筑。不足之处效果图挡住了部分文字和立面图，导致效果图和说明部分效果均表现不佳，部分文字显示为乱码；住房内部设计与布局未体现；裙房功能混乱，功能区无明显分界；部分文字存在白边，导致平面图美观度下降。

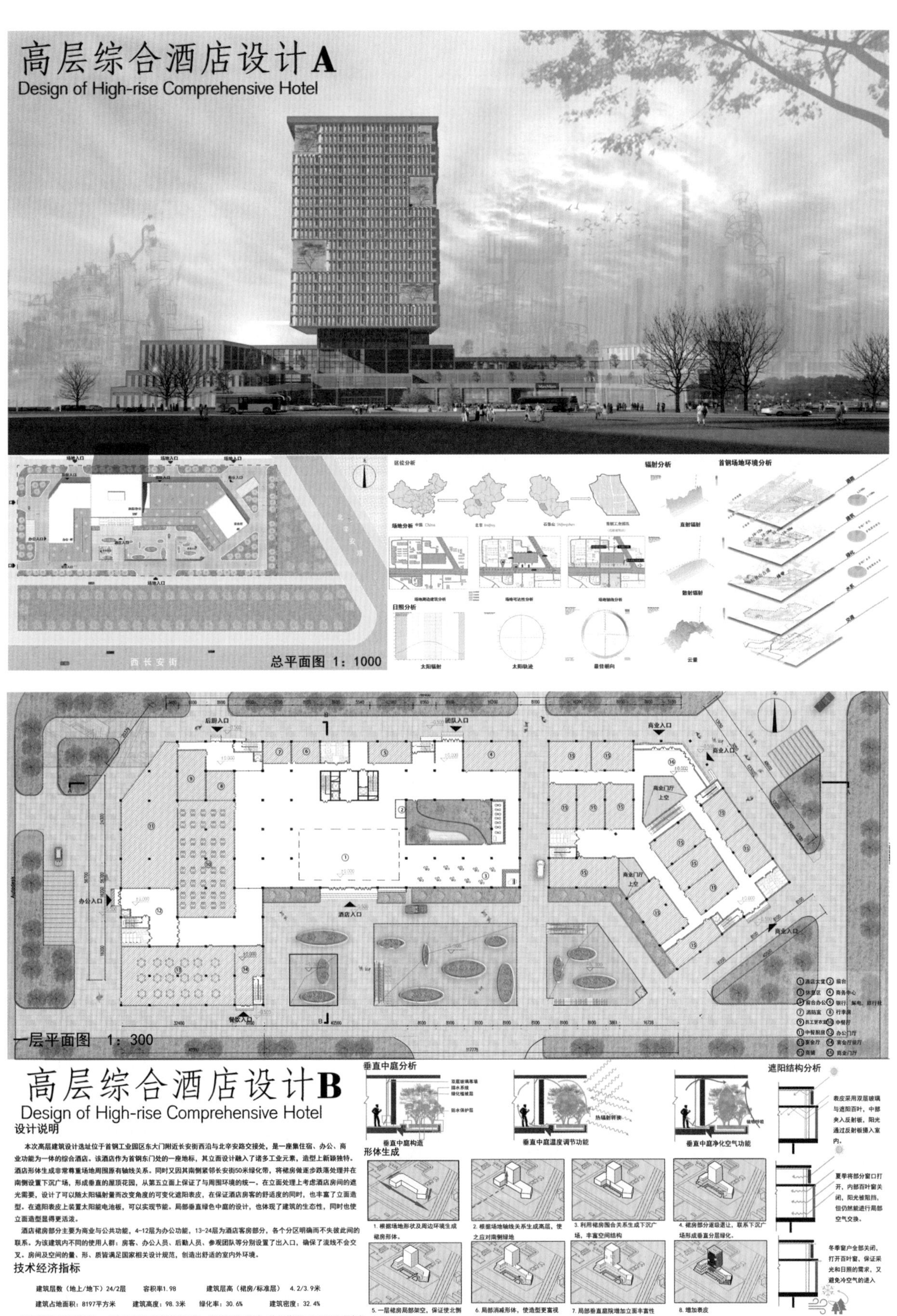
高层综合酒店设计A
Design of High-rise Comprehensive Hotel
总平面图 1：1000
一层平面图 1：300
高层综合酒店设计B
Design of High-rise Comprehensive Hotel
设计说明
本次高层建筑设计选址位于首钢工业园区东大门附近长安街西沿与北辛安路交接处，是一座集住宿、办公、商业功能为一体的综合酒店。该酒店作为首钢东门处的一座地标，其立面设计融入了诸多工业元素，造型上新颖独特。酒店形体生成非常尊重场地周围原有轴线关系。同时又因其南侧紧邻长安街50米绿化带，将裙房做逐步跌落处理并在南侧设置下沉广场，形成垂直的屋顶花园，从第五立面上保证了与周围环境的统一。在立面处理上考虑酒店房间的遮光需要，设计了可以随太阳辐射量而改变角度的可变化遮阳表皮，在保证酒店房客的舒适度的同时，也丰富了立面造型。在遮阳表皮上装置太阳能电池板，可以实现节能。局部垂直绿色中庭的设计，也体现了建筑的生态性，同时也使立面造型显得更活泼。
酒店裙房部分主要为商业与公共功能，4-12层为办公功能，13-24层为酒店客房部分，各个分区明确而不失彼此间的联系。为该建筑内不同的使用人群：房客、办公人员、后勤人员、参观团队等分别设置了出入口，确保了流线不会交叉。房间及空间的量、形、质皆满足国家相关设计规范，创造出舒适的室内外环境。
技术经济指标
建筑层数（地上/地下）24/2层 容积率1.98 建筑层高（裙房/标准层） 4.2/3.9米
建筑占地面积：8197平方米 建筑高度：98.3米 绿化率：30.6% 建筑密度：32.4%
总用地面积 25293平方米 停车数（地上/地下）0/503 辆 总建筑面积（其中：地上/地下）14966/52265平方米
垂直中庭分析
垂直中庭构造
垂直中庭温度调节功能
垂直中庭净化空气功能
形体生成
1. 根据场地形状及周边环境生成裙房形体。
2. 根据场地轴线关系生成高层，使之应对南侧绿地
3. 利用裙房围合关系生成下沉广场，丰富空间结构
4. 裙房部分逐级退让，联系下沉广场形成垂直分层绿化。
5. 一层裙房局部架空，保证使北侧车道延申畅通。
6. 局部消减形体，使造型更富视觉冲击力。
7. 局部垂直庭院增加立面丰富性
8. 增加表皮
遮阳结构分析
表皮采用双层玻璃与遮阳百叶，中部夹入反射板，阳光通过反射板播入室内。
夏季将部分窗口打开，内部百叶窗关闭，阳光被阻挡，但仍然能进行局部空气交换。
冬季窗户全部关闭，打开百叶窗，保证采光和日照的需求，又避免冷空气的进入

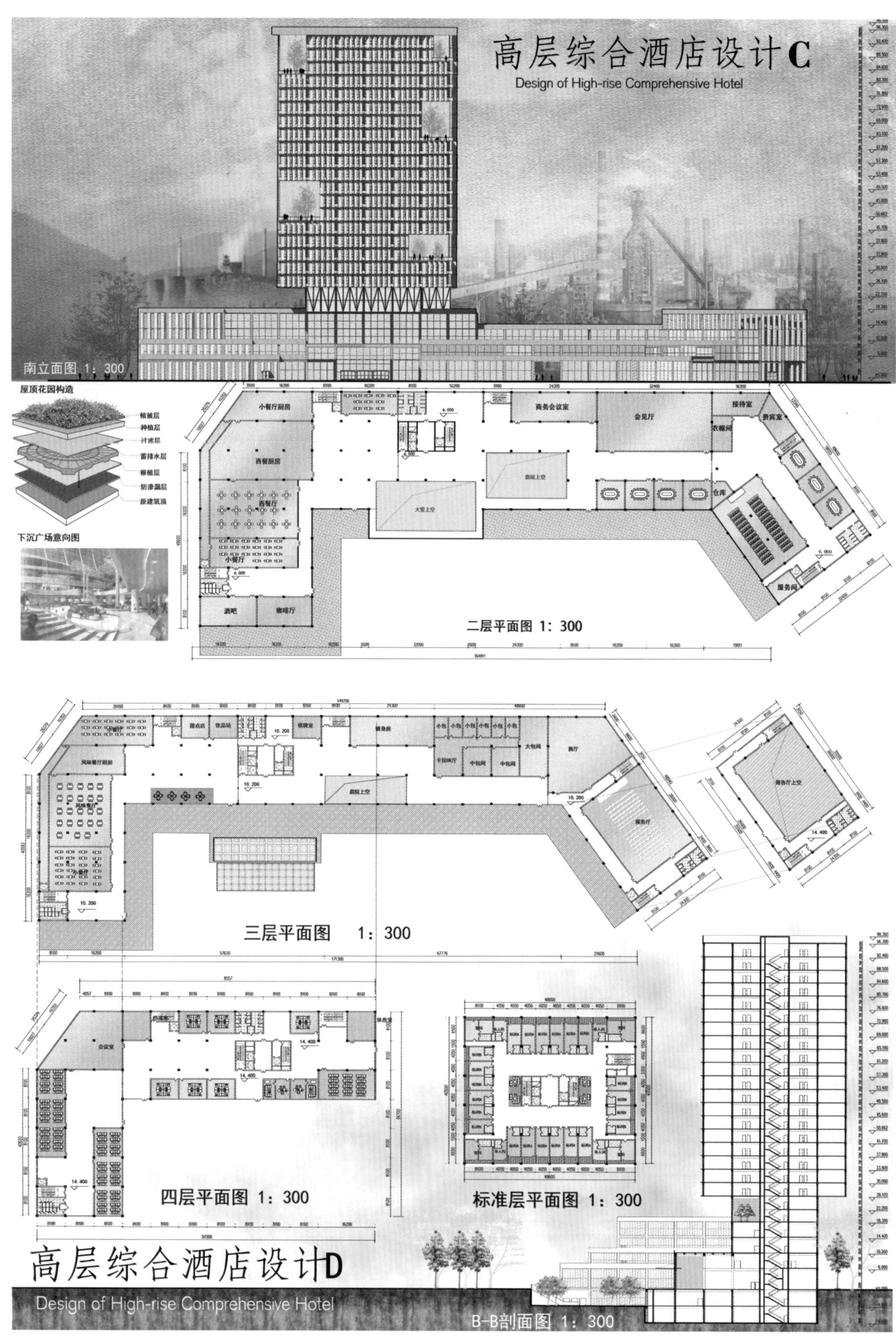
高层综合酒店设计C
Design of High-rise Comprehensive Hotel
南立面图 1：300
屋顶花园构造
植被层
种植层
过滤层
蓄排水层
根植层
防渗漏层
原建筑顶
下沉广场意向图
小餐厅厨房
西餐厨房
西餐厅
小餐厅
酒吧
咖啡厅
商务会议室
会见厅
接待室
贵宾室
衣帽间
仓库
服务间
大堂上空
庭院上空
二层平面图 1：300
三层平面图 1：300
四层平面图 1：300
标准层平面图 1：300
高层综合酒店设计D
Design of High-rise Comprehensive Hotel
B-B剖面图 1：300

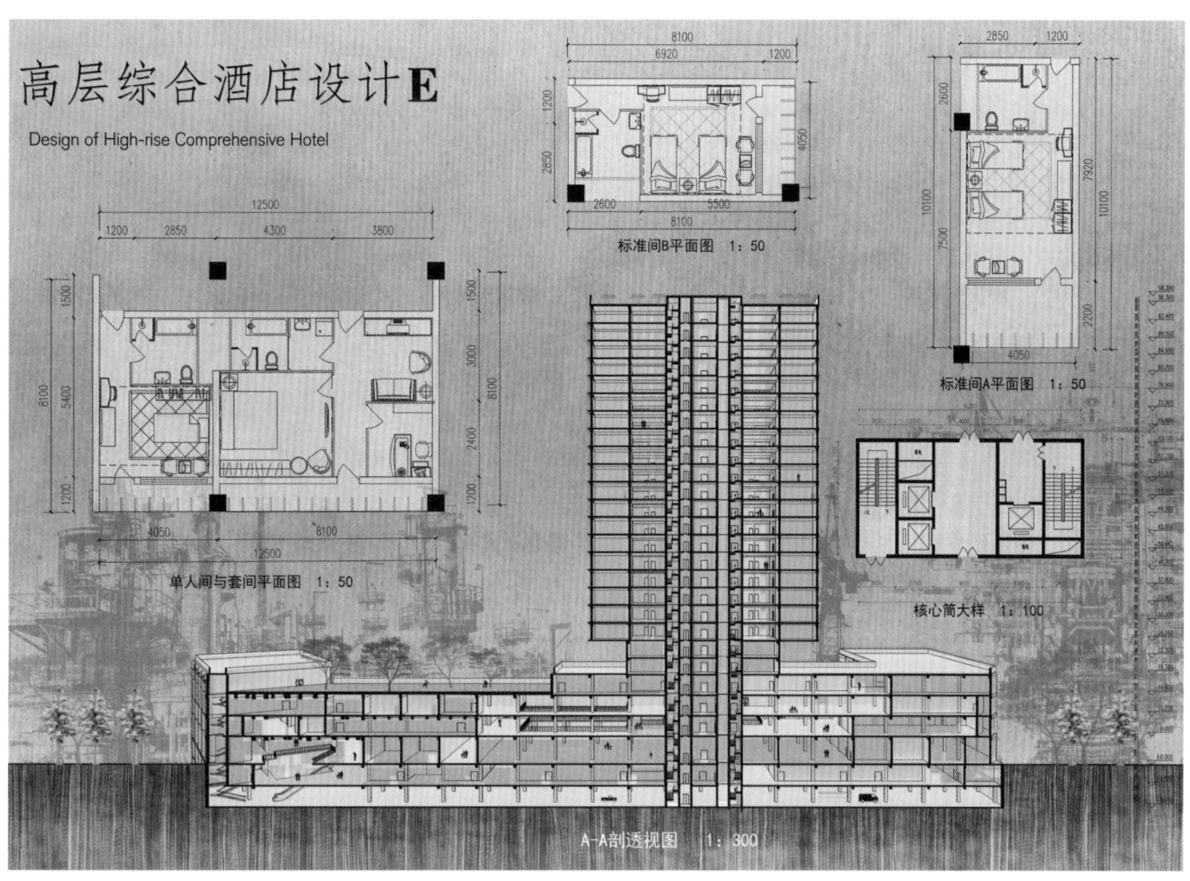

高层综合酒店设计E
Design of High-rise Comprehensive Hotel
标准间B平面图　1：50
标准间A平面图　1：50
单人间与套间平面图　1：50
核心筒大样　1：100
A-A剖透视图　1：300

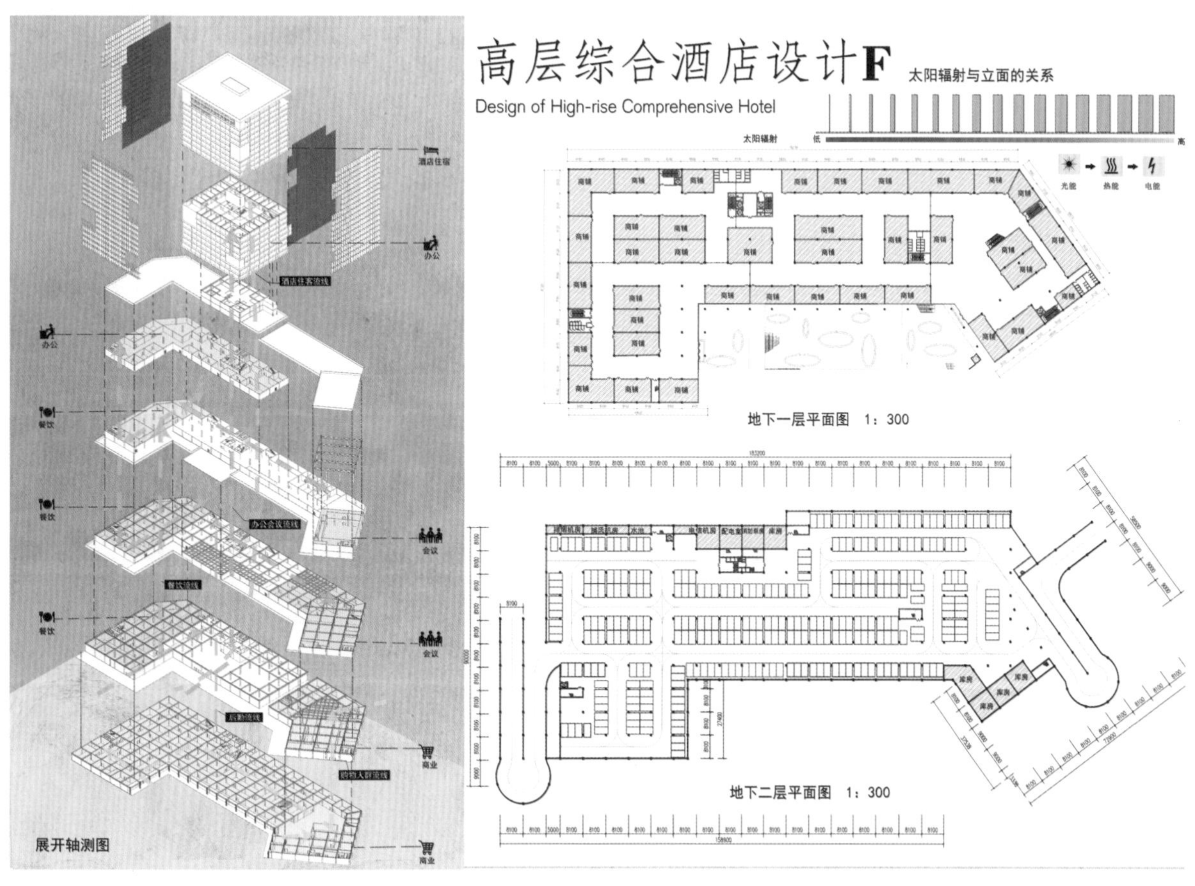

高层综合酒店设计F
Design of High-rise Comprehensive Hotel
太阳辐射与立面的关系
太阳辐射
酒店住宿
办公
餐饮
会议
商业
展开轴测图
地下一层平面图　1：300
地下二层平面图　1：300

评语：

高层综合楼选址于首钢工业厂区东大门，工业气息浓厚，环境优美。裙楼采用“凹”字形设计，高楼主体主要为矩形构造。裙房整体功能齐全，分区明确，高楼主体设计合理。高层里面添加了工业元素，造型新颖，成为首钢园的新地标。不足之处在于高层主体退出景观台玻璃渲染效果错误，未设立停车场所，缺少 5~12 层的办公平面图。

建筑经济指标

总用地面积：	3.36公顷
总建筑面积：	地上38972.98m² 地下5652m²
容积率：	5.73
建筑占地面积：	6805.76m²
建筑密度：	20.3%
绿化率：	38.2%
停车数：	地上20辆 地下264辆
建筑层数：	地上26层 地下2层
建筑层高：	群房6m 标准层3.5m
建筑主体檐口高度：	99.25m
客房自然间数：	420间

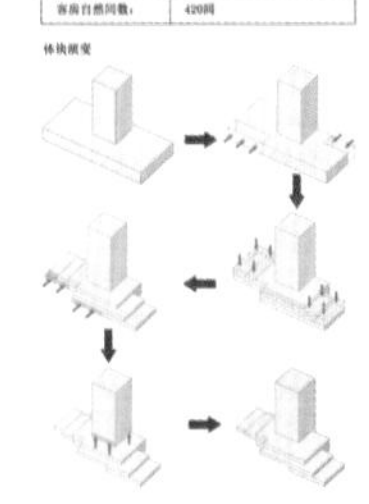

历史价值

首钢具有悠久的历史，其发展是中国钢铁工业从无到有的缩影。由于环境污染、节能减排以及奥运会等原因，首钢于2010年底在北京全市停产，完成搬迁。石景山主厂区内留下大量的建筑物及设施设备，拆除一些废弃建筑设备，同时对一些重要建筑和设备进行保留和改造，使北京城留下"钢铁的记忆"。

地理位置

首钢工业区位于北京市石景山区西南部，永定河畔的石景山东麓，长安街西延线的尽头，是石景山、门头沟新城、丰台河西地区的三区交汇点。在北京"两轴—两带—多中心"城市空间结构中，首钢工业区处于西部发展带和东西文化轴相交的节点位置。

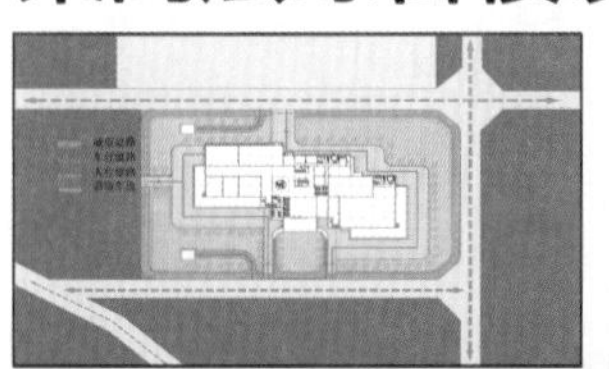

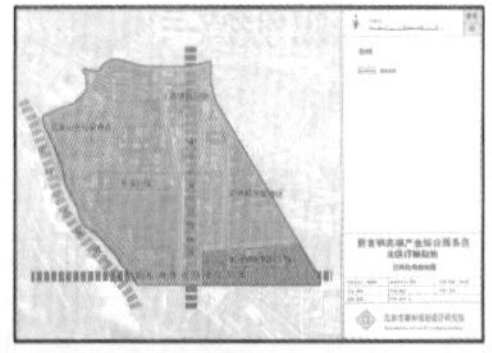

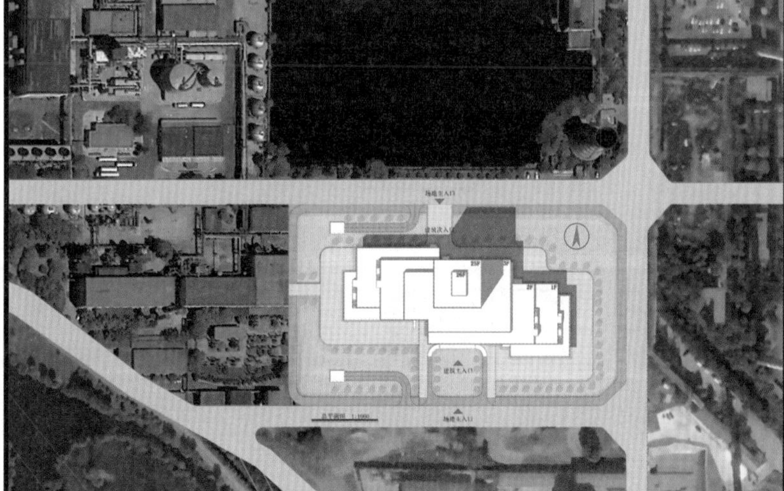

高层综合楼设计 3

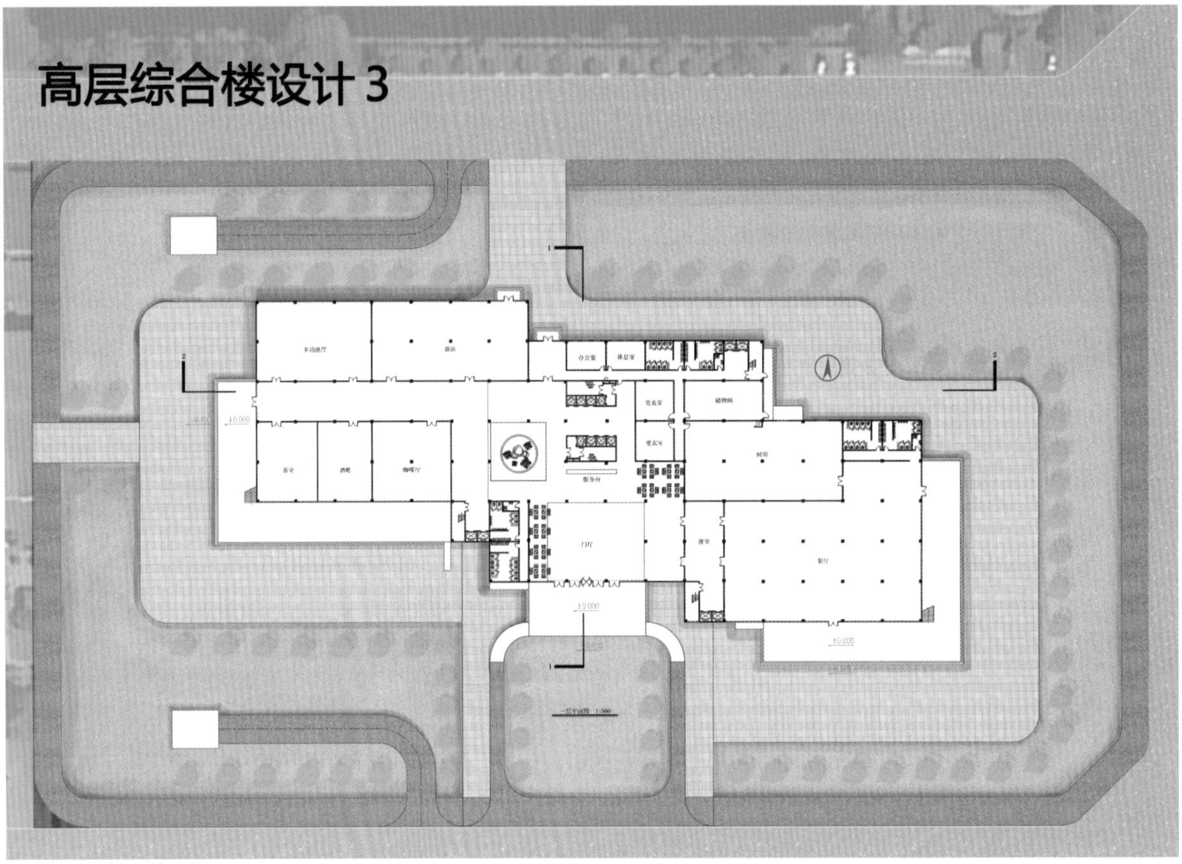

某高层综合楼设计 4

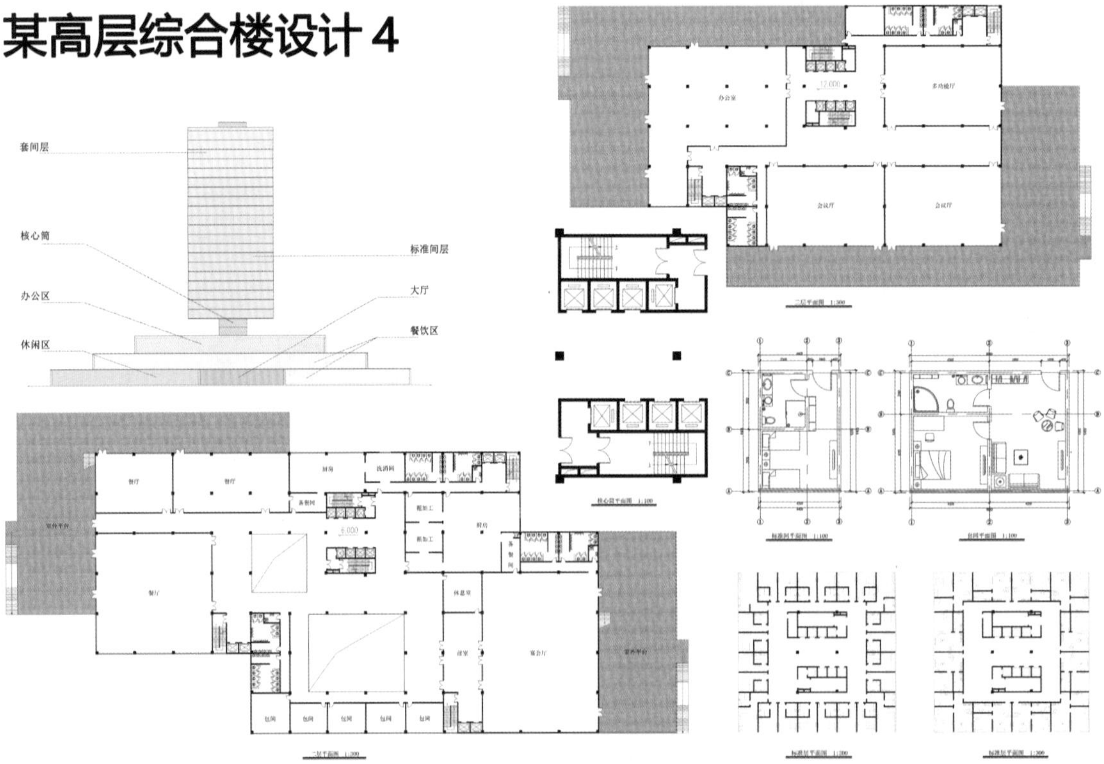
套间层
核心筒
办公区
休闲区
标准间层
大厅
餐饮区

某高层综合楼设计 5

某高层综合楼设计 6

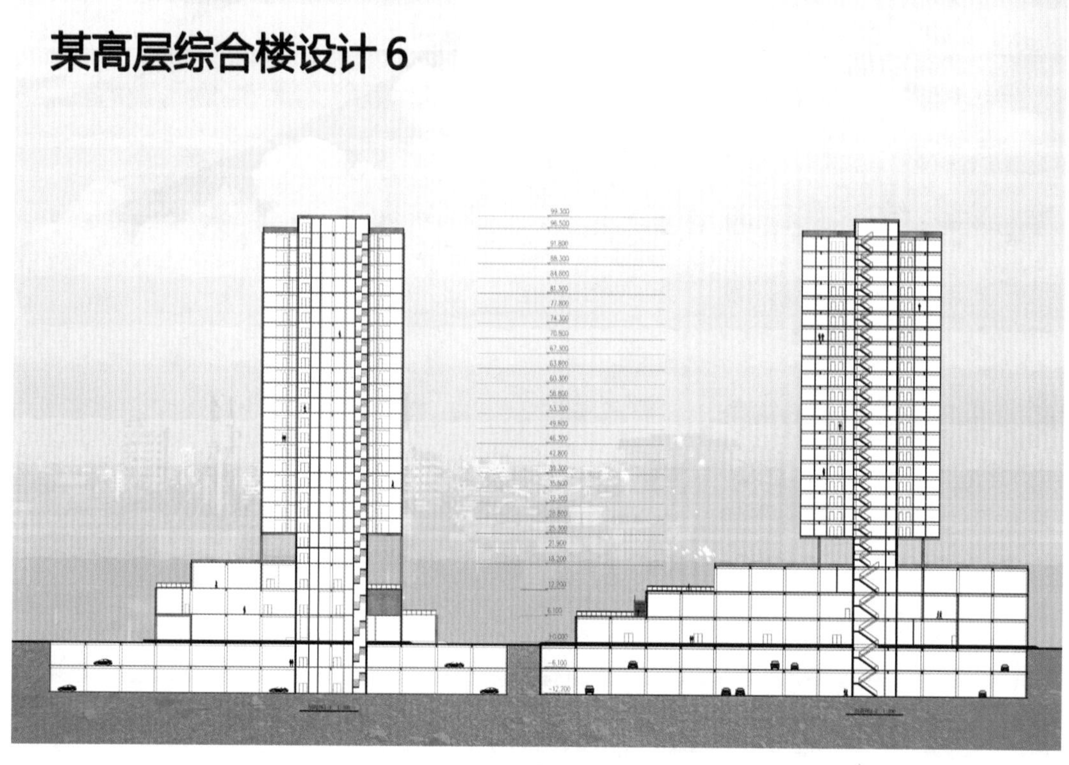

评语：

该高层综合楼选址于首钢工业园区，为工业遗产活化提供新的思路。高层主体采用矩形规整平面布局，裙房内功能齐全，贴心地设置了母婴室为前来就餐的顾客提供便利。不足之处在于首钢园厂区介绍过多，未明确标出高层综合楼坐落位置，缺少停车场的平面图。同时双核心筒的设计导致面积浪费，高层主体设计略显单调。

首钢高层酒店设计 1
选址分析：
历史背景：

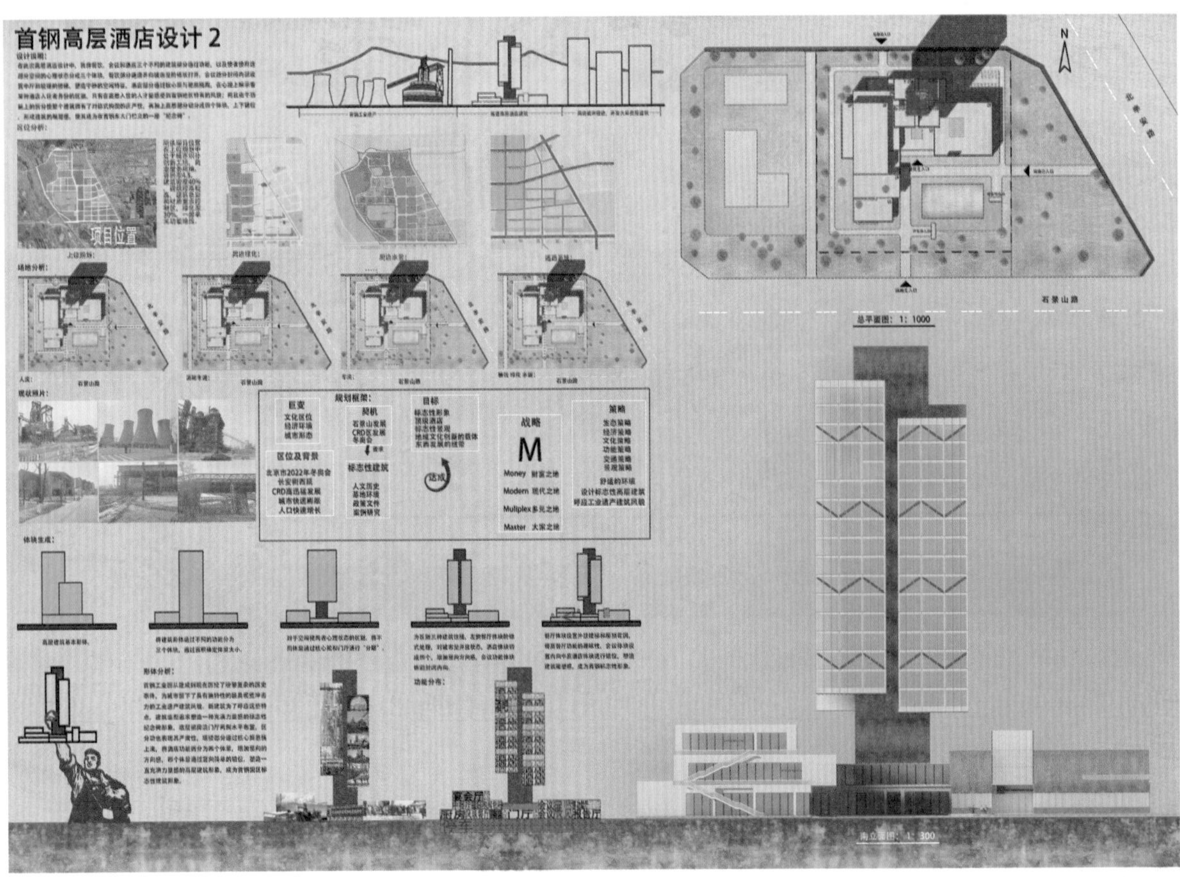
首钢高层酒店设计 2
项目位置
规划框架：
战略
M
Money 财富之地
Modern 现代之地
Multiplex 多元之地
Master 大家之地
总平面图：1：1000

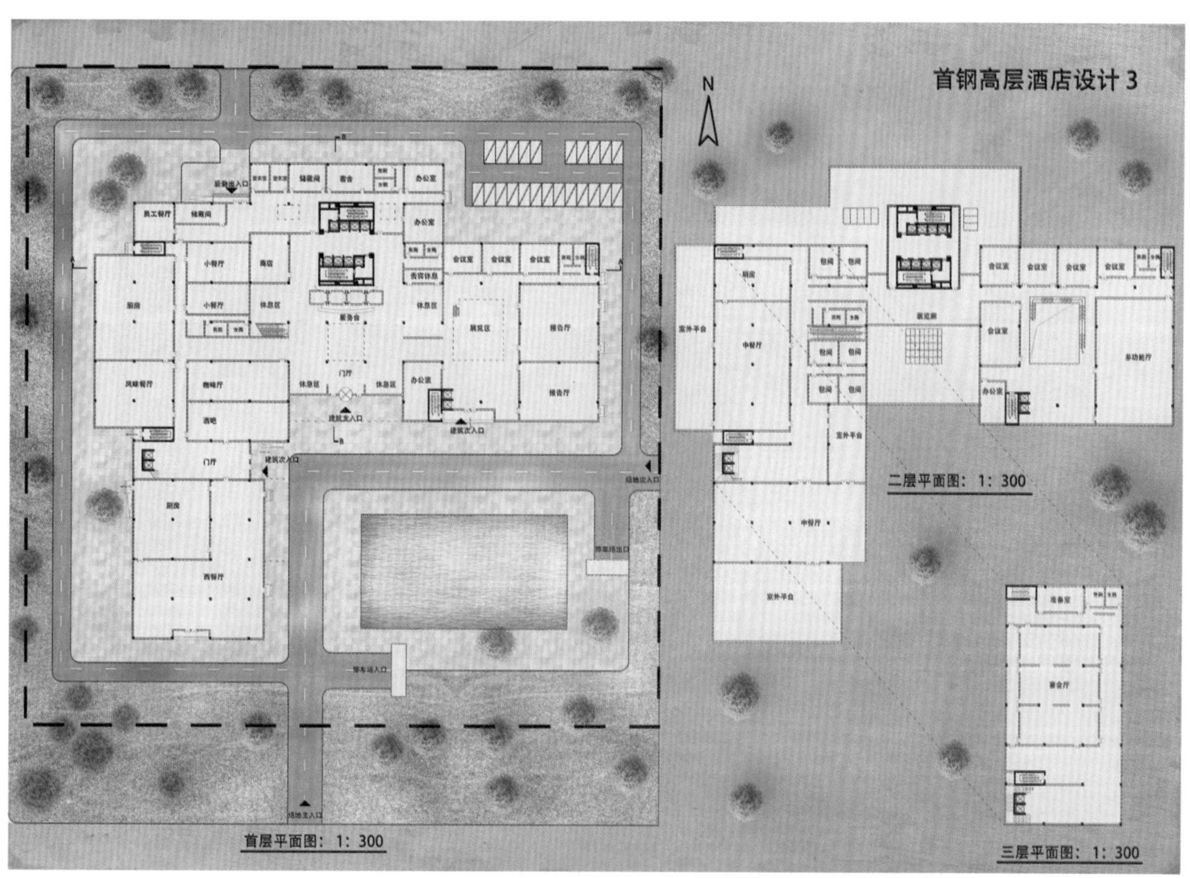
首钢高层酒店设计 3
N
首层平面图：1：300
二层平面图：1：300
三层平面图：1：300

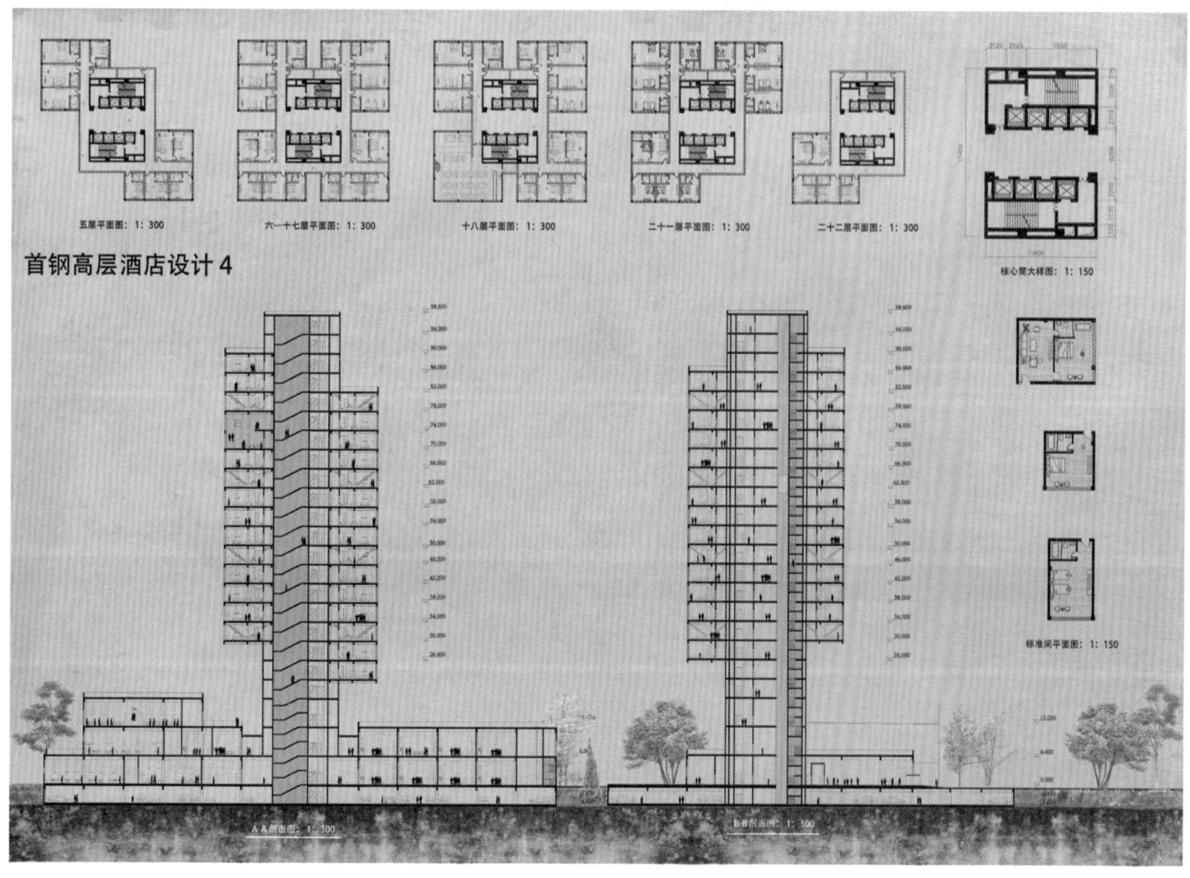
五层平面图：1：300
六一十七层平面图：1：300
十八层平面图：1：300
二十一层平面图：1：300
二十二层平面图：1：300
核心筒大样图：1：150
首钢高层酒店设计 4
标准间平面图：1：150

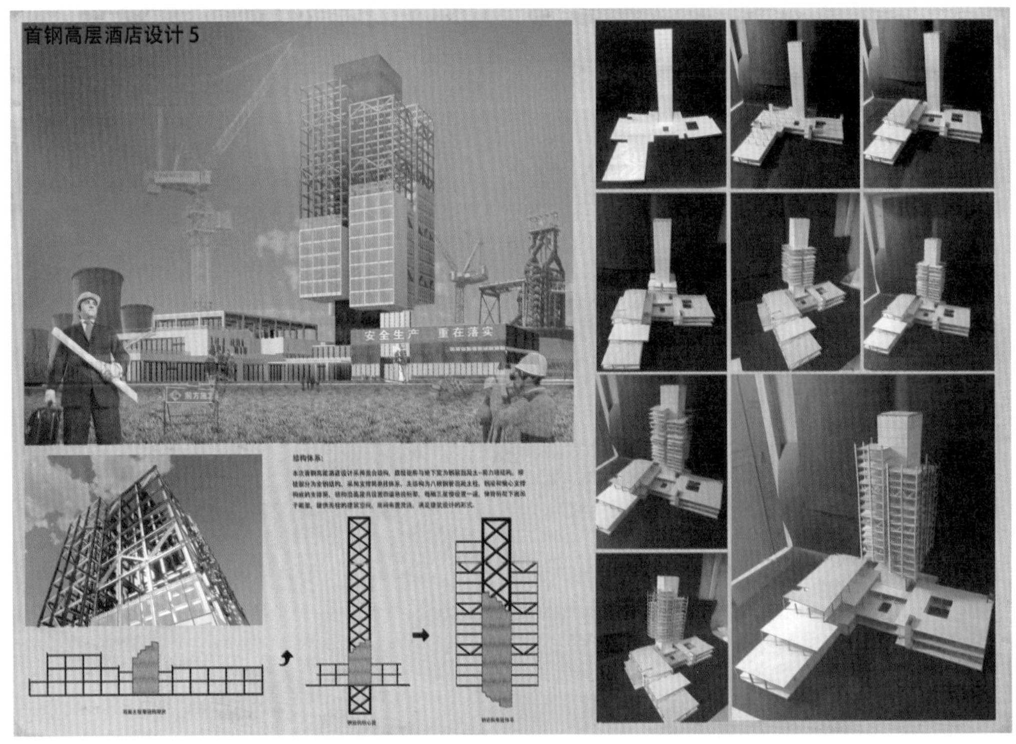

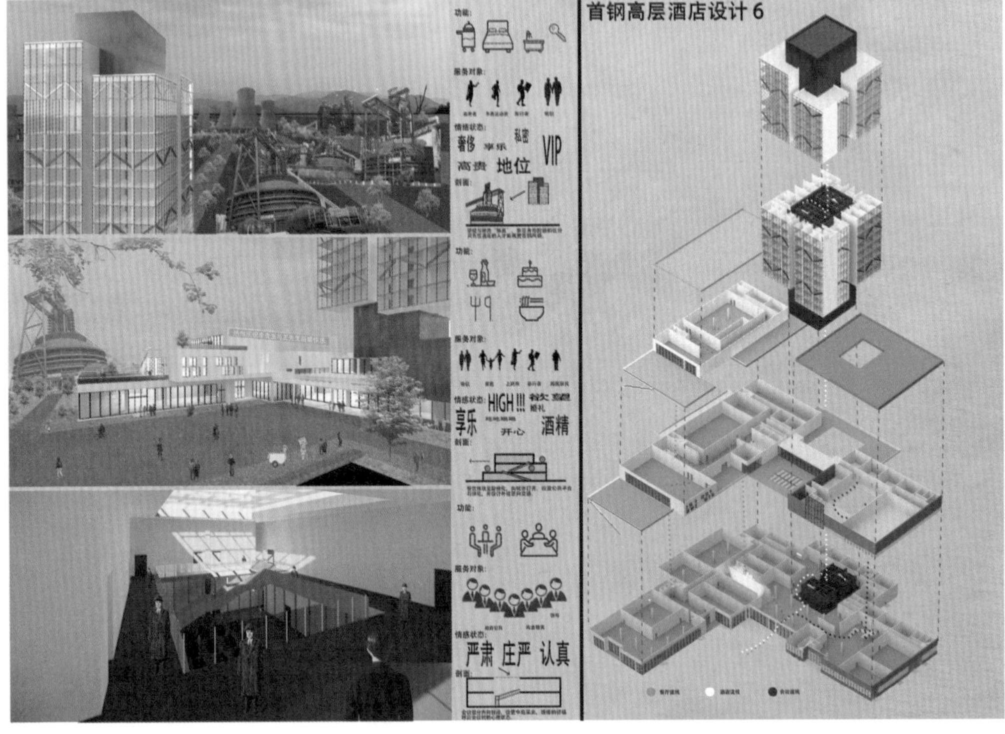

评语：

该高层建筑设计整体采用了支撑筒悬挂体系，保证了高楼主体造型的虚实凹凸变化，为建筑带来了丰富变化。功能齐全的裙房和不同种类的餐厅会带来舒适便利的体验。不足之处是多变的高楼主体缺少美观的同时也造成了空间的浪费。未绘制停车场平面图，同时整体绘制颜色单一，裙房处各房间均采用文字标注缺少美观。

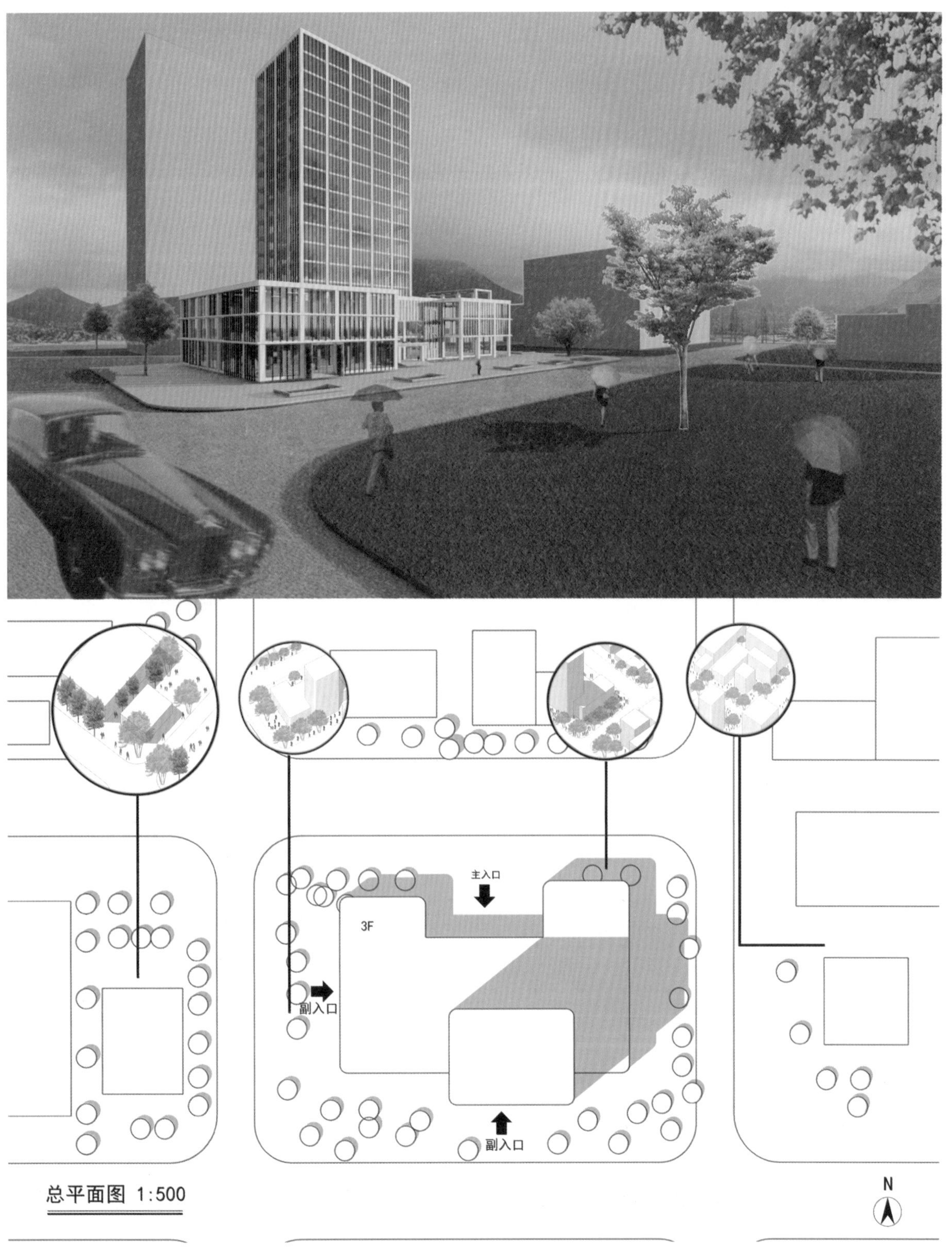

总平面图 1:500

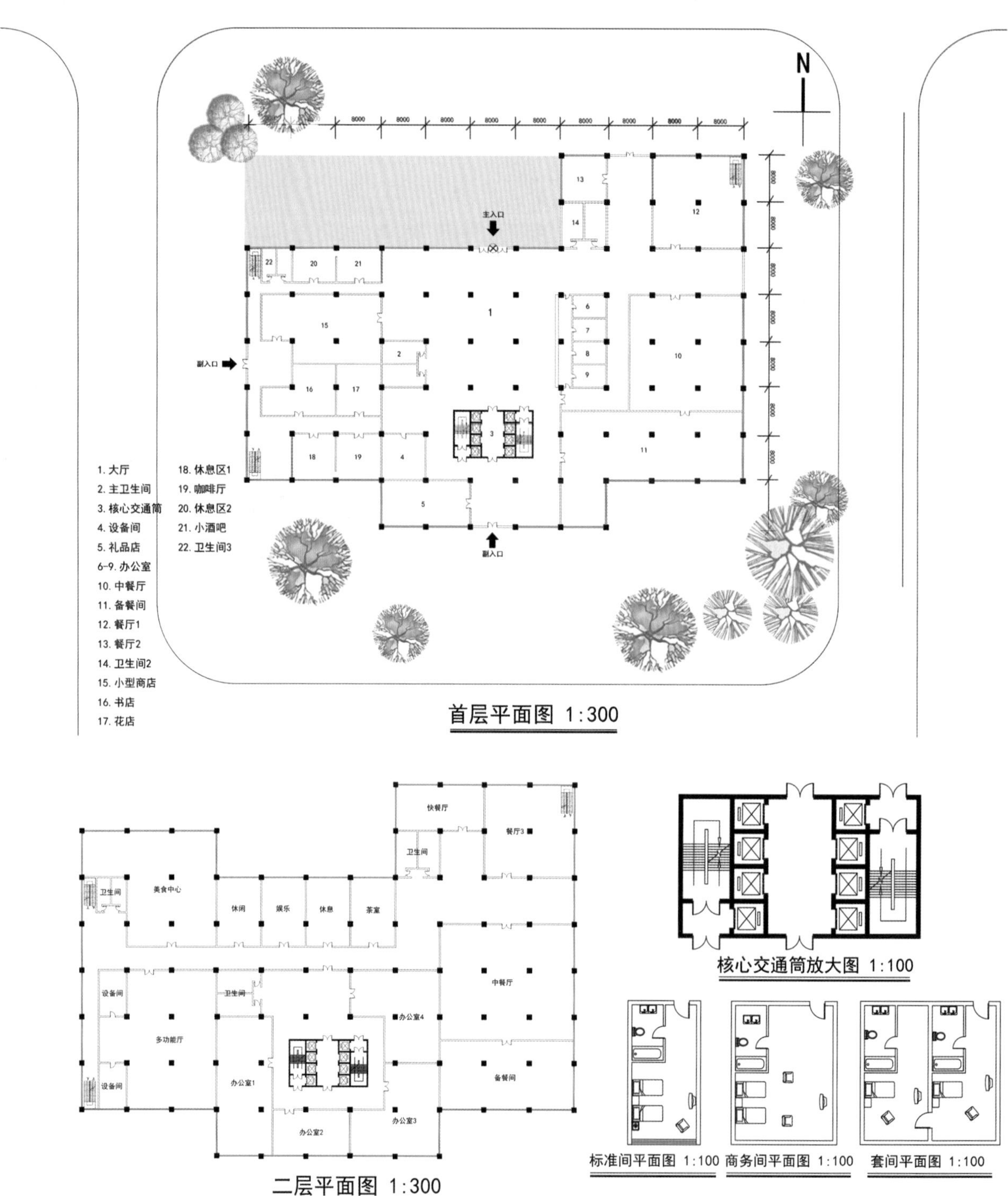

首层平面图 1:300

二层平面图 1:300

核心交通筒放大图 1:100

标准间平面图 1:100

商务间平面图 1:100

套间平面图 1:100

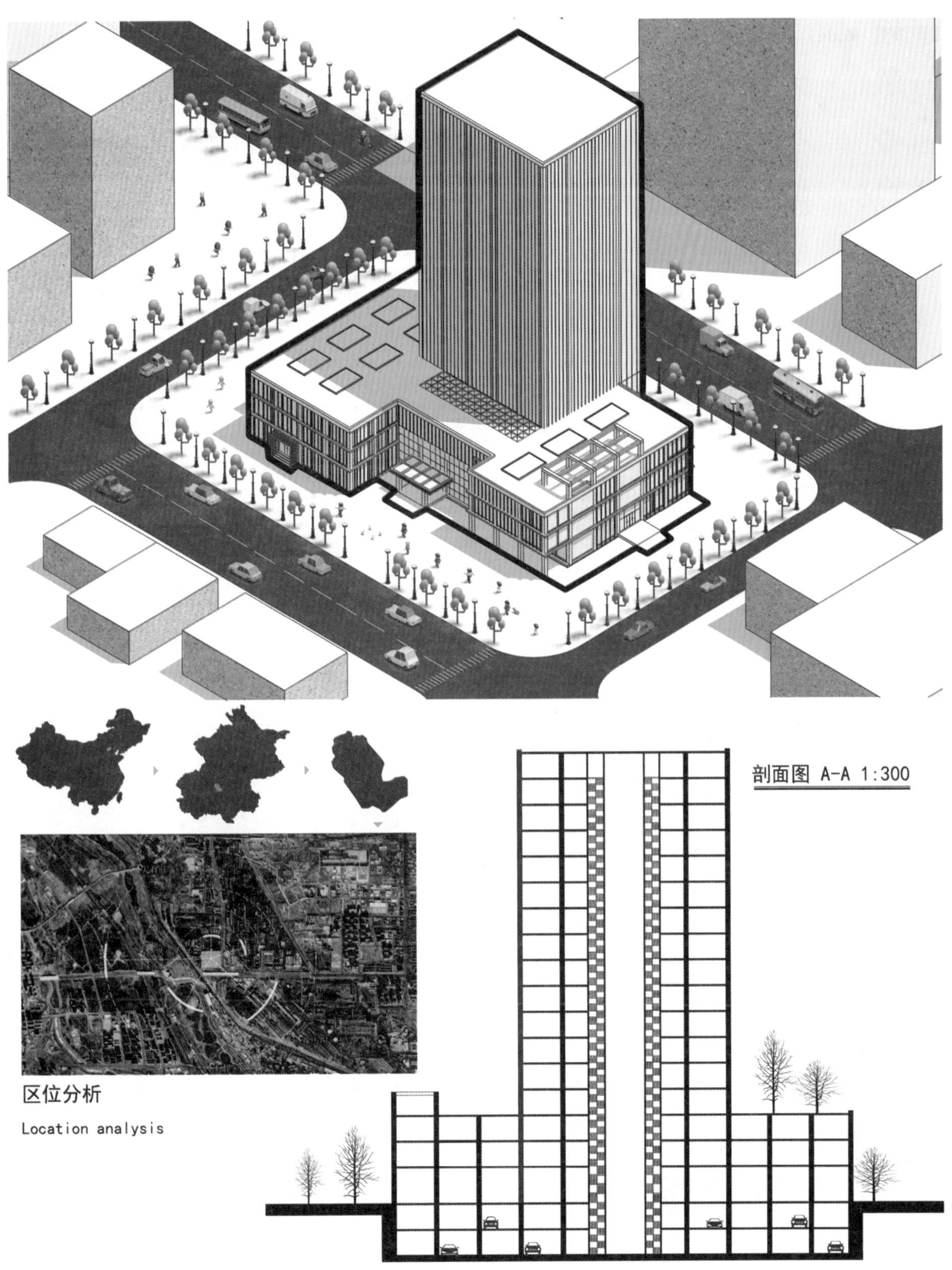

区位分析

Location analysis

城市设计视域下的高层建筑设计

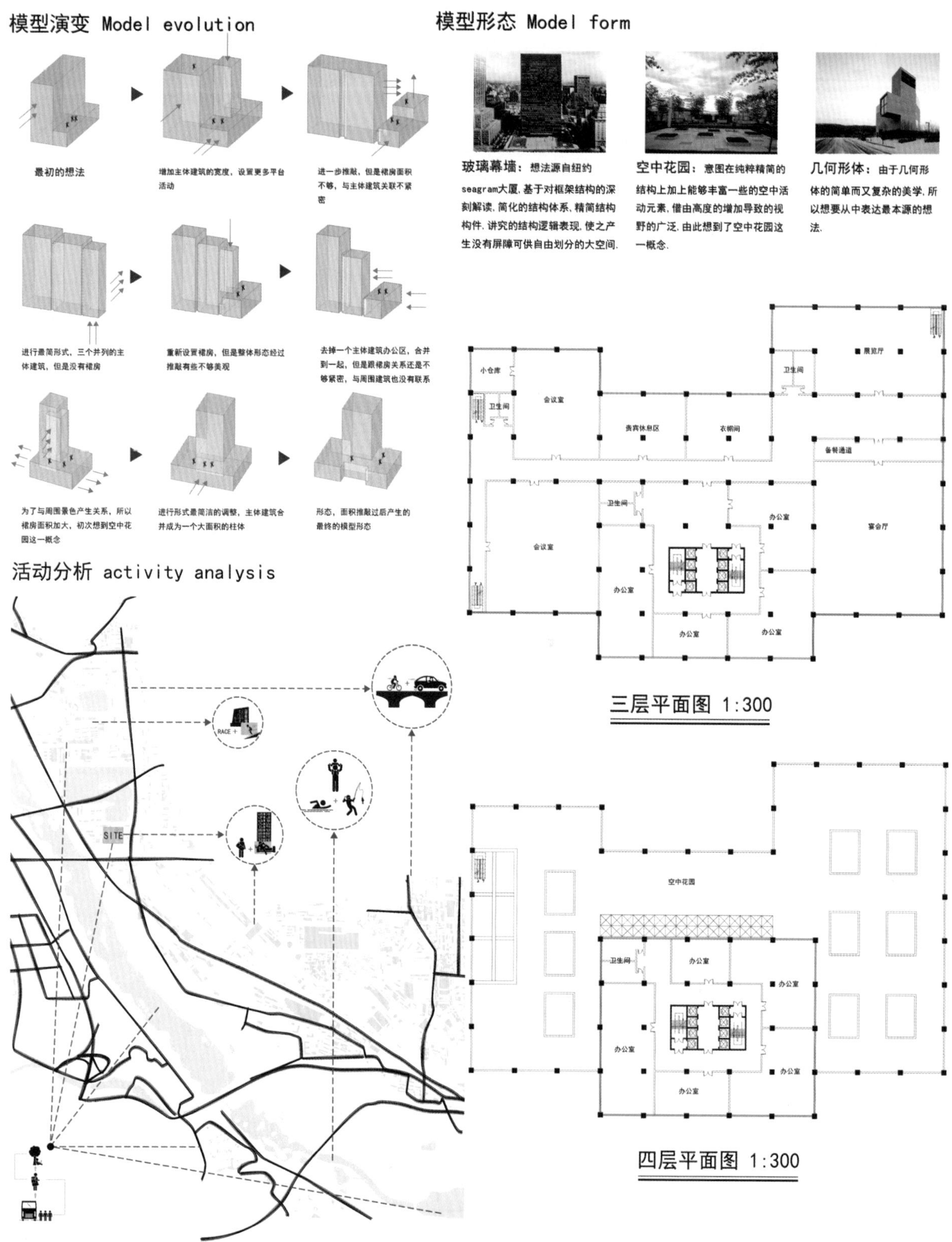

模型演变 Model evolution
最初的想法
增加主体建筑的宽度，设置更多平台活动
进一步推敲，但是裙房面积不够，与主体建筑关联不紧密
进行最简形式，三个并列的主体建筑，但是没有裙房
重新设置裙房，但是整体形态经过推敲有些不够美观
去掉一个主体建筑办公区，合并到一起，但是跟裙房关系还是不够紧密，与周围建筑也没有联系
为了与周围景色产生关系，所以裙房面积加大，初次想到空中花园这一概念
进行形式最简洁的调整，主体建筑合并成为一个大面积的柱体
形态，面积推敲过后产生的最终的模型形态
活动分析 activity analysis
SITE
模型形态 Model form
玻璃幕墙：想法源自纽约seagram大厦，基于对框架结构的深刻解读，简化的结构体系，精简结构构件，讲究的结构逻辑表现，使之产生没有屏障可供自由划分的大空间。
空中花园：意图在纯粹精简的结构上加上能够丰富一些的空中活动元素，借由高度的增加导致的视野的广泛，由此想到了空中花园这一概念。
几何形体：由于几何形体的简单而又复杂的美学，所以想要从中表达最本源的想法。
小仓库
卫生间
会议室
贵宾休息区
衣帽间
展览厅
备餐通道
办公室
宴会厅
三层平面图 1:300
空中花园
四层平面图 1:300

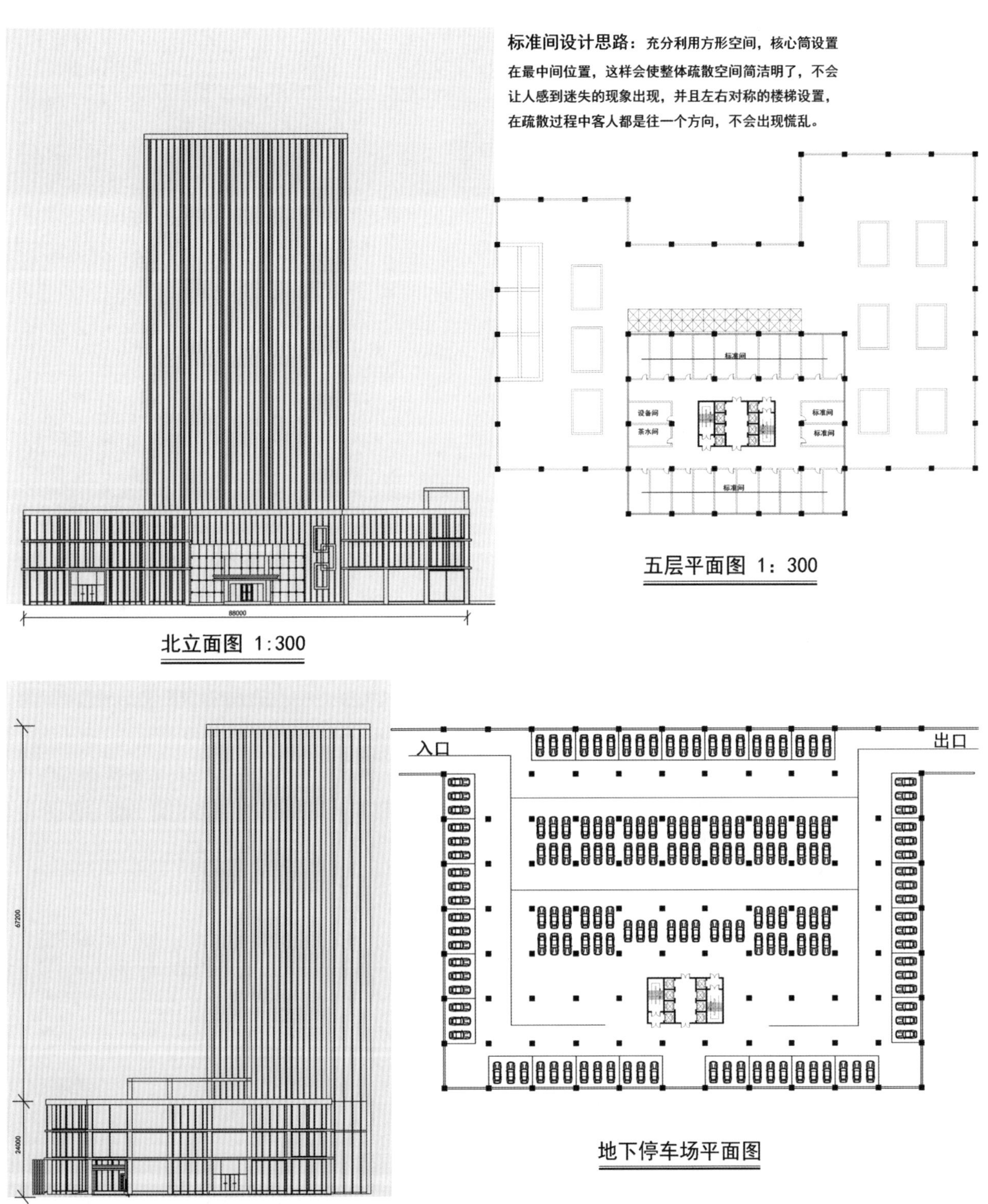
标准间设计思路：充分利用方形空间，核心筒设置在最中间位置，这样会使整体疏散空间简洁明了，不会让人感到迷失的现象出现，并且左右对称的楼梯设置，在疏散过程中客人都是往一个方向，不会出现慌乱。
标准间
设备间
茶水间
标准间
标准间
标准间
88000
67200
24000
入口
出口

北立面图 1:300

五层平面图 1：300

西立面图 1:300

地下停车场平面图

评语：

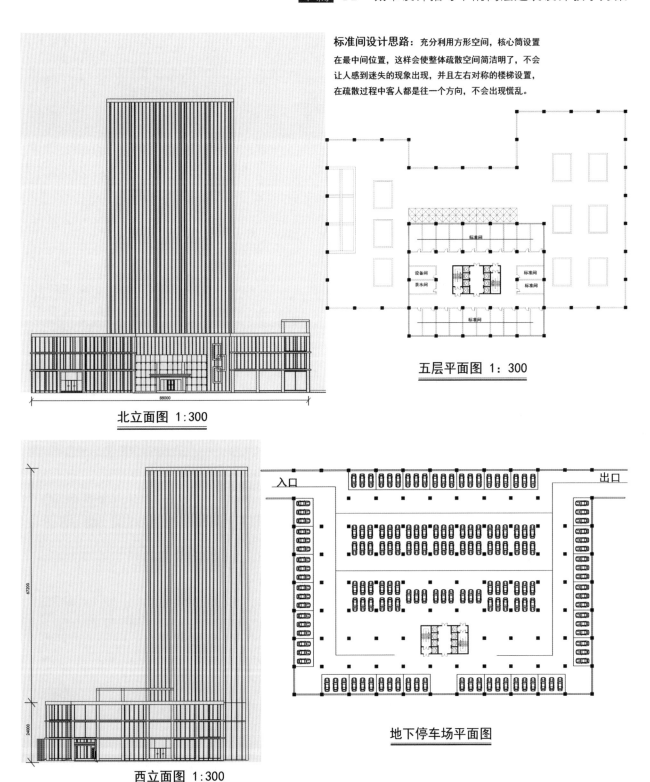

该设计方案高层建筑采用矩形规整平面布局，裙房功能完整，设计相对合理。不足之处首层平面图不简明扼要，商务间空间利用差，所有房型内的设施单一，套间内两个房间设计相同未区分出套间的功能。房间设计中虽然设计了三种房型，但是高层主体只体现出了标准间的位置。

Winter Olympics Hotel
we want on the basis of shougang industrial park to build shougang place memory games landmark hotel, towering twin peaks like shougang chimneys standing vertically, echo each other at a distance in the distance the western hills of downy curve, middle transparent body block, make the light slowly seep into vertical grille make buildings more tall and straight, white glass building cold, fully, given the feeling, to the building to snow mountain to pride. At the same time, in terms of functions, we provide the hotel with a variety of functions to meet the needs of different groups, such as shopping, leisure, external catering, etc., to attract the vitality of the surrounding areas. We also set an ice rink in the hotel according to the theme of the winter Olympics, so that tourists can experience the interesting ice and snow events after watching the games. To sum up, we want to build the most landmark hotel in shijingshan district.

Winter Olympics Hotel
Dior
LOUIS VUITTON
Site memory:
Drive west from Beijing to the second phase of shangfushi road viaduct, a west fifth ring road, 30 or 40 meters high brown iron blast furnace and chimney panoramic view, lake and green trees around, this is the old shijingshan factory area. On September 12, 2013, Chen shijie, assistant to the general manager of shougang disclosed that shijingshan industrial culture scenic spot of shougang had officially become a 3A level tourist scenic spot.
From fushi road southward to chang 'an street, in the 1.96 square kilometer industrial site park in the old factory area, visitors can not only go deep into the blast furnace and get on the small train, but also experience the most nostalgic shougang soda and canteen tray food, and be the real shougang people
Conception:
BEIJING 2022
Candidate City
We combine the meaning of the winter Olympics with shougang's iconic buildings, the intention of snow mountains with chimneys, to create a building with a combination of curves and towering blocks, giving a sense of flow and height
Generation process:
Functional analysis:
The first floor is for rent. Convenience stores, shops and restaurants are set up for visitors.
Hotel supporting services, restaurants, multi-functional hall, banquet hall, gym, etc. are provided on the second and fourth floors for guests to use.
Mainly set up hotel rooms.
Set office floor
The equipment layer

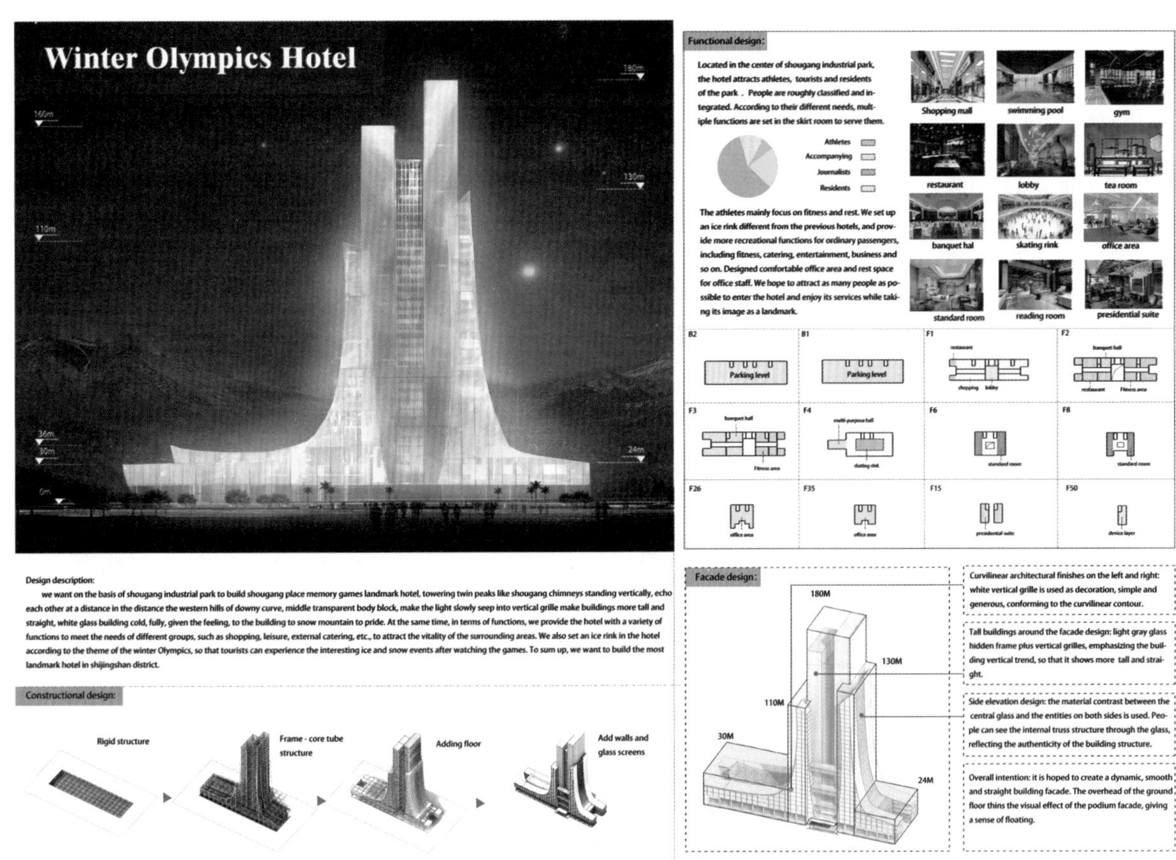
Winter Olympics Hotel
180m
160m
130m
110m
36m
30m
24m
0m
Functional design:
Located in the center of shougang industrial park, the hotel attracts athletes, tourists and residents of the park . People are roughly classified and integrated. According to their different needs, multiple functions are set in the skirt room to serve them.
Athletes
Accompanying
Journalists
Residents
The athletes mainly focus on fitness and rest. We set up an ice rink different from the previous hotels, and provide more recreational functions for ordinary passengers, including fitness, catering, entertainment, business and so on. Designed comfortable office area and rest space for office staff. We hope to attract as many people as possible to enter the hotel and enjoy its services while taking its image as a landmark.
Shopping mall
swimming pool
gym
restaurant
lobby
tea room
banquet hal
skating rink
office area
standard room
reading room
presidential suite
B2
Parking level
B1
Parking level
F1
F2
F3
banquet hall
F4
multi-purpose hall
F6
standard room
F8
standard room
F26
office area
F35
office area
F15
presidential suite
F50
device layer
Design description:
we want on the basis of shougang industrial park to build shougang place memory games landmark hotel, towering twin peaks like shougang chimneys standing vertically, echo each other at a distance in the distance the western hills of downy curve, middle transparent body block, make the light slowly seep into vertical grille make buildings more tall and straight, white glass building cold, fully, given the feeling, to the building to snow mountain to pride. At the same time, in terms of functions, we provide the hotel with a variety of functions to meet the needs of different groups, such as shopping, leisure, external catering, etc., to attract the vitality of the surrounding areas. We also set an ice rink in the hotel according to the theme of the winter Olympics, so that tourists can experience the interesting ice and snow events after watching the games. To sum up, we want to build the most landmark hotel in shijingshan district.
Constructional design:
Rigid structure
Frame - core tube structure
Adding floor
Add walls and glass screens
Facade design:
180M
130M
110M
30M
24M
Curvilinear architectural finishes on the left and right: white vertical grille is used as decoration, simple and generous, conforming to the curvilinear contour.
Tall buildings around the facade design: light gray glass hidden frame plus vertical grilles, emphasizing the building vertical trend, so that it shows more tall and straight.
Side elevation design: the material contrast between the central glass and the entities on both sides is used. People can see the internal truss structure through the glass, reflecting the authenticity of the building structure.
Overall intention: it is hoped to create a dynamic, smooth and straight building facade. The overhead of the ground floor thins the visual effect of the podium facade, giving a sense of floating.

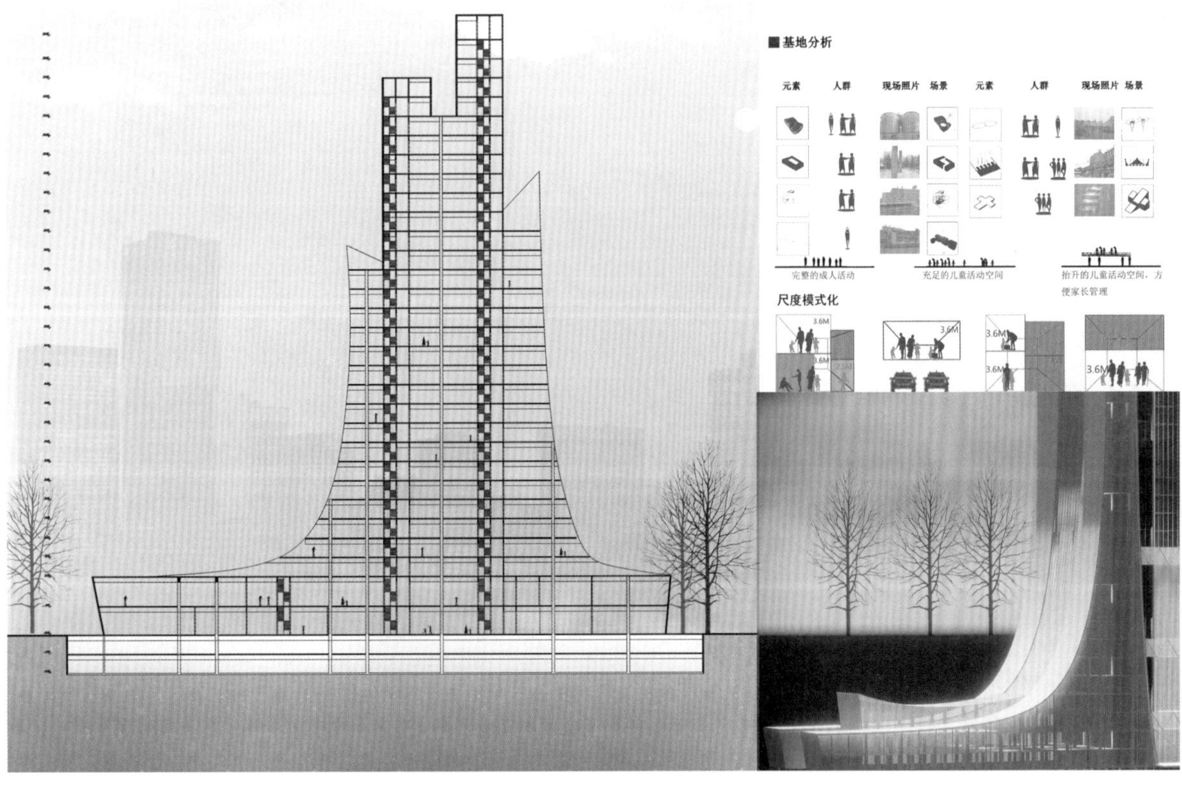
Winter Olympics Hotel
■基地分析
元素
人群
现场照片
场景
元素
人群
现场照片
场景
完整的成人活动
充足的儿童活动空间
抬升的儿童活动空间，方便家长管理
尺度模式化
3.6M

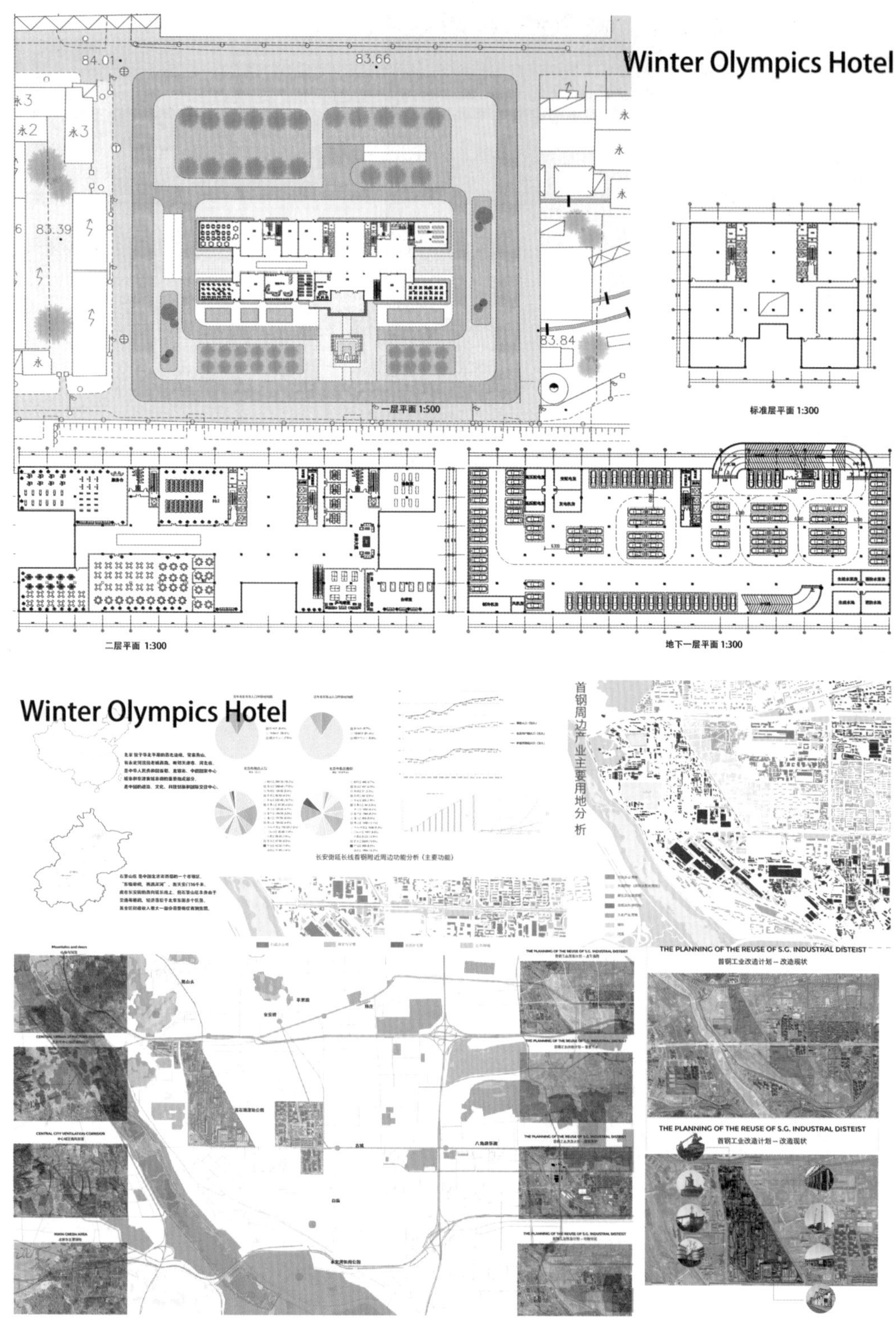

评语：

该建筑设计精美，高耸的双峰如两个烟筒体现工业气息，丝滑的建筑立面曲线与西山相互呼应。整个建筑如同一座精美的雪山，与冬奥主题牢牢贴合，同时设立冰场和游泳馆供游客体验。裙房内功能齐全，设计图颜色多样，设计美观。不足之处是设计图为英文，带来一定阅读困难，没有绘制出客房内部布局。

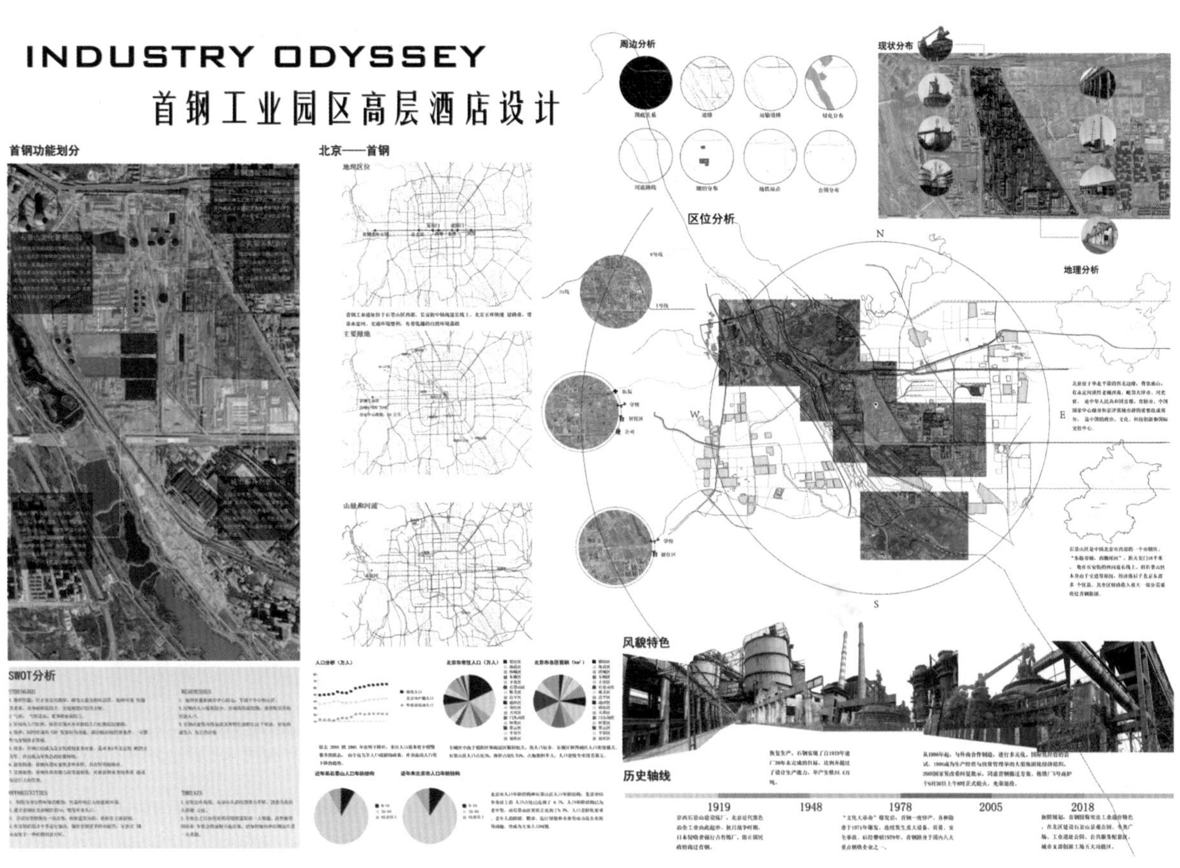
INDUSTRY ODYSSEY
首钢工业园区高层酒店设计
首钢功能划分
北京——首钢
周边分析
现状分布
区位分析
地理分析
N
W
E
S
SWOT分析
风貌特色
历史轴线
1919
1948
1978
2005
2018

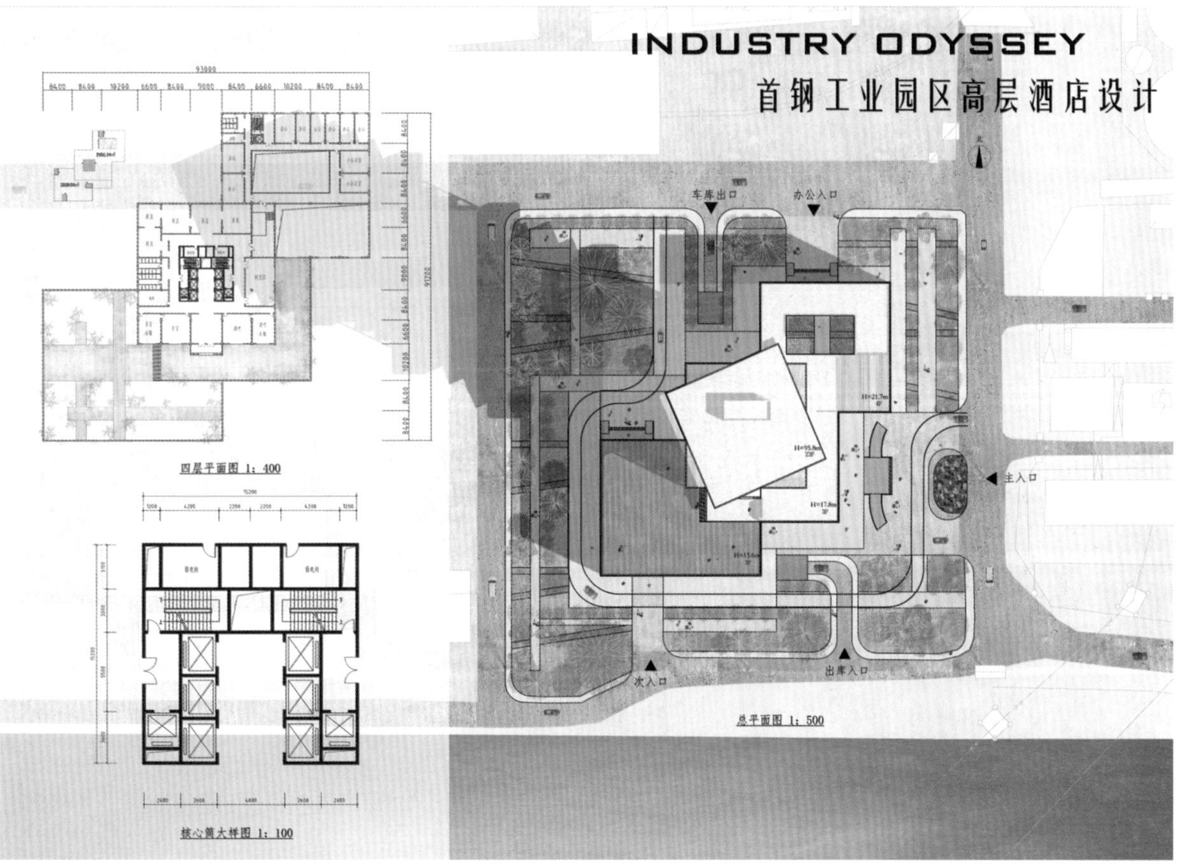
INDUSTRY ODYSSEY
首钢工业园区高层酒店设计
93000
车库出口
办公入口
主入口
次入口
出库入口
四层平面图 1: 400
核心筒大样图 1: 100
总平面图 1: 500

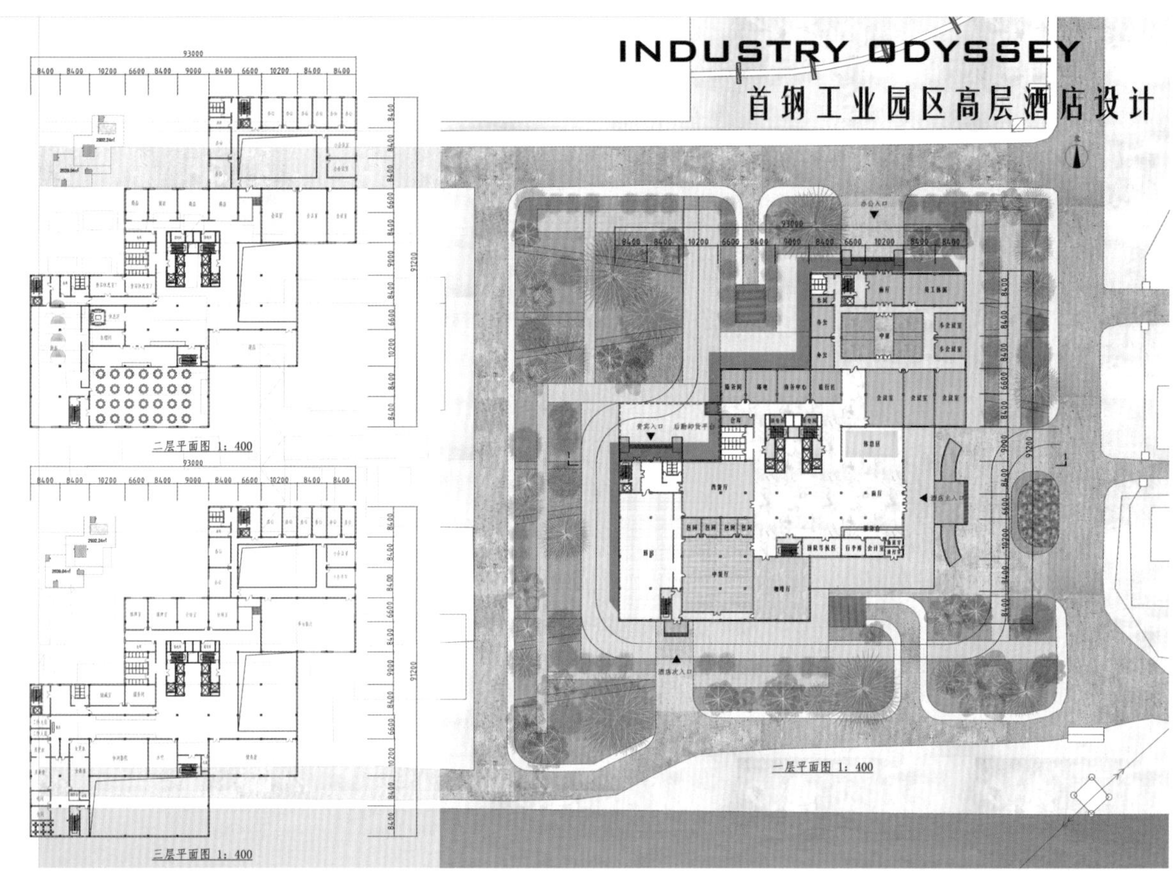
INDUSTRY ODYSSEY
首钢工业园区高层酒店设计
二层平面图 1：400
三层平面图 1：400
一层平面图 1：400

INDUSTRY ODYSSEY
首钢工业园区高层酒店设计
设计说明
项目地块在首钢工业区内，位于蓄水池北侧。响应石景山首钢新规划方向，建立冬奥会场馆响应配套高层酒店。酒店主楼成为地段内的标志性建筑体，高层与裙房在体量上与建筑形式上共同起到了围合作用。裙房部分通过室内中庭及放大的室内公共场所营造出舒适而丰富的变化。高层酒店的旋转形式以及出挑阳台强化了标志性的形象，无论在其中间还是地块外呈现个角度不同的变化。场地西侧现存有碧霞元君庙等有价值的历史文物，因此西侧设大片地面绿化，景观步道与休闲广场，景观结合。做到出处见绿，步步有景。绿化同广场，水景结合，室内外标高变化丰富，充分考虑了树木、草地、休闲设施的设置。
经济技术指标
用地面积：18021.5㎡
建筑占地面积：4971.28㎡
总建筑面积：55276.4㎡
地上建筑面积：45333.84㎡
地下建筑面积：9942.56㎡
容积率：2.51
绿化用地面积：6848.71㎡
绿化率：38%
建筑密度:27.6%
地下停车位：115

INDUSTRY ODYSSEY
首钢工业园区高层酒店设计
阳台大样
场地流线分析
绿化分析
交通盒分析
体块分析

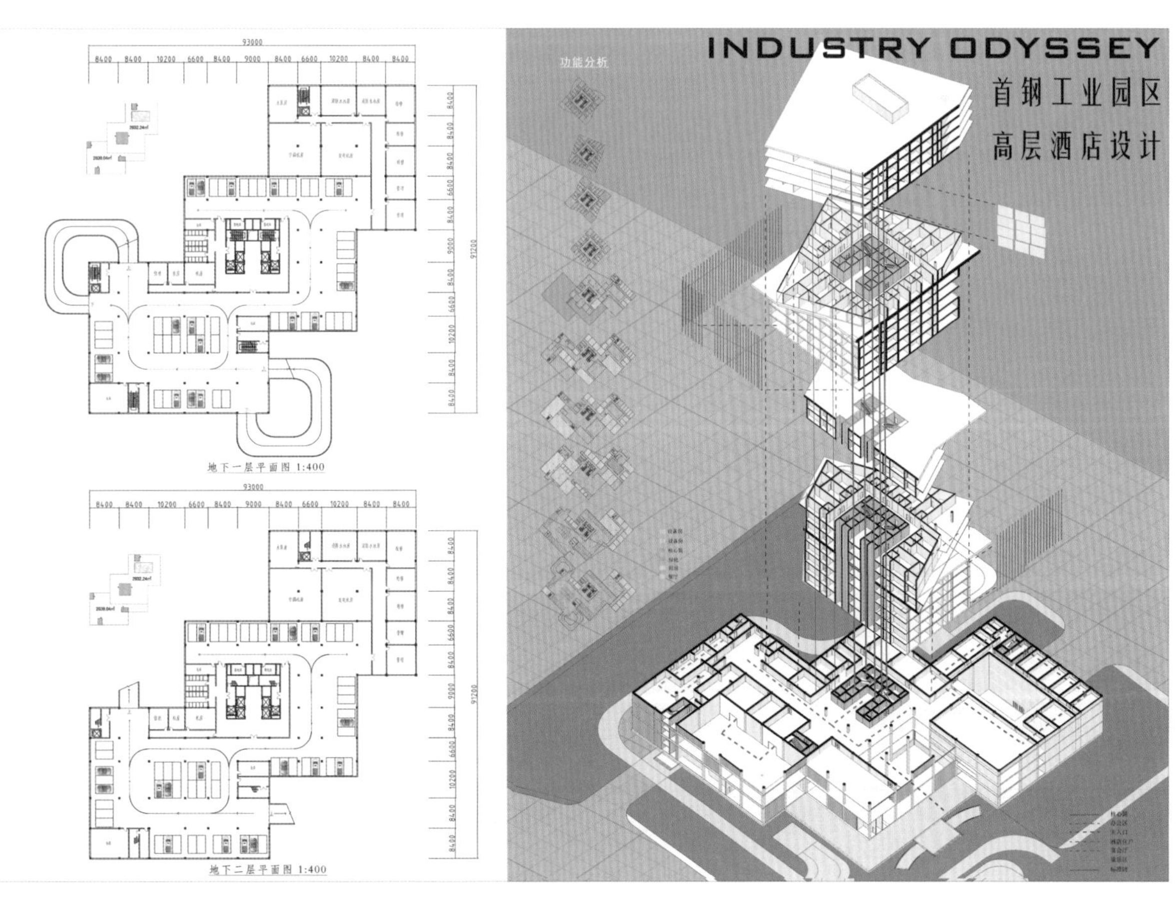
地下一层平面图 1:400
地下二层平面图 1:400
INDUSTRY ODYSSEY
首钢工业园区
高层酒店设计
功能分析

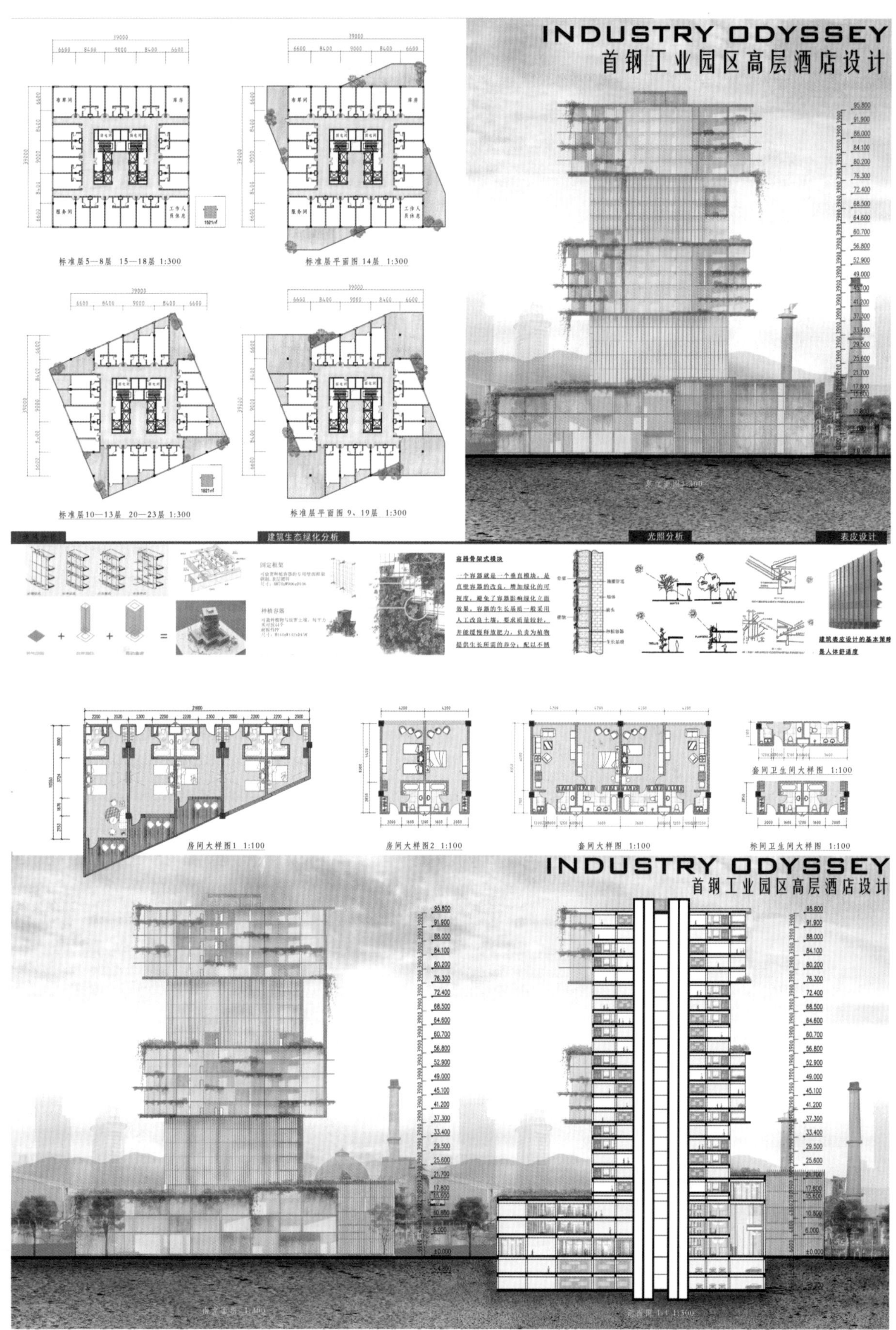
INDUSTRY ODYSSEY
首钢工业园区高层酒店设计
标准层5—8层 15—18层 1:300
标准层平面图 14层 1:300
标准层10—13层 20—23层 1:300
标准层平面图 9、19层 1:300
建筑生态绿化分析
光照分析
表皮设计
容器骨架式模块
一个容器就是一个垂直模块，是直壁容器的改良，增加绿化的可視度，避免了容器影响绿化立面效果，容器的生长基质一般采用人工改良土壤，要求质量较轻，并能缓慢释放肥力，负责为植物提供生长所需的养分
建筑表皮设计的基本原则是人体舒适度
房间大样图1 1:100
房间大样图2 1:100
套间大样图 1:100
套间卫生间大样图 1:100
标间卫生间大样图 1:100
INDUSTRY ODYSSEY
首钢工业园区高层酒店设计

评语：

该建筑选址于长安街西沿线的首钢园区，总平面布局合理。高层主体通过旋转为建筑带来了多变的立面，立面上方设立成屋顶花园增加美观。绘图颜色丰富，住房内设施齐全，设计精美。实体模型图拍摄美观。不足之处标准层住房内部空白导致平面图略显空缺，缺乏美观。裙房处虽然功能齐全，但是功能间均用文字表示缺乏美观，同时未设计厕所。

高层综合楼设计
-首钢工业区酒店 Ⅰ

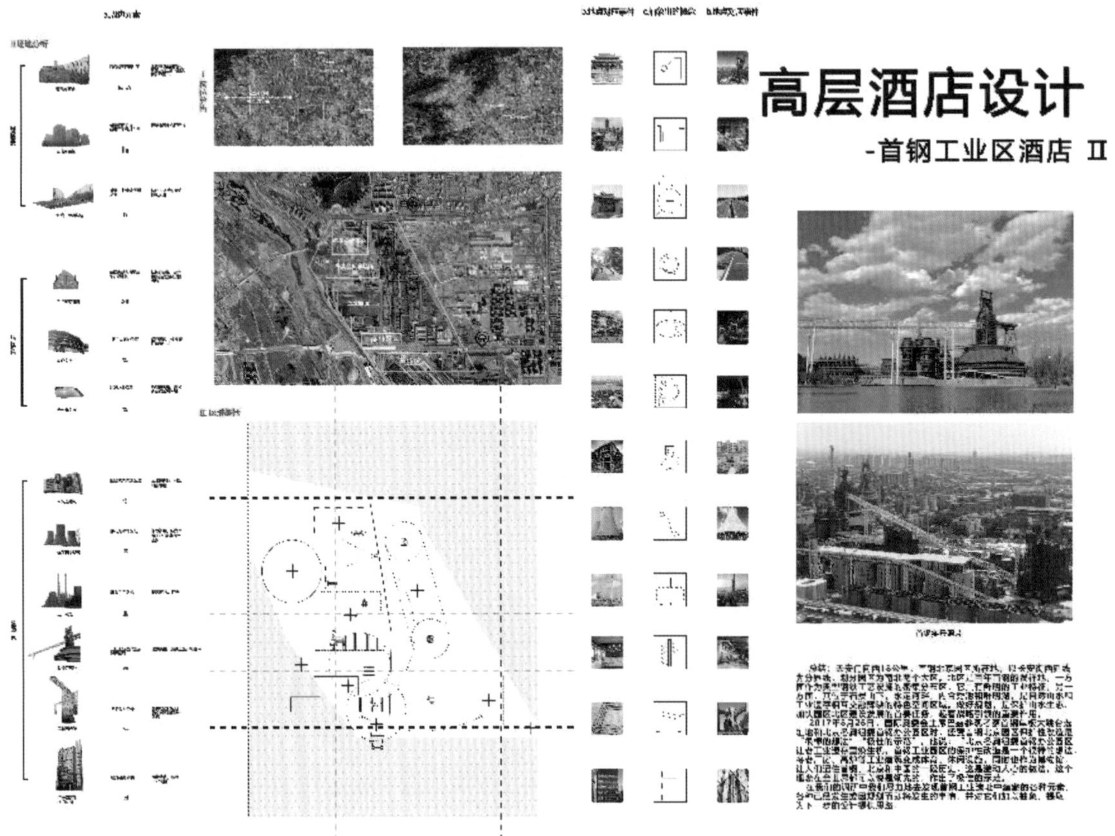
高层酒店设计
-首钢工业区酒店 Ⅱ

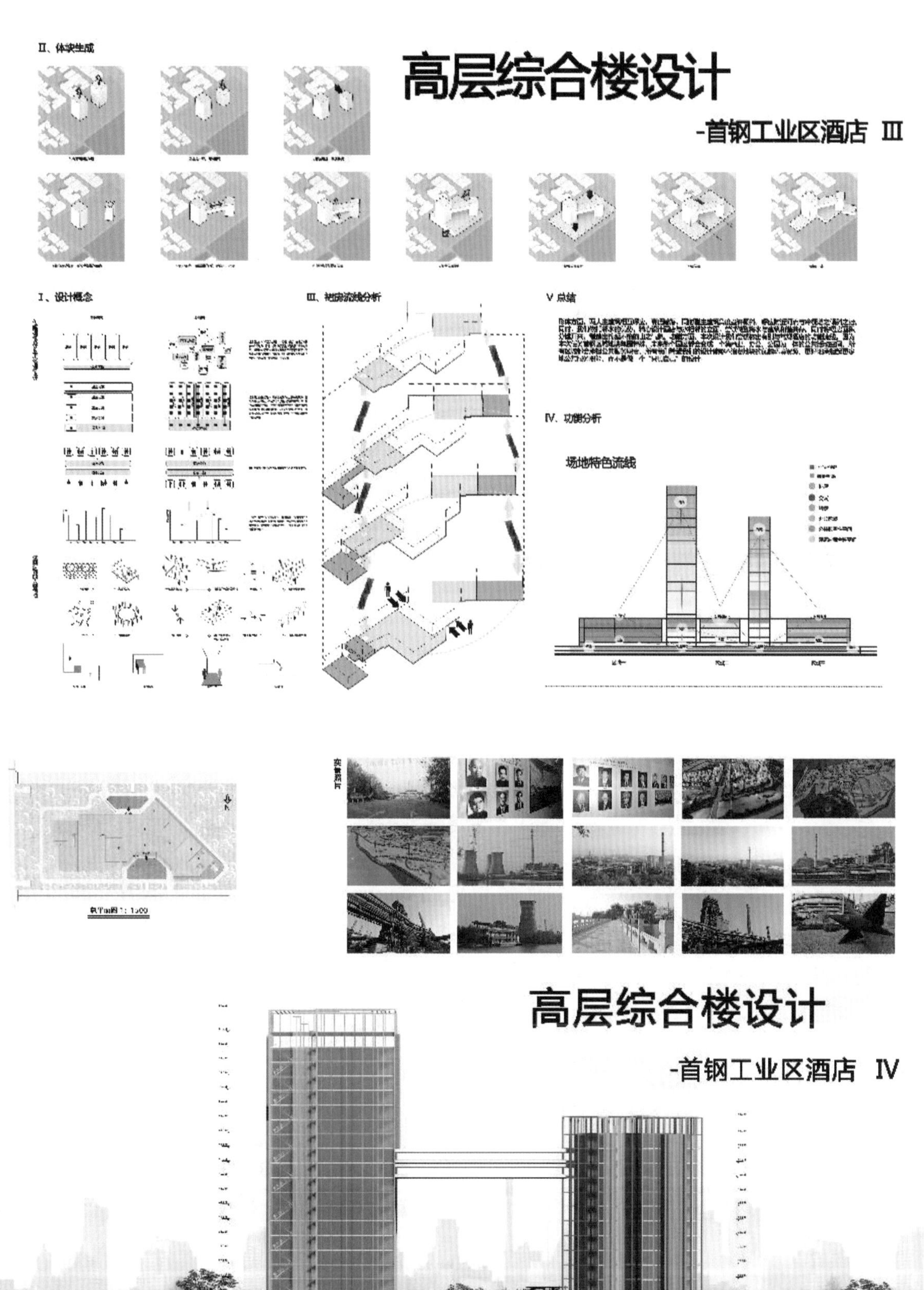
高层综合楼设计
-首钢工业区酒店 Ⅲ
Ⅱ、体块生成
Ⅰ、设计概念
Ⅲ、秘密流线分析
Ⅴ 总结
Ⅳ、功能分析
场地特色流线
高层综合楼设计
-首钢工业区酒店 Ⅳ

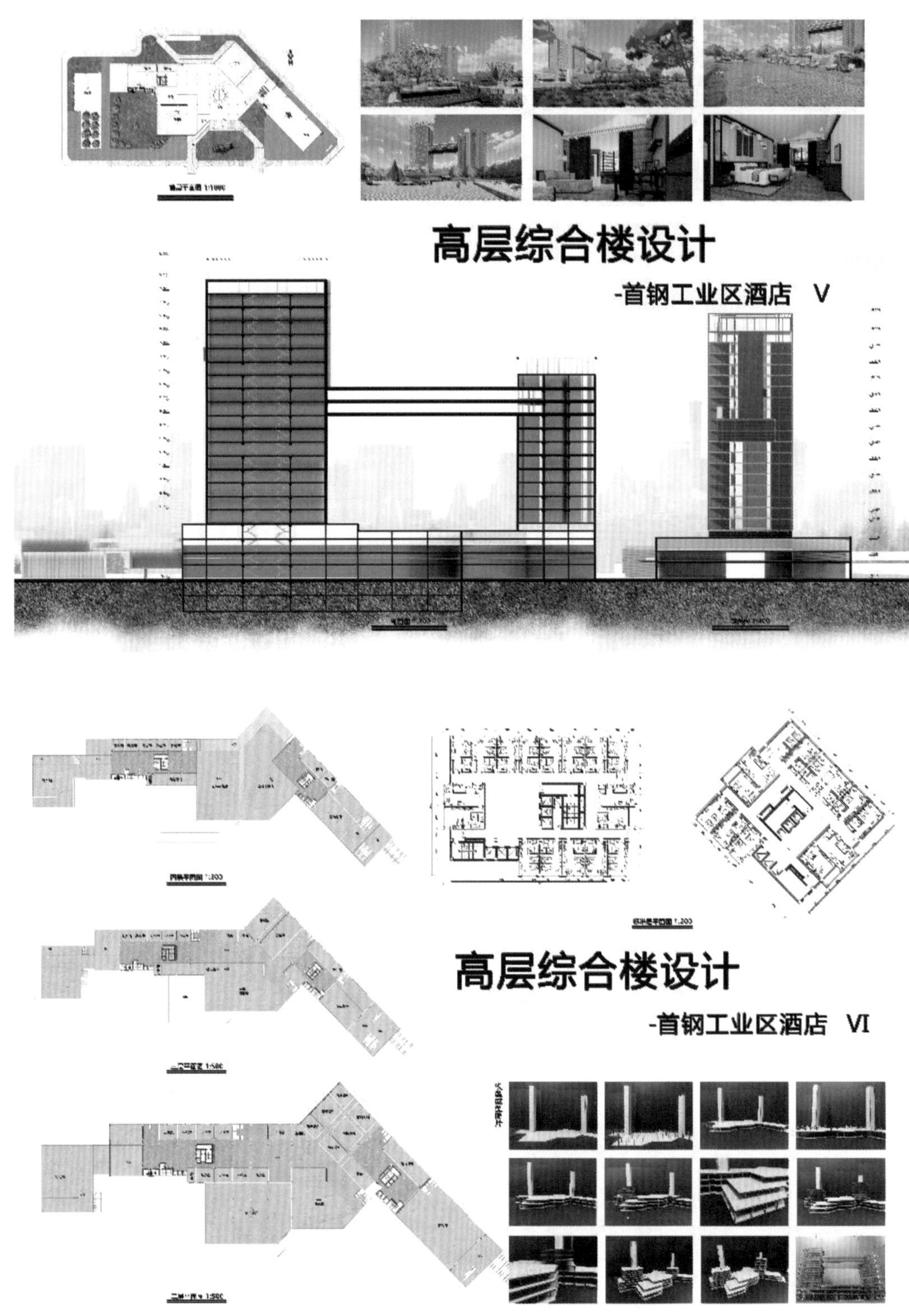

评语：

高楼主体采用双塔式结构，两大主建筑相互呼应，高低错落。成为该设计的特点；功能分区明确，设计清晰；高楼主体凹凸变化为立面带来丰富的变化。住房内部设计精美、设施齐全。不足之处是未绘制出停车场平面图。东侧高楼核心筒东侧空间未利用。

NEWS 超高层办公设计
OFFICE BUILDING DESIGN 1
设计说明:
此方案位于丰台区丽泽商务中心，地块位于西二、三环路之间，是重点发展的新兴金融功能区。本项目的目标旨在建设一栋超高层新闻行业办公楼，作为金融区的地标性建筑。
任务书要求整体设计要简洁庄重，且只有一栋主楼加以裙房辅助，所以我们首先将主楼与裙房的体块位置确定，其次便将新闻行业的理念置入到建筑设计中，我们认为新闻行业具有四个主要特点，即公开、公正、受人民监督以及世界前瞻性。
我们在裙房顶层穿插三个体块，它们代表了新闻的"镜头"，它们面向群众，象征着一种公开以及受人民群众监督的特点。主楼方面，我们在接近顶层出设计了一个大型观景台在满足功能的同时象征着一种世界前沿报道，领跑世界。最后在表皮的处理上，我们旨在将中国传统文化与现代科技感结合在一起，一条曲面起始于主楼顶端，终止与屋顶，表示中国传统书卷含义的同时又代表了现代互联网的电波。在开窗方面我们设计成规整的小窗，在夜晚时就像是一个个的元素组合而成，象征着一种现代感。

NEWS 超高层办公设计
OFFICE BUILDING DESIGN
总结:
超高层建筑一定要先考虑建筑体与场地的整体规划，在满足场地活动需求的同时再进行功能排布。高层建筑与其它建筑之间最大的区别就在于它一定要有一个将垂直交通和设备管井集中在一起的同时又在结构体系中起重要作用的核。核心筒应布置在整个体量的中心，是最主要的交通体系。其次，如主楼需做的端庄整体时，可考虑将裙房做一些体量变化，而主楼则在局部穿插小部分形体，并在立面表皮上做一些艺术线条等处理，以此来凸显建筑的宏伟体量及灵活多变的形态（可根据自己的设计理念）。

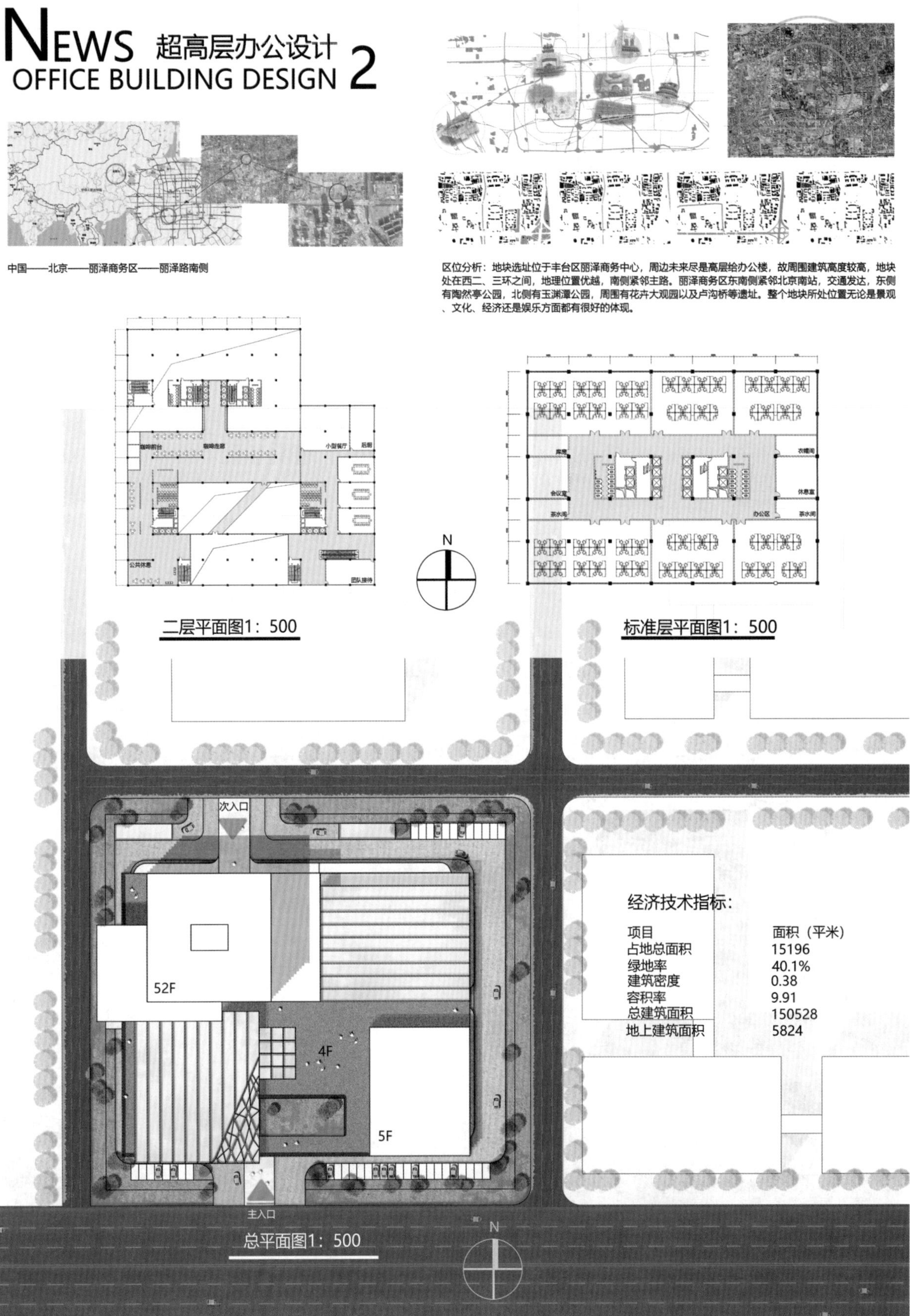
NEWS 超高层办公设计
OFFICE BUILDING DESIGN 2
中国——北京——丽泽商务区——丽泽路南侧
区位分析：地块选址位于丰台区丽泽商务中心，周边未来尽是高层给办公楼，故周围建筑高度较高，地块处在西二、三环之间，地理位置优越，南侧紧邻主路。丽泽商务区东南侧紧邻北京南站，交通发达，东侧有陶然亭公园，北侧有玉渊潭公园，周围有花卉大观园以及卢沟桥等遗址。整个地块所处位置无论是景观、文化、经济还是娱乐方面都有很好的体现。
N
二层平面图1：500
标准层平面图1：500
次入口
52F
4F
5F
主入口
总平面图1：500
N
经济技术指标：
项目 面积（平米）
占地总面积 15196
绿地率 40.1%
建筑密度 0.38
容积率 9.91
总建筑面积 150528
地上建筑面积 5824

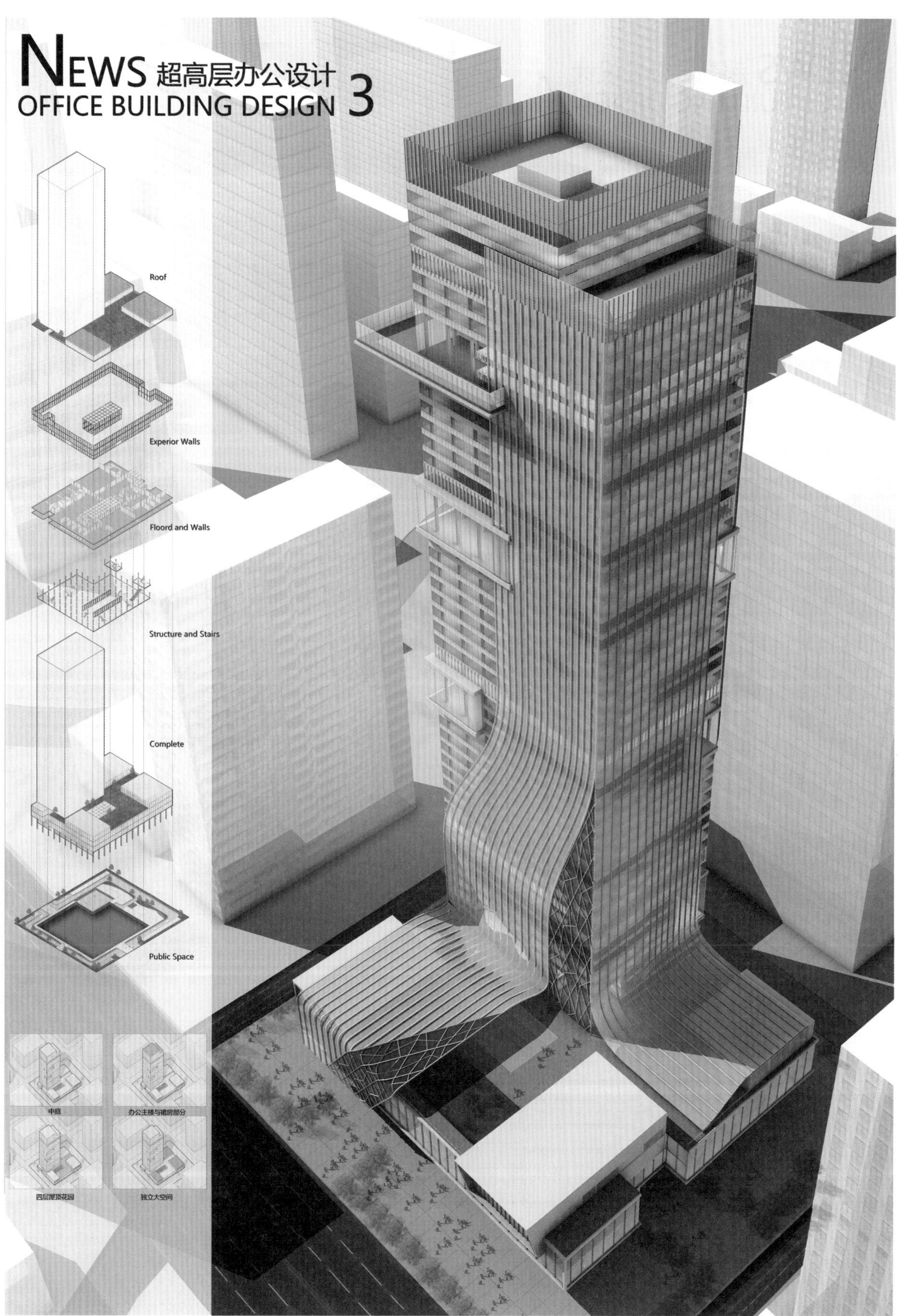
NEWS 超高层办公设计
OFFICE BUILDING DESIGN 3
Roof
Experior Walls
Floord and Walls
Structure and Stairs
Complete
Public Space
中庭
办公主楼与裙房部分
四层屋顶花园
独立大空间

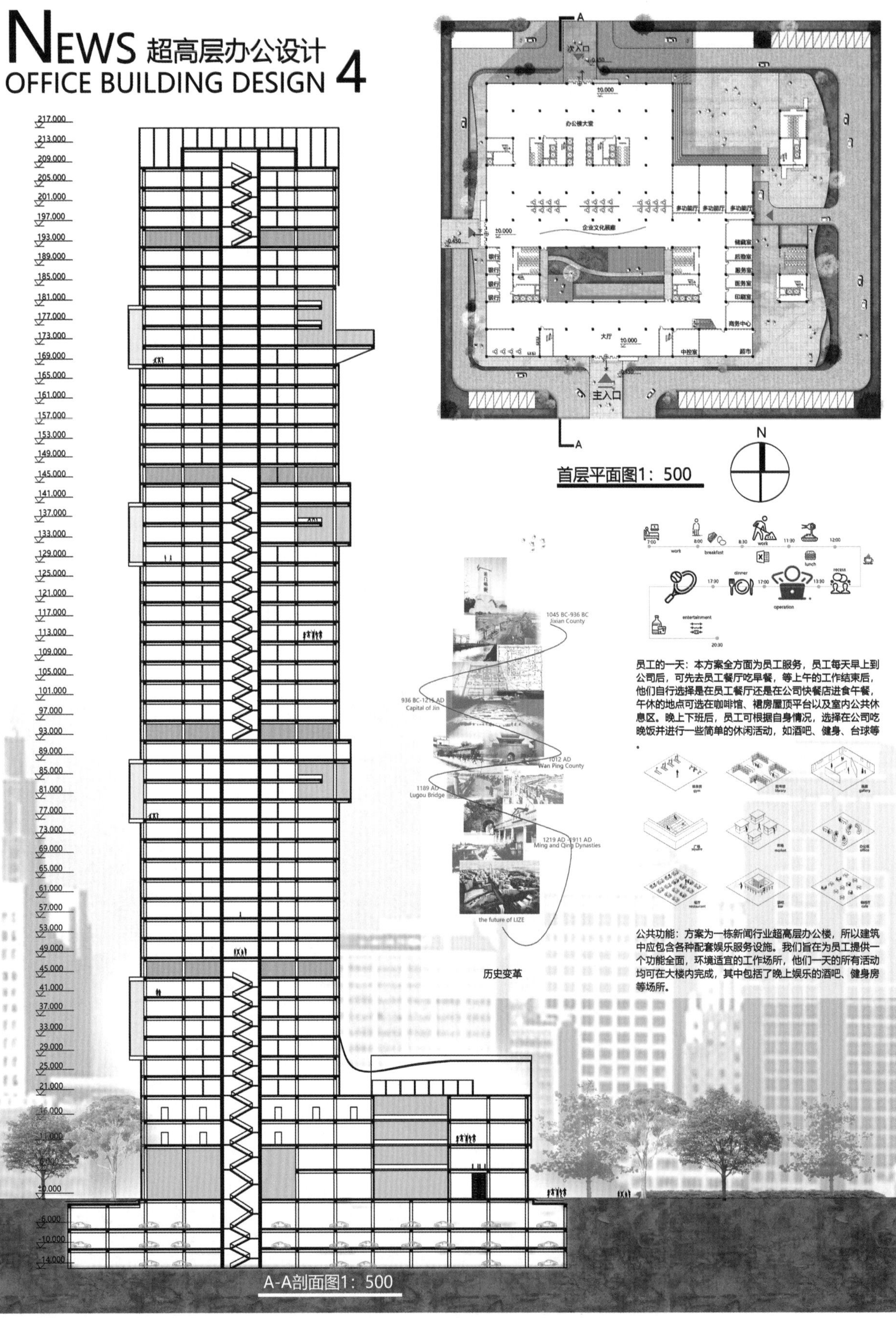
NEWS 超高层办公设计
OFFICE BUILDING DESIGN 4
首层平面图1：500
N
次入口
主入口
办公楼大堂
企业文化展廊
多功能厅
银行
大厅
中控室
超市
商务中心
印刷室
医务室
服务室
后勤室
储藏室
work
breakfast
lunch
recess
operation
dinner
entertainment
7:00
8:00
8:30
11:30
12:00
13:30
17:00
17:30
20:30
员工的一天：本方案全方面为员工服务，员工每天早上到公司后，可先去员工餐厅吃早餐，等上午的工作结束后，他们自行选择是在员工餐厅还是在公司快餐店进食午餐，午休的地点可选在咖啡馆、裙房屋顶平台以及室内公共休息区。晚上下班后，员工可根据自身情况，选择在公司吃晚饭并进行一些简单的休闲活动，如酒吧、健身、台球等。
gym
library
gallery
square
market
office
restaurant
bar
cafe
1045 BC-936 BC Jixian County
936 BC-1215 AD Capital of Jin
1012 AD Wan Ping County
1189 AD Lugou Bridge
1219 AD-1911 AD Ming and Qing Dynasties
the future of LIZE
历史变革
公共功能：方案为一栋新闻行业超高层办公楼，所以建筑中应包含各种配套娱乐服务设施。我们旨在为员工提供一个功能全面，环境适宜的工作场所，他们一天的所有活动均可在大楼内完成，其中包括了晚上娱乐的酒吧、健身房等场所。
217.000
213.000
209.000
205.000
201.000
197.000
193.000
189.000
185.000
181.000
177.000
173.000
169.000
165.000
161.000
157.000
153.000
149.000
145.000
141.000
137.000
133.000
129.000
125.000
121.000
117.000
113.000
109.000
105.000
101.000
97.000
93.000
89.000
85.000
81.000
77.000
73.000
69.000
65.000
61.000
57.000
53.000
49.000
45.000
41.000
37.000
33.000
29.000
25.000
21.000
±0.000
-6.000
-10.000
-14.000
A-A剖面图1：500

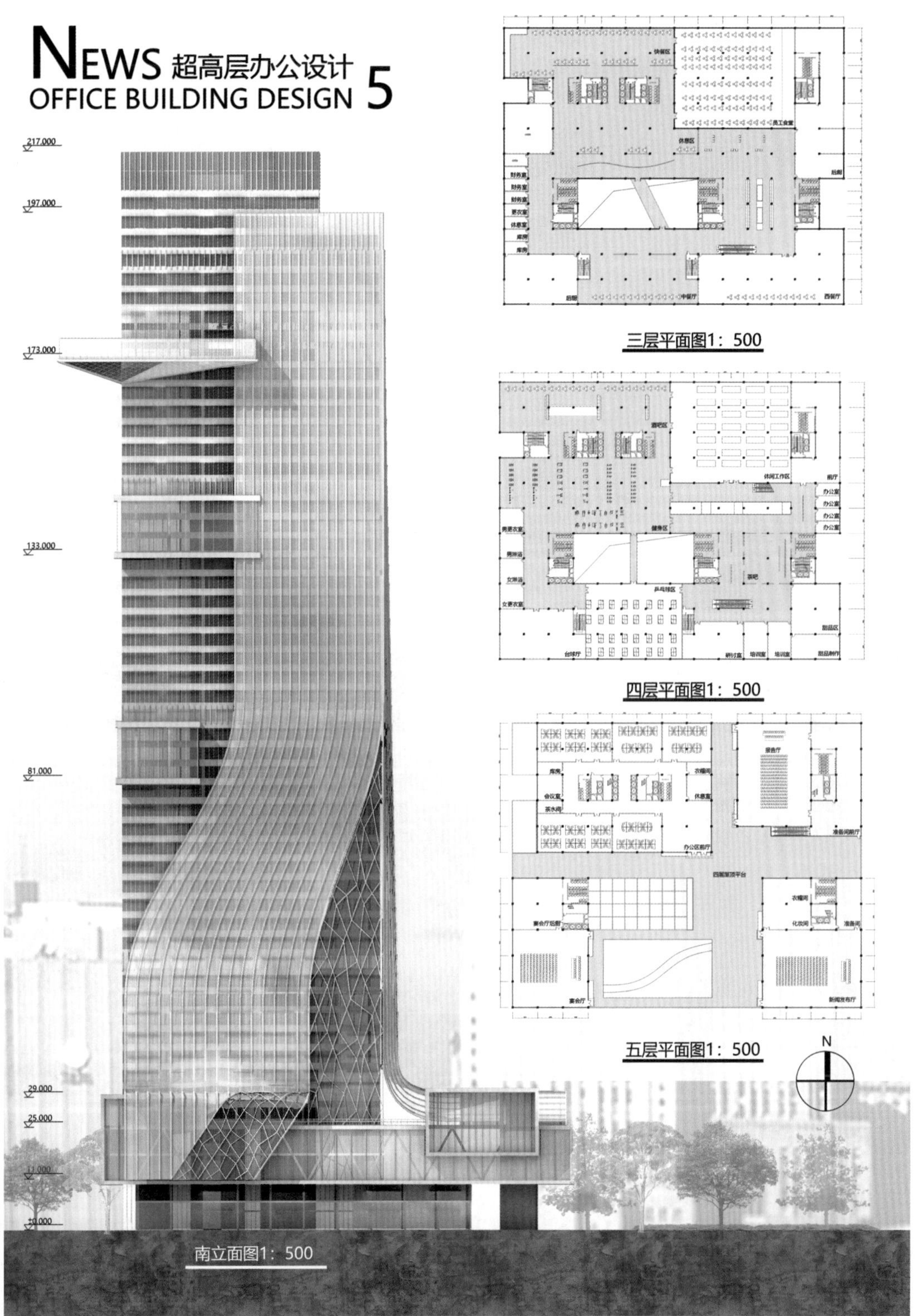

评语：

高层选址于丰台区丽泽商务区，总平面布局合理，与城市街道的关系处理合理。建筑中融入了新闻行业的特征，裙房顶部穿插三个模块象征了一个“镜头”，设计美观大气，具有浓浓的现代感。裙房功能全面，可以满足员工办公与休闲。不足之处是设计图颜色单一，部分文字挡住了平面图的边框。未绘制停车场平面图。

首钢地段-高层酒店设计方案1
Shougang location High-rise hotel design
设计说明：
本设计在首钢地段长安街沿线设计一座供办公和酒店功能的高层建筑，南侧为长安街延线，东侧为北辛安路，西侧为城市设计中公共建筑群。
因首钢厂区废旧已久，环境有待改善，土地有相对污染，所以高层建筑以生态为主题，白色为主色调，以绿色环保可持续发展的理念在长安街延线上体现出来。
建筑临近北辛安路与长安街延线的交汇处，地理位置佳，建筑具有地标性特征，建筑的垂直绿化和内部大堂庭院缓解了首钢地段的绿化问题，也使建筑与大自然更加亲近，建筑绿化分层设置，在裙房之上和高层之间都有局部绿化空间，供建筑里的人休憩和建筑外的人的观赏，满足均好性的要求。
经济技术指标：
总建筑面积：51000 ㎡
建筑占地面积：5300 ㎡
容积率：5
建筑密度：0.45%
绿化率：35%
建筑层数：34
建筑层高：132 m
建筑主体檐口高度：133 m
客房自然间数：110

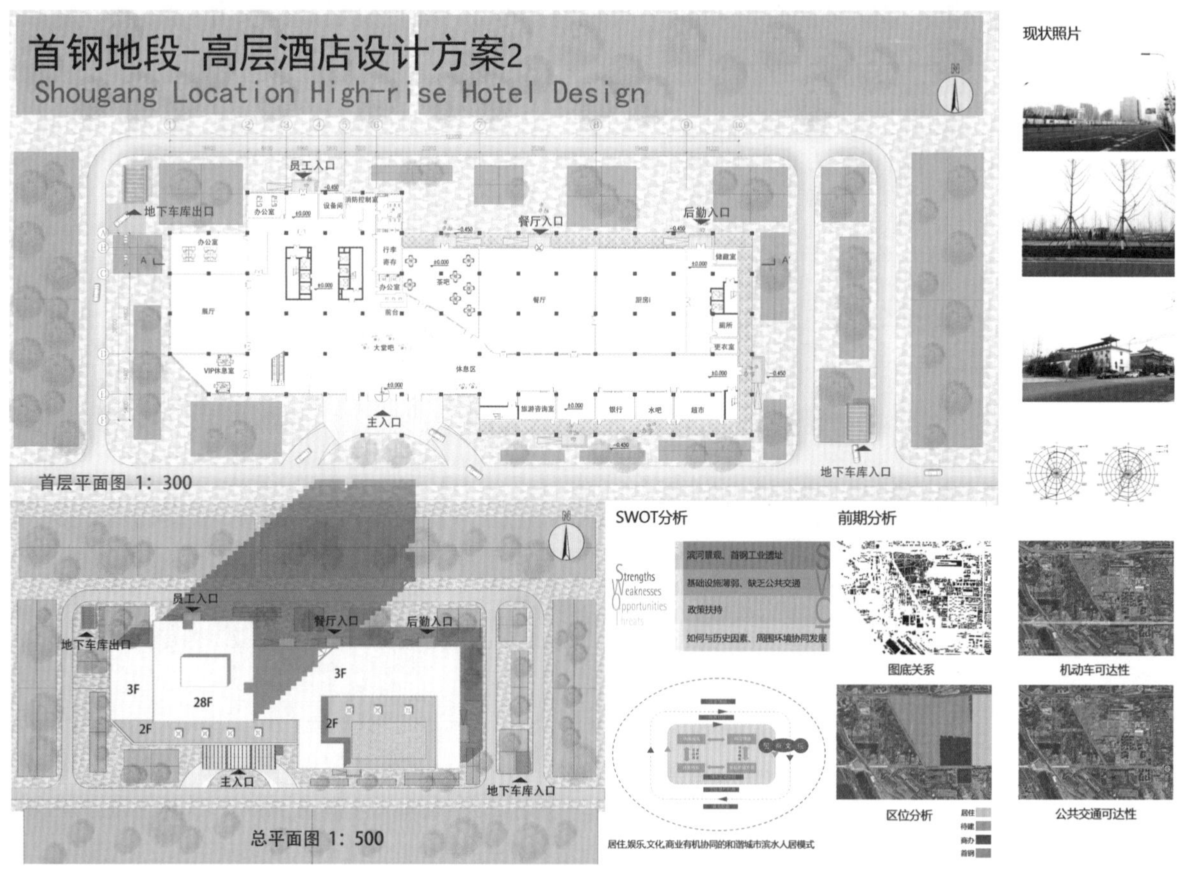
首钢地段-高层酒店设计方案2
Shougang Location High-rise Hotel Design
现状照片
员工入口
地下车库出口
餐厅入口
后勤入口
主入口
地下车库入口
首层平面图 1：300
3F
28F
2F
总平面图 1：500
SWOT分析
Strengths
Weaknesses
Opportunities
Threats
滨河景观、首钢工业遗址
基础设施薄弱、缺乏公共交通
政策扶持
如何与历史因素、周围环境协同发展
居住,娱乐,文化,商业有机协同的和谐城市滨水人居模式
前期分析
图底关系
机动车可达性
区位分析
公共交通可达性
居住
待建
商办
首钢

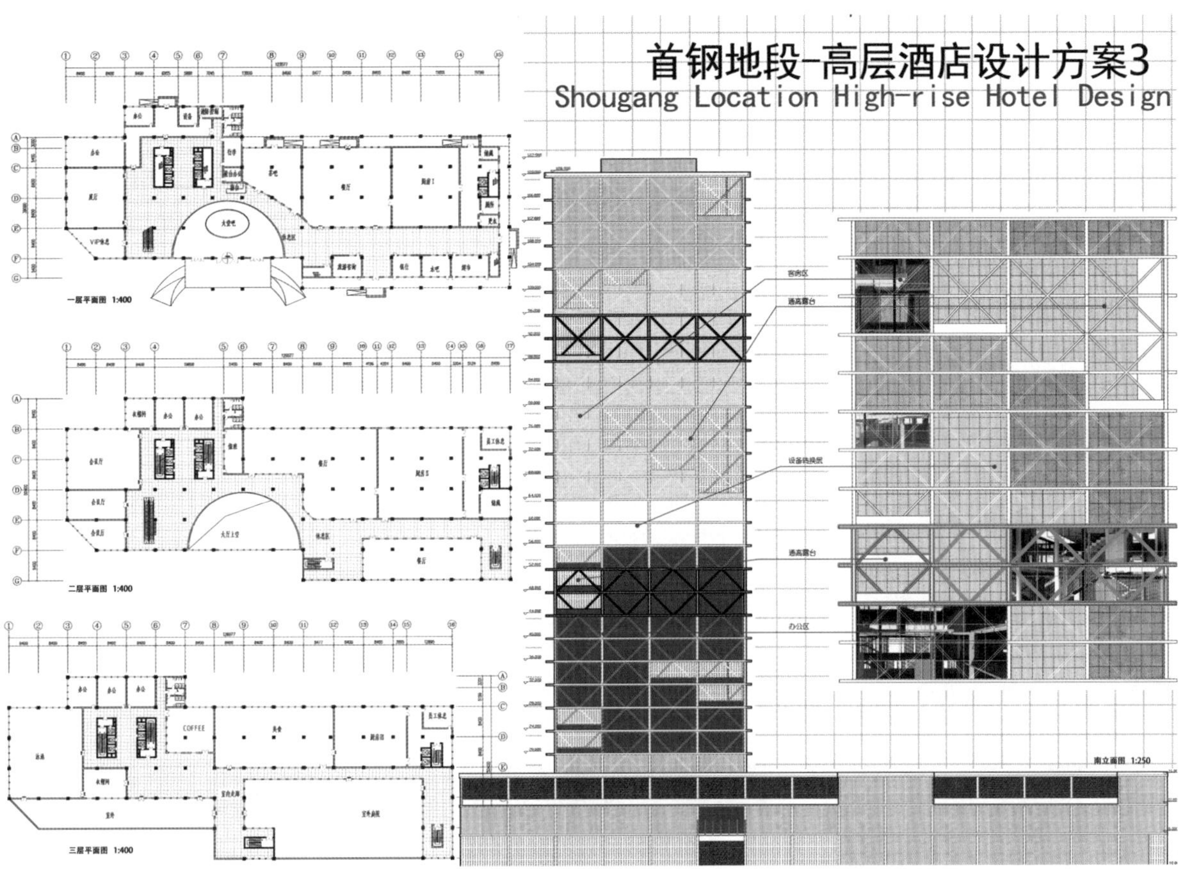
首钢地段-高层酒店设计方案3
Shougang Location High-rise Hotel Design
一层平面图 1:400
二层平面图 1:400
三层平面图 1:400
COFFEE
客房区
通高露台
设备转换层
通高露台
办公区
南立面图 1:250

首钢地段-高层酒店设计方案4
Shougang Location High-rise Hotel Design
办公标准层平面 1:200
客房标准层平面 1:200

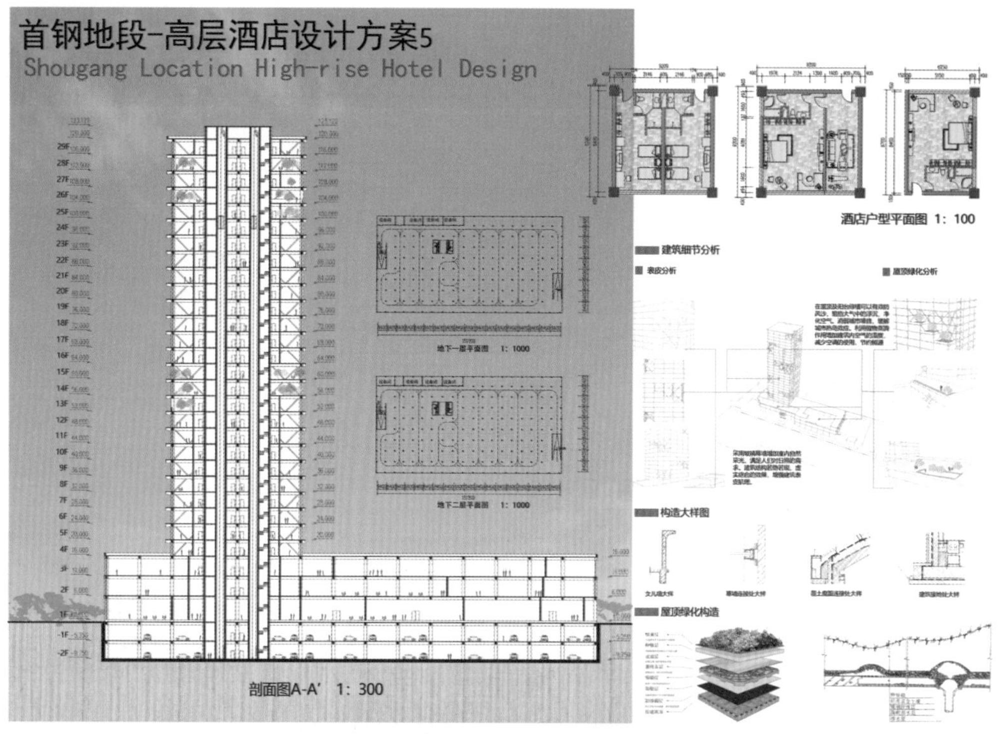

评语：

建筑选址于长安街西沿线的首钢园区，总平面布局合理。颜色丰富的建筑立面和退出景观台为高层酒店带来美观。玻璃幕墙设计带来自然采光。裙房功能齐全，客房设计精美，房型丰富，设计图颜色丰富。不足之处有部分文字挡住平面图建筑墙壁。

参考文献

[1] 王建国 . 城市设计 [M]. 南京：东南大学出版社，1999.
[2] 徐小东，王建国 . 绿色城市设计 [M]. 南京：东南大学出版社，2018.
[3] 贝纳沃罗 . 世界城市史 [M]. 薛钟玲，葛明义，等译 . 北京：科学出版社，2000.
[4] 培根 . 城市设计 [M]. 黄富厢，朱琪，译 . 北京：中国建筑工业出版社，2003.
[5] 吴景祥 . 高层建筑设计 [M]. 北京：中国建筑工业出版社，1987.
[6] 普林茨 . 城市设计 [M]. 吴志强，译 . 北京：中国建筑工业出版社，1990.
[7] 阿尔多・罗西 . 城市建筑学 [M]. 黄士钧，译 . 北京：中国建筑工业出版社，2006.
[8] 吴恩融 . 高密度城市设计：实现社会与环境的可持续发展 [M]. 叶齐茂，倪晓晖，译 . 北京：中国建筑工业出版社 .
[9] 格兰特 . 良好社区规划：新城市主义的理论与实践 [M]. 叶齐茂，倪晓晖，译 . 北京：中国建筑工业出版社，2009.
[10] 凯尔博 . 共享空间：关于邻里与区域设计 [M]. 吕斌，覃宁宁，黄翊，译 . 北京：中国建筑工业出版社，2006.
[11] 小林正美 . 再造历史街区：日本传统街区重生实例 [M]. 张光伟，译 . 北京：清华大学出版社，2015.
[12] 王朝晖，李秋实 . 现代国外城市中心商务区研究与规划 [M]. 北京：中国建筑工业出版社，2002.
[13] 罗宾斯，埃尔－库利 . 塑造城市：历史・理论・城市设计 [M]. 熊国平，曹康，王晖，译 . 北京：中国建筑工业出版社 .
[14] 盖伦特，罗宾逊 . 邻里规划：社区，网络与管理 [M]. 董亚娟，译 . 北京：中国建筑工业出版社 .
[15] 柯林・罗，弗瑞德・科特 . 拼贴城市 [M]. 童明，译 . 北京：中国建筑工业出版社，2003.
[16] 施瓦布 . 第四次工业革命 [M]. 李菁，译 . 北京：中信出版社，2016.
[17] 吴良镛 . 广义建筑学 [M]. 北京：清华大学出版社，1989.
[18] 夏祖华，黄伟康 . 城市空间设计 [M]. 南京：东南大学出版社，2002.
[19] 芒福德 . 城市发展史：起源、演变和前景 [M]. 倪文彦，宋峻岭，译 . 北京：中国建筑工业出版社，1989.
[20] 林奇 . 城市的印象 [M]. 项秉仁，译 . 北京：中国建筑工业出版社，1990.
[21] 拉普卜特 . 建成环境的意义：非言语表达方式 [M]. 黄兰谷，译 . 北京：中国建筑工业出版社，1992.

[22] 芦原义信 . 街道的美学 [M]. 尹培桐，译 . 武汉：华中理工大学出版社，1989.
[23] 金广君 . 图解城市设计 [M]. 哈尔滨：黑龙江科学技术出版社，1999.
[24] 徐思淑，周文华 . 城市设计导论 [M]. 北京：中国建筑工业出版社，1991.
[25] TRANCIK R. Finding Lost Space. [M]. New York: Van Nostrand Reinhold Conpany Limited，1986.
[26] LYNCH K. A Theory of Good City Form, [M]. Boston: Mit Press, 1981.
[27] 李德华 . 城市规划原理 [M]. 北京：中国建筑工业出版社，2001.
[28] 宋俊岭，陈占祥 . 国外城市科学文选 [M]. 贵阳：贵州人民出版社，1984.
[29] 哈夫 . 城市与自然过程：迈向可持续的基础 [M]. 刘海龙，贾丽奇，赵智聪，等译 . 北京：中国建筑工业出版社，2011.
[30] 张世海，刘正保，张世忠 . 高层建筑结构选型需求分析 [J]. 四川建筑科学研究，2004（04）：1–4.
[31] 宁晓明，李法义 . 城市土地区位与城市土地价值 [J]. 经济地理，1991（04）：35–39.
[32] 陆雄，单锋 . 合二为一：超越地块边界的商业办公设计 [J] 城市建筑，2022，19（18）：84–88.
[33] 杨正光 . 基于内部可达性的城市中心区城市设计策略 [D]. 武汉：华中科技大学，2010.
[34] 化小丹 . 高层办公楼建筑特点及预防措施 [J]. 中国高新区，2018（06）：199.
[35] 孙亮 . 高层建筑文化特质及设计创意研究 [J]. 住宅与房地产，2017（05）：109.
[36] 梅洪元，李少琨 . 新世纪高层建筑形式表现特征解析 [J]. 城市建筑，2007（10）：6–8.
[37] 杨得鑫，张庆顺，马跃峰 . 防火安全视角下的超高层建筑空间设计 [J]. 西部人居环境学刊，2016，31（03）：50–55.
[38] 满莎 . 商业综合体的业态发展 [J]. 建材与装饰，2017（25）：56–57.
[39] 陈枭靖，李红伟，王一凡，等 . 高层建筑在城市空间规划中的设计思路分析 [J]. 城市住宅，2021，28（06）：132–133.
[40] 黄鹏超，余丁浩，李钢，等. 基于功能需求导向的城市综合体震后修复路径优化方法研究 [J]. 防灾减灾工程学报，2022，42（06）：1130–1143.
[41] 张道周 . 超高层建筑核心筒设计研究 [J]. 建筑技术开发，2020，47（06）：11–12.
[42] 蒋延钰 . 山城重庆高层办公楼的人性化设计研究 [D]. 成都：西南交通大学，2009.
[43] 王慧 . 超高层酒店类建筑的设计研究 [J]. 工程建设与设计，2021（12）：1–3.
[44] 臧鑫宇，王峤，陈天 . 绿色视角下的生态城市设计理论溯源与策略研究 [J]. 南方建筑，2017（02）：14–20.
[45] 尹蓁 . 高层办公楼建筑设计思路及应注意的问题 [J]. 住宅与房地产，2019（04）：41–42.
[46] 余森，顾红男 . 节能条件下高层办公建筑设计理念新趋势 [J]. 山西建筑，2010，36（12）：233–234.
[47] 李文帅 . 现代高层建筑内部空间中的中庭式“院落”探究 [J]. 住宅与房地产，2019（06）：68.
[48] 李洪刚 . 高层建筑与城市环境 [J]. 安徽建筑，2003（01）：23–26.
[49] 刘树元 . 对“多元建筑论”的文化审视与批判 [J]. 辽宁工学院学报（社会科学版），2004（04）：57–59.

［50］尚鹏．谈高层建筑在城市中心区规划设计 [J]. 山西建筑，2012，38（17）：33-34.

［51］熊华平，魏彦朝，迟成成，等．房地产业成长发展轨迹的回归研究 [J]. 中国软科学，2015（01）：184-192.

［52］梁建成．建筑形体的竖向层次与水平层次的探讨 [J]. 内蒙古科技与经济，2006（24）：128-131.

［53］刘鹏，郑恒祥，马库斯·尼珀．欧洲历史城区高层建筑的布局模式演变及形态导控：以德国法兰克福为例 [J]. 建筑师，2022（03）：34-41.

［54］龚剑，房霆宸，夏巨伟．我国超高建筑工程施工关键技术发展 [J]. 施工技术，2018，47（06）：19-25.

［55］韩林飞，李翠．宇航事业与建筑师：先知先觉者创新的悠悠历程 [J]. 建筑论坛，2012（01）：110-123.

附录1　某高层酒店综合楼设计任务书

总建筑面积控制在2万~3万m^2。功能主要包含酒店及办公。

1. 建设地点

在城市设计地段内自选地点。

2. 设计要求

2.1 规划指标

按照城市规划控制原则执行，建议：容积率≤3，建筑密度≤40%，绿地率≥30%。停车位数量按各部分功能设定，以地下停车为主。

2.2 高度控制

建筑高度最好控制在100m以内。

地下2层。

2.3 建筑退线

按城市规划部门要求控制原则执行，留出疏散广场、出入口等。

3 建筑设计要求

3.1 酒店空间要求

3.1.1 普通酒店布局要求（供参照）

• 一层为公共功能和部分餐饮功能，如酒店大堂、接待台、咖啡厅、大堂吧、商务中心、小商店、公共卫生间、团队通道、行李通道、残疾人通道及西餐厅等；

• 二层为餐饮功能，如中餐厅、风味餐厅等；

• 三层安排会议功能，如大宴会厅、展览厅、会议厅、多功能厅等；

• 地下一层为设备用房和汽车库，地下二层为汽车库和人防（平时作为汽车库）。

3.1.2 酒店建筑设计中应有的经营功能

各经营功能按文化和旅游部《旅游饭店星级的划分与评定》来设定。

（1）客房功能

标准间、单人间、双套间、残疾人客房、楼层服务间/消毒间、设备间。

客房：标准间占80%，客房净面积约20m^2/间

单床间5%，客房净面积约14m^2/间

双套间15%，客房净面积约42m^2/间

卫生间：每套客房均设三件套卫生间一间，净面积不小于4m^2

服务用房（可分层设置）：客房层服务台及值班室共 15m^2，被服间 15m^2，卫生间 3m^2。

（2）公共功能

大堂、总服务台、前台办公室、迎宾台、团队接待区、商务中心、行李房、小型超市 / 商店、大堂表演区、免费休息区、公共卫生间、残疾人卫生间、消防控制中心、公共区域各服务间、设备间。

门厅：总服务台不少于 12m，包括问询处，结账处等，另有银行 20m^2，邮电用房 20m^2，旅行社 20m^2，前台办公 80m^2，行李房 40m^2，商务中心 80m^2，消防控制室 40m^2。

（3）餐饮功能

多功能厅、中餐厅、风味餐厅、小餐厅、西餐厅、咖啡厅、酒吧、茶室或专业吧、大堂吧、美食中心、各餐饮区域卫生间，餐饮区域各厨房 / 加工间与服务间、小仓库、设备间。

餐厅：中餐厅 350m^2，西餐厅 250m^2，风味餐厅 250m^2，4~6 间小餐厅 200m^2，咖啡厅 150m^2，酒吧 100m^2。

多功能厅：350m^2 可分三间（厨房与中餐厨房共用），前厅 120m^2。

厨房：中餐厨房 450m^2，西餐厨房 200m^2，风味餐厅厨房 150m^2，小餐厅厨房 100m^2。

上述厨房均包括各类库房及备餐，咖啡制作 25m^2，酒吧库 25m^2。

（4）会议功能

宴会厅、宴会包间、会议厅、中小型会议室、会见厅、贵宾休息厅、展览厅、会议商务中心、衣帽间、会议区域卫生间、会议区域各服务间、小仓库、设备间。

衣帽间 40m^2，卫生间 80m^2，准备间 30m^2，库房 100m^2。

3.2 办公空间部分

接待门厅、办公室、小会议室，其他会议室可与酒店部分合用。

3.3 面积配比表（供参照）

1	办公部分	9000m^2	30%
2	客房部分	9000m^2	30%
3	公共部分	3000m^2	10%
4	餐饮部分	3000m^2	10%
5	会议部分	2000m^2	6%
6	车库部分	4000m^2	14%
	总面积	30000m^2 左右	100%

3.4 建筑层高

酒店和群房功能配套部分可依据市场情况确定。

建筑层高参考值：首层 6.0m，群房层高 4.8m（其中高大空间净高 8m）、标准层 3.9m，地下一层 4.8m，地下二层 4.5m。

3.5 无障碍设计

本着“以人为本”的思想，本方案公共空间均创造无障碍通行环境，使残疾人和老年人能方便地使用建筑物各楼层的公用服务设施。

• 楼层内高差利用坡道解决

• 楼层内交通利用电梯及自动扶梯

• 公共卫生间设有无障碍专用厕位

• 室外设有盲道及语音指示装置。

4. 设计方案成果要求

（1）设计说明：需表达设计者对于项目用地的认识，充分体现设计者对于城市设计、建筑功能布局、交通组织、停车、市政保障及绿化环境等的构想，结合本工程特点所采取的特殊设计方案及思路。

（2）附各项技术经济指标（包括用地平衡表、主要技术指标等）。

总用地面积	ha	停车数（地上 / 地下）	辆
总建筑面积（其中：地上 / 地下）	m^2	建筑层数（地上 / 地下）	层
容积率		建筑层高（裙房 / 标准层）	m
建筑占地面积	m^2	建筑主体檐口高度	m
建筑密度	%	客房自然间数	间
绿化率	%		

（3）总平面图 1∶500，内容包括建筑布局（具体的建筑形式、道路布局、公建布局。要求标注场地主次入口及建筑各入口位置，停车场及车库入口，建筑总尺寸及场地主要标高及层数。

（4）各层平面、二个剖面 1∶300，要求标注各房间名称。平面的主要轴号及二道尺寸，剖、立面的标高、层高及总高度。

（5）标准间、套间客房大样 1∶100（图纸尺寸：A1 图，基本平、立、剖面图要求标注轴号及三道尺寸，以黑白图为宜，表现方式不限）

（6）高层交通核心放大图 1∶50，张数不限（图纸尺寸：A1 图 841mm × 594mm，表现方式不限）。

5. 快速设计图纸要求

（1）总平面图，①注出该建筑与周围建筑和道路间距、②消防车道位置和尺寸、③各场地出入口位置、④建筑出入口；

（2）首层和标准层平面图，①画出柱网并标尺寸、②标出各房间名称、③标注楼梯宽度、④正确画出踏步数并标出楼梯间尺寸；

（3）核心筒放大平面，标出①电梯井、②候梯厅、③疏散楼梯间、④消防电梯、⑤各种管井等；

（4）剖面示意图（必须剖到电梯井、楼梯间），①注出剖到的房间名称、②注出层高和建筑高度、③标注每一层的主要功能。

（5）图纸绘制比例自定。要符合制图规范的要求，如①钢筋混凝土结构部分要涂黑，②轻质隔墙和玻璃用双细实线，等等。

附录 2　笔者主持设计的某高层建筑案例

一、中国北京·国家某金融信息大厦方案设计

1. 效果图

人视角度 1

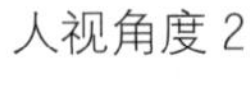

人视角度 2

人视角度 3

人视角度 4

2. 项目背景

（1）城市的历史文化背景简析

北京是首批国家历史文化名城和世界上拥有世界文化遗产数最多的城市，三千多年的历史孕育了故宫、天坛、八达岭长城、颐和园等众多名胜古迹。早在七十万年前，北京周口店地区就出现了原始人群部落“北京人”。公元前 1045 年，北京成为蓟、燕等诸侯国的都城。

公元 938 年以来，北京先后成为辽陪都、金中都、元大都、明、清国都、中华民国北洋政府首都，1949 年 10 月 1 日成为中华人民共和国首都。

北京，简称“京”，是中华人民共和国首都、直辖市、国家中心城市、超大城市，全国政治中心、文化中心、国际交往中心、科技创新中心，经济贸易中心，是世界著名古都和现代化国际城市。

（2）信息与金融的融合发展

金融科技，泛指金融和创新技术的有机融合，在我国应用日益广泛。目前我国的金融科技相关企业已覆盖支付、信贷、智能投顾等多个细分领域。科技与金融的结合，不但赋予了金融行业更蓬勃的生命力，还促进了金融服务变革。

当前，我国金融科技发展如火如荼，市场前景广阔。无论是市场规模，还是投融资总额，中国都已逐渐成为全球金融科技的领跑者。作为金融科技的受惠者，我国是全球金融交易最活跃、支付最便利、成本最低、效率最高的国度之一。网络驱动下的信息技术被广泛应用于金融领域，推动着我国金融业的服务理念、方式等发生巨大变化。

而近年来我国信息通信业更是发展迅猛，为国民经济和社会发展注入了强大活力。信息通信网络覆盖全国 、信息通信技术跨越发展、互联网经济迅猛发展、支撑带动能力稳步增强。这些成就，充分反映了我国信息通信技术强劲的发展态势，也充分体现了我国在信息通信技术方面强大的发展优势。

因此，信息与金融两产业齐头并进，是我们这次设计的理念之一。

3. 基地背景

（1）历史文脉

丽泽乃至整个丰台区都有着非常悠久的历史，金中都时期，都城在辽南京城的基础上向东、西、南三面各扩展三里而建。西城墙由凤凰嘴村至军事博物馆南黄亭子南北一线，南城墙由凤凰嘴村至四路通村的东西一线。丽泽金融商务区有超过 1/3 的面积在金中都遗址范围内，约 3.3km^2，位于遗址的西南角，包括城垣遗址、护城河遗址、街道遗址、房屋遗址，以及古河道、古水井等，既有地上遗迹，也有地下遗存，形式多样，内容丰富。

明清时期丽泽区域泉水丰沛，主要经济产业以灌溉性种植业为主，粮食作物主要为水稻，经济作物有蔬菜、花卉等。《菜户营村村志》记载：“菜户营村明代成村，因有菜户聚集于此而得名”。明朝后期，菜户营地区为御膳房嘉蔬属所在地，是宫廷用菜的集散中心。四季均有各地进贡的蔬菜在此周转，押运的官员也在此进行交割。因为交通运输的不便，直隶供应京城蔬菜的菜农也大多晚间在此休息。久而久之，就有了菜户营的地名，其周围的三路居、万泉寺、东管头村等直到 20 世纪 80 年代仍为北京重要的种菜区。

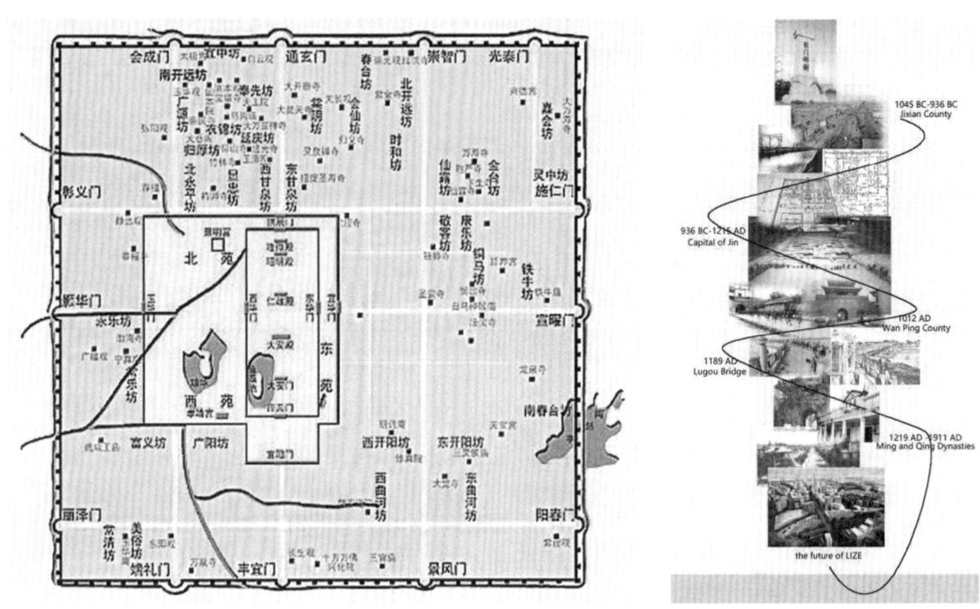

地块处在西二环、西三环之间，地理位置优越，北侧邻丽泽主路。其东南侧紧邻北京南站，西北侧相邻六里桥客运枢纽与北京站，交通十分发达；地块东侧有陶然亭公园、天坛，东北侧有天安门，西南有卢沟桥等遗址，丽泽商务区所处位置无论是在景观、文化、商业还是经济方面，都能有很好地体现。

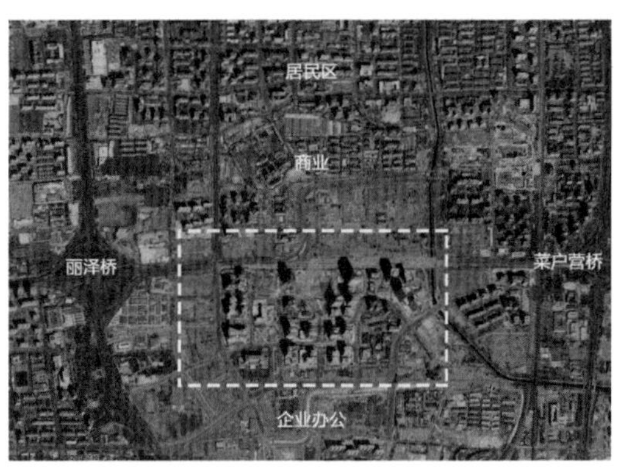

（2）基地现状

国家金融信息大厦西侧的平安集团由几栋类似的建筑形体组成，每栋建筑的跨度都不大，表皮全部是玻璃幕墙，形成一种很虚幻的感觉，而国家金融信息大厦的稳重恰好可以与其形成鲜明对比，凸显自己的特色。

国家金融信息大厦东侧的丽泽 SOHO 是一栋异形的建筑体，中间掏空的中庭加上大面积玻璃使得整体显得轻盈开放，而端庄稳重的国家金融信息大厦可与其形成强烈的对比，凸显自己的个性。

国家金融信息大厦所处位置得天独厚，从地块向南侧望去，东西两侧建筑线形排列，自然而然地形成一条“空间”，这有利于地块的视线感和通风。

从金中都东路向东望去，国家金融信息大厦的整体位置处于平安集团与丽泽 SOHO 之间。

4. 建筑设计 · 方案一

（1）建筑理念

随着网络的通达与社会的进步，信息与金融成为未来社会事业发展的重要因素，本方案欲建构丰台北路及丽泽中一路交叉口东南街区的标志性高层塔楼，高层主楼在屋顶生出双塔配以稳重的沿街立面，相互映衬，表明“信息与金融”在未来社会事业发展中的重要作用。

同时作为园林式新兴金融商业区，我们将全面诠释绿色生态、高效节能的生态办公楼设计。践行可持续发展的绿色节能高层建筑设计。两座塔楼中包括开放的灵活分隔的景观办公空间，绿色空中庭院，适宜生态的通风换热技术等应用，表达出我们的绿色建筑理念。

综上所述，我们依照“规划科学、理念先进、功能实用、健康环保的智能化业务大厦”的原则展开方案设计，彰显出大气、敦实、实用的特点。

（2）高层设计方案

①总平面布局草图

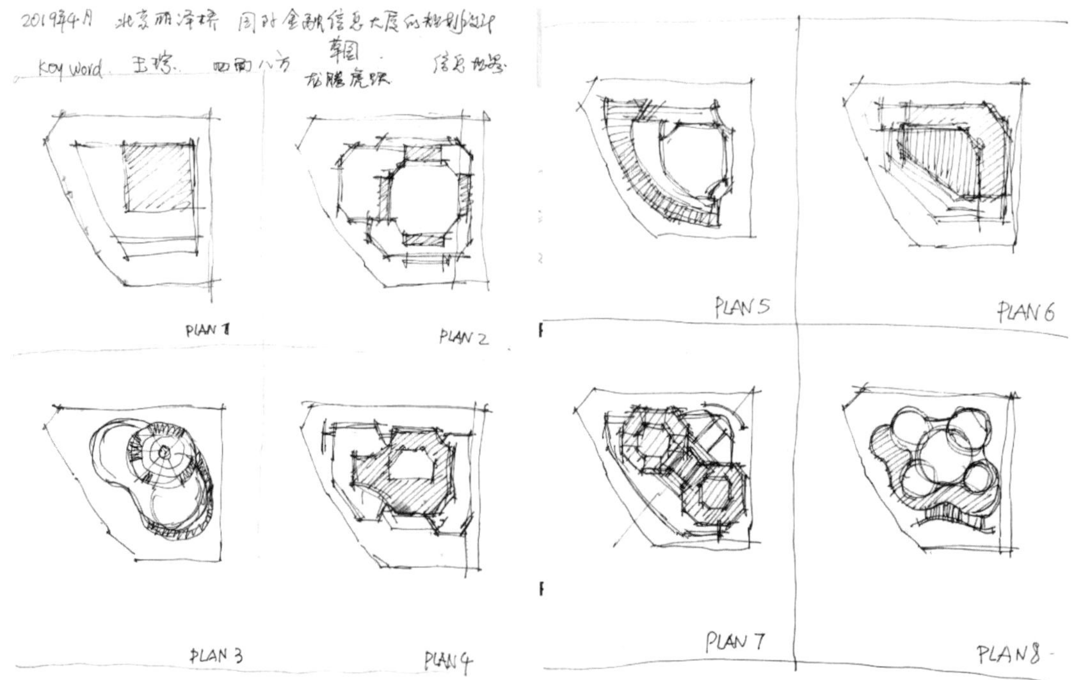

②总平面布局图—立面意向图

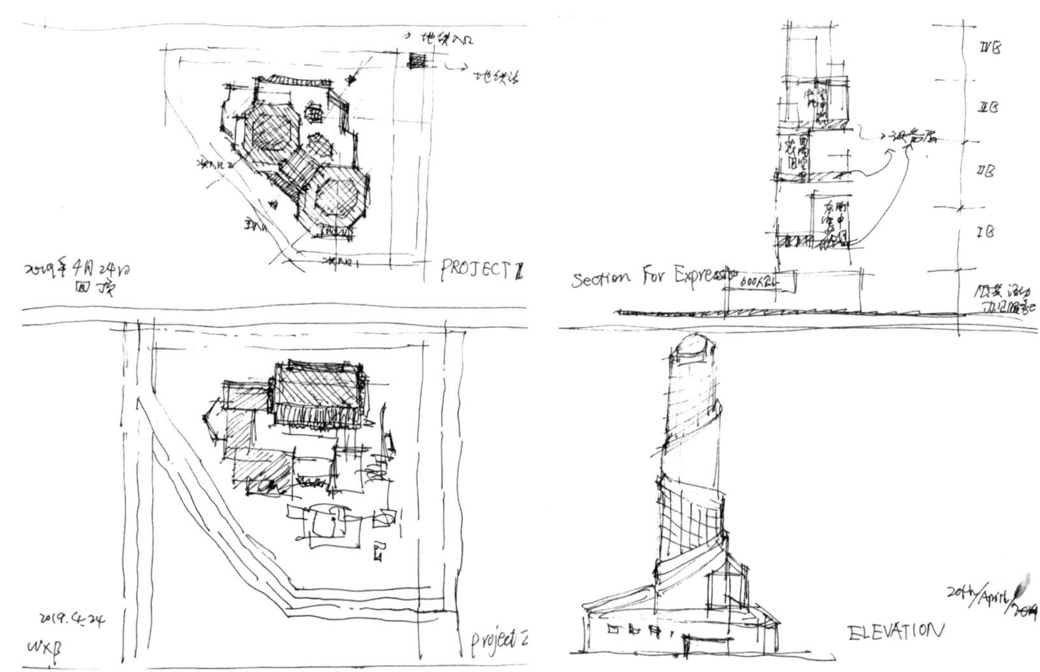

③立面意向图—形体推敲图

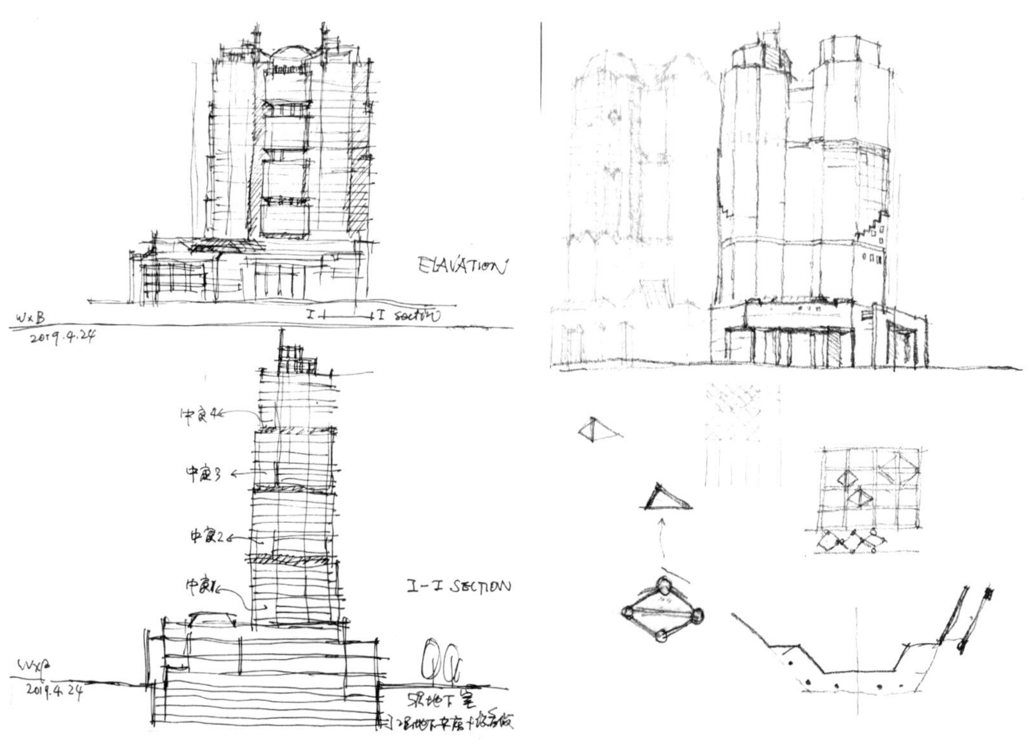

④立面侧轴图

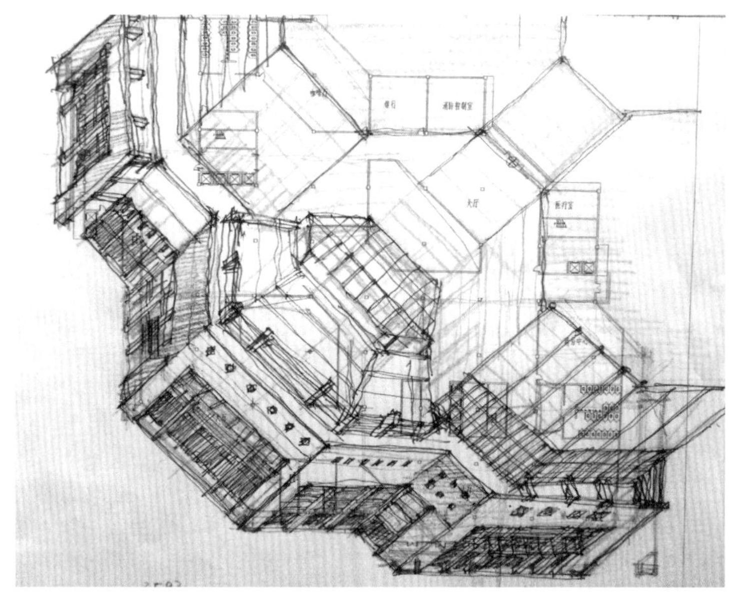

⑤体块推敲

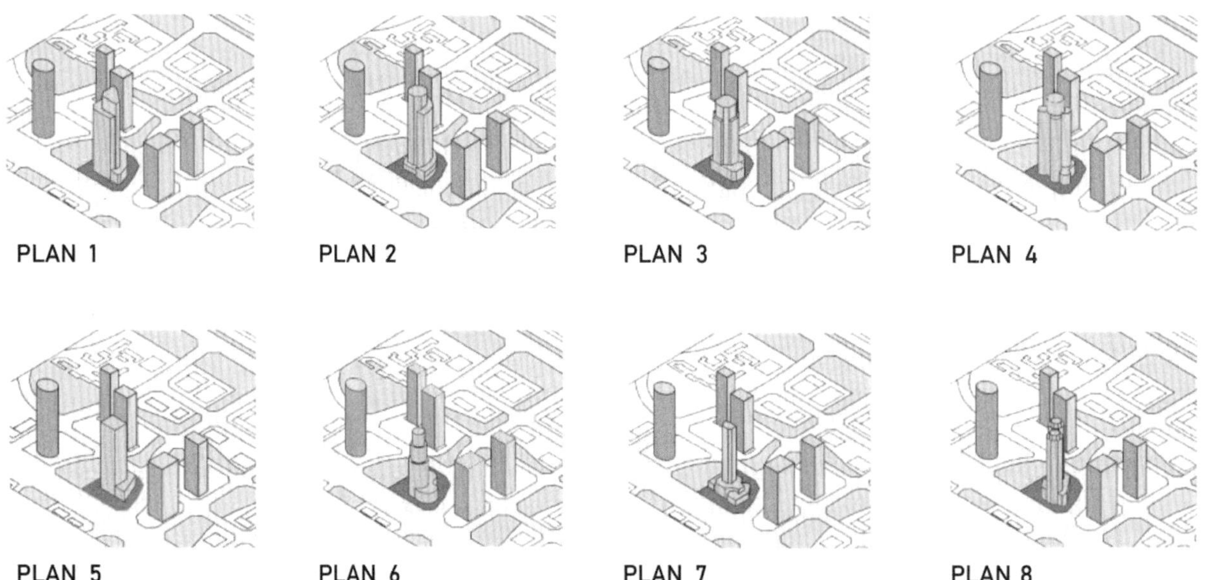

（3）城市环境里体块推敲

我们为其设计了两种风格的立面，作为地块的标志性建筑，立面 1 采用了经典的十字穿插肌理，其中竖向线条的突出使得建筑更显挺拔，正立面纵、横两方向都均匀分成三部分，给人以均衡、稳定、敦实之感。横向线条的均匀分布强调了建筑的横向肌理，为建筑添加了庄重、敦厚之感。整个立面以横竖线条穿插交替为主，线条密度的变换使建筑立面敦实却不乏味，庄重却不单调。

立面 2 采用均衡的菱形网架（顶端由变形后的新华社标志排布而成），由上到下分布以参数化从小到大的菱形装饰面，中部设半透明白色玻璃，下部过渡到带有菱形母体的窗户的实墙，整个立面设计赋予建筑形体丰富且有秩序感的立面，引以新华社 logo，表达了信息化时代网络的重要性，同时打造出具有标志性的新华社建筑立面。两个立面材质均以实墙和玻璃幕墙相结合穿插，给人以敦实、稳重的建筑形象。

（4）总平面图

方案设置两栋高 40 层的塔楼，塔楼位于用地西北与东南角，一方面，不会对裙房产生日照遮蔽，另一方面，有利于主要立面的展示。裙房 5 层，布置在东北和西南侧。裙房分南北两部分，围合中厅进行布置。

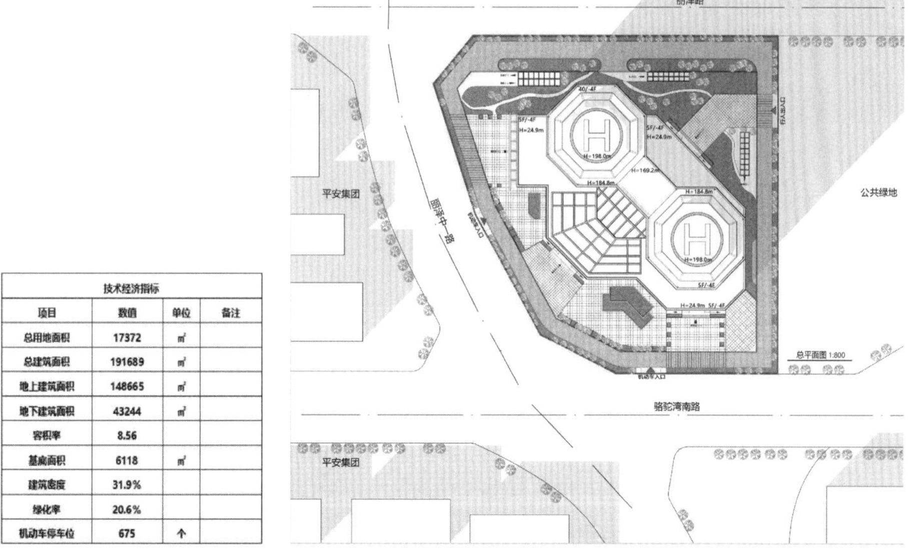

技术经济指标			
项目	数值	单位	备注
总用地面积	17372	㎡	
总建筑面积	191689	㎡	
地上建筑面积	148665	㎡	
地下建筑面积	43244	㎡	
容积率	8.56		
基底面积	6118	㎡	
建筑密度	31.9%		
绿化率	20.6%		
机动车停车位	675	个	

（5）交通分析

主入口位于用地西南侧，用地南侧和西侧设置机动车出入口，东侧设置人行出入口。基地内有车型环道围绕建筑，塔楼北侧，东侧与东北侧为消防登高操作场地。基地内共设三个地下车库出入口。建筑主要出入口前设置集散广场，便于人流集散。

基地内部设置车行环路，兼做消防车道，宽 7m，与建筑外墙距离在 4.5~18m。

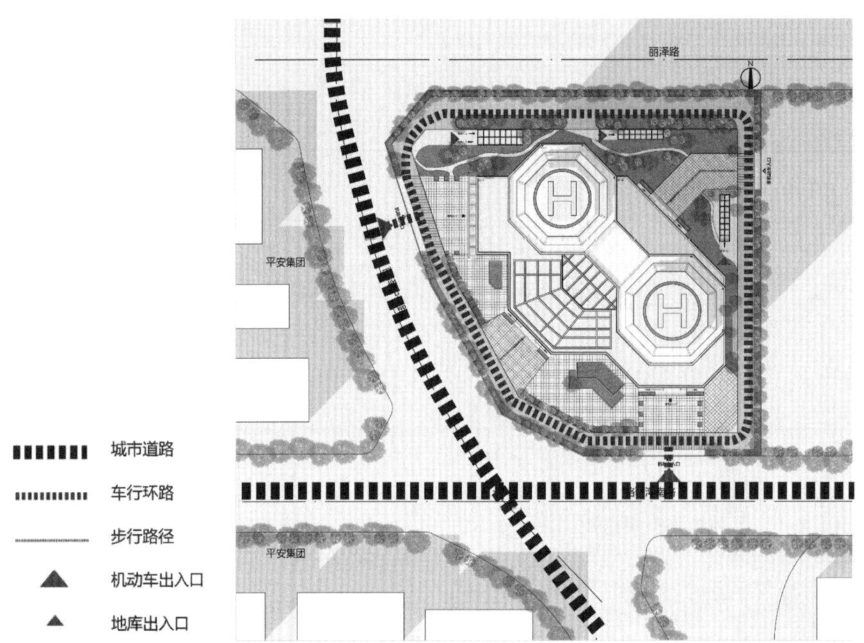

（6）绿化分析

为了回应方案平面的雏型空间，将景观铺地、道路、广场、绿化均设计成流线型，配合双塔楼敦实稳重的建筑形体，达到动态结合的设计意向。

将绿化种植和景观铺地相结合，配置适当的建筑小品，形成既现代简约，又具有人文关怀的景观空间。

绿化种植以草坪和灌木为主，辅以部分高大乔木，强调简约的设计，开阔的视野，丰富的层次。

植物配置方面，根据植物习性进行乔木、灌木、地被、花卉的立体种植，创造丰富的层次的同时，形成小生态的景观环境。每个季节都有不同色彩的植物景观，以形成建筑外部空间的格调。

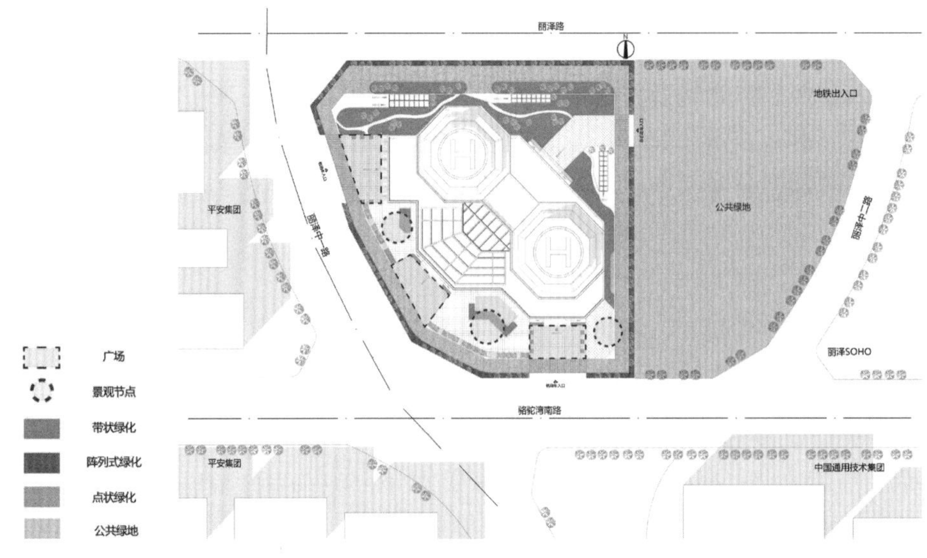

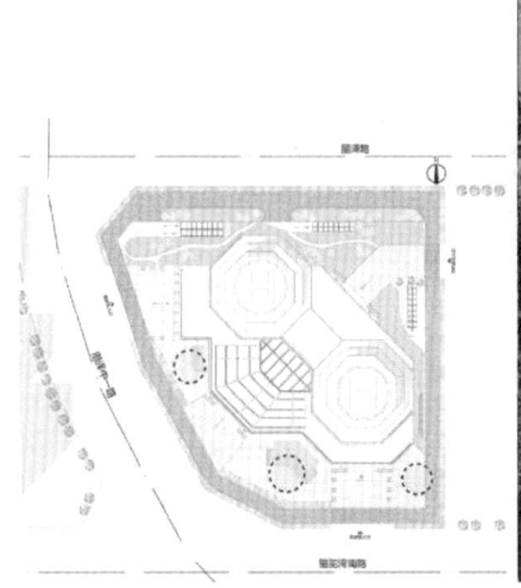

（7）日照分析

方案设置两栋高约 156m（仅塔身）的 40 层塔楼，塔楼位于用地西北与东南角，一方面不会对 I 裙房产生日照遮蔽，另一方面，有利于主要立面的展示。裙房 5 层，布置在东 1 桥口西南侧。裙房分南北两部分，围合中厅进行布置。

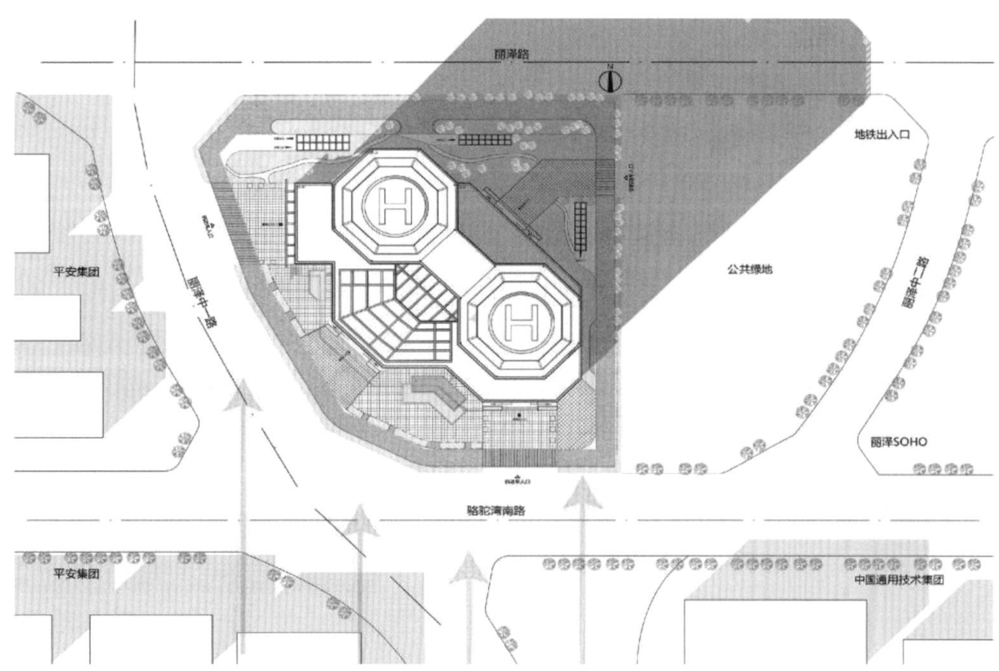

（8）功能分析

功能分析：方案设置两栋高 40 层塔楼，塔楼位于用地西北与东南角，一方面不会对裙房产生日照遮蔽，另一方面，有利于主要立面的展示。裙房 5 层，布置在东北和西南侧。裙房分南北两部分，围合中厅进行布置。方案将整栋建筑分为西北与东南两部分，功能均为灵活的开放式办公用房，两座塔楼中间用中厅进行连接，连接部分包含中厅与休息区。

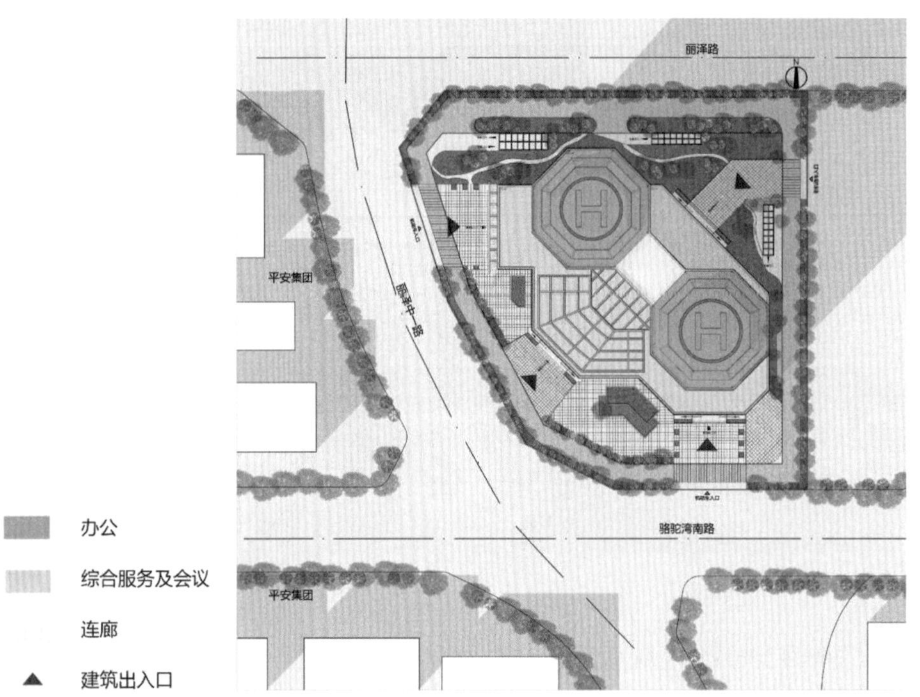

方案由塔楼、裙房、地下三部分组成，两座塔楼由中庭部分相互连接。塔楼主要用于办公，裙房集办公、会议、健身为一体，地下一层为餐饮区，地下二至四层为车库。

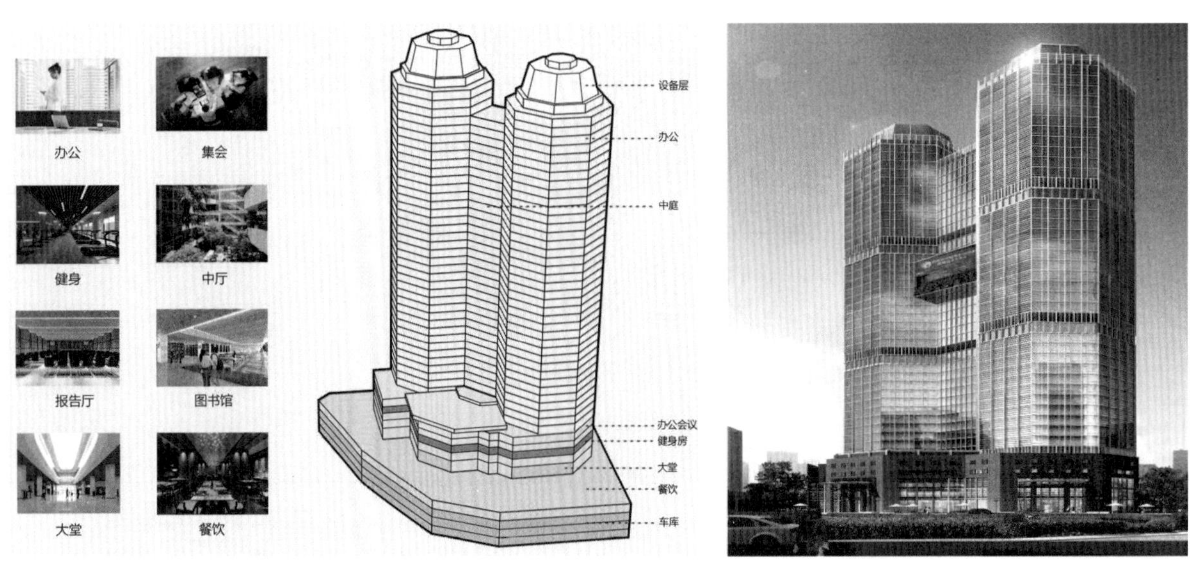

方案将整栋建筑分为西北与东南两部分，功能均为灵活的开放式办公用房，平均分给四家公司使用。两座塔楼中间用中厅进行连接，连接部分每三层为一个通高，立面上三段，每段中厅的位置皆进行错位，使得立面更加丰富。另外，为呼应设计中的绿色概念，我们将中厅设置了诸多绿植藤条，绿植径直垂落，给员工新鲜空气的同时打造了良好的视觉景观。

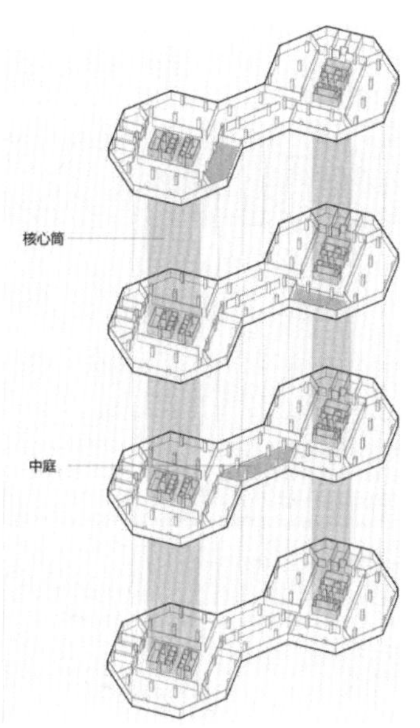

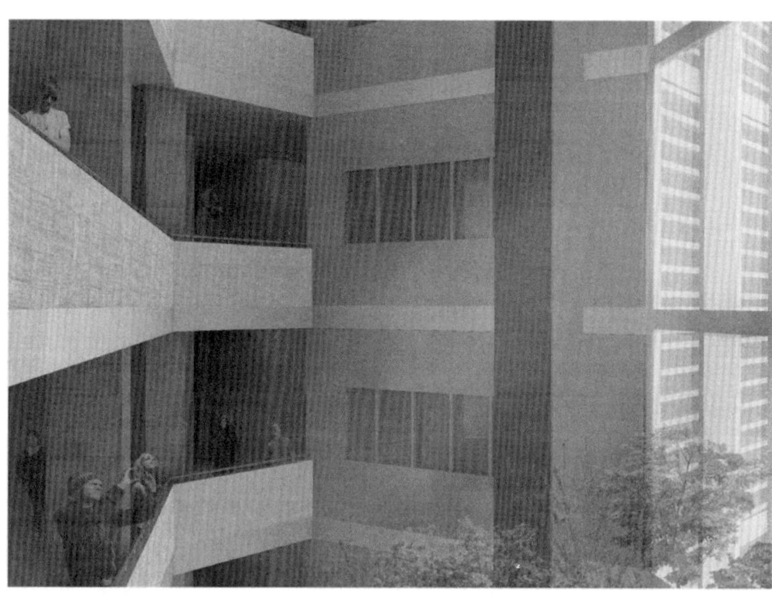

裙房共 5 层，主次入口分别位于南侧和西南侧，东北侧为工作人员入口。一层布置大堂，中庭、会议接待及银行等基础服务功能。二层为会客餐厅、企业文化展厅、临时会议室等办公功能，三层为健身房、拳击馆、瑜伽室以及乒乓球馆等员工娱乐功能，四层为图书馆、休闲办公及研讨交流室等业余休闲空间。五层布置一个 600 亩（40ha）的大型会议室以及四个 200 人的中型会议室作为企业主要会议空间。每层均配置休息区、活动区。

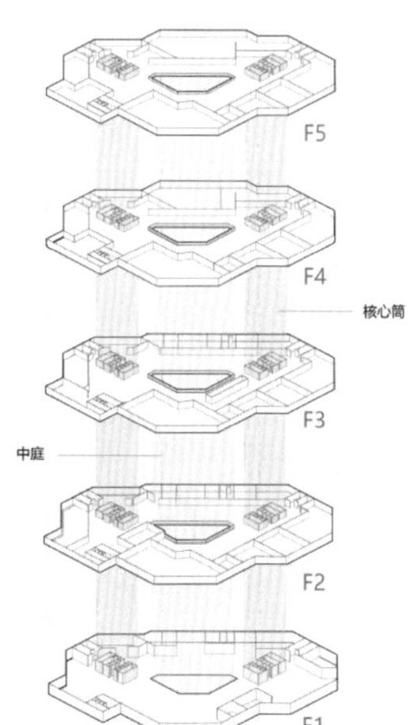

裙房中庭透视图

（9）内部交通示意

塔楼标准层面积 3000m^2，每层为 2 个防火分区，设有 2 部防烟楼梯和 2 部消防电梯。裙房每层面积 6100m^2，每层为 2 个防火分区，其中一个防火分区设 2 部防烟楼梯和 3 部消防电梯，另一个防火分区设 3 部防烟楼梯和 4 部消防电梯。地下室每层面积 10811m^2。所有安全出口的疏散门均向疏散方向开启。室内任意一点至房间直通安全出口的疏散门的直线距离，以及每个安全出口直通室外的距离，均满足规范要求。

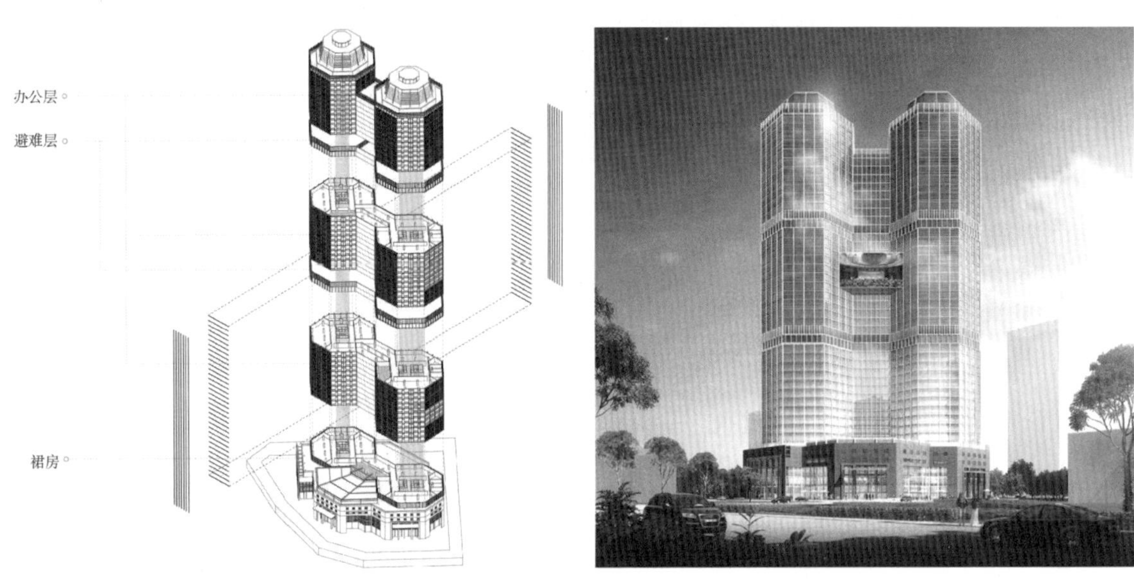

（10）节能设计

采用国际上成熟的“城市集雨利用生态设计系统”，充分利用降水资源节约自来水，补充地下水、充分发挥绿地和绿色植物的生态环境作用。为不同的设施提供雨水供给。经过重重过滤与处理，水质质量得到保障。

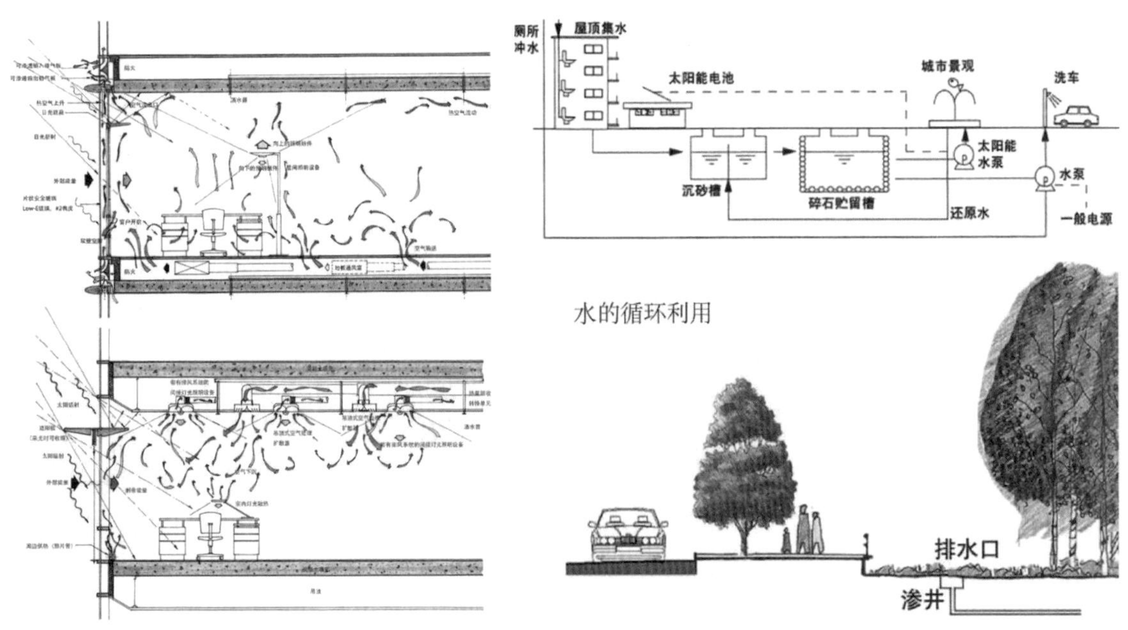

水的循环利用

5. 建筑设计 · 方案二

（1）设计构思

国家金融信息大厦，作为丽泽金融商务区的标志性建筑，提取了“桥梁”这一概念，用来体现场地和区位的精神特质。

丽泽金融商务区东临北京城市中心区，西至西三环，距金融街 5km，距北京南站 2.6km，距北京西客站 1.8km，天安门 8km，距 CBD12km，是连接功能核心区与功能拓展区的“桥梁”。

北京在历史上并非都是国都，从金中都开始，到元大都，再到明清北京城，开启了北京作为政治经济文化中心的地位。丽泽承载着金中都遗址的历史文脉，可以看作是连接北京过去与未来的“桥梁”。

• 概念提取:

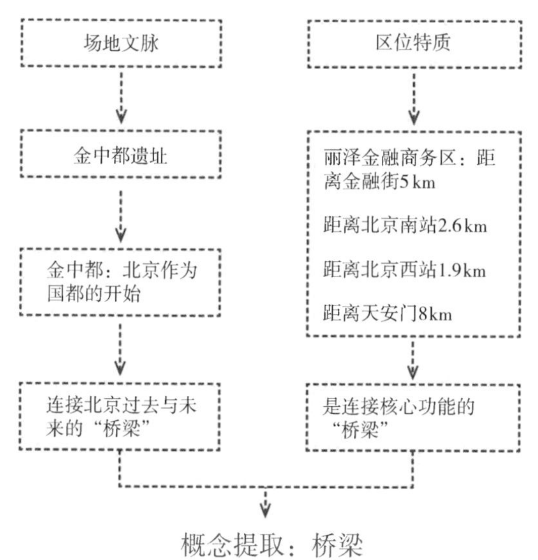

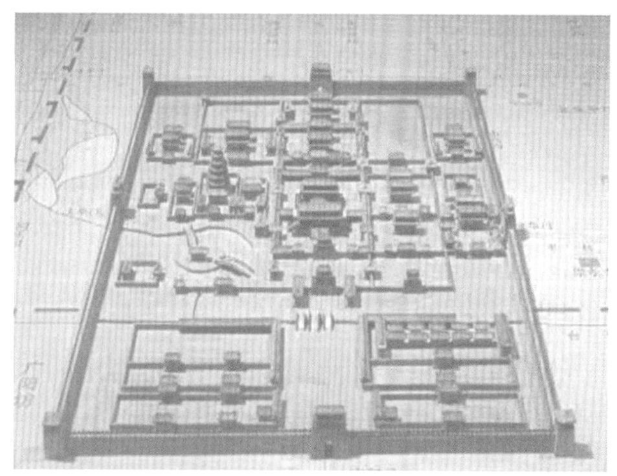

方案在规则的柱网之上，将建筑外墙设计成流线型，一方面回应扇形的用地形状，一方面塑造温和沉稳的建筑形象和空间感受。

裙房分南北两部分，中间被景观庭院分开，改善了裙房的采光，提升了景观品质。两部分裙房以廊桥相连，共同形成了复合型建筑空间。让建筑空间和景观如同“流水”一般，穿过“桥梁”。

（2）总平面图

方案设置一栋高约 200m 的 47 层塔楼，塔楼位于用地东北角，一方面不会对裙房产生日照遮蔽，另一方面，有利于主要立面的展示。裙房 6 层，布置在西南侧。裙房分南北两部分，中间被景观庭院分开，两部分裙房以廊桥相连。

主入口位于用地西侧，西南侧分别设置机动车入口，东北侧分别设置人行出入口。基地内有车型环道围绕建筑，塔楼北侧为消防登高操作场地。基地内共设三个地下车库出入口。建筑主要出入口前设置集散广场，便于人流集散。

6. 建筑设计图

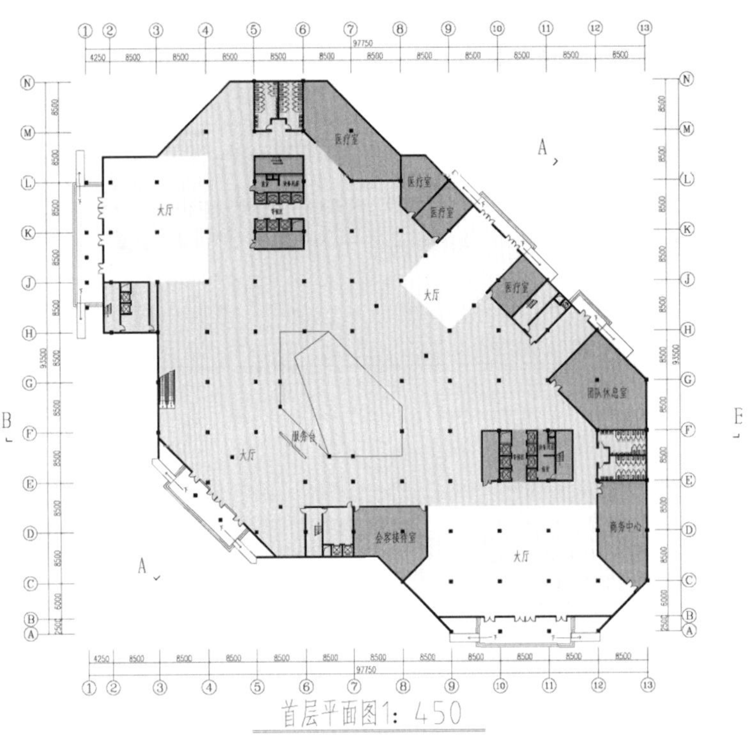

首层平面图1：450

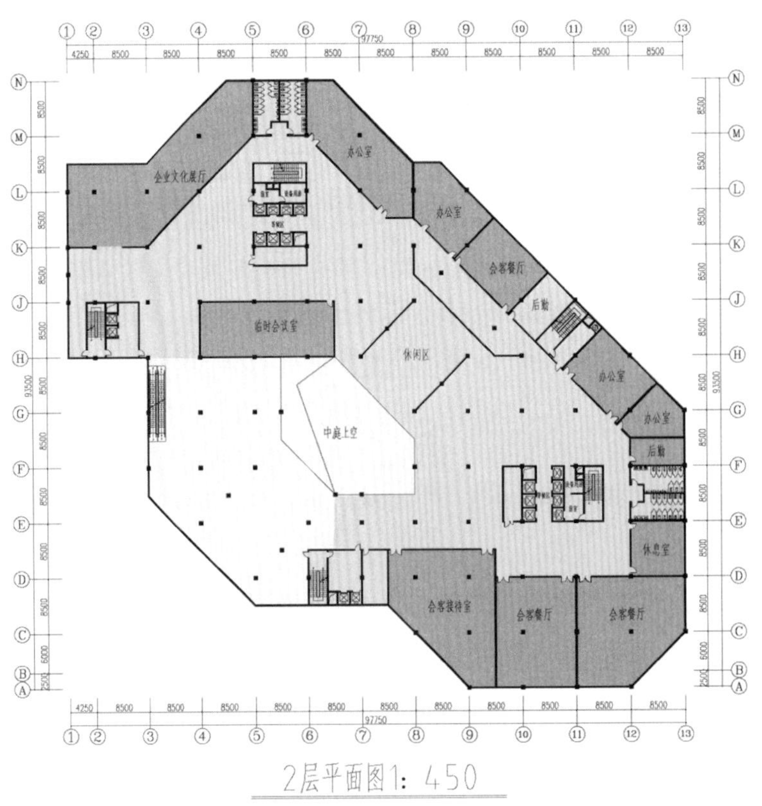

2层平面图1：450

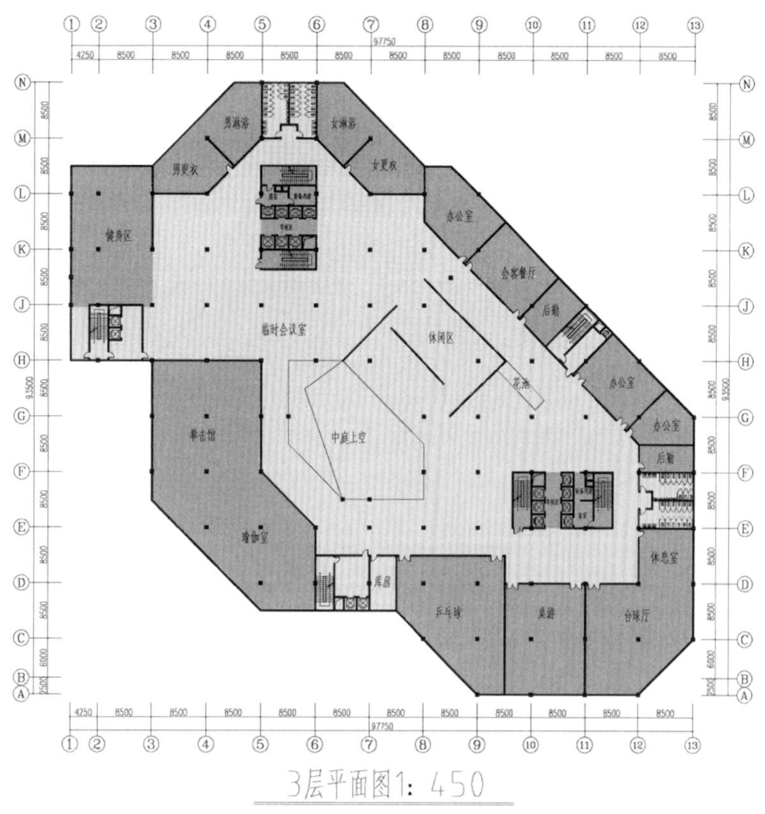

3层平面图1：450

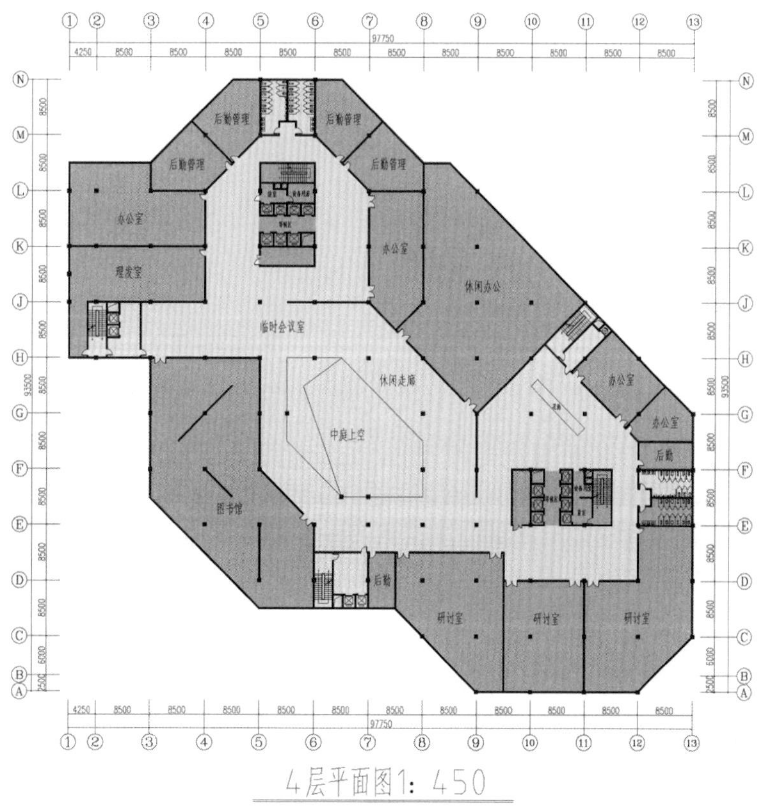

4层平面图1：450

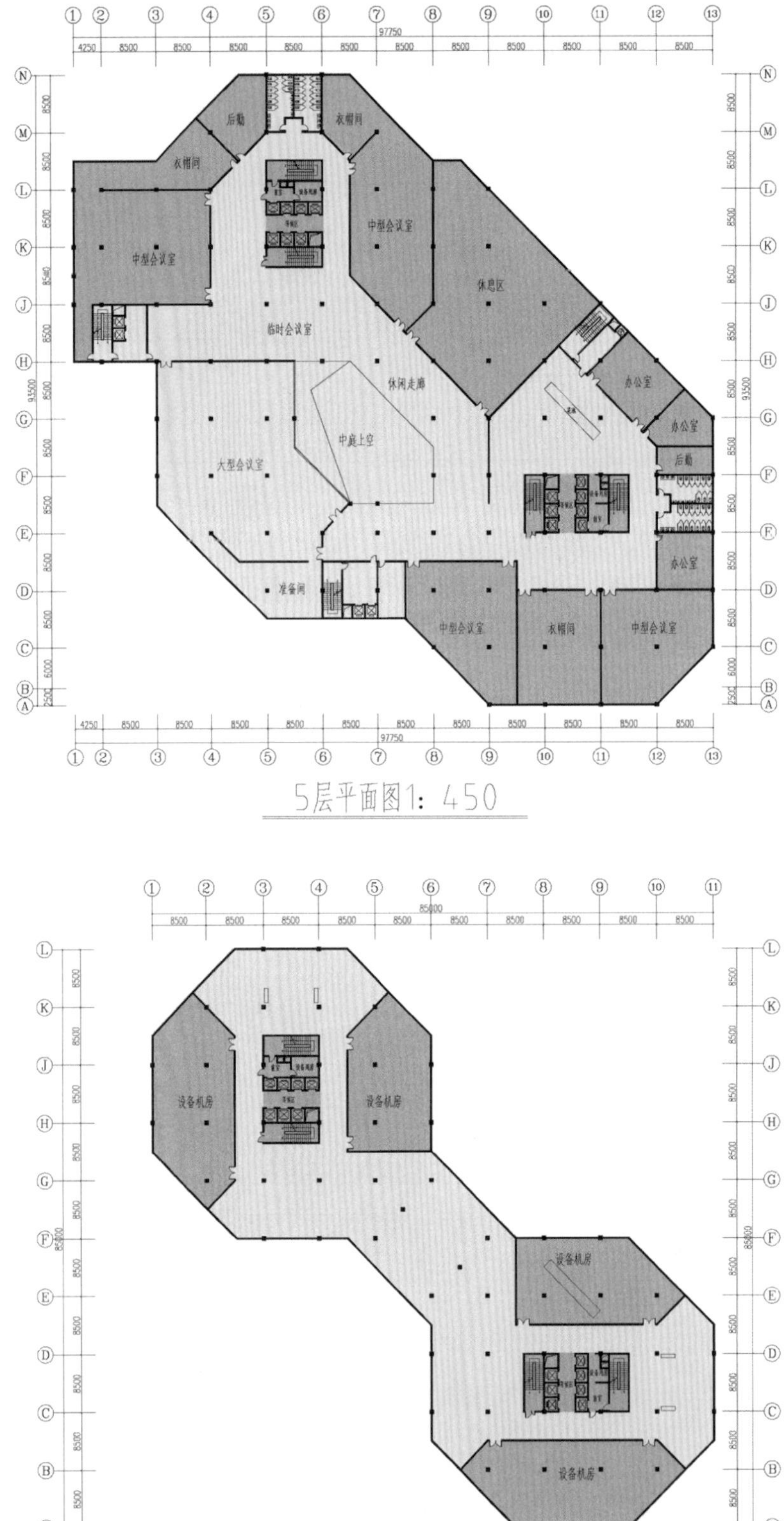

5层平面图1：450

6层平面图1：450

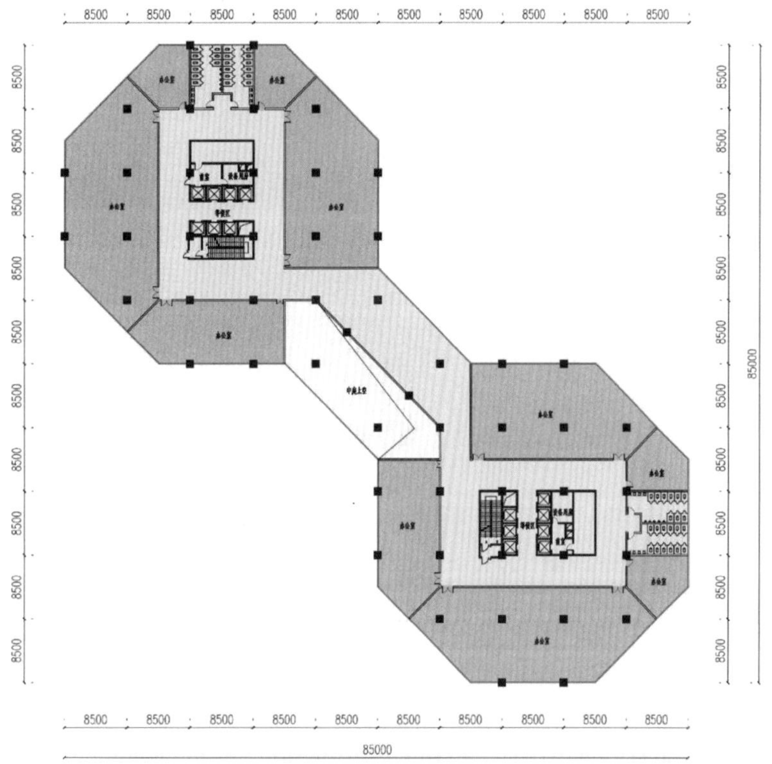

7-22层平面图 1:450

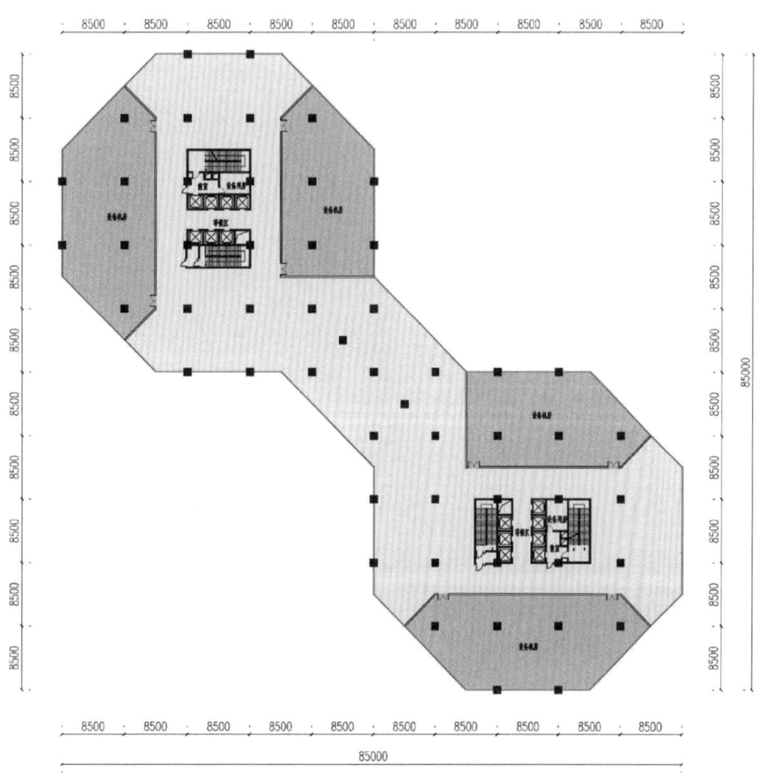

21层平面图 1:450

中区转换避难层平面图

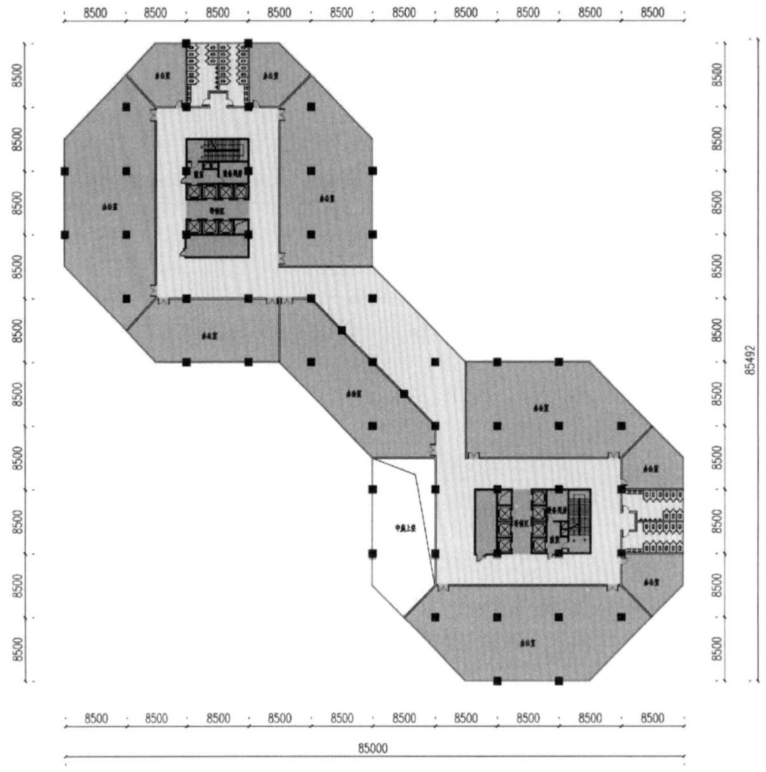

22-30层平面图 1:450

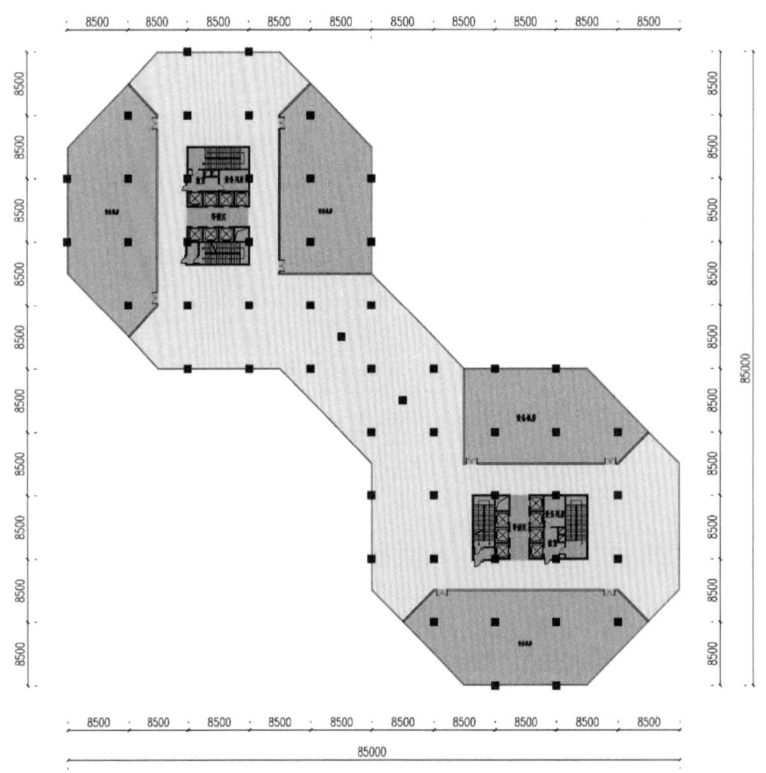

31层平面图 1:450

中高区转换避难层平面图

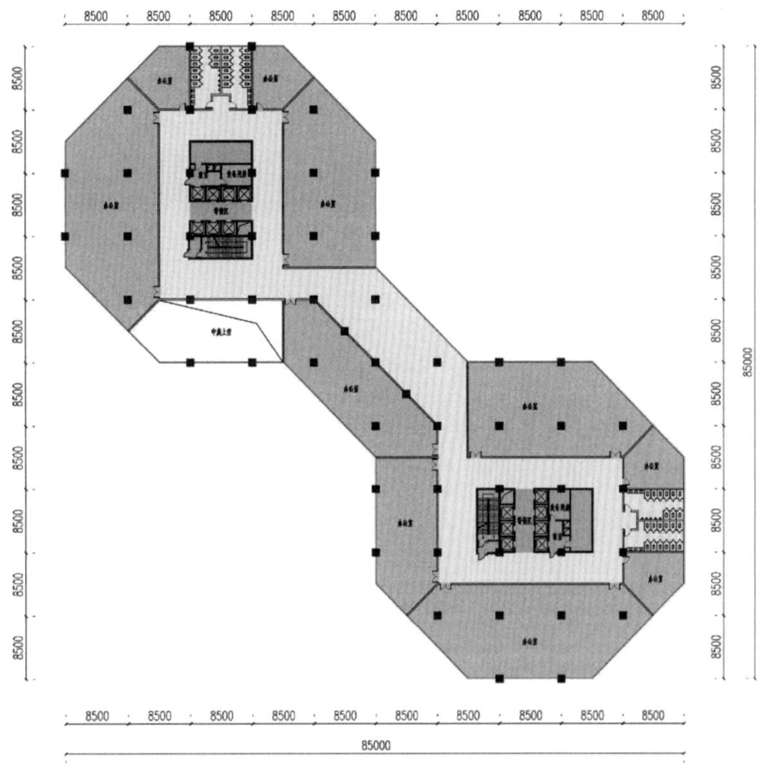

32-40层平面图1:450

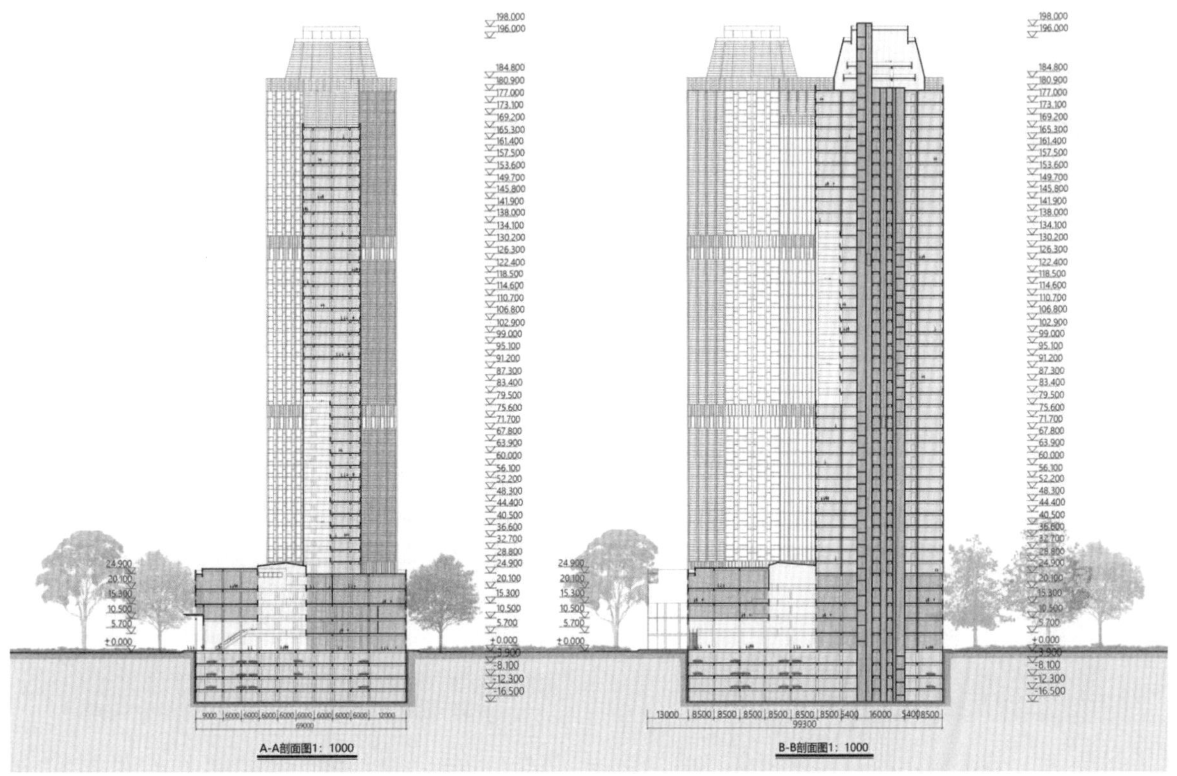

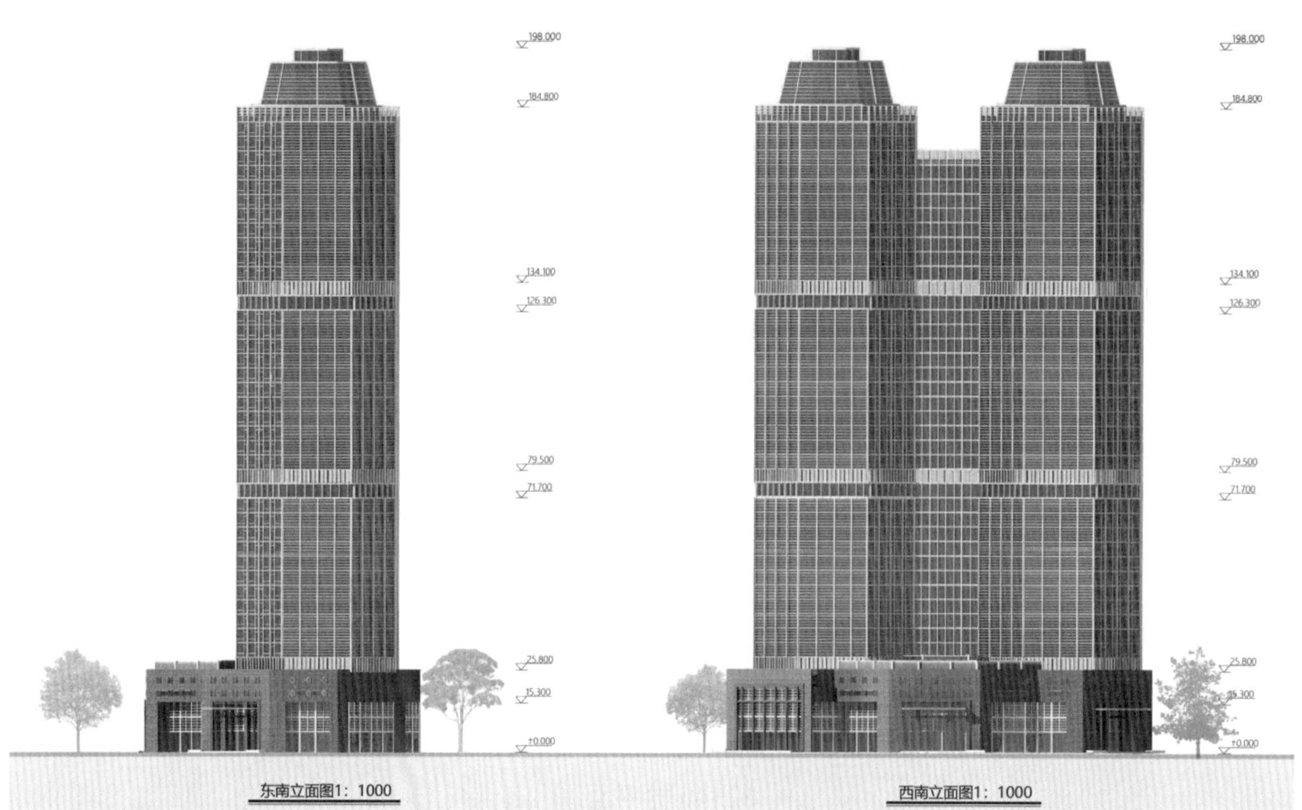
198.000
184.800
134.100
126.300
79.500
71.700
25.800
15.300
±0.000
东南立面图1：1000
西南立面图1：1000

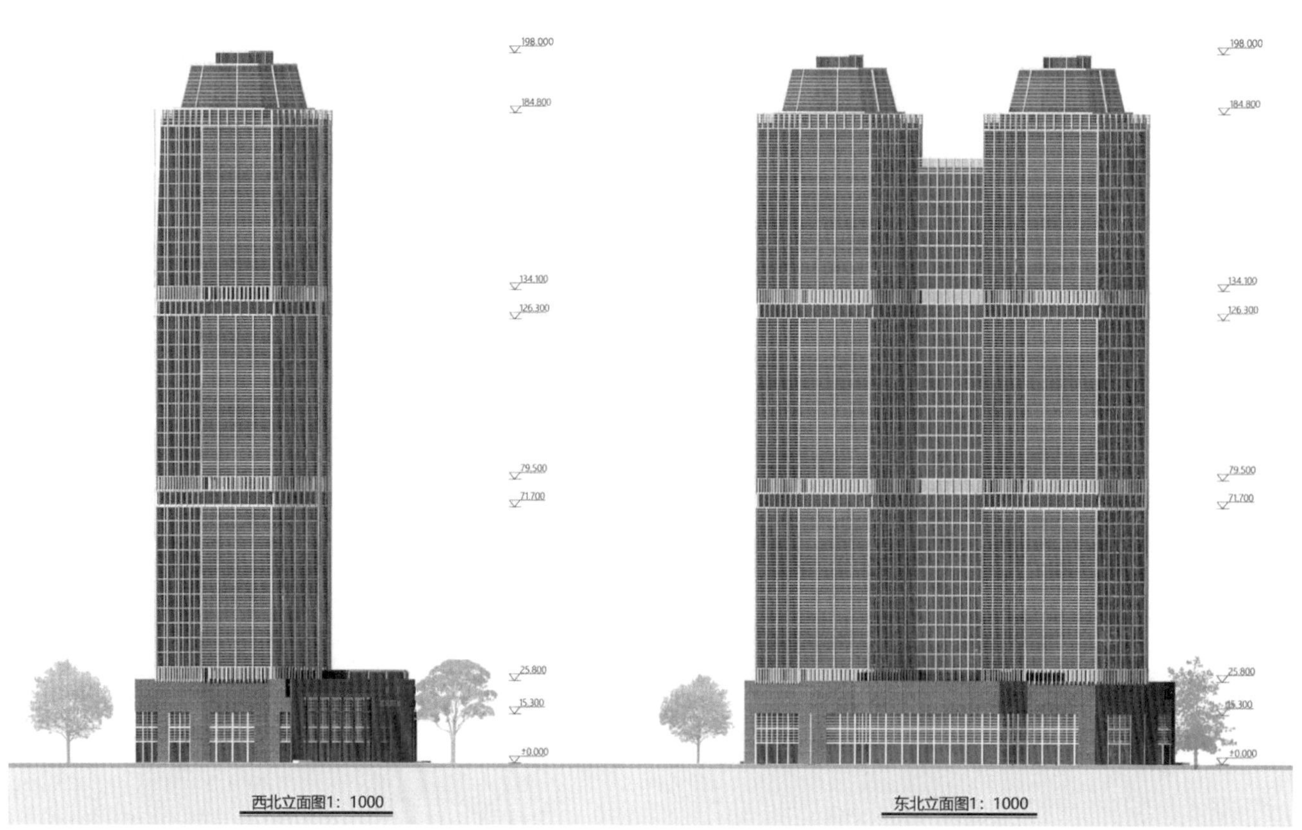
198.000
184.800
134.100
126.300
79.500
71.700
25.800
15.300
±0.000
西北立面图1：1000
东北立面图1：1000

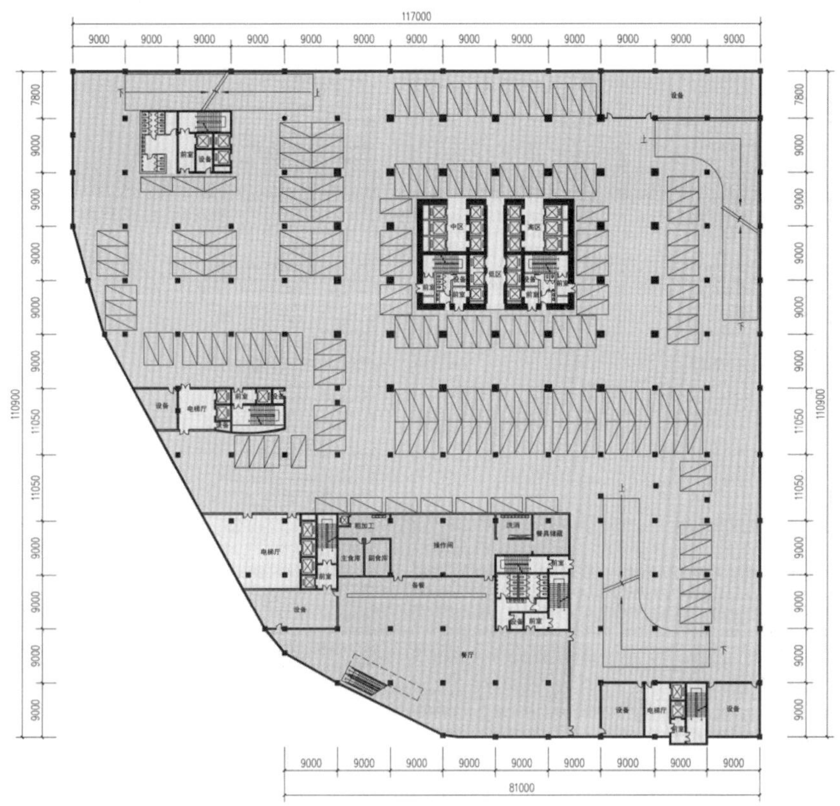

负一层平面图 1:450

本层建筑面积：11205.9m²
地下建筑面积：44823.6m²

负二至四层平面图 1:450

本层建筑面积：11205.9m²

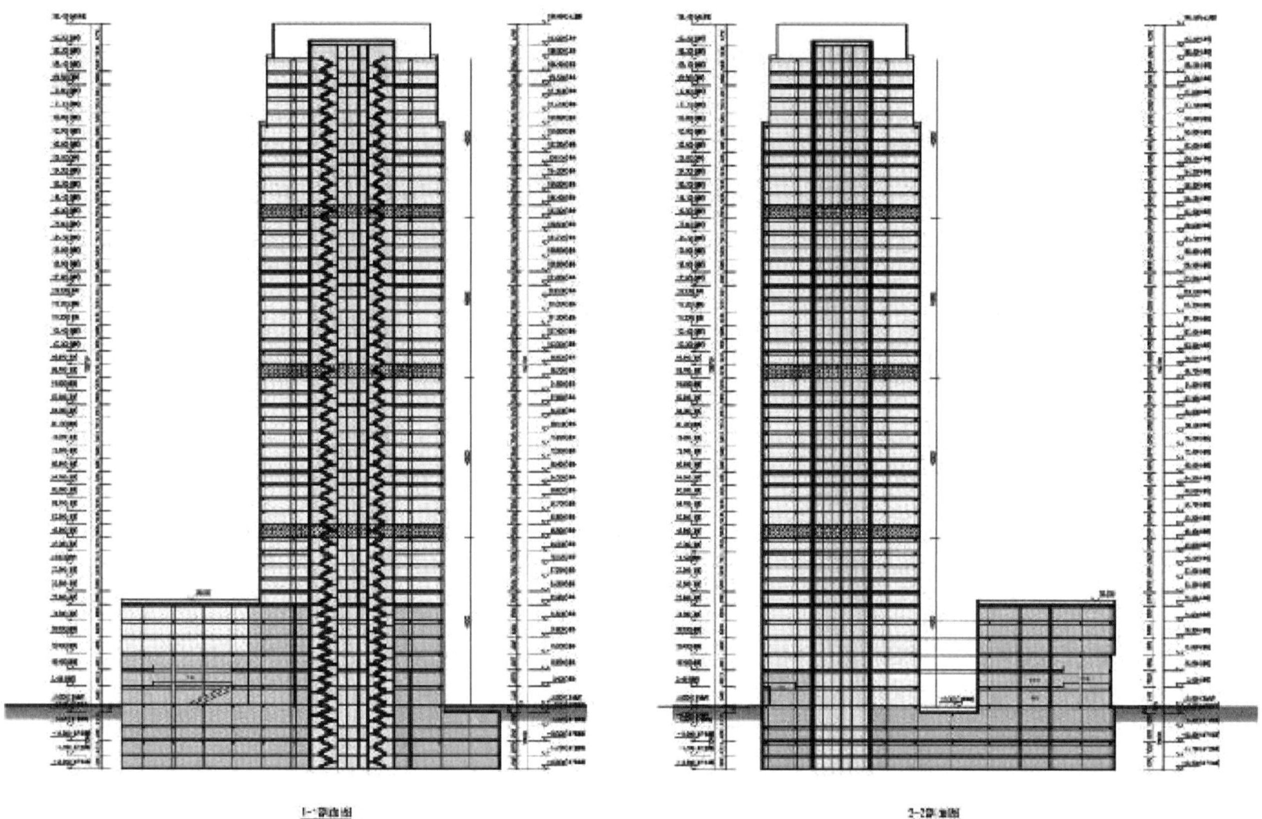

1-1剖面图　　2-2剖面图

二、1991 年至今的高层建筑设计作品及模型效果图分析

安徽巢湖农业银行设计效果图 - 王小斌博士—1992 年

王小斌博士—1993 年 - 珠海某高层

海口某高层建筑大楼设计效果图 - 王小斌博士—1992 年

广东省东莞中国银行—1996 年笔者的方案与施工图设计

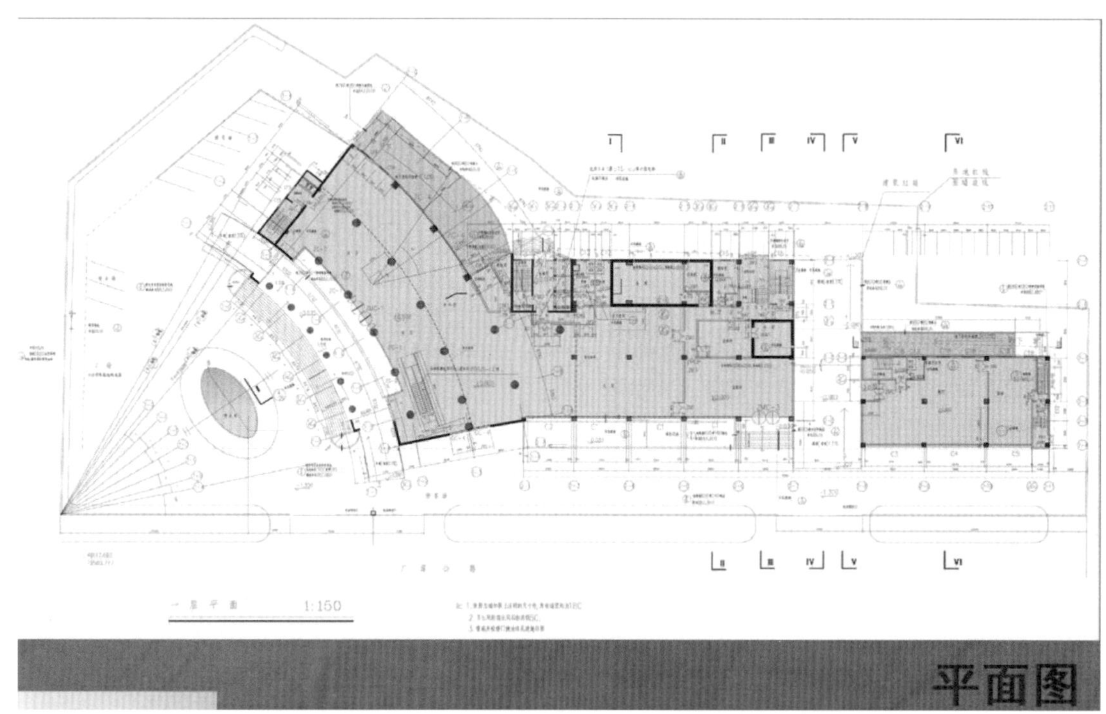

广东省东莞中国银行—1996 年笔者的施工图设计

广东省东莞中国银行竣工使用图片

广东省东莞中国银行竣工使用图片

广东省东莞中国银行竣工使用图片（李永平拍摄）

东莞市某乡镇办公楼—1996 年笔者的方案设计

附录3　城市设计与高层建筑

1. 法国巴黎拉德方斯新区城市规划

拉·德方斯位于法国巴黎西北塞纳河畔，距凯旋门5km，与卢浮宫和星形广场在同一条东西轴线上，在巴黎城市主轴线的西端。它被定为巴黎市中心周围的九个副中心之一；不仅法国最大的企业一半在这里，还拥有欧洲最大的商业中心，包括很多的国际总部大厦，同时也是欧洲最大的公交换乘中心。

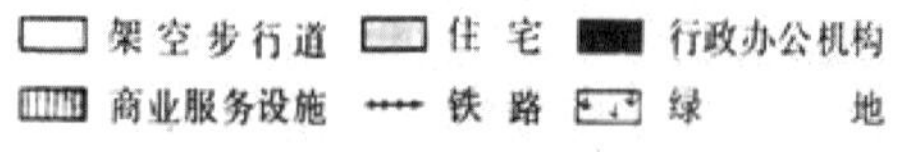

巴黎德方斯区平面示意图

写字楼	350万平方米，主要项目：新凯旋门，拉德芳斯工业发展中心，AXA大楼，EDF大楼
商业	24.5万平方米，代表性项目：四季商业中心，C&A商场，"奥尚"超级超市
住宅	95万平方米，1.56万套，可容纳3.93万人，其中在商务区建设住宅1.01万套，可容纳2.1万人；在公园区建设住宅5588套，可容纳1.83万人

历史沿革与发展过程：

·在第一轮规划中，德方斯规划分为2个片区即商务办公区、公园区620ha。EPAD开展了实质性工作：购买土地。确立德方斯边际范围。第一轮规划草图中明确了德方斯建筑的功能性质、高度和每栋建筑的面积。

·在第二轮规划中，EPAD响应现代主义建筑大师柯布西耶的人车分流的功能性规划原则，基本确定建立2层步行平台的规划设计方案。内容包括沿着大型2层空中步行广场按特定的标准尺寸布置办公楼，这时期规划德方斯办公楼总建筑面积85万m^2，同时还有住宅、低层公寓楼、商业和娱乐建筑。该规划是以中等规模建筑为主，这是后来称之为第一代高层办公楼的规划蓝图。

·在第三轮规划中法国进入了经济快速上升阶段，第三产业极速增长。因第二轮规划不允许各建筑作必要的变化而显示其局限性。UAP保险公司介入并且要求将分散在巴黎各处的办公室集中到德方斯。于是第三轮的规划中，商务面积增加且建筑高度不再限制。

巴黎德方斯交通规划系统：

（1）彻底的人车分流交通规划体系

德方斯规划通过开辟多平面的交通系统严格实行人车分流的原则。在中心部位建造了一个巨大的人工平台，长600m，宽70m，有步行道、花园和人工湖等，形成67ha的步行系统。人工平台板块将过境交通全部覆盖起来，不仅满足了步行交通的需要，而且提供了完美的游憩娱乐的空间。德方斯分设13个相互独立的，与周围环路和附近主要建筑物紧密联系的地下停车场，停车量达3.5万辆。

（2）发达的公共交通体系

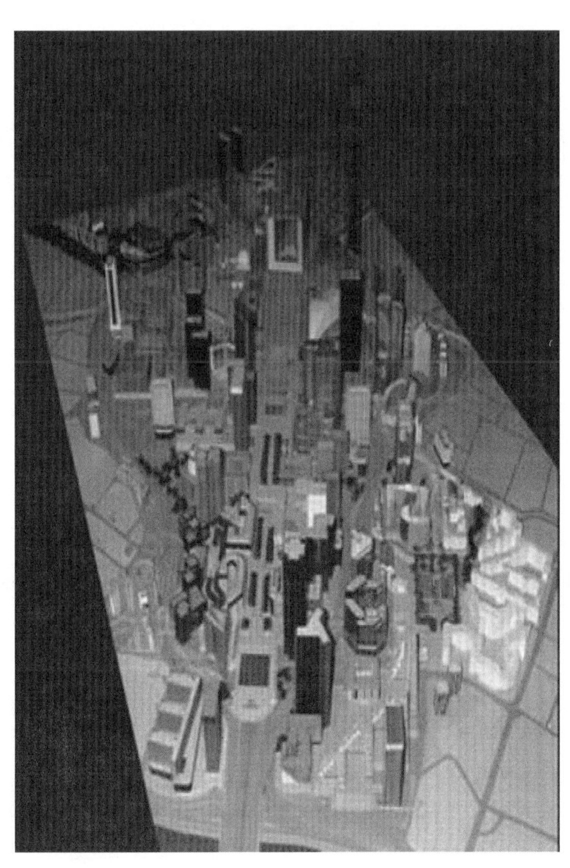

这个新区的对外交通系统十分发达，与巴黎和周围地区的联系都很便捷。还有欧洲最大的公交换乘中心，共有 18 条线路，每天进出 6 万多旅客，整个拉·德方斯区有 25 个公共汽车站，RER 高速地铁、地铁 1 号线、14 号高速公路、2 号地铁等在此交会。

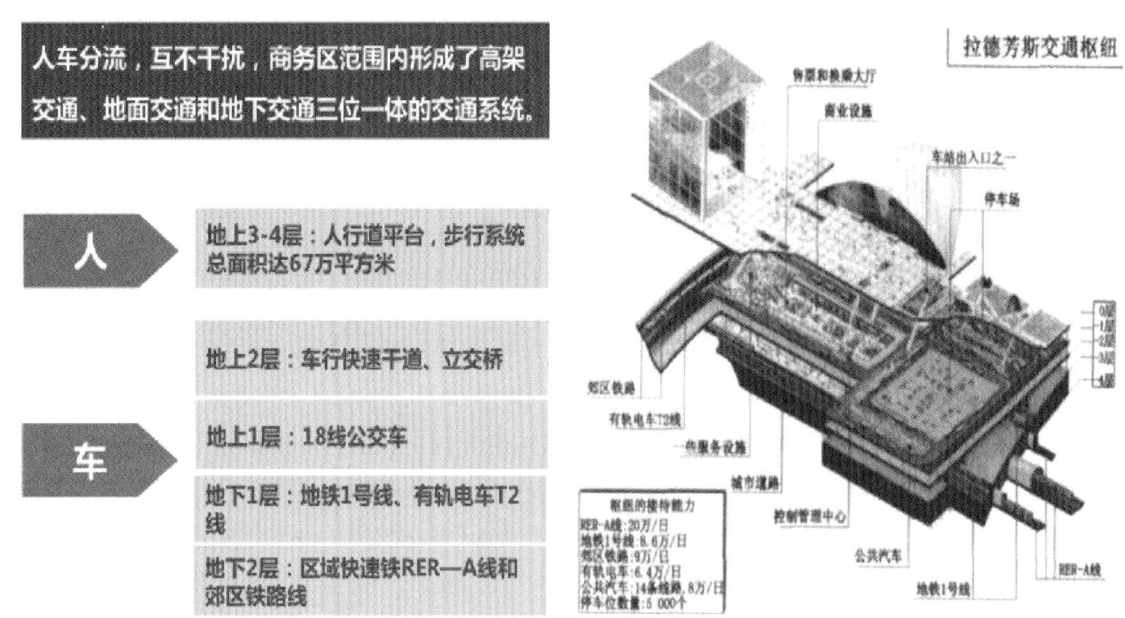

（3）重视功能分区和环境设计

高层写字楼与低矮的住宅毗邻。在白天商业贸易的繁忙喧闹之后，晚上主要是文娱社交活动。在这里人们可以找到城市中通常所见的各类建筑，如电影院、药房、旅馆、游泳池等；还有其他各种新的设施，如艺术中心和业余活动中心、区域性商业中心、展览馆等。拉德方斯的规划和建设强调由斜坡（路面层次）、水池、树木、绿地、铺地、小品、雕塑、广场等所组成的街道空间的综合协调。

各具特色的建筑发挥积极的效应。在德方斯内建筑物的形状、高度、色彩都互不相同，各具特色。办公楼以高层居多，居住建筑多为中层，而商业文化娱乐设施一般都为低层。这里拥有现代化的超高层办公楼，吸引着世界著名的财团和机构，以显示巴黎作为国际化大都市的魅力。

法国巴黎拉德方斯新区——新凯旋门案例

新凯旋门是凯旋门的现代版本，坐落在拉德芳斯商务区林立的壮观高楼之间。它采用了令人惊叹的立方体结构，以白色大理石和玻璃制造。

新凯旋门由丹麦建筑师约翰奥都·冯·斯波莱克尔森设计。当时的法国总统弗朗索瓦·密特朗想将商务区打造成热闹的景点，但是那里每到周末总是冷冷清清的，所以便在那里举办了一场国际设计大赛。斯波莱克尔森的设计从参赛作品中脱颖而出。于是新凯旋门在 1989 年 7 月 14 日，即法国大革命 200 周年纪念日正式揭幕。

巨大的现代立方体：新凯旋门高 110m，宽 108m，深 112m，其外观就像是四维的超立方体。拱廊下空间广阔，放下一个巴黎圣母院绰绰有余。立方体开口的原因是设计师希望它能代表“世界的窗口”，当然他成功实现了从该建筑的开口处一窥巴黎的设想。

高层建筑—新凯旋门建筑之一

笔直的历史轴线：直到 2010 年，才有全景玻璃电梯将游客带至到新凯旋门的屋顶，但不幸的是由于是拱门顶楼被永久关闭，如今已不能登顶观光。然而，由于拉德芳斯商务区是欣赏由城东至城市中心段历史轴线的最佳地点，仍然值得人们前去参观。这条虚拟的轴线将巨大的新凯旋门与凯旋门、香榭丽舍大道 、较小的卡鲁索以及卢浮宫金字塔连成一线。仔细观察会发现新凯旋门与这条轴线有一个小夹角，有一道激光束将新凯旋门与罗浮宫金字塔的顶端相连。

高层建筑—新凯旋门建筑之二

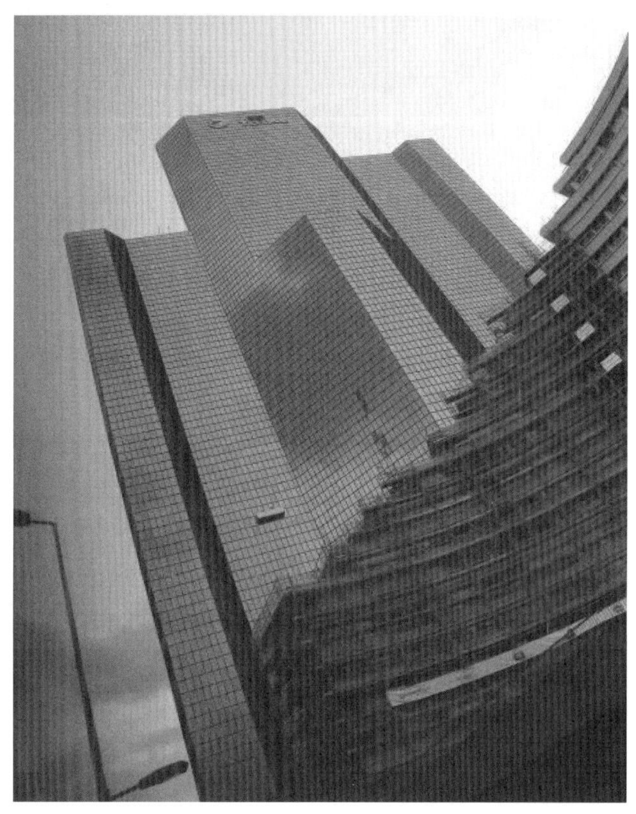

2. 德国柏林、勃兰登堡地区城市设计

柏林位于德国东北部，是德国首都。也是德国最大的城市。柏林是德国十六个联邦州之一，和汉堡、不莱梅同为德国仅有的三个城市州份。柏林东西长 45km、南北宽 38km，城市面积 892km^2，2018 年底常住人口约 375 万人，人口密度约 4206 人 /km^2。柏林市四面被勃兰登堡州环绕，与勃兰登堡州首府波茨坦市相邻，柏林 – 勃兰登堡都市区面积约 30370km^2，常住人口约 625 万。

考虑到柏林遭受战争的严重破坏，战后重建阶段也造成了大量建筑物和街区被拆除，“批判性重建”构想强调应当体现城市的历史延续性，尊重原有的城市平面，并要逐步恢复城市的公共空间，同时也要避免采取复古主义的方式。

在重新统一以后，“批判性重建”的构想被作为整合整个柏林内城地区的基本策略，1999 年由柏林的城市规划部门通过了正式的“内城规划方案”。在相关方案中，可认识性方面的内容在城市空间的塑造方面重新获得了关键性地位，主要的目标与措施包括：

（1）保留城市平面、在可能情况下对城市平面进行恢复性重建；

（2）保持建筑高度的规律性，主要是 5~7 层高的建筑群，符合柏林以前的檐口高度；

（3）建筑物应当有一面朝向公共的道路空间，另一侧面向属于私人性质的宁静内院；

（4）将首层地区预留作为服务整个城市片区的手工业、商业和服务企业；

（5）限制道路建设，选择局部清除那些过于狭窄且交通拥堵的道路断面形式；

（6）将绿地与住宅区域紧密联系起来，此外绿地的扩大应当与现有的城市结构相协调；

（7）在内城的混合使用地区（城市片区）应当把居住、工作、文化和休闲等方面结合起来。

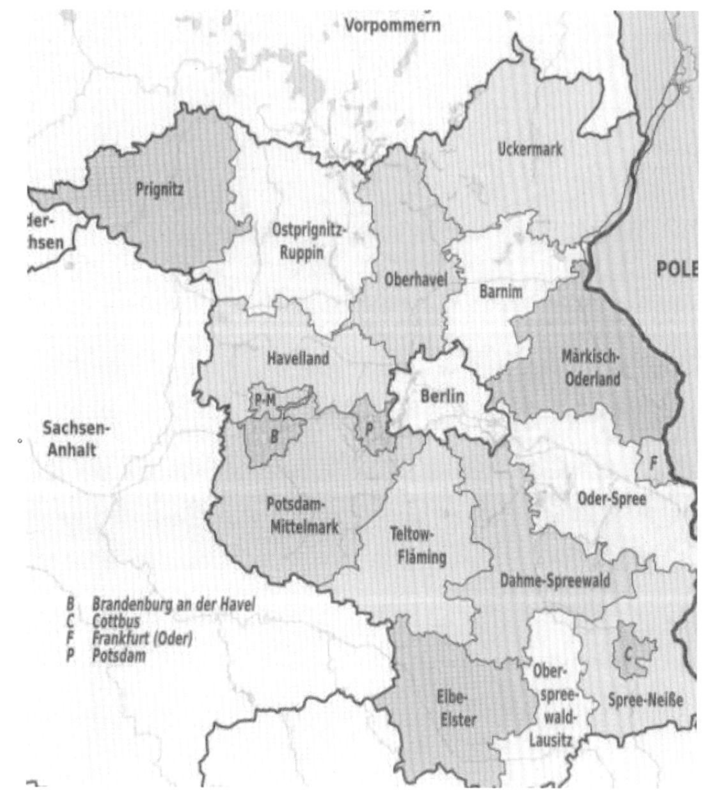
Vorpommern
Uckermark
Prignitz
Ostprignitz-Ruppin
Oberhavel
Barnim
POLE
Havelland
Märkisch-Oderland
P-M
Berlin
B
P
Sachsen-Anhalt
F
Oder-Spree
Potsdam-Mittelmark
Teltow-Fläming
Dahme-Spreewald
B Brandenburg an der Havel
C Cottbus
F Frankfurt (Oder)
P Potsdam
C
Ober-spree-wald-Lausitz
Spree-Neiße
Elbe-Elster

德国柏林地区城市设计——WERDAUER 路酒店公寓楼

项目场地位于柏林快速发展的 Schöneberger Linse 区与 EUREF-Campus 区的入口，从环城路与城市快速路远远望去，新建筑与一侧 J ü rgen Sawade 设计的办公楼共同组成了令人瞩目的城市地标。这栋大楼由 Werdauer Weg 3 Immobilien Projektentwicklungs GmbH & Co. KG 委托设计，功能涵盖酒店与办公，目前由 Debeka-Berlin 和 the niu 酒店共同使用。

这栋酒店兼办公功能的大楼位于 Schöneberg 区，与场地内 J ü rgen Sawade 设计的高层办公楼 Platinum 互为“姊妹楼”，在构图上相互补充。建筑师参照相邻大楼的特征设计了内外颠倒的阶梯退台。新楼呈对称结构，两个制高点分别与 Werdauer 路及南侧道路毗邻。从五层向上，六层至十一层都采用了“每两层一退台”的结构，呼应了一旁的 Platinum 大楼。

整齐统一的浅色砖砌立面赋予建筑强烈的雕塑感，奶油色与米黄色的搭配与 Platinum 大楼的花岗岩立面相协调，砖的运用则源于街区中的纪念碑。大楼表面均匀分布的窗户构成了水平与垂直的网格，塑造出极具抽象感的立面图像。外表皮上，建筑师以浅浮雕的手法刻画了诸多细节。窗洞深深嵌入墙壁，立面的凹陷带来强烈的光影变化。此外，遮盖收缩缝的涂层在墙壁的横纵交界处形成了细微的凹口，通过富有韵律的重复强化了立面的浮雕感。除去多余的装饰，建筑师通过这些结构性的细节赋予墙体自然的美学处理。

3. 北京长安街——北京银泰中心

北京银泰中心位于建国门外大街 2 号，地处北京中央商务区（CBD）核心地带，北临长安街，东接三环路，踞国贸桥“金十字”西南角。它是由三幢高楼组成，中间的一幢主楼高 63 层，共 249.9m（根据北京规划委员会规划，长安街两侧建筑限高 250m），两幢副楼共 186m，高 44 层，和对面的国贸中心一起成为北京的地标建筑。

银泰中心竣工于 2005 年，集精品酒店、甲级写字楼、商业中心和公寓于一体，北京柏悦酒店就在主楼。东侧写字楼已由中国人保公司整幢购买，西侧写字楼入驻了不少跨国公司，有名的美国思科公司、东京证券交易所、美林集团、加拿大庞巴迪等知名企业都在这办公。银泰中心主楼顶部的中国红灯笼造型设计灵感来源于传统的中国灯笼，里面是北京最高的酒店大堂，设计的灯光向上打亮上方灯笼体结构，但光线并不会射入室内。夜晚从远处可以看到银泰中心的灯笼隐隐浮于空中，完美演绎了一种中国灯笼照亮 CBD 的感觉。

4. 上海陆家嘴城市设计

陆家嘴地处上海市区中部，位于上海市浦东新区的黄浦江畔，两面环水。其中西面隔江与外滩万国建筑博览群相望，北面隔江眺望北外滩，占地面积 31.78km^2。陆家嘴是上海国际金融中心的核心功能区。其境内有东方明珠广播电视塔、上海中心大厦、上海环球金融中心、上海金茂大厦等现代化建筑楼群，江边是老码头遗址。

历史沿革与发展过程：

1991 年 4 月，时任上海市市长的朱镕基先生与法国政府公共工程部签署合作举行“陆家嘴中心区城市设计国际咨询”的协议，正式拉开了陆家嘴金融中心区规划国际合作的序幕。1992 年 11 月 20 日，上海市陆家嘴中心地区规划及城市设计国际咨询会议在上海国际贸易中心开幕。

1991 年 4 月—1992 年 11 月，中、英、法、意、日五国建筑规划师参与了这次国际设计方案征集，参加“陆家嘴中心区城市设计国际咨询”的城市设计方案。

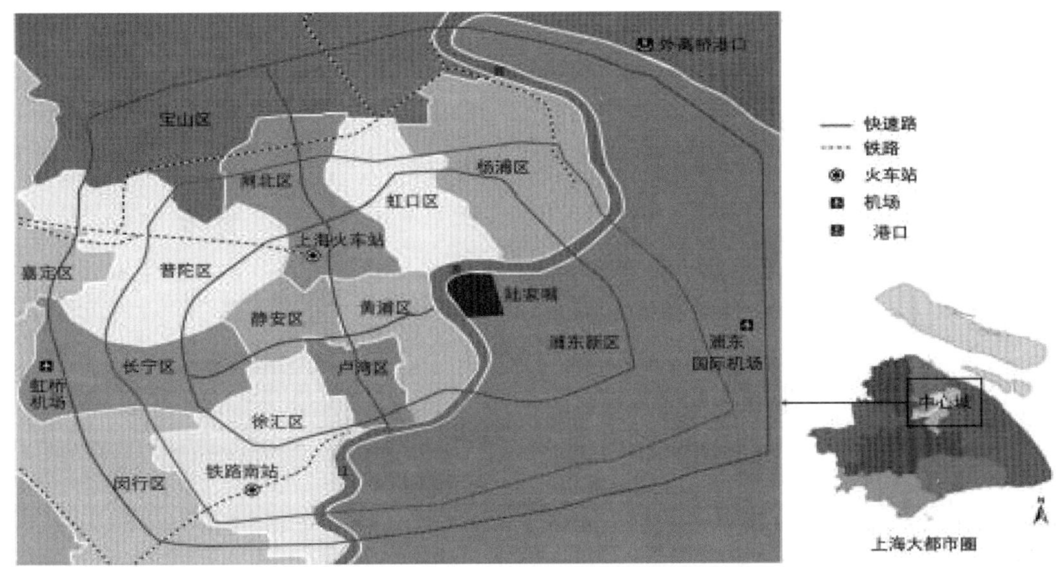

（1）英国罗杰斯方案：圆形、有力而雄心勃勃的城市形象，来源于黄浦江河湾空间的形态和公共交通环网的设计，同时通过分析良好的自然采光和视景而产生具有英国田园都市理念的现代生态型城市。

（2）法国贝罗方案：建立一个新的、强有力的未来大都市形象，由朝向外滩的直角形界面组成的空间格局象征未来，与 20 世纪的外滩建筑界面形成鲜明的时代对比。这是一个充满法兰西文化个性的方案。

（3）日本伊东丰雄方案建设一个高度统一的信息化城市，水平与纵向形成紧密的功能层带，使开发轴沿黄浦江南北向带状平行发展，强烈的信息流、严谨的城市网络以及多层的地下开发，折射出日本文化与现代技术的融合。

（4）意大利福克萨斯方案：寻求中国城市发展历程，从上海南市老城的形态中找出地域文脉联系，借此建设一个呈椭圆形、高密度、并由其周围低层建筑群衬托的“城中城”。这就是来自马可波罗故乡文化与中国文化的交融结晶。

（5）中国上海联合咨询组方案：“东西轴线”是城市发展的关键因素，核心区的集聚，附以高架、步行平台网络并与沿江步行绿带相连接，构成上海几代人对浦东陆家嘴开发的梦想。

上海市政府提出对五个方案博采众长、集思广益，并且着重于“三个结合”，即“中国和外国的结合、浦东和浦西的结合、历史和未来的结合”。

对国际征集方案讨论、研究、评判，经历了“5–3–1–1”的过程；“5”就是五个不同的概念方案；“3”就是综合五个方案的优点，出了三个深化的比较方案；“1”就是三个深化比较方案基础上再组织专家讨论，各方面听取意见，最后集中形成一个深化规划方案；最后一个“1”是在深化规划方案的基础上又进行了一次综合优化。

深化方案后确定的总体框架，在城市空间上明确“吸收各方意见，设置‘三足鼎立’的核心区超高层建筑群，形成与之相对应的开放绿地，共同构成中国传统‘太极’虚实对比的美学概念”。

2017 年 1 月投入试运营的上海中心大厦，是“陆家嘴三剑客”中最后建造的一个超高层，标志着陆家嘴金融贸易区中心区约 470 万 m^2 的建设已基本实现。

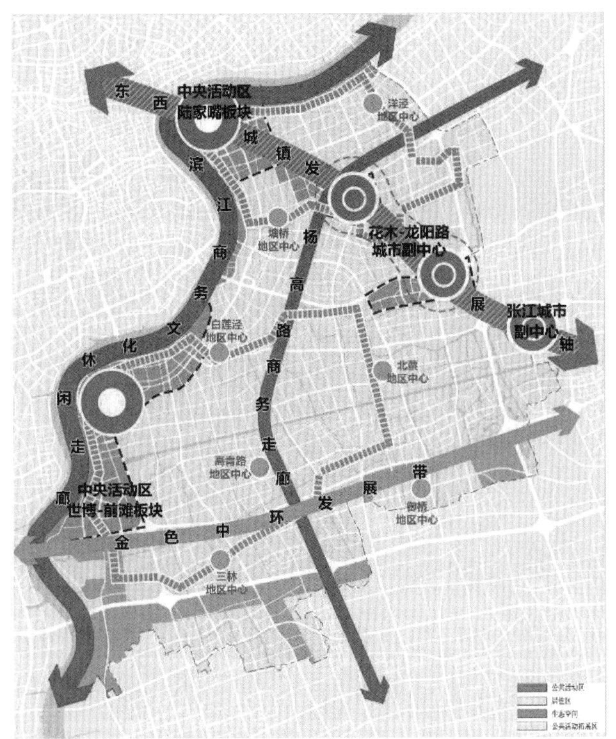

空间战略：打造复合城区、融合的城区、网络化城区。以中央活动区、市级活动中心为功能核心，沿“轴廊环街”向城市腹地延伸，打造滨江中央活动拓展区，外围缤纷生活社区。

规划结构：一轴一带二廊双环

一轴：以浦东新区空间结构中“东西城镇发展轴”西段为城市发展主轴，形成世界级活力街道轴。

一带：沿华夏西路的“金色中环发展带”。

二廊：沿黄浦江东岸的“滨江商务文化休闲走廊”及杨高路商务走廊。

双环：以单元内主要河道及绿道：陆家嘴水环——黄浦江、张家浜、洋泾港和三林水环——黄浦江、白莲泾、三林北港、小黄浦组成的生态景观环。

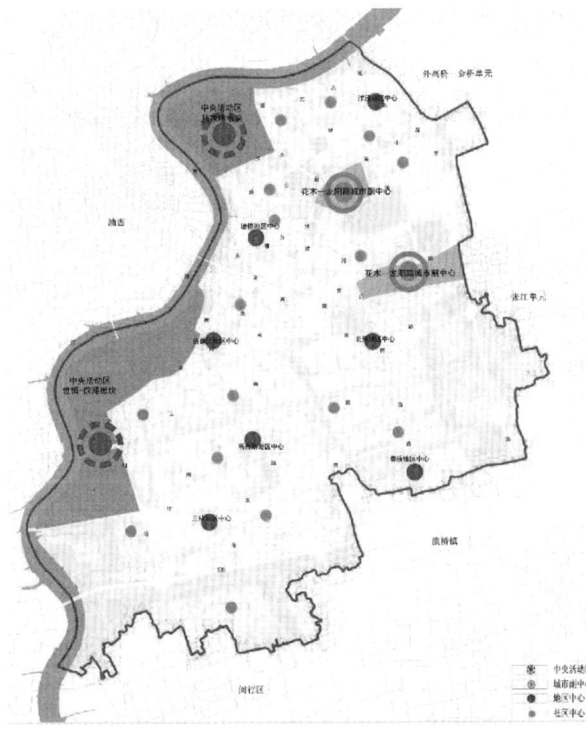

四级中心体系

城市主中心(中央活动区)：陆家嘴板块以商务办公为核心，重点集聚金融贸易和航运服务等全球城市功能。世博-前滩板块，定位为国际企业总部及组织机构的集聚区和国际文化交流中心。

城市副中心：落实花木-龙阳路组合型城市副中心建设，定位为行政文化商务中心。

地区中心：依托轨道交通站点，建设完善塘桥、洋泾、白莲泾、北蔡、高青路、三林、御桥等7处地区中心。

社区中心：以建设15分钟社区服务圈为目标，进一步完善社区中心建设，每个社区根据建设规模设置1-2处社区中心。

①上海陆家嘴城市设计——金茂大厦

上海金茂大厦位于世纪大道 88 号，共 88 层，其中地下 3 层，裙房 6 层，高 420.5m。大厦内有办公楼、酒店、观光厅等。是 SOM 在中国设计的首座超高层项目，也是上海浦东的首座超高层建筑，建成时曾是中国最高建筑。设计伊始，SOM 的建筑师就希望通过这座不同凡响的建筑，体现时代特色，为中国建造一座具有国际先进水平的摩天大楼。

设计理念以及结构：

“8”这个数字在金茂大厦具有特殊意义。中国人对这个吉祥数字情有独钟，因为“8”象征着财富与繁荣。因此，SOM 的结构工程师在大厦的设计中融入了许多“8”。比如，金茂大厦的外墙分段以“8”为模数。

在结构上，大厦采用 8 根巨型立柱连接核心筒的结构，以双正方形交叠为基础的 8 边形为建筑主体平面。同时，大厦的总楼层数也达到了 88 层。大厦的设计借鉴中国古代宝塔造型，以层层退台的缩进式结构创造出一种沉稳内敛的气质，建筑外形在契合古代美学的基础上构成富有韵律的比例，已成为中国摩天大楼的设计典范。

先进的结构工程技术确保大厦经受当地典型台风和地震灾害的侵袭。建筑的金属玻璃幕墙反映出这座城市变幻无穷的天空，当夜幕降临，整栋大厦在晚霞和灯火的交相辉映下熠熠生辉。

SOM 为中国建造的这座具有里程碑意义的大厦——在中国已成为世界第二大经济体，在长江三角洲、珠江三角洲，乃至中国众多沿海和内陆城市如雨后春笋般拔地而起的摩天大楼群中，仍然毫无悬念地脱颖而出。金茂大厦已成为中国最受欢迎的超高层建筑，为在过去 20 年里所有见证经济腾飞和时代前行的中国人所津津乐道，成为一代上海人和中国人的成长记忆中不可磨灭的一部分。金茂大厦的拔地而起，寓意浦东开发和开放进入全新时期，也开启了中国乃至全球

高层建筑发展的新篇章。

②上海陆家嘴城市设计——东方明珠

东方明珠广播电视塔，又名东方明珠塔，是一座位于中国上海陆家嘴的电视塔，毗邻黄浦江与外滩隔江相望。东方明珠塔是由上海现代建筑设计有限公司的江欢成先生主持设计，建筑动工于 1991 年，于 1994 年竣工，高 467.9m，亚洲第一高塔，在世界排名第三，仅次于加拿大的 CN 电视塔（553.3m）及俄罗斯的奥斯坦金诺电视塔（540.1m），是上海的地标之一。

该电视塔正式亮灯于 1994 年 10 月 1 日。这是一栋栖身于黄浦江畔的包含 11 座球体和 3 座柱体的现代化高塔。它集广播电视信号发射、观光、餐饮、购物及娱乐于一体。从远处看，它印证了“大珠小珠落玉盘”的美好意境。夜晚万灯齐放，东方明珠塔的两个巨大球体，与下方上海国际会议中心的两个地球球体闪闪发光、晶莹夺目，相互对应形成一幅浪漫壮观的景象。

③上海陆家嘴城市设计——上海环球金融中心

上海环球金融中心位于世纪大道 100 号，拥有地上 101 层、地下 3 层 ，楼高 492m，外观为正方形柱体，拥有办公楼、酒店和观光厅等功能区。于 2008 年最终建成的上海环球金融中心是陆家嘴地区第二座标志性超高层建筑，由森大厦株式会社投资、KPF 建筑设计事务所主导设计，竣工后曾超越金茂大厦，成为上海第一高楼。

KPF 的设计理念从现代主义继承而来，同时对城市环境与文脉非常重视，努力通过建筑的个性来反映城市的复杂性，或是把城市的特点纳入到建筑中去。如上所述，浦东的城市环境有复杂的历史背景和城市面貌，相比于金茂大厦，环球金融中心采用了一种完全不同的路径，如设计者所希望的既能够体现伟大和高贵，但同时也要兼具宁静和从容。

因此，KPF 选择以非常简洁的几何体线条来控制建筑的收分和走向，基底为正方形，通过两个曲面逐渐将两个对角收归到另一条对角线上，建筑顶部在斜对角的长条形平面上升起一个中间开圆洞的观光台。这一方一圆中隐藏着对于地域文化的含蓄表达，即象征着天与地。"'地'的符号实际上是一块状如四边形棱柱体的黑色石块，称之为'Sung'（玉琮）；'天'的符号则是一种中间带孔的圆形发光石块，称之为玉璧。

附录 4　北京地区的高层建筑设计与营建

1. 亚洲基础设施投资银行总部

亚洲基础设施投资银行总部位于奥林匹克森林公园中心区 B27–2 地块。地上建筑面积约 25 万 m^2。按照亚投行奉行的精干、廉洁、绿色的核心理念要求，结合亚投行近期和长远办公需求，北京市与亚投行通过前期开展建筑设计方案国际征集活动，经过多轮选拔、专家评审，最终确定了入选方案。

建筑外观的设计理念基于具有北京古城典型风貌的院落逻辑，与中国传统的木构造形式相呼应。每三层为一组的体量单元相互层叠、错落有致，这一设计手法打造了丰富而开放的内部景观，另外，工作环境的通透性亦彰显了亚投行与百个国家交互包容、开放透明的合作理念。

自然采光的空中花园依据不同主题设计了各具特色的植物景观，象征着丰富多元的“世界园林”，9 个中庭中有 3 个采用了中国传统园林手法，此外还种植了一些来自亚洲成员国的树种。这一位于都市中央的“绿洲生态”为北京创造了一处彰显公共性的非正式互联场所，可举办各类活动。室内灯光设计犹如中国传统的灯笼意象，与木构件元素相辅相成，营造出温馨亲和的氛围。

从外形观察，蜿蜒曲折的办公单元合为一体，生成一座方正庄重的玻璃体量，建筑主体再由四个朝向外侧的大厅进一步分解。建筑四面均设有一座中央大厅，形成面向各方的入口条件。在建筑立面表达上，三层一组的体量划分明晰可辨，通过向下投射的灯光设置突出点缀，与由内向外散发柔光的灯笼形象和谐统一。

2. 凯富大厦

凯富大厦总建筑面积达 12 万 m^2，地下三层，地上二十二层，是专门为北京西部地区的商务人员设计的高档“阳光景观”型甲级智能化写字楼。大厦在外观上体现出“现代、庄重、简洁、规整”的气势；在中部采用“中庭”设计，使之南、北楼都能获得较好的通风、采光效果，并以此在中庭部分营造出具有西方风情的绿色空中花园景观。大厦的平面建筑标准层按景观办公设计、灵活分割，可自由组合办公区域；以上设计体现出设计者崔愷以人为本的设计理念，使其成为办公条件、视线、景观俱佳的高品质大厦。

3. 融新科技中心

融新科技中心地处北京朝阳区望京电子城核心商务区，广顺北大街与来广营交会口。用地面积约 2.36 万 m^2，兼具智能 5A 甲级资质，总建筑面积约 18 万 m^2，由 6 栋写字楼与 2 栋配套商业组成，最高建筑近百米，周边环境绝佳，基础配套设施完善，毗邻大型市政公园与城市绿化带，融新科技中心以实现人、自然、建筑的和谐共存为不倦追求，匠心独运将大自然元素融入建筑体，革命性地将隐性通风系统与建筑外墙完美融合，悠然包容全球 500 强领袖企业及高端行政机构的一站式国际办公需求，物业管理服务特聘请全球知名的物业服务团队为所有来此发展的企业和公司提供最为高端的办公场所。

融新科技中心的外立面设计运用了精简的幕墙系统，从而获得简洁、干净和统一的外观。这种幕墙细节经过精心设计，以实现多种目的。玻璃面板之间呈锥形的垂直金属构件集成了幕墙结构，自然通风和夜间立面照明。因此，玻璃面板作为一个完整固定扇，可开启扇则位于锥形截面的幕墙通风百叶后面。

融新科技中心是具有可持续发展和节能技术的高标准绿色建筑。设计充分利用了自然采光和自然通风。变电站位于功能核心附近，可减少低压电缆中的能量损失。低损耗和低噪声变压器产品被选用于所有电气设备，包括升降机、泵、照明等。

4. 远洋国际中心二期

远洋国际中心二期地处 CBD 商圈，位于东四环与朝阳路交叉路口的慈云寺桥东，定位为 CBD 东区最具卓越品质的甲级写字楼，外立面为编织幕墙结构，由国际专业公司 SPARCH 倾心设计，其观景阳台和点釉工艺为本项目外立面的一大亮点，写字楼目前已取得 LEED-CS 金级预认证，属国际甲级写字楼。三横三纵交通主干道，以东三环、东四环、东五环与朝阳路、长安街东延线、广渠路形成。以京通快速路外接京哈、京沈、京津塘高速路，共同编织便捷的路面交通体系。远洋国际中心二期遵循国际领先 LEED 绿色建筑标准打造，已获得 LEED-CS 金级预认证。在建筑的各方面力求楼宇各系统达到最大的节能环保效果。

二期室内设计来自著名设计事务所丹青社。9.5m 挑高大堂，大气简约。石材与金属材质的巧妙变化运用，创造无处不在的“交互”感官体验，展现“力与力之间的博弈之美”“现代、简约”的要素融贯项目的室内公共区域的设计概念，和谐共生飞越界限是这里的信念。建筑面积 21268m^2，标准层建面积 2032m^2，标准层净高 2.8m，进深 6~12m。写字楼总楼层数地上 11 层，地下 3 层。硬件设施有客梯 5 部，车库转换梯 1 部，消防兼货梯 2 部。双路供电，办公区电量 90（W/m^2），备用紧急电源一组 1000kW。风机盘管 + 新风，4 管制。楼宇自动化监控管理系统，引入移动、电信、联通三大通信运营商，设立营业厅，提供驻场式服务，闭路电视监控系统。

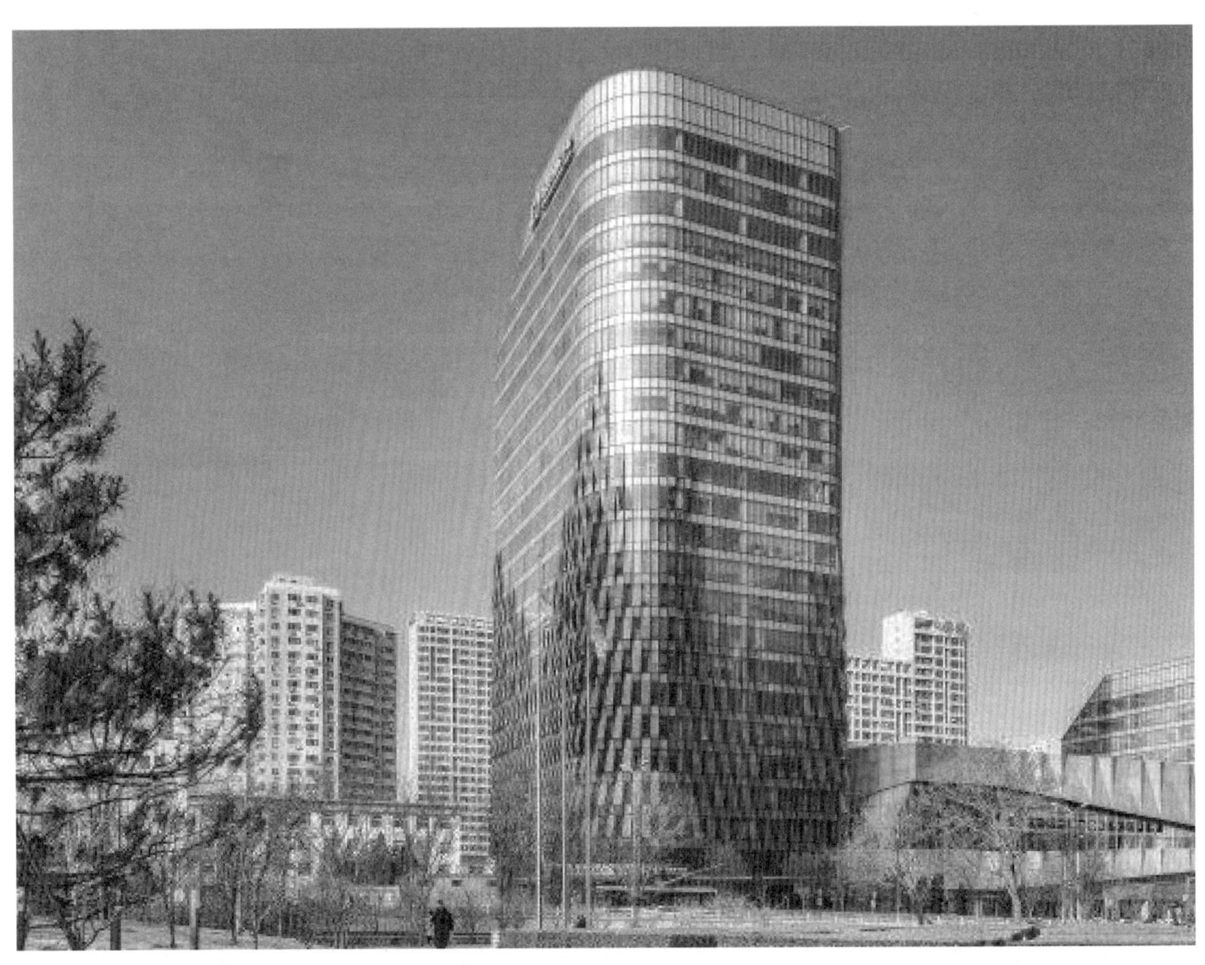

5. 财富金融中心

北京财富金融中心是北京市重点建设项目之一，高度为 265.3m，地上 68 层，建筑面积为 176285m^2。

2012 年 7 月 6 日，“财富金融中心”举行结构封顶仪式。项目于 2009 年 5 月开工建设，由巴马丹拿国际集团设计，按照国际甲级写字楼标准建设，是北京财富中心的收官之作。项目计划 2013 年投入使用，为 CBD 企业提供优质高端的办公空间，有效缓解 CBD 区域写字楼资源紧缺的现状。

财富金融中心标准层建筑面积 2600~2900m^2，采用无柱式平面设计，配合 12m 进深、6m 柱间距、2.75m 室内净高、15cm 网络地板及工字走廊，并在部分楼层配有可拆卸楼板。在确保空间划分灵活度的同时可最大化自然采光，充分满足国际化企业对办公空间实用性及舒适性的高标准要求。

北京财富中心坐落于 CBD 的城中之城，建筑群内有超五星级千禧大酒店、功能完备的财富购物中心、首屈一指的千禧服务式公寓及北京最高顶级豪宅“御金台”豪宅，以最优化的综合性配套服务，为入驻财富金融中心企业提供完善的商务与生活环境。

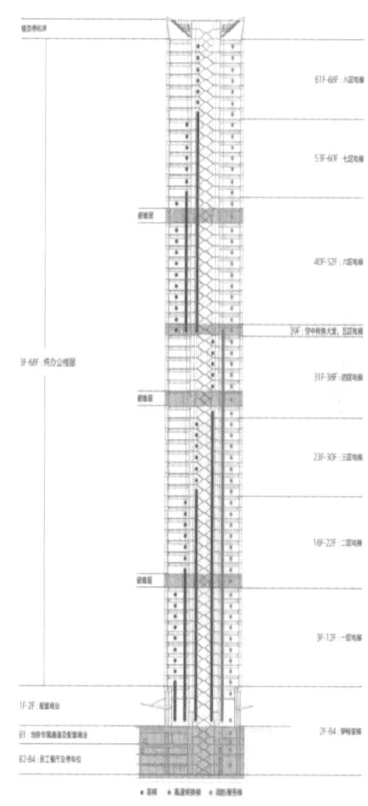

6. 银峰 SOHO

朝阳区望京 B29 项目建设用地面积 48152.523m^2，规划建筑面积 392265m^2，用地性质为“商业金融”。地块的挂牌起始价为 15.134 亿元，SOHO 中国（北京新幕世纪投资管理有限公司与星润实业有限公司的联合体，系 SOHO 中国全资子公司）的最终竞得价是 40 亿元，溢价率达 164.3%，通过计算的楼面地价为 10197 元 /m^2。该项目将定位为首都国际机场进京的首个“国门”标志性建筑，望京第一高楼，规划限高为 200m。

建筑上运用空间流线型设计，因为流线型在视觉上能简化一切。每个设计元素各就其位，汇聚到一起就形成了一个天衣无缝的连续统一体。这种设计理念允许更多复杂性糅合到每个项目中去，而不会造成杂乱无章的视觉效果。这种集流动性、优雅性与连贯性三位一体的建筑语言不应仅仅局限于我们的文化建筑中。

包封绝热材料降低了制冷要求，而 MEP 系统也设计用于减少北京极端天气，饮用水使用和能源消耗，包括：从排气中回收热量、高效控制传感器、中水的合理回用系统、能源监测系统、高效泵、风机、锅炉和冷水机组。望京 SOHO 的模拟测试结果显示，ASHRAE 标准建筑物每年可节水 42%，能源成本降低 12.8%。

7. 北京中信大厦（CITIC Tower）

中国尊是中国中信集团总部大楼，位于中央商务区（CBD）核心区 Z15 地块，东至金和东路，南邻规划中的绿地，西至金和路，北至光华路。占地面积 11478m^2，总高 528m，地上 108 层、地下 7 层，可容纳 1.2 万人办公，集甲级写字楼、会议、商业、观光以及多种配套服务功能于一体，总建筑面积 43.7 万 m^2。建筑外形仿照古代礼器“尊”进行设计，内部有全球首创超 500m 的 JumpLift 跃层电梯。2011 年 9 月 15 日至 19 日，北京中信大厦在商务节期间奠基动工，2018 年 10 月，北京中信大厦全面竣工。

北京中信大厦的建筑构思源于中国传统礼器之重宝——“尊”的意象。建筑高耸直入云端，表现出顶天立地之势。其外形自下而上自然缩小，形成稳重大气的金融形象，同时顶部逐渐放大，享受独在云端的无限风光，最终形成中部略有收分的双曲线建筑造型，使这一建筑林立在 CBD 核心区的摩天楼群中也能明显体现出庄重的东方神韵。

中国尊运用永临结合消防系统、BIM 技术全周期应用、抵御 8 级的抗震能力、智能顶升钢平台、JumpLife 临永结合“跃层电梯”等科技建设。同时北京中信大厦配备完善的自救体系，包括消防系统和避难所。这些技术使得中国尊创造了 8 项世界之最、15 项中国之最。

8. 北京朝阳公园广场

MAD 建筑事务所历经 6 年，完成了“墨色山水”——朝阳公园广场及阿玛尼公寓建筑群。地处北京朝阳公园的南面，建筑群总建筑面积约 22 万 m^2，由 10 座建筑组成，高低错落，好像一幅展开的山水画卷，又像是一组盆景。不同于纽约中央公园边上那些强调边界围合感的现代建筑，北京这组极具未来感的建筑更加强调自然向城市的延伸和渗透，将城市中的人造物“自然化”，运用中国古典园林建筑中“借景”的办法，突破了朝阳公园与城市的界限，使自然和人造景观交相辉映，使人融情于景。

设计以中国山水艺术为灵感，在城市中心重塑大型的建筑关系，再现了“峰、涧、溪、石、谷、林”等自然形态和空间。基地北侧紧邻公园湖面的不对称双塔办公楼，像是两座破土而出的山峰，挺拔于湖面之上。连接双塔的中庭空间以拉索作为玻璃屋顶结构，通透明亮。

多座小尺度的低层商业办公建筑，如被山涧长期冲刷的山石，错落有致、相互退让，围合成一个隐秘又开放的城市花园。基地西南角独立的两栋阿玛尼多层公寓延续了“空中庭院”的概念，错层的设计让每户都拥有更多的光照和与自然亲近的机会。

整体环境塑造带着平滑曲面光泽的黑白两色，营造出安静并神秘、独立于纷繁的城市环境。穿插于黑色建筑中的景观运用了松、竹、石、潭等传统元素，暗示与古典空间一种深层次的关联。日本平面设计大师原研哉亲自为项目设计了标识导视系统，将“简单”与“精致”融入整体设计中。

朝阳公园广场完成于充满现代摩天楼的北京中央商务区，但它真正要隔空对话的是北京这座古典城市——规划中反映着人与自然在精神上相互依存的哲学，也呈现出大型的山水园林的格局。在建筑历史学家王明贤的画作中，他将朝阳公园广场拼贴于古典山水绘画中，尽显和谐融洽。

9. 北京首开万科中心

首开万科中心是一座总建筑面积 132000m^2 的综合体，由一系列各具特点的单体建筑构成：一座124m 高，建筑面积 54000m^2 的办公塔楼；一个建筑面积 26000m^2 的购物中心；以及一个酒店。

办公塔楼三角的形态在面向主路口的一侧创造了有力的形象存在，而在不同角度下又显得纤长、规律。塔楼的三角形态是一系列务实的判断结果，将办公楼面向新建公园一面的景观视角最大化，同时结合尖角部位打造两层通高的高空观景台。俯瞰邻近公园的平台提供了可以一览美景的舒适休息区。

办公塔楼中两层高的空中花园阳台提供了舒适的室外休息区和极致的公园景观。而在中庭顶部创造的屋顶花园，联手 BAM 百安木进行景观设计，运用明亮的色彩、生动的形状和景观特色吸引人们的视线，为办公人群、商场用户及酒店入住的客人提供了户外社交的空间和运动玩耍的机会。

商业综合体主要以餐饮功能为主，强调就餐空间的创新。室内引入多个朝向中庭室内平台，使餐饮空间向中庭延伸，并通过扶梯和回廊将相邻的平台串联在一起形成立体流线。由此，中庭以室内平台为主角，达成交错和重叠的形式感。

附录 5　世界高层建筑举要

1. 王国塔：位于沙特城市吉达，规划建设 3280 英尺（约 1000m），高 1008m，王国塔能否再创人类建筑史纪录引人瞩目，预计将于 2020 年建成。

2. 阿联酋“迪拜哈利法塔”：阿联酋的“迪拜哈利法塔”于 2010 年 1 月 4 日竣工，它的高度为 828m。

3. 武汉绿地中心：高 636m，位于武昌滨江商务区核心区，2011 年 7 月份动工。

4. 东京晴空塔：总高度 634m，2012 年 5 月建成。

5. 上海中心大厦：大厦的主楼共有 127 层，总高为 632m，结构高度为 580m。约在 2014 年竣工完成。

6. 麦加皇家钟塔饭店：601m，共 95 层。2012 年竣工。

7. 天津高银 117 大厦：于 2008 年 9 月开工，2015 年封顶。建成后高度为 597m，地上 117 层。

8. 深圳平安金融中心大厦：总高度 592.5m，主体高度 555.5m。2017 年竣工完成。

9. 加拿大多伦多国家电视塔：高 553.4m，自从在 1976 年落成后，该塔一直被吉尼斯世界纪录大全纪录为最高的建筑物，直至被哈利法塔（迪拜塔）超越为止。

10. 纽约新世界贸易中心（自由塔）：高 541m，一号楼于 2013 年竣工。

11. 莫斯科电视塔：1967 年建成，高 540m。

12. 广州珠江新城双塔之东塔：总高度 530m，于 2015 年初竣工。

13. 北京中国尊（中信总部）：总高度为 510m，预计 2017 年年底封顶。

14. 台北 101 大楼：建筑高度 508m，101 层。曾是世界第一高楼，保持了中国世界纪录协会多项世界纪录，2010 年 1 月 4 日迪拜塔的建成（828m）使得台北 101 退居世界第二高楼。

15. 上海环球金融中心：设计建筑高度 492m，已于 2008 年竣工。

16. 香港环球贸易广场：高度 484m，118 层。

17. 上海东方明珠电视塔：高 468m，1995 年建成。

18. 重庆嘉陵帆影：高 468m，总计 99 层。将于 2017 年 6 月建成。

19. 吉隆坡双塔大楼：马来西亚国家石油公司双塔大楼位于吉隆坡市中心美芝律，高 451.9m，共 88 层。

20. 长沙国际金融中心 T1：高 452m，2017 年建成。

21. 南京紫峰大厦：建筑高度 451m，竣工日期 2010 年 9 月 28 日。

22. 西尔斯大厦（威利斯广场）：位于美国芝加哥，高 442m，108 层（加上天线后高度为 527m）。

23. 纽约帝国大厦：1931 年建成，高 381m。后在 1951 年安装天线后高度为 443m。

24. 京基 100 中心广场：位于深圳，总高度 441.8m，共 98 层，已于 2011 年 2 月 23 日主体封顶。

25. 武汉中心大厦：高 438m，2015 年封顶。地上 88 层，地下 4 层。

26. 广州珠江新城双塔之西塔：设计高度为 437m，在 2009 年竣工。

27. 芝加哥川普大厦：高度为 423m，地上 98 层。于 2010 年建成。
28. 吉隆坡塔：高 421m，1995 年建成。
29. 上海金茂大厦：上海标志性建筑之一，高 420.5m，88 层。
30. 香港国际金融中心大厦：位于香港中环，高 412m，共 88 层。